COLLECTION
ROLF HEYNE

Hindenburg

LUFTSCHIFF HINDENBURG UND DIE GROSSE ZEIT DER ZEPPELINE

Text von Rick Archbold
Illustrationen von Ken Marschall

FACHLICHE BERATUNG:
Dennis R. Kromm, Dr. Henry Cord Meyer, John Provan

BECHTERMÜNZ VERLAG

Titel der Originalausgabe:
HINDENBURG. AN ILLUSTRATED HISTORY
Produziert von Madison Press Books,
Toronto, Kanada

Ins Deutsche übertragen von
Christian Quatmann
Redaktion: Rita Seuß

Genehmigte Lizenzausgabe für Bechtermünz Verlag im
Weltbild Verlag GmbH, Augsburg 1997

Umschlaggestaltung der deutschen Ausgabe:
Art & Design Norbert Härtl, München
Satz: Kort Satz GmbH, München

ISBN 3-86047-911-3
Printed in Italy

**Ein Madison Press Buch
produziert für
Bechtermünz Verlag,
Augsburg**

*Für meine Eltern,
die mir geholfen haben,
hoch zu fliegen
und weit zu reisen.*

(S. 2–3) Den Höhepunkt ihrer ersten Saison erlebte die *Hindenburg,* als sie aus Anlaß der Eröffnung der Sommerspiele 1936 über das Berliner Olympiastadion hinwegschwebte.

(S. 5) Die riesigen Heckflossen der *Hindenburg* »überschatten« die Bodenmannschaft und etliche Zuschauer auf der Marine-Luftschiffbasis Lakehurst, New Jersey, während im Hintergrund das Marineluftschiff *Los Angeles* an seinem Ankermast liegt.

(S. 6–7) Marineangehörige und zivile Helfer hängen sich in die Seilspinnen und ziehen die *Hindenburg* zu Boden.

(S. 9) Die *Hindenburg* schwebt – kurz vor dem Ausbruch des Feuers, das der Ära der großen Passagierluftschiffe ein Ende setzte – am 6. Mai 1937 über dem Luftlandefeld Lakehurst.

U.S. NAVY

INHALT

PROLOG

Donnerstag, 6. Mai 1937

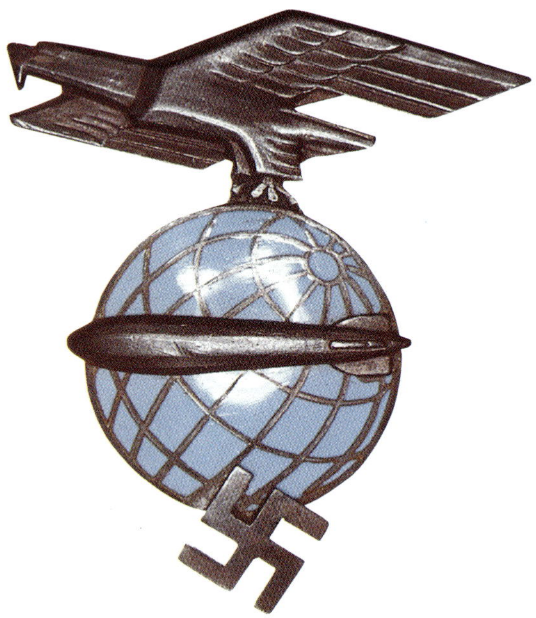

Die auf dem Marineluftschiffhafen Lakehurst in New Jersey versammelte Menschenmenge wurde im Laufe des Nachmittags immer ungeduldiger. Viele waren schon vor Tagesanbruch eingetroffen, um die – für sechs Uhr früh angekündigte – erste Landung der *Hindenburg* in der Saison 1937 mitzuerleben. Doch starker Gegenwind über dem Atlantik hatte dem gewaltigen deutschen Luftschiff zu schaffen gemacht und die Ankunft verzögert. Die Passagiere, die am Abend mit der *Hindenburg* zurück nach Frankfurt fahren wollten, bezweifelten bereits, ob sie ihre Reise überhaupt pünktlich würden antreten können. In der vergange-nen Saison jedenfalls hatte sich das Luftschiff durch ungewöhnliche Zuverlässigkeit und Pünktlichkeit ausgezeichnet.

Anders als im Vorjahr, da die Hindenburg nach ihrer Jungfernfahrt in der Neuen Welt begeistert empfangen worden war, erweckte deren Landung bei den Amerikanern mittlerweile nur noch mäßiges Interesse. Was damals fast wie ein Wunder erschienen war, galt inzwischen nur mehr als Routine. Die Reisen des Luftschiffes zwischen Europa und Amerika wurden von der *New York Times* so beiläufig gemeldet wie Ankunft und Abfahrt eines Ozeandampfers. Die meisten anwesenden Journalisten waren Lokalreporter, beauftragt von den großen New Yorker Zeitungen, die es nicht einmal für nötig befunden hatten, eigene Mitarbeiter zu entsenden. Nur die Kameraleute der Wochenschau und ein paar Fotografen verbreiteten ein wenig Presse-Glamour. Im Vorjahr hatte eine ganze Batterie von Telefonen kaum ausgereicht, den Ansturm der Reporter zu bewältigen, die anläßlich des Großereignisses aus dem ganzen Land angereist waren. Diesmal waren schon einige wenige Leitungen ausreichend.

Freilich hatte es ziemlich lange – fast vierzig Jahre – gedauert, bis sich das Starrluftschiff im öffentlichen Bewußtsein als ein normales Verkehrsmittel etabliert hatte. Seit den ersten Versuchsfahrten um die Jahrhundertwende in Süddeutschland hatten diese eleganten, mit Traggas gefüllten »Zigarren« ein wechselvolles, durch spektakuläre Unglücksfälle charakterisiertes Schicksal durchgemacht. So war etwa das bis dahin erfolgreichste dieser Luftschiffe – aus französischem Besitz – in der Luft explodiert. Auch alle drei in Amerika gebauten Luftschiffe waren verunglückt. Und von den beiden britischen Passagierluftschiffen war eines bereits auf der Jungfernfahrt verunglückt, und das andere hatte lediglich einmal den Atlantik in beiden Richtungen überquert, bevor man es verschrottet hatte. Der Traum, mit Hilfe sicherer, verläßlicher – gasgetragener – Luftschiffe eine neue Phase der Luftfahrt einzuleiten, hatte sich als trügerisch erwiesen und bereits zahlreiche Menschenleben gekostet.

Inzwischen steuerten nur mehr die Deutschen diese leicht dahinschwebenden Giganten durch den weiten Himmel zwischen Europa und Amerika. Es war ihnen irgendwie gelungen, die Katastrophen anderer Nationen zu vermeiden, obwohl ihre Luftschiffe mit Wasserstoff gefüllt waren. Dieses leistungsfähige Traggas ist nämlich leicht entzündbar und hochexplosiv. Gleichwohl konnten die deutschen Zeppeline im Passagierverkehr mit einer ungetrübten Erfolgsbilanz aufwarten, die bis in die Zeit vor dem Ersten Weltkrieg zurückreichte.

Kurz vor 16 Uhr rief plötzlich ein Kameramann der Wochenschau: »Da ist sie!« Diejenigen, die es sich inzwischen im Gras bequem gemacht hatten, standen auf. Die Menge – an die tausend Neugierige, Verwandte und Freunde der Passagiere – drängte nun in Richtung des Zaunes, der die Zuschauer von der Landezone trennte. Und tatsächlich rückte die *Hindenburg* jetzt von Norden her und in ziemlich geringer Höhe schwebend immer näher; ihr riesiger silberner Rumpf reflektierte die rasch wechselnden Farben des unruhigen Frühlingshimmels. Fasziniert verfolgten die Zuschauer die Ankunft des schwebenden Riesen. Selbst jene, die die *Hindenburg* schon einmal gesehen hatten, konnten sich der kolossalen Wirkung dieses Schauspiels nicht entziehen. Die ungeheuren Ausmaße des Giganten, sein majestätisches Gleiten, seine elegante, stromlinienförmige Gestalt und selbst die häßlichen schwarzen Hakenkreuze an seinen Leitwerken waren einfach atemberaubend.

Das tiefe Dröhnen der vier mächtigen Dieselmotoren wurde immer lauter, als die *Hindenburg* jetzt über den Köpfen der Zuschauer dahinschwebte. Von oben winkten fröhlich die Passagiere aus den offenen Fenstern des Promenadendecks, in der Führergondel waren währenddessen die uniformierten Offiziere mit der Erledigung ihrer Aufgaben beschäftigt. Ein paar Sekunden lang verdunkelte das Luftschiff den Himmel. Dann schwebte es davon. Das Summen der Motoren wurde schwächer, und der Riese schrumpfte, bis er schließlich ganz entschwunden war.

Die Reporter stöhnten, die Zuschauer tuschelten beunruhigt, und die Kinder fragten lauthals ihre Eltern, wohin die *Hindenburg* denn fliege und warum sie nicht gelandet sei. Das Wetter sei nicht gut genug, entgegneten die Eltern. Der Kapitän wolle sicher noch das herannahende Gewitter vorbeiziehen lassen und das Abflauen des Windes abwarten. Aber in ein oder zwei Stunden – länger werde es gewiß nicht dauern – werde der Zeppelin wieder am Himmel auftauchen und so sanft zu Boden schweben, daß man den Eindruck habe, das größte Luftgefährt, das je geflogen sei, könne mit einer Bewegung des kleinen Fingers zum Stillstand gebracht werden.

Hindenburg
D-LZ129

DER »NÄRRISCHE GRAF«

»Während der langen sonnendurchglühten brasilianischen Nachmittage lag ich, eingewiegt von dem Summen der Insekten, das von dem fernen Schrei irgendeines Vogels durchbrochen wurde, ausgestreckt in dem Schatten der Veranda und betrachtete den schönen brasilianischen Himmel, in dem die Vögel so hoch fliegen und so leicht auf ihren frei entfalteten Schwingen emporsteigen, an dem die Wolken so heiter durch das reine Tageslicht einherziehen und zu dem man nur die Augen zu erheben braucht, um sich in den freien Weltraum zu verlieben. So über die Erforschung des großen Himmelsozeans nachsinnend, schuf auch ich Luftschiffe und erfand Maschinen.«

Alberto Santos-Dumont

»Mein System ist das beste, das einzige für militärische Zwecke verwendbare, und wenn überhaupt Luftschiffe möglich sind, dann die von mir entwickelten.«

Graf Ferdinand von Zeppelin

In der drückenden hochsommerlichen Hitze stieg der kleine Ballon mühelos in den Himmel über Minnesota. Einer der Passagiere, ein junger Mann mit gestutztem Schnauz- und buschigem Backenbart, konnte sich gar nicht satt sehen an diesem kleiner und kleiner werdenden St. Paul unter ihm, einem Vorposten der amerikanischen Westkolonisation. Zwar hatte er diesen Blick aus der Vogelperspektive schon auf etlichen Klettertouren in den südlich seiner Heimatstadt Konstanz gelegenen Schweizer Alpen kennengelernt, aber neu war ihm das magische Gefühl, sich der Schwerkraft zum Trotz leichthin in die Luft zu erheben. Einen solchen Freiheitsrausch hatte er noch nie erlebt.

In knapp 250 Metern Höhe kam der Ballon sanft zum Stehen. Er hatte das Ende der Leine erreicht, mit der er am Boden verankert war. Augenblicklich vergaß der junge Mann seine anfängliche Begeisterung über den so mühelosen Ballonaufstieg und studierte mit dem geübten Auge des deutschen Offiziers das von oben einsehbare Gelände. Er hatte bereits im Bürgerkrieg zwischen den Nord- und Südstaaten beobachtet, wie solche Ballons zur Ausspähung feindlicher Stellungen benutzt wurden. Und er selbst befand sich ja gerade in einem noch unlängst von der Nordstaaten-Armee verwendeten Aufklärungsballon.

Von seinem luftigen Standpunkt aus bot sich ihm ein weiter Blick über den Mississippi. Jenseits des Flusses im Westen ging das Tal allmählich in Hügelland über. In einem Brief an seinen Vater schrieb er noch am gleichen Tag: »Es gibt keine bessere Methode, sich einen raschen Überblick über die Gegebenheiten einer unbekannten feindlichen Position zu verschaffen.«

Der Fünfundzwanzigjährige, der diese Worte niederschrieb, war Ferdinand Graf von Zeppelin. Doch was hatte den jungen deutschen Aristokraten in so ferne Lande geführt? Offiziell war er als Beobachter des amerikanischen Bürgerkriegs von seinem Offiziersposten in der württembergischen Armee für ein Jahr freigestellt worden. Aber bereits nach einem zweimonatigen Aufenthalt bei der Nordstaaten-Armee war der Graf nach Westen aufgebrochen, um sich einen Eindruck von den neuen amerikanischen Siedlungsgebieten zu verschaffen, und war so nach St. Paul gelangt. Seinen ersten Ballonflug unternahm er am 19. August 1863.

Etliche Zeppelin-Biographen haben später behauptet, der Graf habe bereits während dieses ersten »Fluges« im Geiste jene Erfindung konzipiert, die ihn später berühmt machen sollte. Gewiß ist es verlockend, sich vorzustellen, der künftige Erfinder des Starrluftschiffes habe da oben von seinem luftigen Ausblick aus die Landschaft studiert und sei sogleich auf die Idee verfallen, den nicht steuerbaren Ballon zu einem voll kontrollierbaren Starrluftschiff weiterzuentwickeln, das Passagiere und Lasten über große Entfernungen transportieren kann. Aber in seinen privaten Tagebüchern ist von solchen Vorahnungen nicht die Rede. Von seinem

Graf Zeppelin (gegenüber ein Bild von 1863) machte seine ersten Erfahrungen mit der »Leichter-als-Luft«-Fliegerei in einem Fesselballon, wie sie die Armee der Union im Amerikanischen Bürgerkrieg verwendete (links, oben und unten). Nach einer abenteuerlichen Kanureise gelangte Zeppelin gemeinsam mit ein paar gut betuchten Russen und zwei einheimischen Führern nach St. Paul in Minnesota. Zeppelin hat sein Gewehr lässig über die Schulter gelegt.

beruflichen Interesse einmal abgesehen, war die Ballonfahrt für den Grafen wohl in erster Linie eine jener Abwechslungen, die er sich während seiner Freistellung von den Mühen des Offizierslebens im fernen Deutschland gönnte. Wahrscheinlich hat er sogar längere Zeit gar nicht mehr an dieses kleine Abenteuer gedacht. Gleichwohl hatte er erlebt, wie erregend es ist, der Anziehungskraft der Erde zu entfliehen. Vielleicht war dies der Keim, aus dem sich später eine durchaus lebensfähige, kräftige Pflanze entwickelt hat.

Aber bereits lange vor der ersten Ballonfahrt des Grafen Zeppelin hatten sich Luftpioniere mit dem Problem der »Lenkbarkeit« auseinandergesetzt und versucht, ein steuerbares Luftfahrzeug zu konstruieren. Flugtüchtige Ballons gab es bereits seit 1783, als die französischen Papierfabrikanten Joseph und Etienne Montgolfier südlich von Lyon den ersten Heißluftballon hatten aufsteigen lassen. Noch im gleichen Jahr entwarf ein französischer Armeeingenieur ein theoretisch funktionstüchtiges, lenkbares Luftgefährt – in Gestalt eines länglichen Ballons. Allerdings war der für die praktische Manövrierfähigkeit eines solchen Ballons unerläßliche Motor noch nicht erfunden. Die Verfechter der in den folgenden Jahrzehnten vorgelegten Pläne zur Entwicklung lenkbarer Ballons verfielen deshalb beispielsweise auf die Idee, das Antriebsproblem durch von Muskelkraft betätigte Luftruder oder durch den Einsatz von Geiern zu lösen, die als Gespann vorausfliegen und das Luftschiff nachziehen sollten. Zwar gab es 1783 bereits primitive Dampfmaschinen, aber die ließen sich bestenfalls für einfache Verrichtungen am Boden, etwa als Wasserpumpen, einsetzen.

Wesentlich leichter meisterten die Konstrukteure lenkbarer Luft-Ballons das Problem der »Prallhöhe«, auf das man sehr rasch aufmerksam wurde, als man anfing, statt heißer Luft Wasserstoff als Auftriebsmittel zu verwenden. (Der von dem französischen Physiker Jacques Charles gebaute erste Wasserstoffballon flog im selben Jahr wie der Heißluftballon der Brüder Montgolfier.) Um eine optimale Flugtüchtigkeit zu erreichen, mußte ein Wasserstoffballon so gasundurchlässig wie möglich sein. Je höher ein solcher Ballon aufstieg, und je schwächer dementsprechend der atmosphärische Druck wurde, um so mehr dehnte sich das Gas aus. Der höchste Punkt, den ein gasdichter Ballon – ohne zu explodieren – erreichen konnte, war die sogenannte Prallhöhe. Während eines Fluges, den er am 6. Juli 1784 unternahm, konnte der Herzog von Chartres ein Platzen seines Ballons

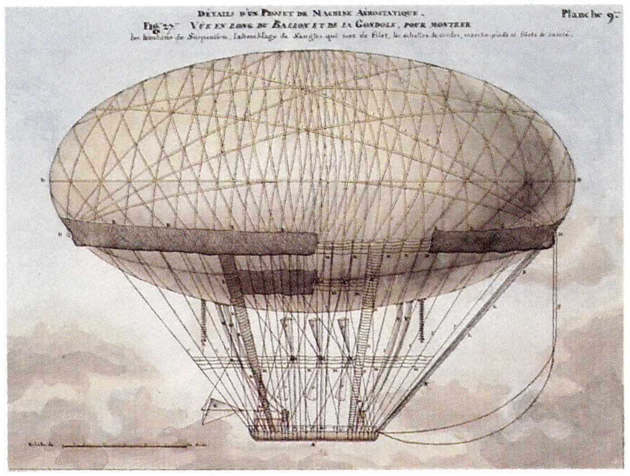

(Gegenüberliegende Seite) 1783 ließen die Brüder Montgolfier den ersten ihrer zahlreichen Heißluftballons aufsteigen. Noch im selben Jahr entwickelte Jean-Baptiste-Marie Meusnier ein eiförmiges Lenkluftschiff (oben) mit einer internen Luftblase – auch Ballonett genannt –, die die Schwankungen des Gasdrucks ausgleichen sollte.

Von Vögeln gezogene Ballons, wie Schiffe dahinsegelnde Ballons – die frühen Luftschiffpioniere ersannen alle möglichen Antriebsmittel. Jean-Pierre Blanchard, dem 1785 die erste Überquerung des Ärmelkanals gelang (rechts), stellte fest, daß seine Ruder nutzlos waren, und warf sie über Bord, als sein Ballon zu sinken anfing.

Henri Giffards bahnbrechendes Lenkluftschiff, das 1852 den ersten künstlich angetriebenen Flug der Geschichte unternahm, konnte eine Geschwindigkeit von zehn Kilometern in der Stunde erreichen.

nur verhindern, indem er ein Loch in die mit Gummi versiegelte Seidenhülle stieß, so daß das Gas entweichen konnte. Später baute man in Ballons und Luftschiffe Ventile ein, durch die überschüssiges Auftriebsgas bei Erreichen der Prallhöhe abgelassen werden konnte.

Das erste bis zu einem gewissen Grad funktionstüchtige Luftschiff entwickelte der Franzose Henri Giffard, der Erfinder des Dampfkesselinjektors. Er baute eine – abzüglich des Kessels und des zur Befeuerung erforderlichen Koks – nur 250 Pfund schwere Dampfmaschine. Allerdings hatte dieser Antrieb nur schwache drei PS. Immerhin konnte Giffard – mit diesem Antrieb ausgerüstet – im September 1852 in einem knapp fünfzig Meter langen, an beiden Enden spitz zulaufenden Ballon vom Pariser Hippodrom aus zu einem ersten Aufstieg starten. Es ist jedoch nicht überraschend, daß das Luftschiff nur bei absoluter Windstille lenkbar war. Schon bei leichtem Wind brachte es gerade noch einen weit ausladenden Kreis zustande. Giffards Erfindung blieb deshalb folgenlos.

Giffard mußte vor einem Problem kapitulieren, mit dem sich alle frühen Luftschiffpioniere herumzuschlagen hatten: Motoren, die auch bei stärkerem Wind die Lenkbarkeit hätten garantieren können, waren zum damaligen Zeitpunkt noch so schwer, daß sie einen Großteil der Auftriebskraft »absorbierten«, die übrigbleibt, wenn man das Gewicht des Luftschiffs und seiner Antriebe von der Auftriebswirkung des Traggases abzieht. Erst das Aufkommen leichter, kräftiger Benzinmotoren, die in den letzten Jahrzehnten des neunzehnten Jahrhunderts für den Automobilbau entwickelt wurden, machte auch die Luftschiffe manövrierbar. Diese Motoren ermöglichten aber auch den späteren Erfolg des »Schwerer-als-Luft«-Konkurrenten des Luftschiffs, nämlich des Flugzeugs, dessen Entwicklung allerdings noch eine ganze Weile auf sich warten lassen sollte. 1863 war keiner der Brüder Wright auch nur geboren.

Nach seinem einjährigen Amerikaaufenthalt kehrte Graf Zeppelin pflichtgemäß zu seinem Regiment zurück und nahm den Dienst wieder auf. 1865 wurde der junge Leutnant dann als Adjutant des württembergischen Königs Karl I. an den Hof nach Stuttgart berufen. Zeppelins Familie war schon seit langem eng mit diesem süddeutschen Königshaus verbunden. Sein Großvater hatte unter dem Großvater König Karls I. während der schwierigen napoleonischen Zeit als Soldat und Diplomat gedient. Als dann in den siebziger Jahren der Thronerbe, Prinz Wilhelm, rebellisch wurde und immer häufiger von einem Thronverzicht sprach, wurde Graf Zeppelin ihm als Militärattaché zur Seite gestellt und beauftragt, den jungen Mann wieder zur Vernunft zu bringen. Ganz offensichtlich gelang ihm dies auch, und der Graf und Prinz Wilhelm blieben zeitlebens Freunde.

Im Preußisch-Österreichischen Krieg von 1866 blieb Württemberg zwar dem Hause Habsburg treu, aber Zeppelin akzeptierte den preußischen Sieg und nahm voll Begeisterung am Krieg gegen die Franzosen von 1870/71 teil. In diese Zeit fällt auch ein legendäres Husarenstück Zeppelins.

Bereits am Tag der Kriegserklärung meldete er sich freiwillig als Anführer eines Aufklärungstrupps, der die Stellungen der französischen Armee auskundschaften sollte. Während dieses berittenen Vorstoßes ins Elsaß fiel er durch Unerschrockenheit, einen ungeheuren Tatendrang und eine gewisse Neigung zu überhastetem Handeln auf. Selbst als man bereits genügend Informationen über die feindlichen Truppenbewegungen gesammelt hatte, drang er immer weiter in Feindesland ein, um noch mehr Einzelheiten zu erfahren. Am zweiten Abend überraschten französische Kavallerieeinheiten seinen Trupp während einer kurzen Rast auf einem Gehöft. Zeppelin, der sofort erkannte, daß der Feind haushoch überlegen war, sprang auf ein französisches Kavalleriepferd und führte den verzweifelten Rückzug seiner Männer an. Schon bald wurde er jedoch von ihnen getrennt, und die meisten von ihnen gerieten in Gefangenschaft. Er selbst kehrte als einziger unversehrt auf deutsches Gebiet zurück.

Zwar wurde er wegen dieses waghalsigen Unternehmens von seinen Vorgesetzten scharf kritisiert, zugleich aber erwarb er sich damit den Ruf eines Haudegens, was sich gut in das heroische Bild seiner späteren Jahre fügte. Freilich war er eine weitaus vielschichtigere Persönlichkeit, als dieses Beispiel jugendlichen Übermuts glauben machen könnte.

Zeppelin war durchaus ein Mann seines Standes und seiner Zeit, ein Provinzaristokrat, der seine militärische Karriere zwar ernst nahm, dessen Ambitionen jedoch weiter reichten. Schon in der Schulzeit, als die meisten Gleichaltrigen Latein und Griechisch lernten und die Klassiker lasen, galt sein Interesse der Wissenschaft und der Technik. Und auch als Erwachsener hielt er sich nicht immer an die Konventionen, doch er hegte keinerlei Zweifel an der Berechtigung der hierarchischen Gesellschaftsordnung, in der er ganz oben stand. So beeindruckten ihn während seines Amerikaaufenthaltes durchaus die Vorzüge einer eher individualistischen Bürgerarmee, was ihn beim preußischen Militärestablishment nicht unbedingt beliebt machte. Sein Urgroßenkel Albrecht, der derzeitige Graf von Brandenstein-Zeppelin, weiß denn auch sogleich eine Geschichte zu erzählen, die Zeppelins Unkonventionalität dokumentiert. In der preußischen Armee kletterte ein Offizier niemals selbst auf einen Baum, um das Gelände zu erkunden; diese Aufgabe mußte stets ein niedriger Untergebener übernehmen. Graf Zeppelin hingegen bestieg bei einer entsprechenden Gelegenheit höchstpersönlich den Baum, um sich einen Eindruck von der Umgebung zu verschaffen; dabei störte es ihn keineswegs, daß dieses Verhalten in den Augen der anderen Offiziere einen Gesichtsverlust darstellte. Seine Männer schätzten ihn wegen dieses Charakterzugs nur um so mehr. Aber welche Schwächen er auch gehabt haben mag, zweifellos war er ein charismatischer Mann, der die Achtung, ja sogar Verehrung seiner Mitarbeiter und Untergebenen genoß.

Zeppelin hatte keine Angst, an einem unpopulären Standpunkt festzuhalten oder sich lächerlich zu machen, wenn er sich im Recht glaubte. Andernfalls wäre sein erstes Luftschiff sicher nie gebaut worden. Wie Henry Cord Meyer in seinem Buch *Airshipmen, Businessmen and Politics* schreibt, hatte diese Dickköpfigkeit durchaus auch ihre Kehrseite. Und so konnte Zeppelin mitunter ausgesprochen »ungeduldig, übellaunig und starrköpfig« reagieren. Bisweilen neigte er auch zum Jähzorn, »wenn etwas nicht nach seinem Willen ging, und weigerte sich dann sogar, den Rat ihm fachlich überlegener Experten anzunehmen«. Alles in allem jedoch war Graf Zeppelin ein charmanter, selbstbewußter und intelligenter Mann mit einem eisernen Willen und einer gesicherten Stellung, die ihm ganz gewiß so manches erleichtert hat: durchaus günstige, wenngleich für einen großen Erfinder nicht unbedingt typische Voraussetzungen.

Aber irgendwann zwischen dem Ballonaufstieg, den er 1863 in Minnesota unternommen hatte, und den ersten Tagebuchaufzeichnungen unter der Überschrift »Gedanken über ein Luftschiff« im März 1874 entwickelte Zeppelin offenbar einen visionären Plan für ein – mit zahlreichen Gaszellen ausgestattetes – starres Lenkluftschiff. Im übrigen war der Zeitpunkt für ein neues Konzept günstig, da seit Henri Giffards bahnbrechendem, jedoch technisch unausgereiftem Modell von 1852 schon seit über zwanzig Jahren keine richtigen Luftschiffe mehr gebaut worden waren.

»Das Fahrzeug würde auf die Dimensionen eines großen Schiffes auszurechnen sein«, schrieb der Graf unter dem Datum des 25. März 1874, »die Gasräume so berechnet, daß das Fahrzeug bis auf ein geringes Übergewicht getragen wird. Die Erhebung wird dann erreicht durch das Angehen der Maschine, welche das Fahrzeug gewissermaßen auf die nach aufwärts gestellten Flügel treibt. In der gewollten Höhe angelangt, werden die Flügel weniger steil gestellt, so daß das Luftschiff in der horizontalen Ebene bleibt. Zum Sinken stellt man die Flügel noch weniger steil oder läßt die Geschwindigkeit abnehmen … Die Gasräume sollten womöglich in Zellen geteilt sein, welche einzeln gefüllt und geleert werden können. Die Maschine muß das Gas stets ergänzen können …«

Graf Zeppelin hatte wenigstens in der Theorie ein wichtiges Konstruktionsproblem gelöst, nämlich die Frage, wie man ein Luftfahrzeug groß genug bauen kann, um es für den Passagier- und Lastentransport zu nutzen. Bei den unstarren Modellen seiner Zeit handelte es sich nämlich im wesentlichen lediglich um »verlängerte« Ballons, die weder strukturell noch aerodynamisch belastbar waren. Zeppelin begriff, daß ein starres Gerippe den Bau wesentlich größerer – mit einer großen Menge Traggas gefüllter – Luftschiffe gestatten würde, sofern es gelingen sollte, für den Rahmen ein leichtes, haltbares Material ausfindig zu machen. Da sich die

Auftriebskapazität eines Luftschiffes bei zunehmender Größe vervielfacht, versprach jede Volumenvergrößerung auch einen Zugewinn an Auftrieb.

Besonders bemerkenswert an Zeppelins Tagebucheintrag von 1874 und an seinen nachfolgenden Notizen und Skizzen ist der Umstand, daß darin schon sehr früh jener Luftschifftypus beschrieben wird, den der Graf später auch tatsächlich baute. Nach Auskunft des Luftschiffhistorikers Douglas Robinson ist in den Aufzeichnungen an einer Stelle die Rede von »einem Schiff mit einem Fassungsvermögen von 20 000 Kubikmetern – mit Kabinen für zwanzig Passagiere sowie Lasten- und Postgondeln unter dem Rumpf, der aus einer von Ringen und Längsträgern gebildeten starren Struktur besteht (der 1919 gebaute ›Nahverkehrs‹-Zeppelin *Bodensee* konnte zwischen zwanzig und vierundzwanzig Passagiere transportieren und hatte genau den genannten Traggasinhalt). Überdies waren noch achtzehn Gaszellen geplant und eine wetterfeste Außenhaut.«

Zeppelin verwarf schon bald die falsche Idee, das Luftschiff durch Tragflächen oder Flügel in der Luft halten zu wollen, wie dies bei »Schwerer-als-Luft«-Fluggeräten geschieht. Laut Robinson waren jedoch »die sonstigen Merkmale – die riesigen Dimensionen, die getrennten Gaszellen und die Luftschiffhülle – bis zum Ende typische Charakteristika der Zeppeline und fast aller sonstigen Starrluftschiffe«. Bezüglich der Frage des Antriebs hielt sich der junge Erfinder zunächst noch bedeckt. Denn ein geeigneter interner Verbrennungsmotor stand zum damaligen Zeitpunkt noch nicht zur Verfügung.

Woher aber nahm dieser talentierte Amateur die Fachkenntnisse, deren es bedarf, um einen so weitsichtigen Plan zu entwickeln? Die Antwort kennen wir nicht. Sein einjähriges Studium der Ingenieurwissenschaft an der Universität Tübingen dürfte kaum ausreichen, um seine luftfahrttechnischen Pionierleistungen zu erklären. Auch Tausende anderer Männer waren bereits einmal mit einem Ballon aufgestiegen. Und Tausende deutscher Soldaten hatten 1870 während der Belagerung von Paris genau wie Zeppelin beobachten können, wie die französische Regierung den Kontakt zu ihren Truppen mit Hilfe von Ballons aufrechterhalten hatte.

Während der folgenden zehn Jahre behielt der Graf seine Gedanken über ein Riesenluftschiff für sich und stieg in der Rangordnung der preußisch dominierten Armee des Kaiserreichs immer weiter auf. 1879 brachte seine Frau Isabella eine auf den Namen Hella getaufte Tochter zur Welt, Zeppelins einziges Kind. Zeppelins militärische Karriere schien zu diesem Zeitpunkt gesichert. 1882 erhielt er das Kommando über ein ganzes Regiment. Zwei Jahre später stieg er zum Oberst auf. Etwaige Gedanken an den Luftschiffbau schob er vermutlich beiseite. Dann ließ 1884 der deutsche »Erbfeind« Frankreich das Lenkluftschiff *La France* aufsteigen, und plötzlich ergab sich eine ganz neue Situation.

Hauptmann Charles Renard und sein Mitarbeiter, Hauptmann Arthur Krebs, die Konstrukteure der *France,* waren Angehörige des Ballonkorps der französischen Armee, die auch die Finanzierung des Luftschiffes übernommen hatte. Das von einem Elektromotor (dessen Batterien pro Stück bereits mehr als eine halbe Tonne wogen) angetriebene unstarre Schiff wartete sogleich mit einer luftfahrttechnischen Novität auf: Es kehrte nämlich gegen den Wind zu seinem Ausgangspunkt zurück. Allerdings erreichte es lediglich eine Spitzengeschwindigkeit von 23 km/h – so daß die Lenkbarkeit nur bei schwachem Wind gewährleistet war –, und der

La France (links und gegenüber), die erstmals im August 1884 aufstieg, wurde von einem Elektromotor angetrieben und stellte gegenüber ihren Vorgängermodellen einen technischen Fortschritt dar. Als Gottlieb Daimler zwei Jahre später den ersten leichtgewichtigen internen Verbrennungsmotor konstruierte, rückte die Möglichkeit des künstlich angetriebenen Fliegens in greifbare Nähe.

Aktionsradius der *France* wurde durch die begrenzte Lebensdauer ihrer schweren Batterien erheblich eingeschränkt.

Die anfangs über die Leistungsfähigkeit und den militärischen Nutzen der *France* kursierenden Gerüchte erwiesen sich letzten Endes als null und nichtig. Aber in der patriotisch entflammten Vorstellung des Grafen Zeppelin hatte der deutsche »Erzfeind« eine gefährliche Überlegenheit gewonnen. Und in dem ihm »vorschwebenden« Luftschiff – das bis dahin lediglich als Passagierfahrzeug gedacht war – sah er ein Mittel, eine Art deutscher Luftherrschaft zu etablieren. Schon bald befand er sich in einer wesentlich einflußreicheren Position, die es ihm erleichterte, seine Überzeugungen zu propagieren: 1885 war er zum Militärattaché an der württembergischen Botschaft in Berlin aufgestiegen. (Ungeachtet der nach dem Deutsch-Französischen Krieg erreichten Einheit genossen die einzelnen Staaten des Deutschen Reichs auch weiterhin ein hohes Maß an Selbständigkeit und entsandten sogar Botschafter in die Hauptstadt.) Als zwei Jahre später der württembergische Gesandte starb, wurde Zeppelin zu dessen Nachfolger ernannt. Nun war für ihn der Zeitpunkt zum Handeln gekommen.

Er sandte eine ausführliche Denkschrift an seinen alten Freund, König Wilhelm von Württemberg, und drängte auf die Entwicklung militärtauglicher Luftschiffe. Ein solches Luftschiff »müßte eine sehr große Tragfähigkeit besitzen«, schrieb er, »damit es Mannschaften, Lasten

und Sprenggeschosse transportieren kann. Diese drei Erfordernisse verlangen ein sehr großes Gasvolumen, das heißt, ein sehr großes Luftschiff.« Obwohl er in der Denkschrift auch auf die zivilen Möglichkeiten der Lenkluftschiffe hinwies, galt Zeppelins Hauptinteresse jetzt der militärischen Nutzung. Ein Starrluftschiff, so glaubte er, sei eine Waffe zur Verteidigung des Vaterlandes.

Zu diesem Zeitpunkt scheint der Graf allerdings noch nicht daran gedacht zu haben, ein solches Luftschiff in eigener Regie zu bauen. Er hatte schon alle Hände voll damit zu tun, in Berlin die württembergischen Interessen zu vertreten, ohne preußische Empfindlichkeiten zu verletzen – eine Aufgabe, an der der zutiefst heimatverbundene Graf freilich letztlich scheiterte. Insbesondere beklagte er sich über den schleichenden Autonomieverlust der württembergischen Armee und monierte, daß sie von einem preußischen Offizier kommandiert werde. In diesem Sinne äußerte er sich auch in einem geheimen Memorandum, das er Anfang 1890 an Kaiser Wilhelm II. sandte, kurz nachdem er als Gesandter ausgeschieden und in den Militärdienst zurückgekehrt war.

Der Kaiser verübelte ihm dies sehr, ebenso die Mitglieder des preußischen Generalstabs, und Zeppelins Verbleib im Militärdienst war deshalb nur noch von kurzer Dauer. Nach den Herbstmanövern des Jahres 1890 wurde ihm das Kommando über seine Kavalleriebrigade entzogen, da er angeblich die vorgeschriebenen Übungen nicht wie geplant durchgeführt hatte. Angesichts dieser öffentlichen Bloßstellung blieb dem Grafen keine andere ehrenhafte Wahl, als bei der württembergischen Armee seinen Abschied einzureichen und sich ganz aus dem Militärdienst zurückzuziehen.

Tatsächlich hatte der Graf während des besagten Manövers seine Aufgabe genauso gut, wenn nicht besser erledigt als viele andere Offiziere. August von Parseval, der später für das deutsche Militär einen nach ihm benannten unstarren Luftschifftyp konstruierte, berichtete: »Es war ein harter Schlag für ihn und eine Überraschung für alle, die seine militärischen Fähigkeiten schätzten. Man kann sich jedoch leicht vorstellen, daß ein Mann mit solch unabhängigen Ansichten, die sich nicht immer mit den konventionell geltenden Maximen deckten, in den Augen der Herrschenden ein unbequemer Untergebener war.«

Und so stand Graf Ferdinand von Zeppelin im Alter von zweiundfünfzig Jahren statt auf dem Gipfel seiner Karriere plötzlich ohne rechten Lebenszweck da. Auch für eine sozial so hochgestellte und so selbstbewußte Persönlichkeit wie den Grafen war diese Wendung der Dinge eine durchaus traumatische Erfahrung. Aber er war kein Mann, der sich in die Provinz zurückzieht und dort gottergeben der Senilität entgegendämmert. Da seine berufliche Laufbahn so abrupt und vorzeitig geendet hatte, mußte er sich eine neue Aufgabe suchen. Und so beschloß

GRAF FERDINAND VON ZEPPELIN

Dieses Bild des Grafen Zeppelin wirkt beinahe wie ein Kultbild, und gegen Ende seines Lebens war er tatsächlich zu einem Gegenstand allgemeiner Verehrung geworden. Die Abbildung vermittelt jene eiserne Entschlossenheit, die Zeppelin dabei half, Widrigkeiten zu überwinden. Zweifellos verdankte er sein ausgeprägtes Selbstwertgefühl nicht zuletzt seiner idyllischen Kindheit, die er auf dem Familiensitz Girsberg unweit des Bodensees verbracht hatte, und der engen Beziehung zu seinen Eltern. Aber bereits als Kind hatte er einen schweren Schicksalsschlag zu ertragen. Seine »beste aller Mütter« starb, als er dreizehn war, und eine Zeitlang wollte er sogar Missionar werden. Als junger Offizier verliebte er sich in eine seiner Cousinen und war am Boden zerstört, als deren Mutter eine Heirat ablehnte. Als er sich mit einunddreißig Jahren schließlich für eine Frau entschied, traf er eine kluge Wahl. Hugo Eckener zufolge herrschte in Zeppelins Ehe mit der Freiin Isabella von Wolff eine »echte Lebensgemeinschaft, die sich selbst unter den härtesten Prüfungen, die die Zukunft brachte, bewährte«.

er, das große Luftschiff, von dem er bis dahin nur geträumt hatte, zu konstruieren und zu bauen.

Zwischen dem ersten Flug, den die *France* 1884 unternommen hatte, und dem Jahr 1890 waren in puncto Lenkbarkeit kaum Fortschritte erzielt worden. Aber diese Situation sollte sich schon bald ändern. 1886 war es Gottlieb Daimler gelungen, einen Benzinmotor zu entwickeln, der die so entscheidende Relation Gewicht/Antriebskraft erheblich verbesserte. Jetzt gab es eine Technik, die es erlaubte, einen wirklich lenkbaren Ballon zu entwickeln. Während der folgenden fünfzehn Jahre wetteiferten Erfinder in Frankreich und Deutschland darum, als erste ein funktionstüchtiges Luftschiff zu bauen. Aber von all diesen aeronautischen Visionären war Graf Zeppelin einer der wenigen, die für ihr Fahrzeug ein starres Gerippe entwickelten – eine Aufgabe, die zusätzliche technische Probleme aufwarf. Besonders schwierig zu lösen war die Frage, aus welchem Material eine Struktur zu bauen sei, die stark genug war, um die Außenhaut und die Motoren zu tragen, zugleich aber genügend Auftriebskraft frei ließ, um mit Mannschaften, Lasten und Waffen beladen in die Lüfte zu steigen. Da er selbst kein Ingenieur war, suchte der Graf nach einem talentierten jungen Fachmann, der seinen Optimismus teilte. Und so stieß er auf Theodor Kober, der zuvor für einen deutschen Ballonhersteller gearbeitet hatte. Aber die angewandte Ingenieurwissenschaft steckte noch in den Kinderschuhen, und die Luftfahrttechnik war noch nicht einmal dem Säuglingsalter entwachsen. Kober selbst hatte fast noch genauso viel zu lernen wie sein neuer Arbeitgeber. Es war deshalb nur gut, daß sein erster Entwurf über die Phase des Zeichentisches nie hinausgelangte. Er hatte sich nämlich einen reichlich unpraktischen »Luftfahrzug« ausgedacht, der aus mehreren beweglich miteinander verbundenen Fahrzeugen bestand, von denen das eine das Triebwerk enthielt, während die übrigen zur Aufnahme der zu befördernden Lasten dienten. Eine 1894 auf Betreiben des Königs von Württemberg von Kaiser Wilhelm widerstrebend eingesetzte wissenschaftliche Kommission nahm die Entwürfe in Augenschein und lehnte sie rundweg ab.

Zeppelin überarbeitete seine Pläne unbeirrt und versuchte es ein zweites Mal. Diesmal schlug er ein einzelnes Schiff mit einem verstärkten Rahmen vor. Eine wissenschaftliche Kommission lehnte auch diesen Entwurf ab. Die Haltbarkeit des Rahmens sei höchst fragwürdig, wurde argumentiert, auch seien die Angaben des Grafen bezüglich der Maximalgeschwindigkeit stark übertrieben. Hätte Zeppelin nicht auf seine Beziehungen in einflußreichen militärisch-politischen Kreisen und am württembergischen Hof zurückgreifen können, so hätte er vermutlich nicht einmal die Gelegenheit erhalten, diesen zweiten Entwurf zu präsentieren. Aber ungeachtet aller Widrigkeiten machte der Graf unverdrossen weiter.

Gerade angesichts der unüberwindlich scheinenden Probleme, mit denen der Graf in den neunziger Jahren zu kämpfen hatte, bewährte sich seine bemerkenswerte Charakterstärke. Der vormalige Offizier und Diplomat aus vornehmem Haus wurde in seiner Heimat sogar zunehmend zum Gespött der Leute. Seine aristokratischen Zeitgenossen nannten ihn den »närrischen Grafen«. »Es war die Zeit, wo der Graf als ein kompletter Narr verschrien wurde und wo man in Stuttgart höhnisch mit dem Finger auf ihn wies«, schreibt der Zeppelinbiograph Hugo Eckener. Mehr als einmal war Zeppelin nahe daran, seinen Traum aufzugeben, aber er fand immer wieder einen Grund weiterzumachen. Schließlich zeigte sich am Horizont ein schwacher Hoffnungsschimmer, als der »Verein deutscher Ingenieure« die Sache des Grafen 1896 vorsichtig befürwortete.

Aber auch Erfinder aus anderen Ländern entwickelten in diesen Jahren Pläne für neuartige Luftschiffe, von denen die ersten schon bald gebaut wurden. Im Mai 1897 unternahm der ehemalige Theologe Dr. Karl Wölfert einen Fahrversuch mit dem ersten lenkbaren Luftschiff, das mit einem der neuen von Daimler entwickelten Motoren ausgestattet war. Da dieser Benzinmotor jedoch bei offener Flamme betrieben wurde, explodierte und verbrannte der Ballon bereits wenige Augenblicke nach dem Start; Wölfert und sein Mechaniker Knabe fanden den Tod. Wölferts tragisches Experiment zeigte, wie gefährlich es war, leicht entzündbares Benzin im Reaktionsbereich von Wasserstoff zu verwenden, der zusammen mit Luft ein hochexplosives Gemisch ergibt.

Sollte diese Katastrophe Zeppelin zum Innehalten bewogen haben, so gibt es dafür jedenfalls keine schriftlichen Belege. Ein paar Monate später hörte er dann von der ersten Testfahrt eines von dem deutschen Holzhändler David Schwarz entwickelten Luftschiffs. Schwarz war zwar im vergangenen Januar plötzlich verstorben, doch hatte seine Frau das Projekt mit Hilfe des Industriellen Carl Berg zu Ende geführt, der zu den bahnbrechenden Aluminiumfabrikanten gehörte. Dieses Luftschiff war aus dünnen Platten des beispiellos leichten und stabilen Aluminium gebaut, die mit einem Rahmen aus demselben Metall vernietet waren; das Traggas war Wasserstoff. Vermutlich muß man diese Konstruktion als das erste starre Lenkluftschiff bezeichnen. Bereits kurz nach dem Aufstieg bekam das kleine, silberglänzende Fahrzeug Probleme mit den vorderen Propellern. Der Pilot, ein Militärballonfahrer, geriet in Panik, öffnete das Gasventil und ließ den Wasserstoff abfließen, so daß das Gefährt krachend zu Boden prallte. Der Pilot blieb unverletzt, aber das von Schwarz entwickelte Luftschiff war zu weiteren Flügen nicht mehr zu gebrauchen.

Zeppelin mußte sich später mit dem Vorwurf auseinandersetzen, er habe Schwarz' Entwürfe gestohlen; doch war wohl das einzige, das er diesem Unglück verdankte, die Erkenntnis, daß die für Aluminium typische Kombination von Leichtigkeit und Stabilität dieses Metall für den Luftschiffbau geradezu prädestinierte. 1898 gründete er deshalb gemeinsam mit dem Aluminiumhersteller Carl Berg eine »Gesellschaft zur Förderung der Luftschiffahrt«. Zwar beteiligten sich auch etliche andere wohlhabende Geschäftsleute an der Aktiengesellschaft, aber die Hälfte des Grundkapitals von 800 000 Reichsmark brachte der Graf aus seinem Privatvermögen auf. Schon bald wurde aus Holz eine große Halle gebaut, die in der Nähe des Ortes Manzell westlich von Friedrichshafen auf dem Bodensee schwamm. Das Familienschloß Girsberg, in dem der Graf seine Kindheit verbracht hatte, befand sich ganz in der Nähe.

Schon bald trafen per Zug die ersten Aluminiumträger aus Carl Bergs Fabrik in Lüdenscheid im Ruhrgebiet ein. Da es sich jedoch um einen Prototyp handelte, waren während der Konstruktion des Luftschiffes immer wieder Umarbeiten nötig. Zwei Jahre dauerte es, bis das Luftschiff Zeppelin Eins (*LZ 1*) vollendet war.

Man hatte mit dem Bau des *LZ 1* kaum begonnen, da traf in Manzell die Nachricht ein, daß ein junger brasilianischer Millionär und Lebemann im September 1899 in einem länglichen – mit einem Propeller ausgestatteten – kleinen Ballon für ein paar Minuten in den Himmel über Paris

David Schwarz' leichtes Metalluftschiff (links) stieg nur einmal auf, brachte den Grafen Zeppelin jedoch auf die Idee, für das Gerippe des – unten in einem fortgeschrittenen Baustadium abgebildeten – *LZ 1* Aluminium zu verwenden.

Im Jahr 1901 gewann Alberto Santos-Dumont im dritten Anlauf und mit dem sechsten Luftschiff, das er gebaut hatte, den Deutsch-Preis. Bei seinem zweiten Versuch hatte die *Santos-Dumont Nr. 5* das Dach des Trocadero-Hotels gestreift und war explodiert; es war dem Luftfahrer jedoch gelungen, auf eine Fensterbank zu springen, von der ihn die Pariser Feuerwehr herunterholte. In den Jahren nach seinem Triumph wurde er berühmt für seine halsbrecherischen Unternehmungen. So landete er einmal nachmittags auf den Champs-Élysées, um dort in seinem Lieblingscafé etwas zu trinken.

aufgestiegen war. Der Graf war durch diese Nachricht offenbar nur wenig beunruhigt. Und tatsächlich trog ihn sein Gefühl nicht. Dem schneidig-eleganten Alberto Santos-Dumont kommt zwar das Verdienst zu, das erste auch bei stärkerem Wind manövrierfähige Lenkluftschiff gebaut zu haben. Und er sollte im Laufe der folgenden Jahre noch eine Reihe erfolgreicherer Luftschiffe konstruieren und zu einem Idol der französischen Öffentlichkeit und zu einer internationalen Berühmtheit avancieren. Seine größte Heldentat vollbrachte er, als er 1901 mit dem Ballon *Santos-Dumont Nr. 6* in dreißig Minuten von St. Cloud zum Eiffelturm und zurück flog und dafür den mit 100 000 Franc hochdotierten Deutsch-Preis gewann. Aber seine unstarren Luftschiffe waren niemals groß oder schnell genug, um mehr als teures Spielzeug zu sein. Unterdessen zogen die Wechselfälle des Luftschiffbaus, die der Graf Zeppelin am Gestade des Bodensees zu bestehen hatte, immer mehr die öffentliche Aufmerksamkeit auf sich.

Am Nachmittag des 17. Oktober 1900 erhob sich der zweiunddreißigjährige Dr. Hugo Eckener ungewöhnlich früh von seinem Schreibtisch in seinem Haus am Stadtrand von Friedrichshafen. Sein Buch über Wirtschaftspolitik im Kapitalismus machte inzwischen gute Fortschritte, aber diese Arbeit konnte warten. Er zog seinen langen, grauen Herbstmantel an, setzte seinen weichen Filzhut auf und begab sich auf den Weg nach Manzell. Unwillkürlich hielt er die Nase in den Wind und spähte in den Himmel über dem Bodensee. (Immerhin hatte er die glücklichsten Tage seiner Jugend auf einem Segelboot verbracht, mit dem er unweit seiner Heimatstadt Flensburg auf der Ostsee herumgeschippert war.) Es herrschte angenehm klares, sonniges Wetter an diesem Oktobertag, und es ging nur ein leichter Wind. Offenbar war der Wettergott jenem in der ganzen Gegend bekannten exzentrischen Grafen Zeppelin wohlgesonnen, der an diesem Tag mit dem *LZ 1* seinen zweiten Fahrversuch unternehmen wollte.

Bei seiner ersten Probefahrt Anfang Juli hatten Tausende ehrfürchtiger Zuschauer vom Ufer des Bodensees aus zugesehen, wie der 128 Meter lange zylinderförmige »Ballon« mit dem eher kleingewachsenen, zweiundsechzig Jahre alten Grafen Zeppelin am Steuer langsam in die Luft gestiegen war. Eigens angereiste militärische Beobachter hingegen waren weniger beeindruckt gewesen. Nach nur achtzehn Minuten hatten technische Probleme das Luftschiff zu einer Wasserlandung gezwungen. Die Ursache war eine defekte Mechanik des Laufgewichtes, das die waagerechte Lage des Luftschiffs gewährleisten sollte. Zwar hatte sich das *LZ 1* wegen dieses Defekts nur schwer manövrieren lassen, aber immerhin: es war geflogen. Und jetzt versuchte es der unermüdliche ehemalige Kavallerieoffizier zum zweitenmal.

Der erste Zeppelin, das *LZ 1*, steigt am 2. Juli 1900 zu seiner Jungfernfahrt auf.

Eckener war nicht Zeuge des ersten Aufstiegs gewesen. Er war erst unlängst nach Friedrichshafen gekommen, wo er die zur Beendigung seines Buches nötige Ruhe zu finden hoffte. Danach wollte er sich an einer deutschen Universität um eine Dozentur bewerben. Im Grunde genommen interessierte er sich nicht besonders für Zeppelins Luftschiff oder überhaupt für technische Fragen. Er wohnte dem zweiten Fahrversuch nur deshalb bei, weil er darüber im Auftrag der *Frankfurter Zeitung* einen Bericht schreiben sollte. Hier und da verfaßte er für diese angesehene deutsche Tageszeitung Wirtschaftsbeiträge. Da es dem Blatt zu kostspielig erschienen war, wegen der zweiten Fahrt des *LZ 1* eigens einen festen Mitarbeiter an den Bodensee zu entsenden, hatte man Eckener gebeten, über das Ereignis zu berichten.

Ganz Friedrichshafen war auf den Beinen, und die Menschen strömten zu Tausenden Richtung Seeufer. In den Augen der einfachen Bürger war Zeppelin schon lange nicht mehr der »verrückte Graf«, wie manche ihn immer noch nannten, sondern ein Visionär und ein großer Patriot. An einem geeigneten Platz baute Eckener sein Fernrohr auf und sah zu, wie der kleine Dampfer Buchhorn zu dem schwimmenden Hangar hinübertuckerte und das Luftschiff langsam aus der Halle zog. Aus der Ferne erschien das *LZ 1* jetzt wie »eine langsam vorwärtskriechende riesige Raupe«, wie der spätere Zeppelinkapitän Ernst Lehmann einmal gesagt hat. Aus der Entfernung kaum wahrnehmbare Gestalten eilten geschäftig auf dem langen Floß umher, auf dem die mit Wasserstoff gefüllte »Raupe« ruhte. Mitten unter ihnen Graf Zeppelin selbst. Eckener konnte von seinem Standort aus gerade noch den grauweißen Schnauzbart und die fesche weiße Mütze des Grafen ausmachen. Der Luftschiffbauer wirkte eher wie ein wohlhabender Yachtbesitzer, der sich anschickte, einen Segeltörn auf dem Bodensee zu unternehmen. Allerdings standen bei dem Unternehmen, das Eckener jetzt vom Ufer aus beobachtete, in Wahrheit eine Menge Geld und Prestige auf dem Spiel. Das Kapital der Aktiengesellschaft war bereits seit langem aufgebraucht, und alle Partner hatten noch einmal Geld nachschießen müssen, da man das Luftschiff andernfalls nicht hätte fertigbauen können. Graf Zeppelin war zum Erfolg verdammt.

Vom See her klang jetzt eine ganze Serie fauchend-stotternder Geräusche herüber, als die beiden 16-PS-Daimlermotoren widerstrebend ansprangen. Dann verwandelte sich die riesige Raupe unversehens in einen sanft und elegant nach oben schwebenden Schmetterling. Der Jubel der Zuschauer übertönte zeitweilig das hartnäckige Hämmern der Motoren. Als der Jubel allmählich verklang, entschwebte das *LZ 1* langsam Richtung Seemitte. Nach neunzig Minuten füllte ein Mechaniker hoch oben in der Luft versehentlich Wasser in einen der Treibstofftanks – ein Motor fiel aus, doch das Luftschiff landete wieder sanft auf seinem Floß und wurde langsam in die Halle zurückgeschleppt.

Der erste Aufstieg des *LZ 1* (oben) fand in der Bucht von Manzell statt, die auf dem links abgebildeten neueren Foto von Friedrichshafen deutlich zu erkennen ist (es handelt sich um die zweite, hintere Bucht). Die schwimmende Halle des Luftschiffs (unten) wurde vom Ufer aus in die Bucht gezogen und vor dem Start frontal in den Wind gestellt. Auf dem kleinen Bild (links) schwebt das Luftschiff über eine Kirche hinweg, die noch heute dort steht.

»Sicherlich: das ›Luftschiff‹ erwies sich als ›lenkbar‹. Es stieg unter den Hurrarufen des vollzählig am Ufer versammelten Friedrichshafen majestätisch und ruhig in die Lüfte, schwebte sinnig und hübsch über den See hin, machte kleine Drehungen um seine vertikale Achse, vielleicht sogar kleine Kurven, vollführte unzählige leichte Schwenks auch um seine Horizontalachse und blieb sicher und friedlich stets ungefähr in derselben Höhe und über demselben Fleck schweben.« Soweit Eckeners positives Resümee; er fährt dann jedoch kritisch fort: »Von einem ausgedehnteren Hinundherfahren, von einem Aufundabschweben zu größeren und geringeren Höhen war freilich nicht merklich die Rede. Man hatte das Gefühl, als ob das Luftschiff sich sehr freute, daß es so nett da droben balancierte, und man freute sich mit darüber; denn ohne Zweifel ist die schöne Ausbalancierung das Gelungenste an der Sache. Aber unter welchen Umständen wurden denn die geschilderten bescheidenen Resultate erzielt? Unter den allergünstigsten, es herrschte fast absolute Windstille!«

Im Jahr 1900 war der damals zweiundzwanzigjährige Ludwig Dürr noch Assistent des *LZ 1*-Konstrukteurs Theodor Kober, später stieg er jedoch zum Chefkonstrukteur der Zeppelin-Gesellschaft auf und baute in dieser Funktion 118 Starrluftschiffe. Der aus Schwaben stammende Dürr war ein scheuer Mann, der an seinen Überzeugungen festhielt und Ratschläge ablehnte. Dem Grafen Zeppelin und seiner Vision allerdings war er treu ergeben.

Eckener stellte weiterhin die Frage, »ob die konstatierten langsamen Vorwärtsbewegungen des Luftschiffes nicht in der Hauptsache auf Rechnung schwacher umlaufender Winde zu setzen sind«. Er kritisierte den für die Höhenstabilisierung entwickelten Mechanismus und behauptete, ein ruderähnliches Gerät werde ganz sicher besser funktionieren als das schwere Gewicht, das an einem zwischen der vorderen und der hinteren Gondel befestigten Kabel hin und her bewegt wurde. Überdies, so ließ er verlauten, brauche das Luftschiff einen stärkeren Antrieb und eine bessere Steuerung. Alles in allem handle es sich um ein durchaus interessantes Experiment, das er allerdings unter den gegebenen Umständen nicht für besonders vielversprechend halte. Eckener schickte seinen Artikel nach Frankfurt und hatte die seltsamen Experimente des Grafen Zeppelin schon kurz darauf wieder vergessen.

Am 20. Oktober unternahm das *LZ 1* einen dritten, dreiundzwanzigminütigen Fahrversuch und erreichte dabei eine Geschwindigkeit von 32 km/h. Das immerhin war ein ermutigendes Ergebnis. Aber die weitere Geschichte des ersten Starrluftschiffes war alles andere als erbaulich. Der Traum des Grafen Zeppelin hatte sich zwar tatsächlich in die Lüfte erhoben, doch war der Sinn und Zweck der neuen Erfindung nicht wirklich deutlich geworden. Zeppelin löste die Gesellschaft auf, die das Luftschiff gebaut hatte, entschädigte die anderen Teilhaber, ließ die Schwimmhalle an Land ziehen und trug seinen Arbeitern auf, das *LZ 1* abzuwracken. Dann entließ er seine sämtlichen Mitarbeiter – bis auf drei, von denen zwei das Aluminiumgerippe des

Luftschiffs nachts zu bewachen hatten; der dritte war ein junger Ingenieur namens Ludwig Dürr. Noch hatte der Graf die Sache nicht endgültig verlorengegeben.

Das traurige Ende seines ersten »Erfolges« scheint den Grafen Zeppelin dennoch zutiefst deprimiert zu haben. Das Schiff war zwar gefahren, aber nicht so gut, daß das deutsche Militär sich bereitgefunden hätte, die Arbeiten an einem neuen, verbesserten Modell finanziell zu unterstützen. In einem Brief an einen kranken Freund schrieb er: »Ich bin inzwischen auch zum Invaliden geworden: Mein Herz ist gebrochen.« Aber Zeppelin war keiner, der sich so schnell unterkriegen ließ.

Schließlich wandte er sich hilfesuchend an seinen einflußreichsten Freund, den König Wilhelm von Württemberg. Wilhelm hatte nicht vergessen, was Graf Zeppelin für ihn in seiner von Zweifeln erfüllten Zeit als Kronprinz getan hatte. Er zeigte sich bei dem Älteren durch die Ausschreibung einer Staatslotterie erkenntlich, die 124 000 Reichsmark einbrachte. Preußen steuerte widerwillig lumpige 50 000 Mark bei, weitere 200 000 Mark mußte der Graf selbst aufbringen. Er überredete Carl Berg, ihm das Aluminium kostenlos zur Verfügung zu stellen, und Gottlieb Daimler, ihm neue Motoren zu überlassen. Seine Frau war bereit, einen Teil ihrer Familienbesitzungen im heutigen Lettland zu verpfänden.

In den meisten historischen Darstellungen des Luftschiffbaus ist von Zeppelins Ehefrau Isabella von Wolff kaum die Rede. Aber es spricht einiges dafür, daß sie ihren Mann nach dessen erzwungenem Abschied von der Armee ermutigte, seine Luftschiffvision unbeirrbar zu verfolgen. Und noch nach zehn kostspieligen Jahren, an deren Ende nur relativ dürftige Resultate vorlagen, unterstützte sie die Idee ihres Mannes finanziell. Ihr Urenkel Albrecht erinnert daran, daß die Leute vom Bodensee in dieser frühen Periode, als Zeppelin allen Widrigkeiten zum Trotz an der Ausführung seines Plans festhielt, anfingen, über den langen Leidensweg der Gräfin ihre Witze zu machen. So hieß es etwa: »O ja, seine arme Frau. Womit beschäftigt sich die nur den ganzen Tag?« – »Wieso? Sie sitzt zu Hause und näht die Zeppelinhülle zusammen«, lautete die Antwort.

Gute fünf Jahre nach der letzten Fahrt des *LZ 1* konnte Graf Zeppelin endlich sein zweites Luftschiff fertigstellen. Zu seiner Bestürzung hatte das französische Militär in der Zwischenzeit damit begonnen, eine Serie von Luftschiffen zu bauen, die Pierre und Paul Lebaudy geplant hatten. Das erste dieser Luft-

Das wegen seiner gelben Stoffhülle als *Le Jaune* bezeichnete erste Luftschiff der Brüder Lebaudy war eine der Hauptattraktionen der Pariser Weltausstellung von 1903.

fahrzeuge, die *Lebaudy I,* war 1902 erstmals erfolgreich aufgestiegen und hatte sogleich einen neuen Dauerfahrtrekord aufgestellt. Es handelte sich um das erste echte halbstarre Luftschiff, das durch einen starren Kiel zwar stabilisiert wurde, dessen Hülle ihre Gestalt jedoch – wie bei unstarren Schiffen üblich – dem Innendruck verdankte. Luftschiffhistoriker bezeichnen die *Lebaudy I* vielfach als das bis dahin beste lenkbare Luftschiff.

Schließlich war das *LZ 2* fahrtüchtig. Aber bereits der erste Startversuch im November 1905 mußte abgebrochen werden, als ein Seil sich nicht rechtzeitig löste und der Bug deshalb ins Wasser eintauchte, wobei die Lenkvorrichtung beschädigt wurde. Der zweite Start, den das *LZ 2* am 17. Januar 1906 unternahm, war erfolgreicher. Doch gleich nach dem Start warf die Besatzung zuviel Ballast ab, und das Schiff stieg rasch bis auf 500 Meter Höhe. Von einer starken Windbö getroffen, richtete sich die Nase zunächst auf, um schon kurz darauf steil nach unten zu weisen. Danach fiel die Kühlung des vorderen Antriebs aus, und der Motor setzte aus. Dann versagte auch der im Heck angebrachte Motor. Jetzt trieb der Wind den Grafen und sein ruder- und antriebsloses Luftschiff in nordöstlicher Richtung vom See weg. Bis dahin war noch kein Zeppelin je auf festem Boden gelandet, aber dem furchtlosen Luftpionier gelang es, das Schiff unweit des zirka 35 Kilometer entfernten Städtchens Kißlegg mehr oder weniger wohlbehalten zu Boden zu bringen, obwohl das Heck einige Bäume streifte und beschädigt wurde. Ein in der Nacht aufkommender Sturm erledigte den Rest.

DIE ENTWICKLUNG DES LUFTSCHIFFS

Schon bald, nachdem die Brüder Montgolfier 1783 den ersten Ballon hatten aufsteigen lassen, wurden vielfältige Pläne für steuerbare oder Lenkluftschiffe entwickelt. Zunächst gab man dem runden Ballon eine elliptische oder eiförmige Gestalt, die durch den inneren Gasdruck beibehalten wurde. Für diese unstarren oder Prallluftschiffe verwendete man Ballonetts, »Lufttaschen«, die die durch Expansion und Verringerung des (hier blau dargestellten) Gasvolumens verursachten Veränderungen auszugleichen hatten; noch bei den heutigen Blimps arbeitet man mit dieser Technik. Weil diese frühen Luftschiffe in Belastungssituationen häufig einknickten, versuchten die Konstrukteure sie zwecks Stabilisierung mit einem (rot dargestellten) festen Kiel auszurüsten. Diese halbstarren Luftschiffe erzielten insbesondere in der militärischen Aufklärungsarbeit große Erfolge, aber einzig das von Graf Zeppelin eingeführte Starrluftschiff konnte eine Größe erreichen, die den Transport echter »Nutzlasten« – seien es Bomben oder Passagiere – ermöglichte. Und selbst wenn etliche seiner zahlreichen Gaszellen ausfielen, war das Starrluftschiff noch immer fahrtüchtig.

Montgolfier-Heißluftballon, 1783

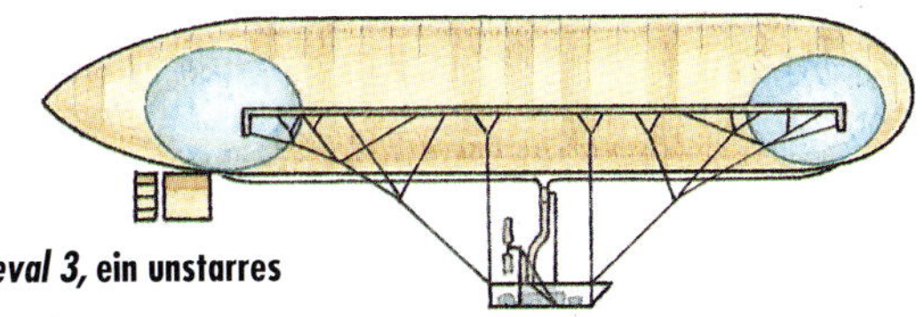

***Parseval 3*, ein unstarres Luftschiff, 1909**

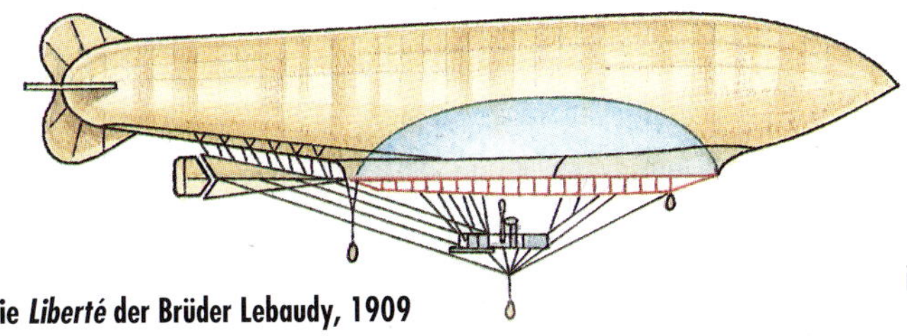

Die *Liberté* der Brüder Lebaudy, 1909

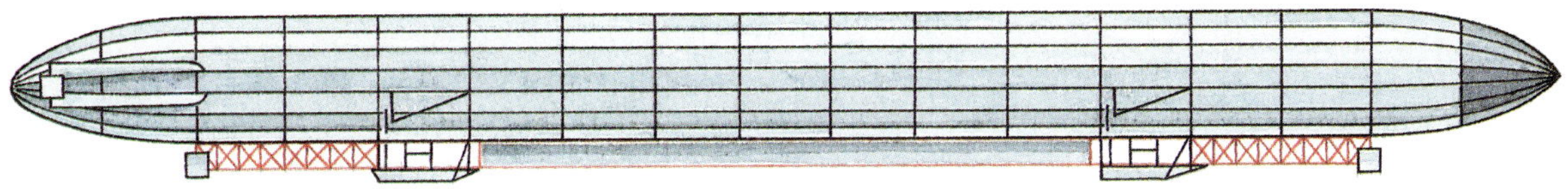

Das Starrluftschiff *LZ 2,* 1906

»Das Luftschiff lag vor uns wie das Skelett eines riesigen Wales«, schrieb Hugo Eckener am nächsten Tag in der *Frankfurter Zeitung.* »Männer arbeiteten mit Äxten und Sägen und zerlegten es in seine Bestandteile... Während dieses Zerstörungswerk voranschritt, stand der alte Graf Zeppelin aufrecht und ruhig da und gab nur bisweilen eine Anweisung. Wer kann ermessen, welche Kraftanstrengung es den Erfinder in jener schlaflosen Nacht gekostet hat, seine Entscheidung zu treffen – das heißt, die Zerstörung jenes Luftschiffs anzuordnen, dem er sein ganzes Leben gewidmet hatte?«

Was nun das *LZ 2* selbst anbelangte, so war Eckener in seiner Beurteilung wohlwollend und kritisch zugleich. »Besonders zu Beginn der Fahrt gab es Augenblicke, da das Luftschiff geradezu wundervoll dahinschwebte«, schrieb er. Tatsächlich konnte das Schiff gegen den Wind steuern und erreichte eine Spitzengeschwindigkeit von 40 km/h, was gegenüber dem *LZ 1* eine wesentliche Verbesserung darstellte. »Aber sobald der Wind oder die Geschwindigkeit des Luftschiffes den Rumpf starkem Druck aussetzten, muß es zu Verschiebungen gekommen sein, die das lange, starre Transmissionssystem zwischen Gondel und Propellern und die Steuerung in ihrer Funktionstüchtigkeit beeinträchtigten. Mit anderen Worten: Mit der Form des Fahrzeugs stimmt etwas nicht.«

Eckener berichtet, er habe einmal – Wochen nach der Katastrophe – spätnachmittags in seinem Garten gearbeitet, als das Hausmädchen aufgeregt aus dem Haus gerannt gekommen sei und erklärt habe, daß Graf Zeppelin persönlich vor dem Tor stehe. »Was will der alte Herr wohl von mir?« wird Eckener ein wenig irritiert vor sich hingemurmelt haben. Er zog schnell saubere Schuhe an und trat in das Wohnzimmer.

Graf Ferdinand von Zeppelin, in korrektestem Besuchsanzug mit Zylinderhut und gelben Handschuhen, begrüßte ihn herzlich. Obwohl fast einen Kopf kleiner als Eckener, beeindruckte er den wesentlich Jüngeren sogleich durch seine tadellose Haltung und seine heitere Gelassenheit. Es war das erste Mal, daß sie sich persönlich begegneten. Eckener fand den alten Grafen sympathisch, egal wie spleenig er auch sein mochte.

Sobald er Platz genommen hatte, zog Zeppelin eine Zeitung aus der Rocktasche. Wortlos legte er das zusammengefaltete Blatt auf den Tisch. Dann zeigte er auf einen mit »Dr. E.« unterschriebenen Artikel.

»Haben Sie das geschrieben, Herr Doktor?«
»Ja«, erwiderte Eckener.
Der prominente Besucher bedankte sich bei dem jungen Mann für den freundlichen Ton des Berichts und kam dann ohne Umschweife auf den Kern der Sache zu sprechen. Er wollte »mit mir über einige unrichtige Vorstellungen sprechen, die in meinen Ausführungen enthalten seien«, erinnerte sich Eckener später. »Und nun erläuterte er mir in längeren Auseinandersetzungen, daß der einzige Fehler des sonst durchaus gelungenen Schiffes der sei, daß es keine Stabilisierungsflächen am Heck... gehabt habe, wie z. B. jeder Pfeil sie haben müsse, um nicht quer, sondern in Pfeilrichtung durch die Luft zu fliegen.«
So entwickelte sich zwischen den beiden Männern eine Beziehung, die Eckeners Leben gründlich veränderte. Ein paar Tage später lud der Graf ihn ein, mit ihm im Hotel Deutsches Haus zu dinieren. Am Ende dieses ausgesprochen unterhaltsamen Abends – die beiden sprachen dem Wein ebenso reichlich zu wie den Havannazigarren – war Eckener in den Bann des Grafen geraten, dessen Persönlichkeit jene Mischung aus weltmännischem Charme und an Besessenheit grenzendem Erfinderstolz aufwies. Eckener erbot sich, Zeppelin in dessen Kampf »gegen die fast feindselige Ablehnung seiner Ideen durch alle staatlichen Ämter und Instanzen« beizustehen, »die für eine Förderung solcher und ähnlicher Projekte in Betracht kämen«, und »publizistisch für seine Sache zu wirken«.
Während der folgenden Jahre hatte die Beziehung der beiden noch einen eher inoffiziellen Charakter. Eckener schrieb bisweilen Zeitungsartikel und half auch anderweitig dabei, das

Graf Zeppelin war überzeugt, daß das *LZ 2* mit seinen verbesserten Stabilisierungsflächen und den stärkeren Motoren sich gegenüber dem *LZ 1* als deutliche Verbesserung erweisen werde. Doch sein zweites Luftschiff überstand nur eine einzige Fahrt.

Luftschiffprojekt zu fördern, während er ansonsten seine Laufbahn als Ökonom und Journalist weiterverfolgte. Eigentlich wollte er mit der ganzen Luftschiffangelegenheit ja gar nichts zu tun haben – so redete er sich jedenfalls ein. Aber je intensiver er die Entwicklung der jetzt allgemein als Zeppeline bezeichneten Luftschiffe verfolgte, um so schwerer fiel es ihm, das Thema aus seinem Leben zu verdrängen.

Mit seinem dritten Luftschiff, dem *LZ 3*, das sich im Oktober 1906 erstmals in die Lüfte erhob, konnte der Erfinder endlich auch viele Skeptiker überzeugen. Inzwischen beeindruckte er allein schon durch seine Hartnäckigkeit. Mit jeder erfolgreichen Probefahrt des Zeppelins wuchs sein Ansehen in Deutschland. 1907 absolvierte eine verlängerte Version des *LZ 3* eine achtstündige Reise. Und als das neue und verbesserte *LZ 4* Anfang Juli 1908 eine zwölfstündige Tour in die Schweiz und zurück unternahm, avancierte Zeppelin zum Nationalhelden und zur Weltberühmtheit. Die Lawine von Glückwünschen und Ehrungen anläßlich seines ein paar Tage später begangenen siebzigsten Geburtstags war schon ein deutlicher Hinweis darauf, daß er im Begriff stand, eine Art Kultfigur zu werden.

Einen Monat nach der Schweizreise stieg das *LZ 4* am 4. August 1908 zu einer langerwarteten vierundzwanzigstündigen Fahrt auf. Bei einem Erfolg der Reise wollte die Armee *LZ 3* und *LZ 4* erwerben. Der Graf hatte guten Grund zu glauben, seine beiden Schiffe würden den Grundstock einer neuen militärischen Luftschiffflotte bilden. Endlich würde sein Luftschiff dem Zweck zugeführt werden, für das er das Fahrzeug eigentlich konzipiert hatte.

Zunächst verlief die Fahrt reibungslos. Der Graf selbst steuerte den 15 000 Kubikmeter

(Gegenüberliegende Seite) Das *LZ 4* schwebt über seinem schwimmenden Hangar (oben links). (Oben rechts) Im Sommer 1908 mußte das *LZ 4* in der Nähe von Echterdingen notlanden und fand dort sein tragisches Ende.

großen, 136 Meter langen, mit Gas gefüllten Zylinder – dem Rheintal folgend – gemächlich nach Basel, von dort aus nach Norden Richtung Straßburg und Mainz, dem Zielpunkt der Reise. Unterwegs klang vom Fluß her das Tuten der Schiffshörner zu den Luftfahrern herauf, Kirchenglocken läuteten, und von den mittelalterlichen Burgen erschollen Salutsalven. Fast die ganze Bevölkerung schien sich in den Ortschaften und Städten längs des Rheins auf den Beinen zu befinden und zu jubeln. Es war zu schön, um wahr zu sein – und so verhielt es sich tatsächlich.

Mainz war schon beinahe in Sicht, als ein an sich unbedeutender Maschinenschaden in der Nähe der Stadt Oppenheim eine Landung auf dem Rhein erzwang. Während die Reparaturarbeiten rasch vorgenommen wurden, versammelte sich am Ufer eine riesige Menschenmenge. Aber das Schiff, das während der vorhergehenden Fahrt über die Prallhöhe hinaus aufgestiegen war, hatte vor der Landung Wasserstoff ablassen müssen und war jetzt zu schwer für einen neuerlichen Aufstieg. Zeppelin ließ sämtlichen überflüssigen Ballast ausladen und schickte auch fünf Besatzungsmitglieder von Bord. Kurz nach Einbruch der Dunkelheit schleppte ein Flußdampfer das *LZ 4* wieder in Startposition. Als der Aufstieg gelang, herrschte allenthalben Freude und Ausgelassenheit. Nächste Station: Friedrichshafen.

Bedauerlicherweise trat jedoch abermals ein – diesmal gravierender – Maschinenschaden auf. Um 1.27 Uhr nachts, man hatte soeben Mannheim überfahren, fiel der vordere Motor völlig aus. Schon bald unterlag auch der noch verbliebene Antrieb im Kampf gegen den aufkommenden Wind. Südlich von Stuttgart landete der Graf schließlich mit seinem Luftschiff inmitten panisch Reißaus nehmender Kühe und Schafe auf einem Feld. Die Daimlerwerke waren nicht weit entfernt, und so hoffte er, die dortigen Techniker würden den defekten Motor alsbald reparieren, so daß er seine Fahrt schon in Kürze würde fortsetzen können. Trotz der technischen Probleme konnte er sich immerhin mit dem Gedanken trösten, daß die beiden erzwungenen, aber erfolgreichen Landungen des *LZ 4* – einmal zu Wasser und einmal zu Lande – bewiesen hatten, daß das Luftschiff funktionstüchtig war.

Als der Morgen graute, wurden Soldaten aus einer nahegelegenen Garnison als Bodenmannschaft eingesetzt, während eine Gruppe von Daimlertechnikern sich am Motor zu schaffen machte. Schon bald versammelte sich eine große Menschenmenge, um das Wunderwerk des Grafen zu bestaunen. Da alles glattzugehen schien, begab sich Zeppelin zum Mittagessen in das nahegelegene Städtchen Echterdingen.

Während der Graf sich in einem Gasthof ein wenig Ruhe gönnte, riß ein plötzlich aufkommender Sturm das *LZ 4* aus seiner Verankerung, trieb es zunächst in die Höhe und warf es dann gegen einen Baum. Nach einer heftigen Explosion ging das Luftschiff in Flammen auf und stürzte zu Boden.

Der Rest der Geschichte ist reinstes Hollywood und erinnert an die Situation nach dem Duell zweier Revolverhelden in einem klassischen Western. Die Menge bildete wortlos eine Gasse, um den nunmehr gebeugten Grafen durchzulassen. Wie die Gäste einer Trauerzeremonie zogen die Männer die Hüte. In diesem Augenblick wenigstens sah man Zeppelin die ganze Last seiner siebzig Jahre an – er war ein gebrochener alter Mann. Er starrte auf das noch immer schwelende Wrack, machte dann kehrt und verließ wortlos den Schauplatz. Mit großen Hoffnungen war er zu dieser Fahrt aufgebrochen, doch jetzt war er am Ende eines langen Weges angelangt. Ein weiteres Luftschiff zu bauen – dazu würde seine Kraft nicht mehr reichen.

Aber das deutsche Volk dachte in diesem Punkt ganz anders. Als der Graf mit dem Zug in Friedrichshafen eintraf, gingen bereits die ersten Spenden und Solidaritätsbekundungen ein. Graf

Zeppelin, Sie müssen ein neues Luftschiff bauen! – so der Tenor der Briefe. Ein Kegelverein aus Baden schickte 150, die Bergwerksvereinigung Essen 100 000 Reichsmark. Ein kleines Mädchen spendete sieben Pfennige – ihre gesamten Ersparnisse. Andere, die kein Geld hatten, schickten Sachgeschenke: etwa Schinken, Würste und Wein. Obwohl der überwiegende Teil des Geldes von finanzkräftigen Großspendern stammte, war es doch so, als hätte sich das ganze Land in einer kollektiven Anstrengung der Erfindung des alten Grafen angenommen. Schon bald waren mehr als sechs Millionen Mark beisammen. Dank dieser schon bald als »Wunder von Echterdingen« bezeichneten Welle der Anteilnahme verwandelte sich der Traum des Grafen in den Traum einer ganzen Nation.
Und so fing der Graf abermals zu bauen an.
Unterdessen waren Luftschiffe in Europa und Amerika zu einem schon fast vertrauten Anblick am Himmel geworden, obwohl außer Zeppelin niemand sonst echte Starrluftschiffe baute. Im ersten Jahrzehnt des zwanzigsten Jahrhunderts versuchten viele, an die Erfolge Alberto Santos-Dumonts anzuknüpfen, der zu diesem Zeitpunkt weitaus berühmter war als der deutsche Graf. Aber nur wenigen war Erfolg beschieden. Das von den Gebrüdern Spencer entwickelte erste britische Luftschiff erschien 1902 am Himmel über London, und 1904 auf der Weltausstellung von St. Louis waren die Zuschauer tief beeindruckt von Thomas Baldwins *California Arrow,* dem einzigen Luftschiff, dem bei dieser Gelegenheit der Aufstieg gelang. Das erste unstarre – für das preußische Luftschiffbataillon gebaute – Parseval-Luftschiff wurde 1906 fertiggestellt und ließ die Experimente des verrückten Grafen vom Bodensee in den Augen der Militärs noch überflüssiger erscheinen. Und im Oktober 1910 unternahm der Journalist und Abenteurer Walter Wellman mit der in Frankreich gebauten *America* den ersten Versuch einer Atlantiküberquerung. Dieses Luftschiff war sehr schwer, und das Unternehmen stand von Anfang an unter einem unguten Stern. Einer der beiden Motoren fiel aus, so daß das Schiff nicht mehr gegen den Wind ankam. Nachdem die Besatzung drei Tagesreisen vor Atlantic City bereits einen Motor zu Erleichterung des Luftschiffs abgeworfen hatte und dennoch der sicheren Katastrophe entgegenblickte, seilten sich die Männer in ein Rettungsboot ab und wurden von einem zufällig vorüberkommenden Dampfer aufgefischt. Die Aeronauten wurden Zeuge, wie die jetzt allen Ballastes ledige *America* auf Nimmerwiedersehen in den Himmel entschwand.

August von Parseval (rechts), der seine Laufbahn im Luftschiffbereich als Konstrukteur von Drachenballons für das deutsche Heer begonnen hatte, entwickelte eine Reihe unstarrer Luftschiffe für die Nahaufklärung. Diese waren so erfolgreich, daß in den Jahren vor dem Ersten Weltkrieg mehrere Länder, darunter auch England und Rußland, *Parseval*-Luftschiffe erwarben.

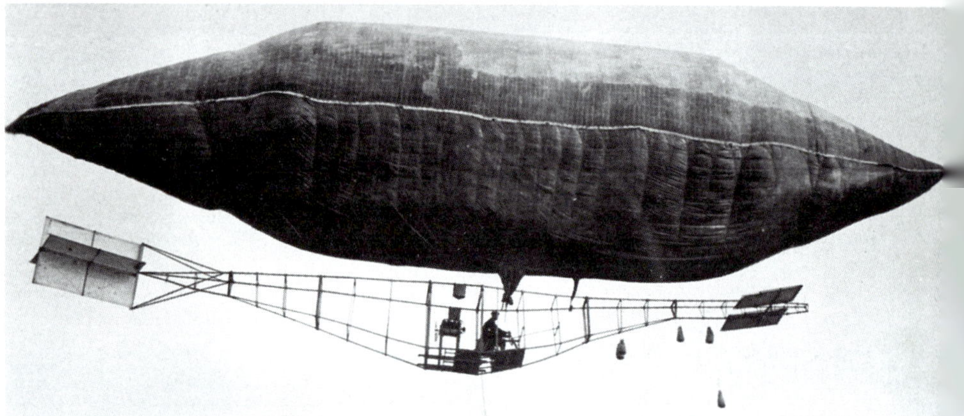

LENKLUFTSCHIFFE ÜBERALL

Während Graf Zeppelin sich bemühte, das Starrluftschiff zu vervollkommnen, wurden in vielen Ländern alternative Konstruktionen erprobt. (Ganz oben) Das 130 Meter lange, halbstarre Luftschiff (1912) der Siemens-Schuckert-Werke. (Mitte) Das erste halbstarre italienische Luftschiff (1908) des Armeeingenieurs Gaetano Crocco. (Oben) Das unstarre Luftschiff *Boomerang* von Charles Oliver Jones. (Unten) Die französische *Ville de Paris* (1904), eines der ersten Lenkluftschiffe mit Stabilisierungsflächen. (Rechts) Im Oktober 1910 unternahm die *Clément-Bayard II* die erste Fahrt vom europäischen Festland nach London.

Zu dieser Zeit schien sich der Traum des Grafen Zeppelin endlich zu erfüllen. Im September 1908 gründete er mit Hilfe des ihm nach dem »Wunder von Echterdingen« zugeflossenen Kapitals die »Luftschiffbau Zeppelin G.m.b.H.«, die bis zum heutigen Tag existiert, obwohl sie seit 1938 kein einziges Luftschiff mehr gebaut hat. Schon bald gruppierten sich um dieses Kernunternehmen eine Reihe von Zulieferern, darunter auch eine Firma, die aus Goldschlägerhaut (der Haut des Rinderblinddarms) gefertigte Gaszellen herstellte. In der Zeit vor der Erfindung des Kunststoffs war dies die einzige Möglichkeit, die Seidenhüllen der Zellen gasundurchlässig zu machen (Gummi lädt sich häufig mit statischer Elektrizität auf). Aber der wichtigste Zulieferer war die Maybach Motorenbau, die dem Grafen endlich zu einem verläßlichen Benzinmotor verhalf.

Der neue Geschäftsführer der »Luftschiffbau Zeppelin« war Alfred Colsman, der Schwiegersohn des Aluminiumfabrikanten Carl Berg. Zum erstenmal wurden die Aktivitäten des Zeppelinunternehmens jetzt von einem hartgesottenen Geschäftsmann koordiniert.

Eine der ersten Entscheidungen, die Colsman in seiner neuen Funktion traf, war zugleich eine seiner weitreichendsten. Er ernannte Hugo Eckener zum Leiter der Presseabteilung. In Eckeners Leben stellte dieser Schritt einen Wendepunkt dar. Bis 1908 hatte er hauptsächlich journalistisch gearbeitet, war als Kolumnist für eine Hamburger Zeitung tätig gewesen und hatte endlich sein Wirtschaftsbuch veröffentlicht. Aber irgendwann im Laufe der Jahre hatte er dann doch sein Herz endgültig an die Luftschiffahrt verloren, und so nahm er Colsmans Angebot bereitwillig an.

Alfred Colsman (oben) wurde zum Geschäftsführer der Zeppelin-Gesellschaft ernannt, deren erstes Schiff, das *LZ 5*, viele Abenteuer zu bestehen hatte. Während einer Dauerfahrt Ende Mai 1909 landete es während einer Notlandung bei Göppingen an einem Birnbaum (oben links), konnte jedoch nach einer provisorischen Reparatur die 140 Kilometer weite Strecke nach Friedrichshafen zurückfliegen (unten links). Nachdem es im folgenden Frühjahr unter dem Namen *Z II* an das deutsche Heer übergeben worden war, konnte die Haltemannschaft es während einer Bö nicht festhalten; das Schiff stürzte ohne Passagiere an Bord in Weilburg ab (rechts oben und unten).

Schon bald wurde Eckener damit beauftragt, die erste Passagierlinie für Luftschiffe auf die Beine zu stellen. Ungeachtet des Umstands, daß das *LZ 4* den von der Armee geforderten Langzeittest nicht bestanden hatte, beugte sich das Militär jetzt dem öffentlichen Druck und erwarb zwei Zeppeline – ein neugebautes *LZ 3* sowie das *LZ 5*, praktisch eine Kopie des *LZ 4*. Die Gesellschaft baute dann noch ein weiteres Schiff, das *LZ 6*, das zwar erfolgreich fuhr, jedoch ohne Nachfolgeauftrag blieb. Die deutsche Armee bevorzugte ihre eigenen – unstarren – Parseval-Schiffe und ließ sich nicht davon überzeugen, daß Starrluftschiffe mehr als nur eine untergeordnete militärische Rolle würden spielen können. Colsman begriff rasch, daß das neue Unternehmen über einen eigenen Kundenstamm verfügen müsse, wenn es überleben wollte. Und so gründete er eine Passagier-Luftschiff-Gesellschaft.

Die Deutsche Luftschiffahrts-Aktien-Gesellschaft, kurz DELAG, trat im November 1909 ins Dasein. Aber Graf Zeppelin, der aristokratische Begründer dieses Unternehmens, konnte die Nutzung seiner hehren Erfindung für kommerzielle Zwecke niemals richtig verwinden. Wie Colsman einmal gesagt hat, sah Zeppelin »in der Verwendung seiner Schiffe zum Geldverdienen ... eine Herabsetzung seiner Ideen«. Gleichwohl war er sich stets bewußt gewesen, daß das Potential seiner Luftschiffe sich nicht auf militärische Aktivitäten beschränkte. 1910 reiste Zeppelin gemeinsam mit Prinz Heinrich, dem Bruder des Kaisers, nach Spitzbergen, um die Möglichkeit einer Nordpolfahrt zu erkunden. Und er sah schon früh den Tag voraus, da große Passagierzeppeline den gesamten Globus umrunden würden.

Innerhalb kürzester Zeit erklärten sich zahlreiche deutsche Städte bereit, auf eigene Kosten Luftschiffhallen zu errichten, von denen aus die Passagierlinie zu ihren Fahrten starten und landen konnte. Zwar gab es zu diesem Zeitpunkt noch keine Pläne, einen regelmäßigen Passagierdienst zwischen den großen Bevölkerungszentren aufzunehmen – dazu fehlte es den damaligen Luftschiffen noch an der nötigen Zuverlässigkeit. Hier und da verkehrten Luftschiffe aber auch schon vor dem Ersten Weltkrieg zwischen einzelnen Städten; bei der großen Mehrzahl der Fahrten handelte es sich freilich um Ausflugstouren, die von

Auf dem Rückweg von einer triumphalen Berlinfahrt im September 1909 legte das *LZ 6* in Frankfurt eine Zwischenstation ein und zeigte sich auf der Internationalen Luftfahrtausstellung. Von seinem provisorischen Hangar aus fuhr das Luftschiff die Prominenz über die Stadt und unternahm eintägige Rheintouren.

einem bestimmten Punkt aus starteten und dort auch wieder landeten.

Düsseldorf wurde die Ehre zuteil, als erster Startplatz für eine kommerzielle Passagierfahrt des auf den Namen *Deutschland* getauften *LZ 7* ausgewählt zu werden. Bedauerlicherweise war das positivste Ergebnis dieser Reise noch der Umstand, daß niemand ums Leben kam. Am 28. Juni 1910 stieg die *Deutschland* mit Alfred Colsman als Gastgeber und einer Journalistenschar an Bord in die Lüfte und geriet fast augenblicklich in Schwierigkeiten. Ein großes Problem für die frühen Luftschiffahrer waren die wenig verläßlichen Wettervorhersagen der damaligen Zeit. Die *Deutschland* wurde bei Osnabrück unerwartet von einem heftigen Gewittersturm geschüttelt, der sie zunächst blitzschnell auf fast 1200 Meter hinaufschießen ließ, wobei große Wasserstoffmengen durch das Notventil entwichen. Das nun plötzlich schwerere Schiff stürzte daraufhin über einem Wald ab. Es war ein unglaubliches Glück, daß kein Feuer ausbrach, und so kamen alle Passagiere unversehrt davon. Die *Deutschland* selbst war freilich nur mehr ein Schrotthaufen. Man zerlegte sie in ihre Bestandteile und brachte die noch verwertbaren Elemente zurück nach Friedrichshafen.

Das wichtigste Ergebnis dieser unheilvollen Erstlingsfahrt war die Ernennung Hugo Eckeners zum DELAG-Fahrtenleiter. Der vormalige Segelfreund und Intellektuelle war fortan für die Rekrutierung und Ausbildung der Besatzungen sämtlicher Passagierluftschiffe zuständig und betätigte sich auch des öfteren selbst als Steuermann. Als Colsman Eckener diese Stellung erstmals antrug, wird dieser bei dem Gedanken, aus seiner bis dahin eher betrachtenden und reagierenden in eine eiserne Tatkraft verlangende Position überzuwechseln, zunächst einmal zurückgeschreckt sein. Zwar hatte er an etlichen Luftschiffflügen teilgenommen und dabei hier und da auch einmal das Steuer in der Hand gehabt, aber für einen Chefpiloten war diese »Ausbildung« natürlich alles andere als ausreichend. Zum Glück für viele spätere Passagiere lernte Eckener jedoch sehr rasch.

Eines von vielen Plakaten, mit denen die DELAG, die erste Passagier-Luftfahrtlinie der Welt, auf sich aufmerksam machte.

Freilich verlief auch sein Lernprozeß nicht ohne Rückschläge. Schon die erste Fahrt, die Eckener als Luftschiffkapitän absolvierte, wäre beinahe seine letzte gewesen. Am 16. Mai 1911 versammelte sich vor dem Hangar in Düsseldorf eine große Menschenmenge, um beim Start des *Deutschland II* getauften nagelneuen *LZ 8* zuzuschauen. Obwohl am Eingang der Halle ein starker Seitenwind wehte, beschloß Eckener, mit den Startvorbereitungen zu beginnen. Er brachte es einfach nicht fertig, die zahlenden Passagiere und die vielen Zuschauer zu enttäuschen, die zu diesem Ereignis erschienen waren.

»Ich bezahlte meine Charakterschwäche mit einer so starken Beschädigung des Schiffes, daß eine Reparatur einem Neubau gleichgekommen wäre, und war seitdem gegen solche Anwandlungen gefeit«, schrieb er viele Jahre später. Als die *Deutschland* aus der Halle herausgezogen wurde, erfaßte eine Bö das Heck und riß das Schiff über eine Windschutzvorrichtung hinweg, die eigens installiert worden war, um solche Vorkommnisse zu verhindern. Die *Deutschland* hing jetzt mit gebrochenem

(Oben links) Graf Zeppelin ist dabei, als Hugo Eckener (rechts) seine Zulassung als Luftschiffführer erwirbt. (Oben rechts) Eckeners Karriere als Luftschiffkapitän begann mit einer mittleren Katastrophe, als die *Deutschland II* kurz vor dem Start vor dem neuen Hangar in Düsseldorf zu Bruch ging. Die erwartungsvollen Passagiere müssen sich über eine lange Leiter in Sicherheit bringen.

Rückgrat zehn Meter hoch über dem Boden. Die erschreckten Passagiere retteten sich über Feuerleitern. Wie durch ein kleines Wunder gab es keine schlimmeren Verletzungen zu beklagen, aber Eckener hatte seine Lektion gelernt. »Nie wieder sollte [Eckener] ein Risiko eingehen, nur um die Erwartungen der Öffentlichkeit nicht zu enttäuschen«, wie Douglas Robinson schreibt.

In jenem Jahr hatte die DELAG keine weiteren Verluste zu verzeichnen. Höchstwahrscheinlich wurde die Zukunft der Luftschiffahrt durch »dieses vom Wetterglück so außerordentlich begünstigte Jahr 1911« gerettet, wie Eckener einmal schrieb, »das drei Monate lang ein ununterbrochenes wunderbares Schönwetter ... aufwies, wie ein Geschenk des Himmels. Man war nicht täglich auf den Fahrten von Wetterkatastrophen bedroht. Man fuhr wochen- und monatelang in Ruhe und Sicherheit und begann das fremde Element allmählich zu begreifen und zu beherrschen. Die Elemente, die ›das Gebild von Menschenhand‹ hassen, können unter Umständen auch gnädig und freundlich gestimmt sein. Aber wehe dem, der die Pranke des Siegers darüber vergißt und unvorsichtig wird! Die Vorsicht war es, die man im ›Schwaben‹-Fahrbetrieb um so mehr üben lernte, je erfreulicher die Wiederherstellung des Vertrauens war, das man nicht wieder aufs Spiel setzen durfte.«

Das *Schwaben* getaufte *LZ 10* war der erste kommerziell erfolgreiche Zeppelin. In jenem Sommer des Jahres 1911 unternahm dieses Luftschiff fast hundert Fahrten, ohne daß ein ernsthaftes Problem aufgetaucht wäre. Das Innere der Passagiergondel erinnerte an das Abteil eines Erste-Klasse-Zuges; die Wände waren mit Mahagoniholz getäfelt und mit Perlmuttintarsien verziert. Überdies gab es an Bord einen Waschraum mit Waschbecken und Toilette. Während des Fluges wurden erlesene kalte Speisen gereicht, etwa Gänseleberpastete, französischer Kapaun, westfälischer Schinken und »bester Beluga-Kaviar«. Zu diesen Köstlichkeiten kamen französische und deutsche Weine, Champagner, Portwein, Sherry und diverse Liköre hinzu. Auch blieben die Passagiere von der Luftkrankheit verschont, da der Zeppelin gleichmäßig durch die Sommerluft dahinschwebte.

Schon bald wurde die Passagierflotte um drei weitere Zeppeline vergrößert: die *Viktoria Luise*, die *Hansa* und die *Sachsen*. Zwischen 1911 und dem Beginn des Ersten Weltkriegs 1914 transportierte die DELAG 34 028 Passagiere, davon 10 197 zahlende Gäste, und legte mehr als 150 000 Kilometer zurück. Diese Leistung beeindruckt um so mehr, wenn man bedenkt, daß die Fluggeräte jener Zeit noch höchst anfällige »fliegende Kisten« mit geringer Reichweite und Tragkraft waren. Nur Science-fiction-Schreiber sahen damals die Zeit voraus, in der »Schwerer-als-Luft«-Flugmaschinen eines Tages in der Lage sein würden, erhebliche Lasten über riesige Entfernungen zu transportieren.

Als Graf Ferdinand von Zeppelin am 8. Juli 1914 seinen sechsundsiebzigsten Geburtstag beging, war er schon lange nicht mehr der »verrückte Graf«, über dessen Luftschiffe sich ganz Deutschland lustig machte. Er war ein allseits geliebtes Idol, eine Vaterfigur für das ganze deutsche Volk und, wie Henry Cord Meyer einmal gesagt hat, »der größte Volksheld seit Bismarck«. Kaum jemand hätte damals anzuzweifeln gewagt, was der Kaiser bereits 1908 anläßlich der Verleihung des Ordens vom Schwarzen Adler an Zeppelin gesagt hatte: dieser sei »der größte Deutsche des Jahrhunderts«.

Im Sommer 1911 unternahm die mit einer eleganten Passagiergondel (unten) ausgestattete *Schwaben* bereits Ausflüge mit zahlenden Gästen.

Die *Sachsen* (links im Bild) und die *Viktoria Luise* schweben im Juni 1913 über den Leipziger Hangar hinweg.

IN MOND-FINSTERER NACHT

»Zeppelin, flieg,
Hilf uns im Krieg,
Fliege nach Engeland,
Engeland wird abgebrannt,
Zeppelin, flieg.«
Lied, das deutsche Schulkinder
im Herbst 1914 sangen

»Ich habe den Zeppelin als Kriegswaffe stets geringer eingeschätzt als fast alle anderen Beobachter. Ich war der Meinung, diese enorme – mit brennbarem, explosivem Gas gefüllte – Blase werde sich als leicht zerstörbar erweisen.«
Winston S. Churchill,
Erster Lord der Admiralität

Bei Einbruch der Dunkelheit stand der zweiunddreissigjährige Leutnant Heinrich Mathy mit dem Marinezeppelin *L 13* hoch oben in den Lüften vor der Küste von Norfolk; der nächstgelegene Ort war Wells-next-the-Sea. Im Schutze der Dunkelheit erteilte er den Befehl: »Volle Kraft voraus!«, überquerte die Meeresbucht *The Wash* und erreichte nahe der Stadt King's Lynn das englische Festland. Bald schon schwebte er mit fast achtzig Stundenkilometern Richtung Süden über der englischen Landschaft dahin. Die mondlose, nur von Sternen erhellte Nacht war kalt und klar – ideale Bedingungen für einen Bombenangriff. Obwohl man bereits den 8. September 1915 schrieb – der Krieg dauerte inzwischen schon ein Jahr –, leuchteten ihm von unten die Lichter der Dörfer und Städte entgegen und wiesen ihm wie Leuchtfeuer den Weg nach London. Seit Januar schon hatten Zeppeline Küstenstädte weiter nördlich angegriffen, aber trotz der großen Hoffnungen, die man daheim in Deutschland hegte, hatte noch keines der Luftschiffe das Zentrum der britischen Hauptstadt, das Herz des Empire, erreicht.

(Gegenüberliegende Seite) Ein Zeppelin im Ersten Weltkrieg beim Start in Friedrichshafen. (Oben) Leutnant Heinrich Mathy, der berühmteste deutsche Zeppelinbomber-Kapitän.

Als Mathys Zeppelin – noch knapp hundert Kilometer von seinem Ziel entfernt – über Cambridge hinwegschwebte, wurde bereits am Horizont das Gleißen des Londoner Nachthimmels sichtbar. »Auf 2800 Meter gehen«, befahl er. So hoch oben in der Luft konnte er sich selbst vor den stärksten britischen Abwehrgeschützen weitgehend sicher fühlen. Denn den englischen Verteidigern stand für Luftabwehrzwecke lediglich ganz normale Bodenartillerie zur Verfügung. Mit Ausnahme einiger weniger primitiver Fluggeräte, deren Piloten keine Erfahrungen mit Nachtflugbedingungen hatten, befanden sich sämtliche britischen Flugzeuge an der Westfront. Aber selbst wenn sein Luftschiff getroffen werden sollte, würde vermutlich schlimmstenfalls einer der Gasbehälter zerstört werden. Und der Segelmacher an Bord des *L 13* würde ein Loch in der Hülle gewiß rasch repariert haben. Selbst wenn aus einer der Gaszellen der gesamte Wasserstoff entweichen sollte, war in den verbleibenden Zellen noch immer genügend Traggas, um das Schiff wieder sicher nach Hause zu befördern.

Auf Mathys Befehl betätigte der zuständige Mann in der Führergondel sogleich das Höhenruder. Die Nase des *L 13* wies nun leicht aufwärts, während das Schiff seinen gemächlichen Aufstieg begann. Die Luft in der unbeheizten Gondel wurde jetzt noch kälter, und die Besatzungsmitglieder zitterten in ihren pelzgefütterten Anzügen. Aber dies alles entging Heinrich Mathy, der mit seinem Fernglas nach Wegmarken am Boden Ausschau hielt.

Das Zentrum der Stadt lag stellenweise im Dunkeln. Aber der Zeppelinkommandant hatte keine Schwierigkeiten, seinen Weg zu finden. »Man konnte den Regent's Park deutlich ausmachen, der »an dem wie in Friedenszeiten beleuchteten ›Inner Circle‹ genau zu erkennen war«, erklärte er später einem Journalisten. Als das *L 13* über die nordwestlichen Vorstädte hinwegschwebte, wiesen einige Besatzungsmitglieder mit dem

Finger auf potentielle Bombenziele unten am Boden. Doch Mathy beruhigte sie. »Es gibt noch weit bessere Ziele«, erklärte er kühl. »Geduldet euch noch ein wenig!« Als sich das Schiff langsam dem Zentrum Londons näherte, ließ er etliche Bomben zum Abwurf klarmachen.

Kurz vor 23.00 Uhr fielen dann die ersten deutschen Bomben auf die ahnungslosen Menschen weit unten in der Tiefe. Das erste Opfer war Henry Coombs von den Londoner Stadtwerken. Vielleicht war Coombs, der sich gerade in einer an die Theobald's Road angrenzenden Passage aufhielt, auf dem Weg zu dem nahegelegenen »Dolphins«-Pub, um dort kurz vor Beginn der Sperrstunde noch schnell ein Bier zu trinken. In dem Lokal jedenfalls blieb eine Uhr um genau 10.49 Uhr stehen. Keiner der Gaststättenbesucher wurde verletzt. Ein paar Minuten später fiel eine weitere Bombe auf eine Wohnanlage am Ende der Portpool Lane.

Von oben konnte Mathy nur erkennen, daß seine kleineren Bomben einigen Schaden angerichtet hatten. Deshalb gab er jetzt den Befehl, eine 300-Kilo-Bombe abzuwerfen, die erste Bombe dieser Größenordnung, die auf England niederging. Sie explodierte kurz nach 23.00 Uhr auf einem Bartholomew Close genannten Platz und schleuderte mit ihrer Wucht den diensthabenden Feuerwehrmann Charles Henley aus seinem Wärterhäuschen; die Scheiben der umliegenden Häuser barsten, und auch die Mauern der an den Platz angrenzenden Häuser trugen Schäden davon. Als Henley noch völlig benommen auf dem Pflaster lag, hörte er, wie Kinder um seinetwillen um Hilfe riefen. Im Licht der Flammen, die sich jetzt an den Häuserfassaden emporfraßen, konnte er den Bombenkrater erkennen, »ein großes Loch, das gleich neben dem Wärterhäuschen im Boden klaffte«. Es war ein Wunder, daß er die Explosion überlebt hatte.

Heinrich Mathys *L 13* war einer der ersten Kriegszeppeline. Mit einem Gasvolumen von 31 900 Kubikmetern, einer Höchstgeschwindigkeit von 96 km/h und einer Maximalhöhe von 3700 Metern war es das erste leistungsstarke Militärstarrluftschiff.

Der menschlichen Tragödie, die sich am Boden vollzog, dort oben in seinem Luftschiff weit entrückt, war Mathy von der unübersehbaren Zerstörungskraft der neuen Bombe ganz angetan. »Die Sprengwirkung der 300-Kilo-Bombe muß sehr groß sein, da ein größerer Komplex von Lichtern in der Sprengung verschwand«, wie er später anmerkte. Aber der Höhepunkt seines Luftangriffes stand noch bevor.

Suchlichter tasteten jetzt den Nachthimmel ab: »Vom Zeppelin sieht es so aus, als ob die Stadt plötzlich zum Leben erwacht wäre und ihre Arme winkend gen Himmel reckt – wie Fühler, die sich der drohenden Gefahr entgegenstrecken, aber wir dort oben haben eher den Eindruck, daß es sich um Greifarme handelt, die uns ins Verderben reißen möchten.« Endlich fingen die in London stationierten sechsundzwanzig Abwehrgeschütze an, den Luftangreifer zu beschießen. Völlig ungestört warf Mathy noch über dem Gebiet nördlich der St.-Pauls-Kathedrale ein paar Bomben ab, einem von verwinkelten Gassen gebildeten Viertel mit zahlreichen großen Textillagerhäusern. Jetzt aber explodierten ganz in der Nähe des Luftschiffs mehrere britische Granaten, weshalb Mathy sein Schiff auf rund 3700 Meter Höhe steigen ließ. Die Bomben hatten inzwischen unten einen wahren Feuersturm entzündet. Bevor es Richtung Heimat abdrehte, warf das *L 13* noch seine letzten Bomben über dem Bahnhof Liverpool Street ab. Sie trafen jedoch lediglich zwei Omnibusse und verletzten und töteten einige der Fahrgäste.

Als er jetzt zu seiner Heimatbasis Hage an der ostfriesischen Nordseeküste zurückfuhr, hatte Mathy allen Grund, mit der Arbeit dieser Nacht zufrieden zu sein. Er hatte seinem teuren Kommandanten, Korvettenkapitän Peter Strasser, den ersehnten Beweis dafür geliefert, daß Luftschiffe den Krieg sehr wohl auf die Britischen Inseln tragen konnten. Außerdem würde er seiner frisch angetrauten Frau berichten können, daß er als erster Deutscher London bombardiert hatte. Bevor es zu spät war, blickte er noch einmal zurück. Ein beträchtlicher Teil der Innenstadt stand in Flammen.

Mathys Attacke sollte der schlimmste Luftangriff – sei es per Flugzeug oder Luftschiff – des gesamten Ersten Weltkriegs bleiben. Das *L 13* hatte einen Sachschaden in Höhe von rund 500 000 Pfund (über zehn Millionen Goldmark) angerichtet und insgesamt zweiundzwanzig Menschen getötet; zugleich aber hatte es den Londoner Bürgern drastisch vor Augen geführt, daß die Stadt auf einen Luftkrieg nur höchst unzureichend vorbereitet war. Den Tausenden von Menschen, die auf die Straße hinauseilten, um das Spektakel zu beobachten, erschien das langsam dahinschwebende feindliche Luftschiff auf eine geradezu empörende Art und Weise unbekümmert und unangreifbar. »Es erweckte den Eindruck absoluter Ruhe und schien es ganz und gar nicht eilig zu haben«, meinte ein Augenzeuge später. Von den drei Flugzeugen, die während des Angriffs aufstiegen, kam keines dem *L 13* auch nur nahe, und eines verunglückte bei der Landung; der Pilot war sofort tot.

Vielen Menschen auf beiden Seiten der Kriegsfront schien es, als habe sich das Lieblingsspielzeug des Grafen Zeppelin unversehens in eine furchtbare Waffe verwandelt – den ersten strategischen Langstreckenbomber.

Niemand hatte diese Entwicklung vorhergesehen, als am 7. Dezember 1913, sechs Monate vor Ausbruch des Ersten Weltkriegs, das kleine DELAG-Passagierluftschiff *Sachsen* elegant auf dem Marineluftschiffhafen Fuhlsbüttel bei Hamburg gelandet war. Freilich handelte es sich bei dieser Fahrt nicht um eine Ausflugstour betuchter Touristen. Vielmehr lieferte Hugo Eckener den Zeppelin als Ersatz für zwei auf Schulungsfahrten verlorengegangene Luftschiffe an die Marine. Und schon kurz darauf hielt er sich wiederum in Fuhlsbüttel auf, um die grün gekleideten Besatzungen in die Bedienung des neuen Luftschiffs einzuweisen. Kurz nach Ausbruch des Krieges wurde der Fahrtenleiter der DELAG dann zum Chefausbilder der Marine-Luftschiffabteilung ernannt.

Obwohl der Ausbruch des Krieges Eckener mit bösen Vorahnungen erfüllt hatte – er glaubte nicht, daß Deutschland den Krieg gewinnen könne –, wußte er, was ihm die Pflicht gebot: Er mußte seinem Land dienen. Sein erster Impuls war, sich freiwillig als Luftschiffkapitän zu melden, aber die hohen Tiere bei der Marine redeten ihm diese Idee rasch aus. Er war zu wichtig, um sein Leben im Kampf aufs Spiel zu setzen. Mit inzwischen fünfundvierzig Jahren war er überdies bereits ein wenig zu alt für die Härten in großer Höhe unternommener Fernfahrten.

Wie bereits in Friedenszeiten sollte Eckener auch im Krieg eine entscheidende Rolle bei der Entwicklung der neuesten Starrluftschiffe spielen. Alles hing jetzt davon ab, wie er mit dem neuen Kommandeur der Marine-Luftschiffabteilung, Peter Strasser, zurechtkommen würde.

Ein seltener Augenblick der Entspannung mitten im Krieg: Graf Zeppelin besucht Peter Strasser (rechts) und Hugo Eckener im Marineluftschiff-Hauptquartier in Nordholz.

Über die erste Begegnung dieser beiden bemerkenswerten Männer liegen uns keine schriftlichen Aufzeichnungen vor, aber sie scheinen sich auf Anhieb verstanden zu haben. »Eckeners praktische Erfahrungen und Strassers militärischer Geist begründeten die hohe Effizienz der neuen Organisation«, schrieb Ernst Lehmann viele Jahre später. Lehmann war mit beiden Männern gut bekannt. Als einer der ersten DELAG-Kapitäne hatte er sein Handwerk von Eckener gelernt. »Ich war sein Schüler«, schrieb er später. »Er unterwies mich als Pilot und führenden Mitarbeiter.« Lehmann seinerseits hatte Strasser die erste Luftschiffschulung erteilt.

Zwischen den beiden Männern gab es weder Rivalität noch Konkurrenzdenken. Strasser befolgte getreulich Eckeners Ratschläge. Luftschiffoperationen seien um so erfolgreicher, ließ Eckener ihn wissen, je zuverlässiger die vorliegenden Wetterprognosen seien. Deshalb leitete Strasser unverzüglich Maßnahmen zur Verbesserung der Wettervorhersagen und ihrer Auswertung ein. Da sich jedoch die meisten Sturmtiefs und Regenfronten über dem Atlantik zusammenbrauten und von dort aus auf den europäischen Kontinent übergriffen, war es oft äußerst schwierig, das über der Nordsee oder über England herrschende Wetter vor einem Aufstieg verläßlich vorherzusagen.

Wie so viele andere Luftschiffpioniere war auch Strasser ein wenig übereifrig. Die Luftschifffahrt erfüllte bald das ganze Dasein des vormaligen Artillerieexperten und überzeugten Junggesellen. Die Zeppeline waren in seiner Vorstellung die Waffe, mit der Deutschland den Krieg gewinnen würde. In seinem frisch entfachten Glaubenswahn bereitete es ihm Schwierigkeiten, die Grenzen der noch im Versuchsstadium steckenden neuen Technik richtig einzuschätzen. Seine Starrköpfigkeit war sogar wiederholt der Grund dafür, daß er die britischen Abwehrmaßnahmen gründlich unterschätzte.

Strassers Leute, besonders die von Eckener schon in den Vorkriegsjahren geschulten Mannschaften, liebten ihren Vorgesetzten offenbar bedingungslos. Tatsächlich konnte er bisweilen ein strenger, kompromißloser Kommandant sein. »Da er in einem Bereich tätig war, in dem es auf strikte Disziplin ankam, konnte Strasser im Dienst bisweilen wie ein wahrer Zuchtmeister auftreten«, schreibt Douglas Robinson. Jede Nachlässigkeit hatte sofort eine »schwarze Zigarre« zur Folge – wie man bei der deutschen Marine einen »Anschiß« nannte. Aber zwischen den Einsätzen war er beinahe so etwas wie ein freundlicher Onkel, der sich um das Wohlergehen seiner Männer sorgte und sie und ihre Angehörigen allesamt persönlich kannte. Fast bis zum Schluß, als Strassers Eifer in Fanatismus umschlug, blieb die Moral seiner Truppe trotz hoher Verluste und zunehmend widriger Umstände sehr hoch.

Bei Ausbruch des Krieges im August 1914 stellte die Marine-Luftschiffabteilung für den Gegner noch keine unmittelbare Bedrohung dar. Sie besaß zu diesem Zeitpunkt lediglich ein Luftschiff und eine Luftschiffbasis und hatte noch keine konkreten Einsatzziele, wenn man einmal von Strassers vagen Plänen absieht, Luftschiffe für die Fernaufklärung zu verwenden. Und abgesehen von seinen stärkeren Motoren wies dieses eine, das *L 3*, auch gegenüber den Vorkriegszeppelinen keinerlei technischen Entwicklungsfortschritt auf und konnte nicht einmal oberhalb der Reichweite der gegnerischen Schiffsartillerie fliegen. Immerhin konnte das *L 3* bei gutem Wetter Aufklärungsfahrten über dem Ärmelkanal und der Nordsee durchführen. Da jedoch die meisten Schiffsbewegungen und Seeschlachten bei schlechtem Wetter stattfanden, war das *L 3* für militärische Zwecke durchaus ungeeignet.

Die deutschen Admiräle erkannten freilich recht bald, welchen Nutzen Luftschiffe für die Fernaufklärung haben konnten. Sie hatten fälschlicherweise angenommen, sie könnten die Briten recht schnell in eine Entscheidungsschlacht locken. Ihre Flotte verfügte deshalb über zahlreiche Schlachtschiffe und -kreuzer, jedoch kaum über Zerstörer und kleinere Kreuzer, die in den Küstengewässern hätten patrouillieren können. Ein Luftschiff kostete zudem nur den Bruchteil eines Kreuzers und konnte innerhalb von sechs Wochen statt von zwei Jahren gebaut werden. Deshalb erhielt der Luftschiffbau binnen kurzem höchste Priorität, wenngleich die erste Luftschiffflotte erst Anfang 1915 zum Einsatz kam. Bis dahin hatte nur das Heer eigene Luftschiffe.

Anders als die Flotte verfügte das Heer bereits zu Beginn des Ersten Weltkriegs über eine kleine Luftflotte, die aus einem unstarren Parseval- und zehn starren Luftschiffen bestand; das Heer besaß außerdem bereits eine Reihe mehr oder weniger fertiggestellter Luftschiffhallen. Aber genau wie im Falle des *L 3* handelte es sich auch bei diesen Luftschiffen lediglich um »frisierte«, für militärische Zwecke kaum geeignete Passagierfahrzeuge – was ihre geringe Wirkung während der ersten sechs Kriegsmonate erklärt. Diese frühen Heereszeppeline leisteten weder erfolgreiche Aufklärung hinter den feindlichen Linien, noch waren sie als Mittelstreckenbomber erfolgreich. Da Fliegerbomben erst Anfang 1915 in Gebrauch kamen, warfen sie anfangs Artilleriegranaten ab. So hatte das deutsche Heer im Januar 1915 durch alliierten Abschuß und durch Unglücksfälle bis auf vier sämtliche Luftschiffe verloren. Genau wie die Marine brauchte es deshalb unbedingt verbesserte Modelle, die die »Luftschiffbau Zeppelin« schon bald bereitstellte.

Zu Beginn des Krieges überschätzte die deutsche Öffentlichkeit die Wirksamkeit der Zeppeline und wurde in dieser Haltung von offizieller Seite noch bestärkt. Mit Aufklebern und Zündholzschachteln (links) wird Kriegspropaganda gemacht. Die obenstehende Karikatur zeigt John Bull, der versucht, Großbritannien den Bombenangriffen zu entziehen.

Dank der sprunghaft gestiegenen Nachfrage der Marine und des Heeres verwandelte sich das eher beschauliche Familienunternehmen des Grafen Zeppelin praktisch über Nacht in ein von der Regierung kontrolliertes großes, effizientes Industrieunternehmen. Neue Fachleute wurden engagiert, etwa der österreichische Aerodynamikexperte Dr. Paul Jaray, der die Zeppelinhülle stromlinienförmiger gestaltete, und Dr. Karl Arnstein, der den ersten tauglichen Belastungstest für die neuen Luftungeheuer entwickelte. Unterdessen wurden in Friedrichshafen und auf dem ehemaligen DELAG-Stützpunkt in Potsdam neue Fertigungshallen errichtet. Die schon bald ins nahegelegene Staaken umgesiedelte Potsdamer Fabrik wurde zu einer effizienten Luftschiffwerft ausgebaut samt einer zentralen Ringfertigung, die für die parallel in zwei großen Konstruktionshallen gebauten Luftschiffe die Gerüstelemente produzierte. Auf dem Höhepunkt ihrer Produktionskapazität – zwischen 1915 und 1917 – stellte die »Luftschiffbau Zeppelin« pro Monat zwei Luftschiffe her, von denen eines an das Heer, das andere an die Marine geliefert wurde.

Zunächst operierten die Luftschiffflotten des Heeres und der Marine unabhängig voneinander. Falls das Wetter es zuließ, sandte die Marine einen Zeppelin aus, der über der Nordsee nach britischen Kriegsschiffen und U-Booten Ausschau hielt. Das Heer dagegen verwendete seine Luftschiffe für nächtliche Bombenattacken hinter den feindlichen Linien und versuchte auf diese Weise, den Nachschub zu stören. Aber beide Waffengattungen verfolgten letzten Endes ein größeres Ziel: Sie wollten die großen feindlichen Hauptstädte Paris und vor allem London bombardieren. Der durchschnittliche Deutsche verübelte es Großbritannien nämlich ganz enorm, daß es sich in die – aus deutscher Sicht – als Kontinentalkrieg gedachte militärische Auseinandersetzung eingemischt hatte.

Zunächst mußte der Kaiser freilich dazu überredet werden, seine traditionalistischen Vorstellungen von einem Krieg zwischen christlichen Nationen über Bord zu werfen. Wilhelm II. konnte die Idee, die Hauptstadt seines Vetters König Georg V. bombardieren zu lassen, anfangs mit seinem aristokratischen Ehrbegriff nicht vereinbaren. Sein Generalstab allerdings, der sich mit der Tatsache konfrontiert sah, daß das britische Empire und seine Alliierten die Festung Deutschland buchstäblich umzingelt hatten, versuchte ihn für die Doktrin des totalen Krieges zu gewinnen und verlangte die Erlaubnis, auch Handelsschiffe angreifen und feindliche Hauptstädte »strategisch« bombardieren zu dürfen. Aber noch zögerte der Kaiser.

Anfang Januar 1915 lenkte er schließlich ein. In Peter Strassers Hauptkommando, dem großen, neuen Luftschiffhafen Nordholz an der Nordseeküste, wurde diese Nachricht begeistert aufgenommen: »Vom höchsten Kriegsherrn genehmigte Luftangriffe auf England. Ziele in London dürfen nicht angegriffen werden, wohl aber Dockanlagen und militärische Einrichtungen an der unteren Themse und an der englischen Küste.« Der Luftkrieg gegen Großbritannien war eröffnet.

Am Morgen des 19. Januar 1915 machten sich drei Marinezeppeline auf den Weg zur englischen Küste. Aber auf dem *L 6*, auf dem auch Peter Strasser mitfuhr, brach die Kurbelwelle des Backbordmotors, und das Luftschiff mußte umkehren. Auch bei etlichen späteren Unter-

Auf diesem Bild des deutschen Malers Zeno Diemer spüren Suchscheinwerfer 1915 während eines deutschen Angriffs über der englischen Küste zwei Zeppeline auf.

nehmungen wurde der allseits verehrte Luftschiffführer vom Pech verfolgt. Strasser, der für die praktische Ausbildung zuständig war, wollte wenigstens einmal im Monat persönlich bei einem Einsatz dabeisein. Aber wann immer dies der Fall war, geriet das betreffende Luftschiff in Schwierigkeiten und fuhr geradewegs in eine Schlechtwetterfront oder erlitt einen ernsten technischen Schaden. Dieses Muster wiederholte sich so beständig, daß er alsbald im Ruf eines Unglücksbringers stand. Während sich *L 6* nun auf den Heimweg machte, fuhren *L 3* und *L 4* weiter, überquerten den Ärmelkanal und näherten sich im Schutze der Dunkelheit der englischen Küste. Strasser hatte für Einsätze gegen England genaue Richtlinien erlassen. Die Luftschiffe starteten bei Tageslicht von ihrer Basis und näherten sich der englischen Küste bei Einbruch der Dunkelheit. Auf diese Weise konnten sie auf der Hinfahrt zugleich Aufklärungsarbeit leisten. Zudem boten nächtliche Angriffe die besten Erfolgsaussichten und die größte Chance, unentdeckt zu bleiben. Um die Erfolgsaussichten nächtlicher Angriffe zu maximieren, wurden sie zudem meistens bei Neumond unternommen, genauer in den letzten acht Tagen vor und den ersten acht Tagen nach Neumond. In dieser Phase leistete der Mond den unten wartenden Geschützmannschaften keinerlei Hilfestellung bei der Entdeckung der Angreifer.

Wie viele spätere Zeppelinbesatzungen auch hatten die Kapitäne von *L 3* und *L 4* Schwierigkeiten, das Ziel ihres Einsatzes, die wichtigen Werftbetriebe an der Mündung des Humber River, überhaupt zu finden. Die für die Kindertage der Luftfahrt typische fehlerhafte Navigation machte den Kommandanten der Luftschiffe während des gesamten Krieges immer wieder schwer zu schaffen, selbst nachdem die Funkpeilung in Gebrauch gekommen war. Bei diesen frühen Einsätzen mußten sich die Kapitäne in puncto Navigation ganz auf ihre Erfahrung, ihr Auge und ihren Instinkt verlassen. Während dieses ersten Angriffs hatten die beiden Luftschiffe wegen des zunehmend schlechteren Wetters Schwierigkeiten beim Ansteuern des von ihnen angepeilten Punktes. Das *L 4* verlor daraufhin völlig die Orientierung und bombardierte in dem falschen Glauben, befestigte Stellungen unter sich zu haben, etliche kleine Dörfer. Immerhin behielt der Kommandant von *L 3* noch einigermaßen den Überblick; er bombardierte nur den kleinen Hafen Great Yarmouth. Doch auch ihm gelang kein Angriff auf die vorgesehenen militärischen Ziele.

1917

EIN HEERESZEPPELIN IN AKTION

Der deutsche Künstler Felix Schwormstädt hat hier den Kampfeinsatz des Heereszeppelins *LZ 38* über England nachempfunden. (Links) Der MG-Schütze in der hinteren Maschinengondel hält Ausschau nach feindlichen Kampfjägern, während Mechaniker sich an den 210-PS-Maybach-Motoren zu schaffen machen. In der engen Führergondel (oben) wartet Kapitän Erich Linnarz – das mit dem mitschiffs gelegenen Bombenraum verbundene Sprachrohr in der Hand – auf die Auskunft, daß das Schiff sein Ziel erreicht hat. In solchen Augenblicken dachte niemand an die in der Gondel herrschende Kälte, aber selbst spezielle Fliegeranzüge (unten links) waren während eines Winterangriffs nur von begrenztem Nutzen. Der Kälte und feindlichen Angriffen besonders schutzlos ausgesetzt waren die oben auf dem Rumpf stationierten MG-Schützen (unten Mitte und rechts) – einer direkt oberhalb der Gondel und auf späteren Zeppelinen ebenfalls einer direkt vor dem Heck. Sie mußten darauf achten, daß sie mit ihren Kugeln nicht austretenden Wasserstoff entzündeten.

(Oben links) So stellte ein deutscher Zeichner sich eine Panik auf dem Londoner Trafalgar Square vor. (Oben rechts) Heereszeppeline bombardieren im Oktober 1914 den belgischen Hafen Antwerpen.

Dieses unrühmliche Debüt leitete die erste und verheerendste Einsatzsaison deutscher Luftschiffe gegen England ein. Wie Heinrich Mathys spektakulärer Angriff auf London schon bald zeigen sollte, gelang es den Engländern nur mit Verzögerung, ihr Abwehrkonzept an die neue Bedrohung aus der Luft anzupassen. Tatsächlich war das Wetter – neben technischen Pannen – während des ganzen Jahres 1915 der gefährlichste Gegner der Zeppeline. Weder das Heer noch die Marine verloren während dieses Jahres über England auch nur ein einziges Luftschiff durch feindlichen Beschuß. Das Marineluftschiff *L 10* aber stürzte am 3. September – vom Blitz getroffen – brennend ab, als es während eines Gewitters Gas abließ. Doch die bereits erwähnten Orientierungsprobleme waren Ursache dafür, daß nur sehr wenige Luftschiffe ihre Ziele auch wirklich fanden. Aber selbst wenn dies gelang, sorgten die Unerfahrenheit der Besatzung, ihr Unvermögen, Ziele genau zu identifizieren, die primitive Bauart der Bomben und Bombenzielgeräte dafür, daß nur wenige der aus der Höhe abgeworfenen Sprengsätze das gewünschte Ziel auch wirklich trafen. Die große Mehrzahl der Bomben wurde mehr oder weniger nach dem Zufallsprinzip abgeworfen.

Nach den folgenlosen Zeppelinangriffen im Januar 1915 stellte sich in England bereits ein trügerisches Gefühl der Sicherheit ein. Etliche deutsche Versuche, England zu erreichen, schlugen wegen des widrigen Winterwetters fehl. Aber im Frühjahr schien es dann so, als werde der drohende Feuersturm jetzt tatsächlich über die Insel hereinbrechen. Im April, Mai und Juni tauchten die Zeppeline mit furchterregender Regelmäßigkeit auf. Im Mai wurde auch London selbst erstmals bombardiert. Der Kaiser hatte inzwischen bestimmte Gebiete der Stadt zur Bombardierung freigegeben; er gestattete Angriffe allerdings lediglich auf die Stadtbezirke östlich des Tower und schloß davon Wohngegenden und historische Gebäude wie die St.-Pauls-Kathedrale und vor allem die Gegend um den Buckingham-Palast kategorisch aus.

Die Unberechenbarkeit der von ihnen angerichteten Zerstörungen machte die Luftschiffe in den Augen der britischen Bevölkerung um so gefürchteter. Die meisten Schäden entstanden an zivilen und privaten Einrichtungen, und die große Mehrzahl der Opfer waren ebenfalls Zivilisten. So verwundert es kaum, daß die Briten die deutschen Luftschiffe schon bald als »Baby-Killer« bezeichneten. Aber genau wie die deutschen Luftangriffe im Zweiten Weltkrieg haben die Zeppelinattacken offenbar primär den Kampfeswillen der Engländer verstärkt.

Nach einer zweimonatigen Pause zwischen Anfang Juni und Anfang August – die Hochsommernächte waren für Bombenangriffe zu kurz – wurden die Zeppelinattacken wiederaufgenommen und bis zum Oktober und dem Einsetzen der ersten Herbst- und Winterstürme fortgesetzt. Aber nur während des letzten dieser Angriffe, am 13. Oktober, gelang es mehreren Zeppelinen gleichzeitig, London in ein und derselben Nacht zu bombardieren. Tatsächlich hatten die Deutschen während des ersten Jahres ihrer Luftangriffe gegen Großbritannien relativ wenig erreicht. Die Zahl der – überwiegend zivilen – Opfer belief sich auf 208 Tote und 432 Verletzte. Die Sachschäden betrugen 815 866 Pfund – von denen zwei Drittel allein auf das Konto des spektakulären Angriffs gingen, den Heinrich Mathy im September unternommen hatte.

Während des gesamten Jahres 1915 waren die Zeppeline in Großbritannien kaum auf Widerstand gestoßen. Aber diese Situation änderte sich jetzt schnell. Obwohl in immer rascherer Folge immer modernere und bessere Luftschiffe in Dienst gestellt wurden, die höher aufstiegen und schneller waren als ihre Vorgänger, konnten die Deutschen niemals jene Erfolge

DIE BRITISCHE ANTWORT AUF DEN LUFTKRIEG

Entgegen den Erwartungen der Deutschen stärkten die anfänglich so erfolgreichen Zeppelinangriffe nur den britischen Kampfeswillen. Dieses Rekrutierungsplakat (links) macht sich die Wut der einfachen Bürger über die von den »Baby-Killern« unterschiedslos angerichteten Zerstörungen zunutze – eine Wut, die auch auf der rechts abgebildeten Postkarte Ausdruck findet. Das oben abgebildete Warnplakat fordert die Briten auf, nach feindlichen Fluggeräten am Himmel Ausschau zu halten.

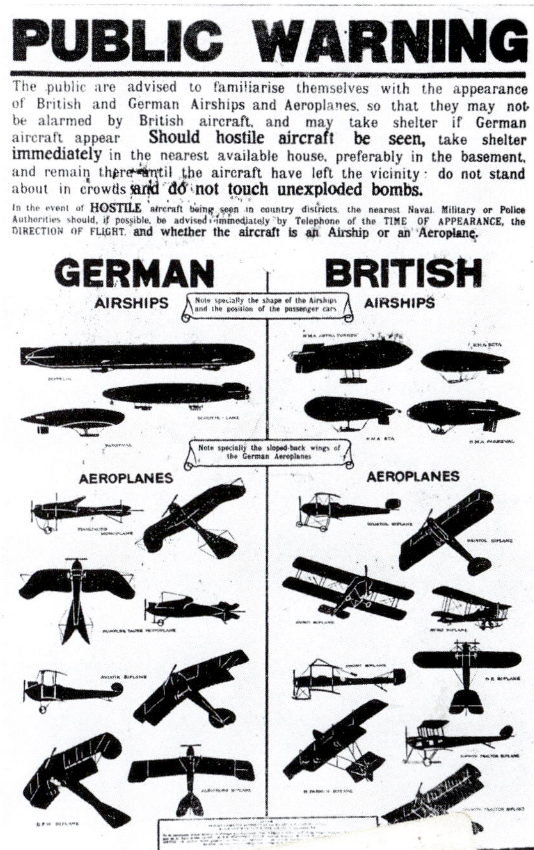

PUBLIC WARNING

The public are advised to familiarise themselves with the appearance of British and German Airships and Aeroplanes, so that they may not be alarmed by British aircraft, and may take shelter if German aircraft appear. **Should hostile aircraft be seen,** take shelter **immediately** in the nearest available house, preferably in the basement, and remain there until the aircraft have left the vicinity: do not stand about in crowds **and do not touch unexploded bombs.**

In the event of **HOSTILE** aircraft being seen in country districts, the nearest Naval, Military or Police Authorities should, if possible, be advised immediately by Telephone of the TIME OF APPEARANCE, the DIRECTION OF FLIGHT, **and whether the aircraft is an Airship or an Aeroplane.**

wiederholen, die sie während des ersten Jahres ihrer Angriffe auf das feindliche Inselvolk verzeichnet hatten. Die britische Luftabwehr holte mehr und mehr auf. Im weiteren Verlauf des Krieges nahm die erste Schlacht um England immer mehr den Charakter eines technologischen Wettrennens an: Auf jede Stärkung der britischen Luftabwehr folgte sogleich eine technische Verbesserung der deutschen Luftschiffe.

Ernst Lehmann, damals bereits ein erfahrener Luftschiffkapitän, kommandierte zu Beginn des Krieges einen Heereszeppelin. Während der Belagerung Antwerpens Anfang Oktober 1914 unternahm er mit Erfolg einen nächtlichen Bombenangriff auf die belgische Hafenstadt, wobei ihm besonders deutlich vor Augen geführt wurde, wie wenig geeignet sein Vorkriegszeppelin für solche Aufgaben eigentlich war. Im Januar 1915 übernahm er dann einen nagelneuen *Z XII*, den die Luftschiffwerft der Zeppelin-Gesellschaft gerade erst ausgeliefert hatte. (Das Heer verwendete seit Kriegsbeginn zur Bezeichnung der Luftschiffe, die es von der Zeppelin-Gesellschaft erwarb, ein Z mit einer römischen Zahl. Um jedoch den wenig glückverheißenden Namen *Z XIII* zu vermeiden, übernahm man dann die Seriennummern der Werft. Die Marine dagegen behielt die Bezeichnung L plus eine arabische Zahl bei, woran sich die Reihenfolge ablesen läßt, in der die einzelnen Luftschiffe bei der Werft in Auftrag gegeben wurden.) Das *Z XII* wies eine Reihe aerodynamischer und baulicher Verbesserungen auf, wie sie auch in den folgenden Jahren in rascher Folge immer wieder vorgenommen wurden. Dazu gehörten ein stärkerer rückwärtiger Propeller, der die Höchstgeschwindigkeit des Schiffes auf 80 km/h erhöhte, ein günstigeres Strömungsverhalten der Hülle und ein Gerippe aus Duralumin, einer Aluminiumlegierung, die sowohl leichter als auch stabiler war als reines Aluminium. Aus diesem Material wurden fortan sämtliche Zeppeline gebaut.

Während einer Einsatzpause im Winter 1915 fand Lehmann Zeit, mit einer Vorrichtung zu experimentieren, von der er sich für künftige Bombeneinsätze einigen Gewinn versprach – dem sogenannten Spähkorb. Dabei handelte es sich um eine mit einem Beobachter besetzte Gondel, die von dem über den Wolken stehenden Luftschiff an einem Seil herabgelassen wurde. Der Spähkorbbeobachter – aufgrund seiner geringen Größe für die feindlichen Suchscheinwerfer unentdeckt – sollte Bombenziele ausspähen, während der riesige Zeppelin sich über einer möglichst geschlossenen Wolkendecke verborgen hielt. Theoretisch hätte ein Zeppelin deshalb bei entsprechenden Wetterverhältnissen den Feind bombardieren können, ohne gesehen zu werden. Viele Heereszeppeline waren mit dieser Vorrichtung ausgestattet, aber Strasser hatte für die Marine damit nichts im Sinn – und zwar zu Recht. Nur einmal wurde ein solcher Korb bei einem Bombenangriff erfolgreich eingesetzt.

Als sich der Krieg im Mai 1915 an der Westfront festlief, wurden Lehmann und die Besatzung des *Z XII* an die Ostfront versetzt, wo die Armee des Feldmarschalls von Hindenburg die Russen zurückdrängte. Lehmann kam mit seinem Luftschiff unverzüglich zum Einsatz. »Uns fiel die Aufgabe zu«, schrieb er später, »den zurückgehenden Feind zu beunruhigen und die Eisenbahnen zu zerstören, damit er der deutschen Verfolgung nicht entkam.« Während die *Sachsen* und das *LZ 39* gegen die russischen Stellungen vorgingen, griff Lehmann mit dem *Z XII* die Hauptverbindungslinie zwischen Warschau und Wilna an.

Als der Wintereinbruch und mangelnde Verstärkung Hindenburgs Vormarsch zum Stehen brachte, wurden Lehmann und seine Besatzung wieder an die Westfront beordert – wo sie auf einem neuen Luftschiff eingesetzt wurden, dem *LZ 90*. (Das *LZ 90* war das Schiff Nr. 60 der Werft, aber seit Indienststellung des *LZ 42* hatte das Heer damit begonnen, die Herstellungsnummern des Zeppelinwerks zu der Zahl 30 zu addieren. Auf diese Weise hoffte Deutschland,

(Links) Ernst Lehmann (erste Reihe, dritter von rechts) posiert hier während des Krieges mit einer seiner Luftschiffbesatzungen. Links von Lehmann sitzt sein Adjutant, Baron Max von Gemmingen, ein Neffe des Grafen Zeppelin. (Rechts oben) Lehmanns zweites Schiff, *das Z XII*, war eine verbesserte Version der Vorkriegszeppeline. (Rechts unten) Sein Lieblingsprojekt, der Spähkorb, erwies sich als militärisch nur begrenzt nützlich.

bei den Briten den Eindruck zu erwecken, daß es weitaus mehr Luftschiffe besitze, als dies tatsächlich der Fall war; freilich spricht nur wenig dafür, daß die Briten auf dieses Manöver hereingefallen wären.) Das *LZ 90* war größer und schneller als alle Schiffe, die Lehmann bis dahin befehligt hatte. Mit diesem neuen technischen Wunderwerk sollten er und seine Männer erstmals Erfahrungen mit dem gefährlichsten und spektakulärsten Unterfangen des Luftkriegs machen: der Bombardierung Londons.

Im Jahr 1916 erreichte der Luftschiffkrieg gegen England seinen Höhepunkt. Drei erfolglose Bombenangriffe von Heeresluftschiffen auf Paris im Januar waren die letzten der ohnehin nicht sehr zahlreichen Einsätze deutscher Zeppeline gegen die französische Hauptstadt, aber London besaß als Ziel für die deutsche Marine nach wie vor höchste Priorität. Das lag zum Teil daran, daß Strasser jetzt im Marinehauptquartier einen begeisterten Fürsprecher hatte. Vizeadmiral Reinhard Scheer, der neue Kommandeur der Hochseeflotte, unterstützte uneingeschränkt eine Intensivierung der Luftangriffe gegen England. Marinezeppeline leisteten weiterhin Aufklärungsarbeit über der Nordsee, und als sich im März das Wetter besserte, fuhren sie zudem zahlreiche Bombenangriffe. Vielfach unternahmen sie diese Einsätze gemeinsam mit Heereszeppelinen, die von weiter südlich gelegenen Basen aus starteten.

Der Star dieser Frühlingsangriffe war wieder einmal Heinrich Mathy, den die Briten inzwischen den »größten Luftschiffkapitän« nannten. Aber Mathy und die übrigen Kapitäne mußten feststellen, daß die Briten ihre Flugabwehr gegenüber 1915 erheblich verbessert hatten. In Nächten, die für einen Angriff geeignet erschienen, war jetzt fast das ganze Land verdunkelt. Es gab mehr Suchscheinwerfer, mehr und bessere Geschütze und vor allem mehr Flugzeuge. Infolgedessen richteten die Frühlingsangriffe nur relativ wenig Schaden an. Aber bis zu diesem Zeitpunkt hatte die britische Flugabwehr lediglich einen Zeppelin abgeschossen, der sich nach einem Angriff in geringer Höhe über dem Kanal auf dem Heimweg befunden hatte und von einem Flugzeug attackiert worden war, das die deutsche Besatzung überhaupt nicht wahrgenommen hatte.

Als die Luftschiffangriffe gegen England Mitte August wiederaufgenommen wurden, hatten die Engländer inzwischen eine – für deutsche Besatzungen – höchst gefährliche Abwehrtechnik entwickelt. Sie verfügten jetzt nämlich nicht nur über eine größere Zahl von Flugzeugen, die genauso hoch aufsteigen konnten wie die angreifenden Zeppeline. Die britischen Aeroplane waren auch mit einer Munition ausgerüstet, die den Zeppelinen wirklich gefährlich werden konnte – mit Brandgeschossen. In der Anfangsphase des Krieges hatten die Briten fälschlicherweise angenommen, daß die mit Wasserstoff gefüllten Gaszellen durch eine chemisch reaktionsträge Stickstoffschicht geschützt seien. (Die Deutschen hatten diese Möglichkeit auch tatsächlich in Erwägung gezogen; sie hatte sich allerdings als undurchführbar erwiesen.) Die erfolgreichsten Angriffe auf Zeppeline waren bis dahin mit von oben abgeworfenen Bomben erzielt worden; allerdings war es den britischen Flugzeugen kaum je gelungen, hoch genug aufzusteigen, bevor die deutschen Luftschiffe entkommen konnten. Aber die Bomben und die üblichen MG-Kugeln und Artilleriegeschosse hatten meistens nur die Gasbehälter durchschlagen, ohne den darin enthaltenen Wasserstoff in Brand zu setzen. Erst die Brandgeschosse bereiteten der Luftüberlegenheit der Zeppeline ein flammendes Ende.

DER ERSTE ABSCHUSS

Am 7. Juni 1915 holte ein britischer Flieger erstmals einen Zeppelinbomber vom Himmel. Unterleutnant Reginald Warneford, der einen in Frankreich gebauten Eindecker flog, überraschte das Luftschiff *LZ 37* auf dessen Rückfahrt nach einem Bombenangriff auf Calais. Warneford warf sechs Bomben auf den mit Wasserstoff gefüllten Rumpf des Schiffs und wurde dann Zeuge, wie es explodierte und auf ein belgisches Kloster stürzte, wobei ein Mann und zwei Nonnen sowie bis auf eine Ausnahme sämtliche Besatzungsmitglieder den Tod fanden. Warneford avancierte in Großbritannien und Frankreich sogleich zum Helden des Tages. Aber bereits eine Woche später kam er auf einem Flugplatz in der Nähe von Paris ums Leben.

DIE SCHÜTTE-LANZ-LUFTSCHIFFE

Johann Schütte (links) war im Bereich des Starrluftschiffbaus der größte Konkurrent des Grafen Zeppelin. 1909 tat er sich mit dem Industriellen Karl Lanz zusammen, mit dem er die Luftschiffbau Schütte-Lanz gründete, die rasch eine Reihe konstruktiver Verbesserungen einführte. Die wichtigsten dieser neuen Merkmale waren: die stromlinienförmige Gestalt (die sich deutlich von der zylindrischen Form der frühen Zeppeline abhob), die kreuzförmig angeordneten Heckflossen samt Höhen- und Seitenruder (die der Stabilität und Lenkbarkeit zugute kamen) und der interne Kiel (der den Luftwiderstand reduzierte). Unglücklicherweise ließ Schütte sich anfangs nicht davon abbringen, für das Gerippe seiner Schiffe statt Metall Sperrholz zu verwenden – ein Material, das Feuchtigkeit aufsog und rasch brüchig wurde. Während des Krieges verwendeten sowohl das Heer als auch die Marine solche »Holz«-Luftschiffe, aber Strasser mochte sie nie, und nur einige Exemplare wurden von der Marine in Dienst gestellt. Bis Kriegsende hatte die Zeppelin-Gesellschaft dann etliche von Johann Schüttes Verbesserungen übernommen.

Die große Wende kam am 2. September 1916. Von deutschen Marine- und Heeresstützpunkten aus stiegen sechzehn Luftschiffe auf. Ihr Ziel: London. Inzwischen hatte der deutsche Kaiser mit Ausnahme historischer Gebäude und der königlichen Paläste sämtliche Angriffsziele in der britischen Hauptstadt freigegeben. Die Creme der beiden Luftschiffstaffeln war dazu ausersehen, in der feindlichen Hauptstadt einen wahren Feuersturm zu entfachen – jedenfalls hatte sich Peter Strasser das so vorgestellt.

Das von Ernst Lehmann kommandierte nagelneue *LZ 98* war eines von jenen dreizehn Luftschiffen, die tatsächlich an ihrem Bestimmungsort eintrafen. Als sie sich, dem Lauf der Themse folgend, der Stadt näherten, sah Lehmann, daß London bereits unter Beschuß war: »Das ganze unabsehbare Häusermeer der Weltstadt liegt unter einem leuchtenden Nebel, zu dem unaufhörlich die Blitze der Explosionen und das Flackern der ausbrechenden Brände emporschlagen.« Während der Weiterfahrt merkte er auch, daß die feindlichen Suchscheinwerfer offenbar stärker und die Geschütze weitreichender waren als bei seinem Besuch im Frühjahr. Der Anblick, der sich ihm bot, war von gespenstischer Schönheit: »Wir sahen diese Explosionen, aber wir sahen nicht mehr ihre Urheber, die einer nach dem anderen im Dunst verschwunden sind... Uns war, als ob wir in einer Theaterloge säßen, vor uns die grell beleuchtete Bühne und unter uns den verdunkelten Zuschauerraum«, erinnerte er sich später.

Der überall aufsteigende Dunst verleitete Lehmann zu der Annahme, daß er sich bereits näher an seinem Ziel befinde, als dies tatsächlich der Fall war. Da immer wieder ganz in der Nähe Artilleriegeschosse vorbeizischten, glaubte er, er sei bereits bei den Londoner Hafenanlagen angelangt. Er warf seine Bomben ab und »hüpfte« dann von Wolke zu Wolke, um sich vor den feindlichen Scheinwerfern zu schützen. Tatsächlich landeten seine Bomben nicht einmal annähernd in der Hafengegend. Zufrieden mit der nach seiner Einschätzung erfolgreichen Arbeit, manövrierte er sein Luftschiff geradewegs in eine Wolkenbank, stieg auf 4600 Meter Höhe auf und nahm Kurs Richtung Heimat.

Kurz bevor Lehmann im Schutz der Wolken entschwand, wurde er von Leutnant William Leefe Robinson in seinem einmotorigen BE2c-Doppeldecker, einem relativ langsamen Nachtjäger, aufgespürt, der sich von allen bis dahin gegen Zeppeline eingesetzten Waffen als die wirkungsvollste erwies. Vergeblich hielt Robinson von seinem Flugzeug aus fast fünfzehn Minuten lang inmitten der Wolken Ausschau nach dem verschwundenen Zeppelin. Doch dann entdeckte er im Schein explodierender Granaten ein zweites Luftschiff und beschloß, sich ein zweites Mal nicht mehr abschütteln zu lassen.

Sein Anflug auf den Giganten blieb von deren Besatzung unbemerkt. Ungestört flog er seitlich am feindlichen Luftschiff vorbei und beschoß es auf der gesamten Länge mit einer ganzen

Trommel von Brandgeschossen. Wie ein Wal, der sich inmitten zahllosen Kleingetiers unbeirrt seinen Weg bahnt, hielt das Luftschiff seinen Kurs. Robinson legte daraufhin an Höhe zu und griff erneut an, doch auch diesmal führte dies zu keinem sichtbaren Resultat. »Ich fühlte mich an den Fliegenden Holländer erinnert, so unheimlich erschien mir das Schiff«, kommentierte er später.

Bei seinem dritten und letzten Angriff flog Robinson den Zeppelin von hinten an – etwas unterhalb des riesigen Kreuzes, das von den Höhen- und Seitenflossen gebildet wurde. Dann schoß er eine ganze Trommel Munition auf eine einzige Stelle der Luftschiffhülle ab; Sekunden später leuchtete das Heck des Zeppelins violett auf. Dieser Lichtschein breitete sich mit rasender Geschwindigkeit noch vorne aus, bis die gesamte Hülle hell leuchtete – ein anderer Flieger erklärte später, das glühende Luftschiff habe ihn an einen riesigen Lampion erinnert. Dann ging das Heck in Flammen auf, und der fliegende Wal stürzte in Zeitlupentempo der Erde entgegen. Der Feuerschein tauchte die Landschaft im Umkreis von fast hundert Kilometern in helles Licht.

Ernst Lehmann studierte gerade an Bord des *LZ 98* die Karte, als man ihn von der Kommandobrücke aus aufforderte, auf London zurückzublicken. Etwa sechzig Kilometer hinter sich sah er »einen riesigen Feuerball«: »Die flammende Masse hing mehr als eine Minute am Himmel, einzelne Teile lösten sich von ihr und stürzten schneller als der Schiffsrumpf in die Tiefe. Arme Jungens! Sie waren verloren in dem Augenblick, als das Schiff Feuer fing.« (Aus Gründen der Gewichtersparnis hatten die Kriegsluftschiffe keine Fallschirme an Bord.)

Der Verlust des *SL 11*, eines der wenigen von Schütte-Lanz gebauten Starrluftschiffe, überzeugte die Oberste Heeresleitung (OHL) davon, daß es besser sei, auf Luftschiffe als strategische Bomber zu verzichten. Angesichts des Mangels an geeigneter Besatzung, aber auch weil man nicht genug Aluminium zur Verfügung hatte, um sowohl Luftschiffe als auch Flugzeuge zu bauen, gab die OHL zunehmend der »Schwerer-als-Luft«-Technik den Vorzug. Und an der Spitze der Heeresluftschiffabteilung stand keiner, der so dynamisch war wie Strasser und sich für die schwebenden Riesen stark gemacht hätte.

Strasser weigerte sich schlicht anzuerkennen, daß seine geliebten Marinezeppeline nicht mehr zeitgemäß waren. Im September schickte er ein Luftschiffgeschwader nach dem anderen gegen England. Aber je mehr Luftschiffe den Flammen zum Opfer fielen, um so kriegsmüder und fatalistischer reagierten seine Mannschaften. Selbst Heinrich Mathy hatte seinen Glauben verloren: »Es ist nur eine Frage der Zeit, bis es uns genauso ergeht wie den anderen«, schrieb er. »Jeder gibt zu, daß er das gleiche denkt. Wir sind nervlich am Ende… Wenn jemand von sich be-

Die Zerstörung des *SL 11* am 3. September 1916 (oben), der erste Abschuß eines deutschen Luftschiffs über britischem Boden, machte William Leefe Robinson (rechts) über Nacht zum Helden. Er verdankte seinen Erfolg der neuen Brandmunition, einer technischen Entwicklung, die die Briten in der Luft den Deutschen überlegen machte.

hauptet, daß er nicht von Schreckensvisionen brennender Luftschiffe verfolgt wird, dann ist er ein Angeber.«

Am 16. Oktober 1916 fuhr Mathys *L 31* gemeinsam mit zehn anderen Zeppelinen wieder einmal einen Angriff auf London. Wegen des schlechten Wetters – Nebel, Schnee und Eis – erreichte keines der Luftschiffe das Ziel. Bezeichnenderweise kam Mathy am nächsten an die britische Hauptstadt heran, doch ein britisches Flugzeug entdeckte das *L 31* und schoß es ab. Keines der Besatzungsmitglieder überlebte den Absturz.

Einer von Mathys Kapitänskollegen schrieb, daß »das Leben und die Seele unseres Luftschiffdienstes« zugleich mit Mathy gestorben seien. Peter Strasser dagegen war nicht von der Überzeugung abzubringen, die Briten verdankten den Abschuß lediglich einem glücklichen Zufall. Gegen Ende des Jahres konnte aber selbst er nicht mehr umhin einzuräumen, daß der Feind inzwischen technisch die Nase vorne habe. »Angriffe nur noch im Schutz der Wolken«, befahl er am 28. Dezember 1916, »andernfalls umkehren.« Zugleich schmiedete er Pläne, wie Deutschland im Kampf um die Luftherrschaft wieder in Führung gehen könne.

WÄHREND DER KRIEG SICH DAHINSCHLEPPTE, WURDE ES UM DEN GRAFEN ZEPPELIN immer stiller. Sein Traum von einem großen Luftkampf war zwar Wirklichkeit geworden, die Ergebnisse entsprachen allerdings durchaus nicht seinen Erwartungen. Aber statt geruhsam an der Seite seiner Frau in Girsberg zu leben, hielt er sich meist im Friedrichshafener »Kurgarten-Hotel« auf, das er selbst hatte bauen lassen, und besuchte die nahegelegenen Zeppelin-Werke. Die »Luftschiffbau Zeppelin« unterstand jedoch schon seit längerem nicht mehr seiner Leitung, und die Männer, die die aus seinen frühen Entwürfen hervorgegangenen Luftschiffe inzwischen konstruierten und fuhren, waren ihm nicht mehr verantwortlich. Fuhr er, wie beispielsweise im August 1916 anläßlich der Auslieferung des neuen *L 30*, dennoch einmal in einem der Luftschiffe mit, dann lediglich als distinguierter Passagier. Er erregte in Führungskreisen sogar einen gewissen Unwillen, weil er die Verantwortlichen immer wieder darum ersuchte, ihn wieder in den aktiven Dienst zu übernehmen. Offenbar genügte es ihm nicht, ruhig dazusitzen, sich auf seinen Lorbeeren auszuruhen und seinen Enkeln Geschichten zu erzählen.

Einige Funken des alten Erfindergeistes waren anscheinend in ihm lebendig geblieben. Zeppelin erkannte das militärische Potential aus Duralumin gebauter »Schwerer-als-Luft«-Fluggeräte. Bereits kurz nach Ausbruch des Krieges gründete er eine Gesellschaft zum Bau eines Flugzeugs, das eine 1100 Kilo schwere Bombe sollte tragen können. Und wieder einmal hatte er Erfolg. Der erste Gotha-Bomber übertraf alle Erwartungen, und das Militär, das sich den neuesten Plänen des alten Mannes anfangs widersetzt hatte, signalisierte plötzlich Interesse und beauftragte das Unternehmen mit der Entwicklung noch größerer Flugzeuge, etwa des vier- und fünfmotorigen »Riesen«-Bombers. Der Graf selbst freilich erlebte den Einsatz der von ihm konzipierten Bomber nicht mehr.

Ungeachtet seines hohen Alters – im Juli 1916 war er achtundsiebzig Jahre alt geworden – war Zeppelin nach wie vor kerngesund und galt weiterhin allenthalben als liebenswerte Vaterfigur und als Held der Nation. Als Ernst Lehmann ihn im Frühjahr 1916 in seiner Suite im »Kurgarten« besuchte, traf er den alten Grafen energiegeladen und charmant an wie eh und je.

(Unten) Der vordere Teil des *L 31* krachte nahe Potters Bar nördlich von London in ein Feld. Bewaffnete Wachen mußten die Schaulustigen in Schach halten. Das *L 31* (rechts) und seine Besatzung (ganz rechts) in glücklicheren Zeiten (Heinrich Mathy steht ganz rechts in der hintersten Reihe).

BRITISCHE LUFTSCHIFFE IM ERSTEN WELTKRIEG

Die Briten bauten während des Ersten Weltkriegs mehr als zweihundert Luftschiffe, die meisten davon waren unstarre oder Pralluftschiffe, sogenannte Blimps. (Das Wort *Blimp* leitet sich von dem Geräusch her, das entsteht, wenn man mit dem Finger gegen die gasgefüllte Hülle des Luftschiffs schnippt). Gute Dienste leisteten britische Luftschiffe als Geleitschutz gegen U-Bootangriffe (oben links) und als Küstenpatrouille. (Unten links) Die Mehrzahl der Blimps gehörte der SS (*submarine scout* oder U-Boot-Aufklärer)-Klasse mit ihrer typischen Heckflossenkonfiguration an. (Rechts) Das erste während des Krieges gebaute britische Starrluftschiff – die *Nr. 9* – wurde erst Ende 1916 fertiggestellt. Die Marine akzeptierte es erst, nachdem es »erleichtert« worden war. Dieses hauptsächlich Ausbildungszwecken dienende Schiff brachte es auf insgesamt nicht einmal zweihundert Flugstunden. Spätere Starrluftschiffe waren erfolgreicher, dennoch wurden bis Ende des Krieges nur insgesamt acht in Dienst gestellt.

9

Während des Besuchs einer Luftfahrtausstellung in Berlin Ende Februar 1917 wurde Zeppelin dann plötzlich krank. Nach einer unumgänglichen Darmoperation zog er sich eine Lungenentzündung zu und verstarb nach kurzem Todeskampf am 8. März.
Während des Begräbnisses läuteten in der württembergischen Hauptstadt Stuttgart feierlich die Glocken, und zwei schwarz drapierte Zeppeline ließen Blumen herabfallen, während der Sarg langsam in die Erde hinabgesenkt wurde. Das ganze deutsche Volk betrauerte das Hinscheiden des Grafen Zeppelin. Man beklagte jedoch nicht nur den Verlust eines großen Mannes. Der Krieg verlief nicht so erfolgreich wie erwartet, und dieser Mißerfolg spiegelte sich nirgends so deutlich wider wie bei der Marine-Luftschiffabteilung in Nordholz.
Die von den Briten in letzter Zeit erreichte Luftüberlegenheit stellte den Kommandanten der Luftschiffabteilung vor eine harte Entscheidung. Peter Strasser hatte die Wahl zwischen schnelleren, besser bewaffneten auf der einen und höher hinaufsteigenden Luftschiffen auf der anderen Seite. Beide Möglichkeiten beinhalteten indes zugleich erhebliche Risiken. Auch das schnellste Luftschiff würde für die flinken Flugzeuge noch immer eine gute Zielscheibe abgeben. Wollte man jedoch höher hinaufsteigen als die besten »Schwerer-als-Luft«-Aeroplane, so mußte man sich nolens volens in unbekannte Sphären begeben. Entschlossen wie immer, entschied sich Strasser zu Lasten der Geschwindigkeit für die Höhe.
Im April 1917 gelangten die ersten der von den Briten schon bald als »Höhenkletterer« bezeichneten neuen Luftschiffe zum Einsatz. Im Grunde genommen handelte es sich um »abgespeckte« Zeppeline der älteren Bauart, bei denen man zugunsten der Steigfähigkeit auf alles überflüssige Gewicht – inklusive der elementarsten Annehmlichkeiten für die Besatzung – verzichtet hatte. Diese neuen Schiffe erreichten zwar bis dahin beispiellose Höhen, aber dort oben fror das Thermometer ein, der Kompaß funktionierte nicht mehr, und – was am schlimmsten war – die Motoren fingen an zu stottern und starben ab. Deshalb mußten neue Motoren konstruiert werden, die in der dünnen Luft oberhalb 5000 Meter funktionsfähig waren. Schon bald waren die neuen Luftschiffe in Höhen bis zu 6500 Metern im Einsatz und setzten damit »das gesamte britische Verteidigungssystem mit einem Schlag matt«, wie es bei Douglas Robinson heißt.
Die Deutschen brauchten freilich einige Zeit, bis sie die negativen Auswirkungen der Höhenkletterei auf den menschlichen Körper in den Griff bekamen: Sauerstoffmangel und extreme Kälte. Zunächst weigerten sich die Mannschaften, Sauerstoffflaschen zu verwenden, da solche Atemhilfe als unmännlich galt. Dann erkrankten viele der Männer wegen verunreinigter Sauerstoffflaschen. Schließlich wurde das Problem durch Flüssigluft gelöst, aber erst nachdem etliche Luftschiffe verlorengegangen waren, weil die Besatzung wegen der großen Höhe nicht mehr voll einsatzfähig war. Um sich vor der Kälte zu schützen, stopften die Männer ihre Fliegeranzüge mit Zeitungspapier aus; trotzdem kam es immer wieder zu Erfrierungen, weil die Gondeln nicht beheizt waren.
Doch auch nachdem alle technischen und medizinischen Schwierigkeiten gelöst waren, blieb ein Gegner bestehen, den sich Strasser niemals gefügig machen konnte: das Wetter. Schon bei den bis dahin üblichen Einsatzhöhen war die Wettervorhersage ein Problem gewesen. Jetzt, da man in einem Bereich knapp unterhalb der Stratosphäre fuhr, hatte man es häufig mit viel stärkeren Windböen zu tun als weiter unten, und deshalb waren verläßliche Wetterprognosen so

Jede Generation von Höhenkletterern war leichter und konnte höher aufsteigen als die vorhergehende, aber alle waren auf der »Bauchseite« schwarz gestrichen, um sie vor den britischen Suchscheinwerfern besser zu schützen. Dennoch gingen viele dieser empfindlichen Luftschiffe im Einsatz verloren. Zur größten Katastrophe kam es, als auf dem Luftschiffhafen Ahlhorn (gegenüberliegende Seite) ein Feuer ausbrach, das fünf Luftschiffe und vier Hallen zerstörte.

gut wie unmöglich. Zudem reagierten die neuen Luftschiffe wegen ihrer leichteren Bauart wesentlich empfindlicher auf die mit extremen Luftturbulenzen verbundenen höheren Belastungen. Und schließlich fanden die »Höhenzeppeline« bei den wenigen Gelegenheiten, da sie überhaupt nach England gelangten, nur selten ihre Angriffsziele. Zwar konnte sich der Kapitän per Funkpeilung meistens grob orientieren, aber da er die geographischen Verhältnisse unter sich meist nicht klar erkennen konnte, wie sollte er da ein »sinnvolles« Ziel treffen? Kurz: Der taktische Vorteil der Höhe wurde fast vollständig durch das Unvermögen der Luftschiffe neutralisiert, von ihrer Bahn hoch oben am Himmel aus etwas militärisch »Sinnvolles« auszurichten. Aber so leicht gab Peter Strasser sich nicht geschlagen. Auch im Spätfrühling und im Sommer 1917 sandte er weitere Luftschiffgeschwader gen England und erlitt dabei in erster Linie Verluste. Seine nachlassende Urteilsfähigkeit wird auch dadurch belegt, daß er Mitte Juni 1917 – in der kürzesten Nacht des Jahres – einen Angriff befahl, bei dem einer seiner letzten erfahrenen Kommandanten ums Leben kam.
Den größten Schlag erhielten Strassers dahinschwindende Siegeshoffnungen allerdings, als es am 5. Januar 1918 auf der großen Luftschiffbasis Ahlhorn zu einem katastrophalen Unfall kam, dem fünf Zeppeline und vier riesige neue Doppelhallen zum Opfer fielen. Freilich konnte selbst

dieser Rückschlag Strasser nicht daran hindern, den – wie sich zeigen sollte – letzten Luftschiffangriff des Ersten Weltkriegs anzuordnen und persönlich anzuführen.

Am Nachmittag des 5. August 1918 trafen die sechs deutschen »Höhenkletterer« bei der Überquerung des Ärmelkanals in 5500 Metern Höhe auf unerwartet wenig Gegenwind. Allerdings wurden sie schon lange vor ihrer Ankunft über der englischen Küste gesichtet, und drei britische Flugzeuge flogen ihnen bereits über dem Meer entgegen. Bei dem – von Major Egbert Cadbury (einem Mitglied der Schokoladendynastie) gesteuerten – Führungsflugzeug handelte es sich um einen DH4-Zweisitzer, dessen 375 PS starker Rolls-Royce-Motor den Jäger auf über 7000 Meter Höhe transportieren konnte, so daß Cadbury die heranschwebenden Zeppeline in gebührender Höhe in Empfang nehmen konnte. Der zweite Mann in der Maschine war Captain Robert Leckie. Wieder einmal hatten die Briten der neuesten Zeppelintechnik ein Schnippchen geschlagen. Strasser selbst befand sich an Bord des *L 70*, des modernsten und stärksten Höhenzeppelins, der gemeinsam mit *L 53* und *L 65* in Formation fuhr. Wie das Unglück es wollte, griff Major Cadbury ausgerechnet das *L 70* an, das Leckie mit der einzigen Angriffswaffe an Bord, einem Lewis-Geschütz, attackierte. Es ging alles beinahe zu rasch, zu leicht. Die beiden britischen Flieger beobachteten in starrem Erstaunen, wie das riesige Luftschiff – die neueste Errungenschaft der Zeppelintechnik – von einem Flammeninferno umlodert nach unten wegbrach. Die Besatzungen der beiden in der Nähe befindlichen Zeppeline drehten voller Entsetzen ab und entgingen der Vernichtung nur knapp. Keines der übrigen drei Luftschiffe, die in jener Nacht Richtung England aufgebrochen waren, warf auch nur eine einzige Bombe über britischem Boden ab. Damit endete der deutsche Luftfeldzug, der einmal so vielversprechend begonnen hatte.

HUGO ECKENER SAH AUS DEM FENSTER DES LANGSAM DAHINROLLENDEN ZUGES – des letzten, dem die neugebildeten Matrosenräte, die nach dem Waffenstillstand vom 11. November 1918 die Macht in den Hafenstädten übernommen hatten, die Ausfahrt aus Cuxhaven gestatteten. In weiten Teilen der Marine waren kommunistisch gesteuerte Meutereien ausgebrochen – die meisten Luftschiffbesatzungen hingegen waren dem Kaiser treu geblieben. Vor seiner Abreise von dem Luftschiffstützpunkt Nordholz hatte man Eckener noch erlaubt, seine wenigen Habseligkeiten zusammenzupacken. Jetzt fuhr er als fünfzigjähriger Privatmann nach Hause zurück. Graf Zeppelin war tot. Heinrich Mathy, Peter Strasser und so viele hoffnungsvolle junge Männer lebten nicht mehr. Der Krieg war verloren. Die Welt, in die er hineingeboren worden war, war verschwunden. Niemand wußte, was die neue Ordnung bringen würde.

DIE ZWANZIGER JAHRE

»Was für ein seltsamer Anblick hätte sich dem Passagier eines Luftfahrzeugs geboten, der im Vorbeifahren gesehen hätte, wie bei einer Geschwindigkeit von vierzig Knoten der Kopf eines Mannes oben aus einer Wolkenbank herausragt.«

Brigadegeneral E. M. Maitland

»Wir stiegen nicht auf, nein, wir befanden uns in einem Schwebezustand, und unter uns senkte sich – wie von einer hydraulischen Kraft bewegt – die Welt hinab. Die Wände des Fjords kippten unmerklich hinter uns weg. Uns zugewandte vertraute Gesichter wurden zunächst undeutlich, dann unkenntlich. Auf der Rückseite des Fjords erhoben sich Berge, Gletscher und unendliche Schneefelder, die in der Sonne glitzerten... Mit der Imposanz eines Ozeandampfers steuerte das Luftschiff nun auf den Fjordausgang zu. Von dort fuhren wir Richtung Norden auf dem Längengrad der Funkstation von King's Bay dahin und folgten diesem Kurs bis zum Nordpol.«

Lincoln Ellsworth

Ernst Lehmann hatte eine brillante Idee. Er wollte mit dem Marinezeppelin *L 72*, der jetzt fast fertiggestellt in der Luftschiffwerft in Friedrichshafen lag, als erster den Atlantik überqueren. Er wußte, daß dies möglich war – und außerdem: Welchen Auftrieb würde es dem darniederliegenden Vaterland und der in ihrem Bestand bedrohten »Luftschiffbau Zeppelin« geben, die sich beide nach dem soeben verlorenen Krieg bemühten, wieder Boden unter die Füße zu bekommen!

Lehmann, der strahlende Veteran des Heeresluftschiff-Korps, hatte allen Grund, zuversichtlich zu sein. Bereits im Juli 1917, da er als Kommandant des Armeezeppelins *LZ 120* regelmäßig Patrouillen über der vom Kriegsschauplatz weit entfernten Ostsee gefahren war, hatte er mit seinem Luftschiff eine 101stündige Fahrt unternommen – soviel Zeit würde eine Atlantiküberquerung nicht erfordern. Zwar hatte er damals einigen Sommergewittern ausweichen müssen, aber ansonsten war das Experiment voll gelungen. Noch überzeugender freilich war im November 1917 die bemerkenswerte Fahrt des *LZ 59* verlaufen, das den in Deutsch-Ostafrika stationierten deutschen Truppen Nachschub bringen wollte. Durch einen falschen Funkspruch der Briten getäuscht, demzufolge die deutschen Truppen bereits kapituliert hatten, war das *LZ 59* kurz vor dem Ziel umgekehrt. Als es schließlich wieder auf seinem bulgarischen Starthafen ankam, hatte das Luftschiff innerhalb von fünfundneunzig Stunden rund 6500 Kilometer zurückgelegt – was der Entfernung Friedrichshafen–Chicago entsprach; zudem hatte sich genügend Treibstoff für weitere fünfundsechzig Fahrstunden an Bord befunden.

Anfang 1919 gelang es Lehmann, für sein waghalsiges Unternehmen die Unterstützung seines alten Freundes und vormaligen Adjutanten Baron von Gemmingen zu gewinnen. Hugo Eckener hingegen lehnte das Vorhaben offenbar strikt ab. Nach dem Tod des Grafen Zeppelin hatte dessen Neffe von Gemmingen die Leitung des nach Kriegsende wieder der Verfügungsgewalt der Familie unterstellten Unternehmens übernommen. Eckener, dessen neue Rolle noch nicht klar definiert war, hatte nicht genügend Macht, das Projekt zu verhindern. Er sollte auch künftig mit seinem ehemaligen Schüler Lehmann noch häufiger aneinandergeraten. Offenbar ließ sich

Das noch unbeschriftete *LZ 126* vor seiner Auslieferung an die US-Marine über der Berliner Luftschiffbasis.

Dieses Plakat erinnert an die bemerkenswerte Leistung des Marinezeppelins *L 59*, dessen Flug nach Afrika 1917 die längste Reise war, die bis dahin ein Luftschiff gemacht hatte.

Lehmann von seinem ausgeprägten Patriotismus dazu hinreißen, die politischen Implikationen seines Planes zu ignorieren. Eckener hingegen, der die Dinge stets ein wenig distanzierter betrachtete, sah deutlich die mit dem Projekt verbundenen Gefahren. Selbst wenn es Lehmann gelingen sollte, sich bei Nacht und Nebel heimlich Richtung Atlantik davonzuschleichen, würden die Alliierten auf dieses tollkühne Unternehmen des soeben geschlagenen Feindes aller Voraussicht nach mit Empörung reagieren. Und wer konnte garantieren, daß die Amerikaner auf den unangemeldeten Besuch eines vor kurzem noch feindlichen Luftschiffs besonders erfreut reagieren würden? (Für den Fall eines unfreundlichen Empfangs wollte Lehmann genügend Treibstoff mitnehmen, um notfalls auch ohne Zwischenlandung nach Deutschland zurückkehren zu können.)

Als die zuständigen Berliner Regierungskreise von Lehmanns Vorhaben erfuhren, untersagten sie sogleich alle derartigen Aktivitäten. Jetzt konnten Eckener und der langjährige Geschäftsführer des Unternehmens, Alfred Colsman, ihre ganze Energie darauf richten, die Tauglichkeit der Luftschifftechnik für kommerzielle, ja für Friedenszwecke neuerlich unter Beweis zu stellen. Sie spielten mit dem Plan, ein eigens für Atlantiküberquerungen entwickeltes großes »Amerika«-Luftschiff zu bauen, gelangten jedoch letzten Endes zu der Überzeugung, daß ein solches Projekt zu riskant sei. Da in den unsteten Verhältnissen des Nachkriegsdeutschland Streiks und Zugverspätungen an der Tagesordnung waren, entdeckten sie hier eine »Marktlücke« und beschlossen, eine verläßliche Luftschiffverbindung zwischen Friedrichshafen und Berlin ins Leben zu rufen.

Unter Verwendung der während der vier Kriegsjahre angesammelten technischen Kenntnisse und Erfahrungen bauten sie ein neues Passagierluftschiff, das *LZ 120*, und tauften es auf den Namen *Bodensee*. Der neue Zeppelin hatte zwar das gleiche Gasvolumen wie das Vorkriegsluftschiff *Sachsen*, konnte aber eine um fünfunddreißig Prozent gesteigerte Nutzlast tragen und stellte mit seiner Spitzengeschwindigkeit von 130 km/h alle bis dahin gebauten Luftschiffe in den Schatten. Zudem war das neue Fahrzeug das erste vollkommen stromlinienförmige Starrluftschiff. Anders als die zylindrischen frühen Zeppeline verdickte sich die *Bodensee* deutlich zur Mitte hin, da man inzwischen entdeckt hatte, daß sich mit Hilfe dieser Form der Luftwiderstand erheblich reduzieren ließ.

Colsman holte die Passagierluftlinie DELAG aus der Mottenkiste, und Hugo Eckener wurde zum Direktor des Unternehmens ernannt. Ihren ersten planmäßigen Flug unternahm die *Bodensee* am 24. August 1919 unter Eckeners Leitung. Von diesem Tag an bis zum

5. Dezember wurde die Strecke täglich – bisweilen mit einem Zwischenstopp in München – bedient, und einmal schaffte das Luftschiff die Fahrt Friedrichshafen–Berlin sogar in weniger als vier Stunden. Der Zug brauchte für diese Entfernung damals sechzehn Stunden und länger. Da der Neuanfang so vielversprechend verlief, begann man schon bald mit dem Bau des Schwesterschiffs *Nordstern*, das sogar bis Stockholm fahren sollte.

Aber noch bevor die Luftfahrsaison 1920 überhaupt begonnen hatte, untersagten die Alliierten die Aktivitäten der DELAG. Deutschland mußte im Rahmen der ihm auferlegten Reparationsleistungen sämtliche Starrluftschiffe – einschließlich der *Bodensee* und der *Nordstern* – bei den siegreichen alliierten Nationen abliefern. Nach den Bestimmungen des Vertrags von Versailles durfte Deutschland weder militärisch nutzbare Zeppeline bauen noch kommerzielle Luftschiffe, deren Rauminhalt 28 000 Kubikmeter überstieg. Eckener war davon überzeugt, daß das Transatlantik-Luftschiff, auf dessen Realisierung er noch immer hoffte, mindestens einen Rauminhalt von 70 000 Kubikmetern haben müsse. Soviel Auftrieb war schon allein deshalb nötig, weil ein solcher Zeppelin das Gewicht des für eine so weite Reise nötigen Treibstoffs anders nicht hätte tragen können.

Die bereits existierenden deutschen Luftschiffe wurden an Frankreich, Italien, Großbritannien, Belgien und Japan ausgeliefert, wo keinem von ihnen ein sonderlich langes oder erfolgreiches Dasein beschieden war. Die Amerikaner mußten sich mit einer finanziellen Entschädigung zufriedengeben. Nach dem Waffenstillstand hatten diensteifrige Angehörige der Marine-Luftschiffabteilung sieben Zeppeline am Boden zerstört, es waren also nicht mehr genügend schwebende Riesen vorhanden, um alle Wünsche zu befriedigen.

Als der »Luftschiffbau Zeppelin« jetzt keine andere Wahl mehr blieb, als Aluminiumtöpfe und -pfannen zu produzieren, und ihre DELAG-Tochter ohne Luftschiffe dastand, kam es zu einem Machtkampf. Während Baron von Gemmingens Zustand sich infolge einer unheilbaren Krankheit beinahe täglich verschlechterte, kämpften Alfred Colsman und Hugo Eckener, der diesmal Lehmann hinter sich hatte, um die Vorherrschaft in dem Unternehmen. Colsman, der glaubte, der Luftschiffbau werde sich nie wieder zu einem lukrativen Geschäftszweig entwickeln, wollte die Produktion diversifizieren. Eckener dagegen war ausschließlich am Zeppelinbau interessiert. Am Ende trug Eckener (von Gemmingen war 1924 gestorben) zwar den Sieg davon und stieg zum Leiter des Unternehmens auf, Colsman als Geschäftsführer konnte jedoch eine wesentlich verbreiterte Produktpalette durchsetzen. Freilich mußte die Zukunft erst noch zeigen, ob der Zeppelin-Konzern je wieder ein Luftschiff bauen oder im Luftverkehr einsetzen würde.

Ausser Deutschland verfügte am Ende des Ersten Weltkriegs nur Grossbritannien über eine nennenswerte Starrluftschiff-Industrie. Die große Kriegsluftschiffflotte des Landes hatte zwar hauptsächlich aus unstarren Pralluftschiffen, sogenannten Blimps, bestanden, die zu Aufklärungszwecken eingesetzt worden waren. Aber schon vor dem Krieg hatten die Engländer mit dem Bau von Starrluftschiffen experimentiert. Die *Mayfly*, das erste britische Starrluftschiff, war allerdings im September 1911 bereits vor dem ersten Aufstieg auseinandergebrochen. Während des Krieges war man mit dem Starrluftschiff-Programm nicht so recht vorwärtsgekommen. Bürokratische Hemmnisse, die Konstruktionsarbeiten störende unvorhersehbare Änderungswünsche der Militärs, politische Intrigen und mangelnde praktische Erfahrungen hatten immer wieder zu Verzögerungen geführt. Zum Teil hatten sich die Briten ihre Probleme aber auch selbst zuzuschreiben, weil sie sklavisch deutsche Konstruktionen zu kopieren versuchten, statt eigene Techniken zu entwickeln. Wann immer sie sich an dem Vorbild etwa eines erbeuteten deutschen Luftschiffs oder an entwendeten Plänen orientierten, war das Ergebnis ein bereits veraltetes Luftschiff, das mit den neuesten Entwicklungen der Deutschen bereits nicht mehr Schritt halten konnte. Gleichwohl erlebte die britische Luftschiffahrt unmittelbar nach dem Ersten Weltkrieg eine kurze Blütezeit.

Jeder an der Fliegerei Interessierte war sich damals darüber im klaren, daß es nur noch eine Frage der Zeit war, bis ein Luftfahrzeug den Atlantik zwischen Europa und Amerika nonstop überqueren würde. Wie das Luftschiff, so hatte auch das Flugzeug während des Krieges erhebliche technische Fortschritte gemacht, so daß man beiden das erwartete Bravourstück zutrauen konnte. Angeheizt wurde das Rennen noch von Lord Northcliffe, dem Besitzer der Londoner *Daily Mail*, der sich auch als Förderer der Luftfahrt hervortat. Schon vor dem Krieg hatte er für die erste Nonstop-Überquerung des Atlantik in weniger als vierundzwanzig Stunden einen Preis von 10 000 Pfund (50 000 Dollar) ausgesetzt. Jetzt wiederholte er sein Angebot.

Brigadegeneral Edward Maitland, der Leiter der Luftschiffsektion im britischen Luftfahrtministerium, war entschlossen, den von Northcliff ausgesetzten Preis mit dem erst im März 1919 fertiggestellten *R 34* (R steht für *rigid* = starr) zu gewinnen. Aber bevor er zur Tat schreiten konnte, hatten ihm schon zwei Royal-Air-Force-Piloten in

Die *Bodensee* und die *Nordstern*, die nach dem Ersten Weltkrieg den Wiedereinstieg in den Passagiertransport ermöglichen sollten, mußten als Reparationszahlung an die Alliierten abgetreten werden. Die Vase (rechts) gehört zu jenen Metallwaren, die die Zeppelin-Gesellschaft nach dem Ersten Weltkrieg produzierte.

einem umgebauten zweimotorigen Vickers-Vimy-Bomber den Preis vor der Nase weggeschnappt. Am 15. Juni 1919 gelang es Kapitän John Alcock und Leutnant Arthur Brown, den Atlantik zwischen St. John's auf Neufundland und dem irischen Clifden innerhalb von sechzehn Stunden und achtundzwanzig Minuten zu überqueren. Ihre abenteuerliche Fahrt führte sie durch dichtesten Nebel, bisweilen flogen sie sogar kopfüber – und um Haaresbreite wäre das ganze Projekt fehlgeschlagen. Sobald die erschöpften Flieger die ersehnte europäische Küste erreicht hatten, setzten sie ihr Fahrzeug mit der Nase voran in ein irisches Moor. Maitland war davon überzeugt, daß er mit seinem Luftschiff eine elegantere Fahrt würde absolvieren können. Am 2. Juli 1919 hob das *R 34* mit Maitland an Bord vom Luftschiffhafen East Fortune in Schottland ab; das Kommando führte Major G. Herbert Scott. Bereits kurz nach dem Start mußte das Luftschiff über seine Prallhöhe aufsteigen, um die schottischen Berge zu überwinden, und war deshalb gezwungen, Wasserstoff abzulassen. Das *R 34* war daher eigentlich von Beginn der Reise an zu schwer. Um dieses Handikap auszugleichen, setzte Major Scott die Höhenruder ein, um jenen Auftrieb zu verstärken, der auch ein Flugzeug in der Luft hält. Das Luftschiff fuhr deshalb während eines Großteils der Atlantiküberquerung mehr »hängend« als horizontal, was den Luftwiderstand erheblich verstärkte und die Wirkung der Motoren deutlich verringerte. Um Treibstoff zu sparen, setzte Scott deswegen während der Reise meistens nur drei der vier Motoren ein. Zwei Tage nach dem Start, als die Mannschaft des *R 34* schon die Küste Neufundlands sichtete, setzte plötzlich heftiger Gegenwind ein. Während des folgenden Tages kämpfte das Luftschiff gegen Sturmböen und mußte immer wieder Gewitterfronten ausweichen, während die Treibstoffanzeige immer weiter fiel. Scott dachte bereits über alternative Landeplätze nach. Da kam ein günstiger Wind auf, und Scott konnte sein ursprüngliches Ziel, das Roosevelt-Flugfeld auf Long Island, doch noch anpeilen. Er hatte gerade noch genügend Treibstoff für zwei weitere Stunden Fahrt.

(Links) Am Vorabend der Atlantiküberquerung des *R 34* im Juli 1919 liegt das Schiff gemeinsam mit dem kleineren *R 29* in der Doppelhalle im schottischen East Fortune. (Oben) Brigadegeneral Edward Maitland (in Weiß) posiert nach der Ankunft in Long Island mit einigen der *R 34*-Offiziere vor seinem Luftschiff.

GASZELLEN AUS RINDERBLINDDARM

Die Briten übernahmen von der Zeppelin-Gesellschaft die Gepflogenheit, die Gaszellen mit Goldschlägerhaut auszukleiden, der äußeren Membran des Rinderblinddarms. (Goldschlägerhaut heißt das Material, weil es bei der Herstellung von Blattgold verwendet wird.) Die Goldschlägerhaut hatte gegenüber dem Gummi zwei wichtige Vorzüge: sie war reißfest, und sie erzeugte keine statische Aufladung. Aber wegen der Vielzahl der benötigten Häute – etwa 50 000 für eine große Gaszelle –, der schwierigen Verarbeitung und des enormen Arbeitsaufwands war sie ungemein teuer. Auf den Fotos sind britische Frauen bei der Arbeit in der Fabrik der Gebrüder Short im Jahr 1919 zu sehen. (Oben links) Jede einzelne Haut wurde zunächst in Salzwasser getaucht und sorgfältig abgeschabt. (Ganz oben) Dann wurden die Häute zusammengefügt (Tisch rechts vorne) und auf Leinenbahnen geklebt (Tisch links vorne). (Oben rechts) War eine Zelle fertig, wurde sie teilweise aufgeblasen, so daß Arbeiterinnen, die weiche Pantoffeln trugen, nach undichten Stellen suchen konnten.

Aber das *R 34* hatte es geschafft. Die Fahrt hatte sage und schreibe 108 Stunden, 12 Minuten gedauert. (Auf dem Heimweg legte das Luftschiff die Strecke von Long Island ins englische Pulham dank günstiger Rückenwinde trotz eines defekten Motors in 75 Stunden, 3 Minuten zurück.) Maitland triumphierte. Und auch der einzige amerikanische Passagier an Bord muß mächtig beeindruckt gewesen sein. Es handelte sich um Korvettenkapitän Zachary Lansdowne von der US Navy, dem in der Geschichte der Starrluftschiffahrt noch eine tragische Rolle bestimmt war.

Nach der imponierenden Langstreckenfahrt des *R 34* entschloß sich die US Navy, von Großbritannien ein großes Starrluftschiff zu kaufen. Der mit 300 000 Pfund für damalige Verhältnisse enorm hohe Kaufpreis war ausschlaggebend dafür, daß der durch ein Sparprogramm der Regierung gefährdete Bau des bis dahin ehrgeizigsten britischen Luftschiffs – des *R 38* – weitergeführt werden konnte.

Zum Zeitpunkt seiner Fertigstellung im Frühjahr 1921 war das *R 38* mit rund 230 Metern Länge und einem Fassungsvermögen von 76 000 Kubikmetern Wasserstoff das größte bis dahin je gebaute Luftschiff. Im Gegensatz zu den meisten während des Krieges in England gebauten Schiffen wies dieser neueste Gigant der Luft eine Reihe originär britischer Konstruktionsmerkmale auf. Bedauerlicherweise hatte der Konstruktionsleiter, C. I. R. Campbell, jedoch die aerodynamischen Belastungen, denen das Luftschiff ausgesetzt sein würde, völlig unterschätzt. Und obwohl etliche kundige Beobachter Zweifel an der Stabilität der Konstruktion hegten, beschlossen die Briten, den Amerikanern das Luftschiff bereits nach einigen wenigen Testfahrten zu übergeben.

Am 23. August 1921 stieg das *R 38* mit siebzehn amerikanischen Marinevertretern an Bord – die zu Schulungszwecken und als Beobachter mitfuhren – zur vierten dieser Probefahrten auf. Ebenfalls dabei waren Campbell und Brigadegeneral Maitland. Oberhalb der Stadt Hull ließ der Kommandant, Kapitän A. H. Wann, die Motoren auf volle Touren bringen und leitete dann eine Reihe von Wendemanövern ein. Niemand war sich offenbar darüber im klaren, daß dieser Leichtmetallnachbau der deutschen Höhenkletterer für schnelle Wendemanöver in niedrigen Höhen einfach nicht konstruiert war. Zunächst wurde das Seitenruder nach Backbord gedreht, dann nach Steuerbord, und zwar von Wendemanöver zu Wendemanöver immer abrupter.

Die traurigen Überreste des britischen *R 38* nach seinem Absturz, bei dem im August 1921 vierundvierzig Männer ums Leben kamen.

Inmitten eines dieser Manöver brach das Schiff unversehens auseinander. Der vordere Teil geriet in Brand und stürzte in den Humber River; dabei fanden bis auf Kapitän Wann alle Passagiere in diesem Luftschiffteil den Tod. Der Heckteil landete unsanft auf einer Sandbank; nur vier der Insassen dieser Sektion kamen mit dem Leben davon.

Der Schlag, den das eben erst flügge gewordene amerikanische Luftschiffprogramm durch dieses Unglück erhielt, war zwar wahrlich schlimm genug – sechzehn Luftschiffschüler der US Navy fanden den Tod –, für die Briten aber war der Absturz eine Katastrophe. Denn die achtundzwanzig Briten, die bei dem Unglück ums Leben kamen, gehörten zum innersten Kreis der britischen »Luftschiffszene«. Die noch verbliebenen britischen Luftschiffe mußten entweder verkauft oder verschrottet werden. Als die Briten dann zehn Jahre später wieder in das Wettrennen einstiegen, sollten sie den Brigadegeneral Maitland und seine erfahrene Luftschiffertruppe noch schmerzlich vermissen.

Der tragische Verlust des *R 38* war Hugo Eckeners Chance, und er ergriff sie. Im Sommer 1921 war die »Luftschiffbau Zeppelin« so gut wie am Ende. Die von den Alliierten eingerichtete Luftfahrt-Kontrollkommission hatte den Abbau sämtlicher deutscher Luftschiffhallen verfügt – eine Maßnahme, die selbst noch die geringsten Aussichten auf den Bau kleiner kommerzieller Zeppeline für den Inlandsverkehr zunichte machte. Freilich waren die Amerikaner nach wie vor an einem Starrluftschiff interessiert, das das verunglückte *R 38* ersetzen sollte. Und nach den Bestimmungen des Versailler Vertrages schuldete ihnen Deutschland noch ein Luftschiff beziehungsweise dessen monetären Gegenwert als Reparationszahlung. Warum sollte die »Luftschiffbau Zeppelin« ihnen nicht eines bauen?

Das alles klingt zunächst recht einfach, doch angesichts der hochsensiblen Nachkriegssituation handelte es sich bei dieser Sache um eine brisante Angelegenheit. Um die Dinge in seinem Sinne zu beeinflussen, mußte Eckener sein ganzes politisches und diplomatisches Geschick aufbieten – jene Fähigkeiten also, die er auch später bei der Einfädelung des transatlantischen Luftschiffverkehrs so glänzend zur Geltung brachte. Eckener war sich von vornherein darüber im klaren, daß die Aktivierung der üblichen Kanäle ihn nur in endlose politische Querelen verwickeln würde. Deshalb wandte er sich direkt an die amerikanische Militärkommission in Berlin und ließ dort anfragen, ob die amerikanische Marine mehr an einem nagelneuen, hochmodernen Zeppelin oder an einer Geldzahlung interessiert sei. Natürlich hatte die US Navy mehr Interesse an einem Zeppelin.

Nachdem er die entschiedene Unterstützung der amerikanischen Marine erst einmal gewonnen hatte, waren auch rasch die noch verbliebenen Probleme gelöst. Die Politiker und Bürokraten stimmten zwar anfangs ein großes Wehgeschrei an – die Franzosen waren besorgt, die Briten hatten erhebliche Bedenken –, aber die forschen Amerikaner setzten schließlich ihren

Das *LZ 126 (Los Angeles)* rettete die Zeppelin-Gesellschaft vor dem wirtschaftlichen Ruin und begründete das amerikanische Starrluftschiff-Programm; hier während der Bauarbeiten in der großen Halle in Friedrichshafen.

Willen durch. Als die Verträge endlich unterzeichnet waren, hatte Eckener die »Luftschiffbau Zeppelin« und ihre Werft in Friedrichshafen vor dem Untergang gerettet – wenigstens für die nahe Zukunft.

Im Vertrag einigte man sich schließlich auf ein Luftschiff, das deutlich kleiner ausfallen sollte als das ursprünglich von der US Navy beantragte 100 000-Kubikmeter-Schiff. (Um die nervösen Verbündeten der Amerikaner zu beschwichtigen, wurde der Rauminhalt des für »zivile Zwecke« bestimmten neuen Zeppelins auf 70 000 Kubikmeter beschränkt.) Gleichwohl war das *LZ 126* eines der größten und modernsten bis dahin gebauten Luftschiffe. Im Sommer 1922 begann man in Friedrichshafen mit der Fertigung, und im folgenden Jahr sollte der neue Zeppelin auf dem Marineflugfeld in Lakehurst, New Jersey, abgeliefert werden.

1922 waren aber auch die Arbeiten an dem ersten in Amerika gebauten Starrluftschiff, dem (indianisch *Shenandoah* – »Tochter der Sterne« getauften) *ZR 1*, bereits weit fortgeschritten. Wie das unglückliche Luftschiff *R 38* war auch die *Shenandoah* nach dem Vorbild der deutschen Höhenkletterer aus der Zeit des Ersten Weltkriegs konstruiert. Aber im Gegensatz zu den Briten wichen die Amerikaner zugunsten einer Verstärkung des Rumpfes von dem ursprünglichen Entwurf ab. Und anders als alle bisherigen Starrluftschiffe sollte die *Shenandoah* mit Helium gefüllt werden.

Im Winter 1921 hatten die Amerikaner eine der bis dahin schlimmsten Lenkluftschiff-Katastrophen erlebt, als die in Italien gebaute *Roma*, ein erst kurz zuvor von der US-Armee erworbenes großes halbstarres Luftschiff, bei einer Notlandung einige Hochspannungsleitungen gestreift hatte und explodiert war. Vierunddreißig der fünfundvierzig Männer an Bord verloren dabei ihr Leben. Nicht zuletzt wegen des durch dieses Desaster verursachten öffentlichen Entsetzens wurde fortan kein einziges amerikanisches Luftschiff mehr mit Wasserstoff gefüllt. Helium ist zwar nicht brennbar, weist aber im Vergleich zum Wasserstoff, dem leichtesten aller Elemente, eine Reihe von Nachteilen auf. Zum einen liefert es einen geringeren Auftrieb (lediglich 93 Prozent der Auftriebskraft des Wasserstoffs). Zum anderen ist es wesentlich

Wo immer die *Shenandoah* auftauchte, strömten die Menschen zusammen. Hier liegt das Luftschiff an seinem Ankermast auf der North Island Naval Air Station nahe San Diego.

teurer. Helium war erst kurz zuvor als Bestandteil des in einigen Gegenden von Texas gefundenen Erdgases entdeckt worden. Seine Gewinnung war extrem kostspielig und der Nachschub knapp. Als die *Shenandoah* erstmals gefüllt wurde, kostete der Kubikmeter Helium mehr als vier Dollar; Wasserstoff dagegen war für sieben bis zehn Cent pro Kubikmeter zu haben. Eine einzige Füllung des Luftschiffes kostete deshalb 240 000 Dollar, eine in den frühen zwanziger Jahren gewaltige Summe. Im Laufe der Zeit gab der Preis dann nach, als neue Vorkommen entdeckt wurden, aber verglichen mit seinem hochexplosiven Verwandten blieb das Helium stets sehr teuer.

Als die *Shenandoah* am 4. September 1923 ihre Jungfernfahrt absolvierte, konnte sie sogleich mit einigen Erstleistungen aufwarten. Sie war nicht nur das erste mit Helium gefüllte, sondern auch das erste von einer amerikanischen Mannschaft bediente Starrluftschiff (wenngleich in Wahrheit ein deutscher Berater die Kommandos erteilte). Und sie unternahm zugleich die erste Fahrt eines Starrluftschiffs von dem neuen Luftschiffhafen Lakehurst in New Jersey aus. Nachdem sie fünfundfünfzig Minuten lang in der Luft gewesen war, kehrte die *Shenandoah* sicher zu ihrem Ausgangspunkt zurück. Das Zeitalter der amerikanischen Starrluftschiffe war angebrochen.

Während der ersten Monate nach ihrer Indienststellung eilte die *Shenandoah* von Erfolg zu Erfolg und wurde überall von großen Menschenmengen empfangen. Anfang Oktober legte sie die Strecke Lakehurst–St. Louis in vierundvierzig Stunden zurück. In Amerika brach jetzt allmählich eine ähnliche Luftschiffbegeisterung aus, wie sie die Zeppeline im Vorkriegsdeutschland ausgelöst hatten.

Freilich konnten ein paar Demonstrationsfahrten die in der Öffentlichkeit nach zahlreichen Unfällen gegenüber der Luftschifferei bestehenden Vorbehalte noch nicht endgültig ausräumen. Am 18. Dezember machte ein weiterer Luftschiffunfall Schlagzeilen, als das französische Lenkluftschiff *Dixmude* mehr oder weniger spurlos verschwand. Die *Dixmude* (bei der es sich um das umbenannte *L 72* handelte, mit dem Ernst Lehmann den Atlantik hatte überqueren wollen) hatte noch kurz zuvor auf einer rund 7000 Kilometer langen Tour, die den Zeppelin um das gesamte Mittelmeer geführt hatte, einen neuen Dauerrekord aufgestellt. Ihr letzter Funkspruch wurde vier Tage nach ihrem Start zu einer noch ehrgeizigeren Dauerfahrt aufgefangen. Nur die Leiche des Kapitäns und ein paar verkohlte Wrackteile wurden je gefunden, aber sizilianische Dorfbewohner berichteten, daß sie zum Zeitpunkt des Verschwindens einen leuchtenden Feuerball über dem Meer gesehen hätten. Wahrscheinlich war eine durch einen Blitzschlag ausgelöste Wasserstoffexplosion die Ursache des Unglücks.

Ihren eigentlichen Leistungstest absolvierte die *Shenandoah*, als sie am 7. Oktober 1924 zur ersten transkontinentalen Fahrt eines Luftschiffes antrat. Das Kommando führte ein allseits beliebter junger Pilot, Korvettenkapitän Zachary Lansdowne, der bereits während der Erstüberquerung des Atlantik durch ein Luftschiff – das *R 34* – als Beobachter dabeigewesen war. Siebenunddreißig Stunden nach dem Start in Lakehurst legte Lansdowne mit der *Shenandoah* sicher am Ankermast im texanischen Forth Worth an.

Die Rundreise diente unter anderem dazu, die Brauchbarkeit des von den Briten »erfundenen« und von den Amerikanern modifizierten und verbesserten Ankermasts zu beweisen. Seit es möglich war, Luftschiffe an einem solchen Ankermast sicher zu vertäuen, konnte man darauf verzichten, an sämtlichen Luftschifflandeplätzen teure Hallen zu errichten. Von dem riesigen neuen Hangar in Lakehurst einmal abgesehen, gab es in ganz Nordamerika keine einzige Halle, in der die *Shenandoah* Platz gefunden hätte. Obwohl die Deutschen die Ankermastidee anfangs ablehnten, setzten sich schon bald an allen Luftschifflandeplätzen solche Vorrichtungen durch, die bis heute zur Vertäuung von Pralluftschiffen verwendet werden.

Auf der wesentlich schwierigeren Strecke von Forth Worth nach San Diego hatte die *Shenandoah* eine Reihe von Herausforderungen zu bestehen. So wurde sie beispielsweise an einem Gebirgspaß im südöstlichen Arizona beinahe gegen einen Berg gedrückt. Und in Kalifornien wurde sie von einem heftigen Schneesturm gebeutelt. Aber Lansdowne und seine Mannschaft behielten die Oberhand. Als sie am 10. Oktober in San Diego eintrafen, wurde allerdings die Gondel beschädigt, als das Luftschiff bei der Landung zu rasch absank. Deshalb konnte die

Korvettenkapitän Zachary Lansdowne (oben) war der letzte Kommandant der *Shenandoah*.
(Unten) Sein Schiff schwebt hier im Jahr 1924 auf seiner Transkontinentalfahrt über Los Angeles hinweg.

Diese »Bauchansicht« der *Shenandoah* zeigt die Führergondel und vier Motorengondeln, die jeweils einen Motor beinhalten.

Shenandoah wegen der notwendigen Reparaturarbeiten ihre Reise nach dem weiter nördlich gelegenen Seattle – und von dort zurück nach Lakehurst – erst mit einwöchiger Verspätung antreten.

Der zufriedenste Mann an Bord der *Shenandoah* war neben Lansdowne wohl Admiral William Moffett, der Chef der Luftfahrtabteilung der US Navy. Auch nach der *R 38*-Katastrophe hatte er an dem Luftschiffprogramm festgehalten und mit seinem beträchtlichen Einfluß dafür gesorgt, daß die *Shenandoah* fertiggebaut wurde.

Während die *Shenandoah* noch wegen Reparaturarbeiten in San Diego festlag, wurde im Morgengrauen des 13. Oktober das neue *LZ 126* aus der großen Halle der Zeppelinwerft in Friedrichshafen ausgebracht. Wasserballast prasselte zu Boden, und das riesige, mit Wasserstoff gefüllte Luftschiff erhob sich elegant in den noch grauen Morgenhimmel. In der Führergondel gab Hugo Eckener den Befehl, die Motoren zu starten. Die zahlreichen Zuschauer und Reporter sahen ehrfürchtig staunend zu, wie die gigantische aufgeblasene Zigarre majestätisch im Morgendunst verschwand und ihre lange Reise nach Amerika antrat. Außer Eckener befand sich noch Ernst Lehmann in der Führergondel, der als stellvertretender Kommandant mit dabei war.

Hugo Eckener hatte mit dieser Fahrt alles auf eine Karte gesetzt. Für den Fall eines Verlustes haftete er mit dem Vermögen der »Luftschiffbau Zeppelin«, und so war es ihm gelungen, die Einwilligung der deutschen Regierung zu erhalten. Nicht zuletzt dank Colsmans Anstrengungen hatte dieses Vermögen mittlerweile einen beträchtlichen Wert. Denn die Tochterunternehmen fertigten inzwischen die verschiedensten Produkte – angefangen von Pkw- und Lkw-Getrieben bis hin zu schweren Industrietextilien. Viele Jahre später schrieb Eckener über das Risiko, das er mit diesem Projekt eingegangen war: »Es war klar, daß von dem Gelingen nicht allein das Leben der Mitfahrer, sondern das Schicksal der Zeppelinsache abhing.«

Eckener war sich bewußt, daß er sich mit seiner

ersten Luftreise über den Atlantik in unbekannte Sphären begab. Zwar hatte auch schon die Zeppelinkopie *R 34* eine solche Fahrt unternommen, aber keiner seiner Offiziere und keines seiner Besatzungsmitglieder war bei jener Atlantiküberquerung dabeigewesen. Außerdem hatte jene Fahrt im Sommer stattgefunden. Niemand wußte zu diesem Zeitpunkt, wie sehr etwaige Herbststürme über dem Atlantik einer mit einer dünnen Leinwandschicht überzogenen leichtgewichtigen Duraluminkonstruktion zusetzen würden.

Eckener unternahm im September 1924 etliche Fahrten mit dem *LZ 126*, darunter auch eine nach Berlin (oben), um es vor der Überstellung nach Lakehurst der Öffentlichkeit vorzuführen. (Rechts) Die frisch getaufte *Los Angeles* schwebt über Washington, D.C., dahin.

Eckener steuerte deshalb zunächst auf die Azoren zu und hielt sich weit südlich der kürzesten Route nach Long Island. Auf diese Weise hoffte er die zu dieser Jahreszeit über dem Nordatlantik wehenden kräftigen Westwinde zu umgehen. Er hatte gerade genügend Treibstoff für achtzig Stunden an Bord. Falls er auf starken Gegenwind traf, konnte es ihm passieren, daß ihm vorzeitig das Benzin ausging und er wie in einem Freiballon nach Europa zurücktrieb. Als er jedoch die Azoren erreichte und Kurs auf New York nahm, traf er auf einen Gegenwind, der die Reisegeschwindigkeit seines Luftschiffs halbierte. Aus den Windmessungen der beiden amerikanischen Kreuzer, die ausgeschickt worden waren, um eventuell Hilfe zu leisten, schloß Eckener, daß südlich von Neufundland ein Tiefdruckgebiet liegen müsse.

Wenn er seinen Kurs beibehielt, würde der Treibstoffvorrat schnell aufgebraucht sein. Deshalb beschloß er, besagtes Tiefdruckgebiet zu umfahren, indem er sich zunächst nord- und dann westwärts wandte. Glücklicherweise ließ der Wind schon bald nach. Als er dann Richtung Boston fuhr, erhöhte sogar ein kräftiger Rückenwind die Fahrgeschwindigkeit. Auf einer Landkarte hätte sein Zickzackkurs vermutlich an die Fahrtroute eines betrunkenen Seemanns erinnert. Aber Eckener hatte die Situation richtig eingeschätzt und sich der durch Hoch- und Tiefdrucksysteme erzeugten Luftströmungen bedient, um so rasch und sicher wie möglich den Atlantik zu überqueren.

Die restliche Reise verlief dann völlig reibungslos. Am 15. Oktober tauchte Eckeners Zeppelin majestätisch am Himmel über New York auf und versetzte die Stadt – wie es später noch häufig geschehen sollte – in einen wahren Begeisterungsrausch. Dann lenkte er das *LZ 126* nach dem weiter südlich gelegenen Lakehurst, wo das Luftschiff vor den Augen einer – zur Begrüßung versammelten – großen Menschenmenge niederging.

Dem schon bald *Los Angeles* getauften *LZ 126* sollte noch eine lange, erfolgreiche Laufbahn als Schulungsluftschiff der US-Marine beschieden sein. Da der Zeppelin eigentlich für den Passagiertransport konzipiert war, verfügte er bereits über zwanzig komfortable Schlafkabinen und

U.S.NAVY

andere in der Militärluftschifferei bis dahin unbekannte Annehmlichkeiten. Schon von weitem schlug der stromlinienförmige, silbrig glänzende Rumpf des Luftschiffs den Betrachter in seinen Bann. Der Silberschimmer verdankte sich dem Aluminiumpulver, das man erstmals bei einem deutschen Luftschiff dem zur Wasserabdichtung und Stabilisierung über die Außenhaut gestrichenen Spannlack beigemischt hatte. Als die *Los Angeles* schließlich 1932 außer Dienst gestellt wurde, konnte sie auf eine lange, durch keine größeren Störfälle getrübte Laufbahn zurückblicken. Der *Shenandoah* dagegen war weniger Glück beschieden.

Als die »Tochter der Sterne« Ende Oktober von ihrer triumphalen transkontinentalen Reise zurückkehrte, erhielt Zachary Lansdowne Gelegenheit, Hugo Eckener die Hand zu schütteln und dessen Glückwünsche entgegenzunehmen. Dann sah er sich jedoch ins Abseits gestellt und wurde Zeuge, wie die gesamte öffentliche Aufmerksamkeit sich auf die *Los Angeles* richtete. Die amerikanische Marine hatte gerade genügend Helium, um damit ein Luftschiff zu füllen, jetzt aber verfügte sie über zwei große Starrluftschiffe. Als nun die beiden Schiffe Seite an Seite im Hangar von Lakehurst lagen, wurde das Traggas von der *Shenandoah* in die *Los Angeles* umgefüllt. Bis zum folgenden Frühjahr fuhr nun die *Los Angeles* am Himmel umher, während an der *Shenandoah* eine Reihe kleinerer Umbauten vorgenommen wurden. So wurde etwa die Zahl der an ihren Gaszellen angebrachten Ventile verringert, um künftig das Ausströmen größerer Heliummengen zu verhindern, wie es auf der transkontinentalen Fahrt aufgetreten war.

Zachary Lansdowne hatte gehofft, mit der *Shenandoah* zum Nordpol zu fahren und mit dieser Leistung seine Laufbahn zu krönen. Aber Präsident Coolidge untersagte die für 1925 geplante Polarreise, und Lansdowne wurde angewiesen, mit der *Shenandoah* eine ausgedehnte Werbefahrt in den Mittleren Westen der USA zu unternehmen. Auf einer ähnlichen Reise, die die *Los Angeles* Anfang Juni 1925 Richtung Minneapolis unternommen hatte, waren zwei der Motoren des in Deutschland gebauten Luftschiffs ausgefallen. Die *Los Angeles* hatte deshalb unverrichteter Dinge zurückkehren müssen. Und was noch schlimmer war: Ihre in Deutschland gebauten Gaszellen waren undicht. Sie wurde deshalb in den Hangar von Lakehurst verbracht, wo die notwendigen Reparaturarbeiten durchgeführt werden sollten. Das kostbare Helium wurde daher wieder in die *Shenandoah* umgeleitet, damit das ältere Luftschiff die Fahrt zu Ende führen konnte, die die *Los Angeles* hatte abbrechen müssen.

KOPFSTAND

Am 25. August 1927 – die *Los Angeles* schwebte an ihrem Ankermast in Lakehurst – hob eine starke Bö das Heck des Schiffes in eine kältere Luftschicht hinauf, wo es noch mehr Auftrieb bekam. Die Wachen an Bord stiegen, in der vergeblichen Hoffnung, sie könnten ein Gegengewicht bilden, den jetzt mit einem Winkel von nahezu 85 Grad beinahe vertikalen Kiel hinauf, bevor das Heck wieder absackte. Trotz kleinerer Schäden war das Schiff jedoch bereits am nächsten Tag wieder fahrtüchtig. Doch der Zwischenfall bestärkte Rosendahl in seinem Entschluß, einen kürzeren Ankermast einzuführen.

Die Verfechter der Starrluftschiffe bei der Marine, allen voraus Admiral Moffett, hatten begriffen, daß sie ihre Pläne nur dann würden verwirklichen können, wenn sie die noch immer skeptische Öffentlichkeit von der Nützlichkeit und Sicherheit der Luftschifftechnik überzeugen konnten. Sie hatten deshalb die Absicht gehabt, die *Los Angeles* über das amerikanische Kernland fahren zu lassen, wo Luftschiffe in jenen Tagen noch zu den durchaus seltenen Anblicken gehörten. Als schließlich die *Shenandoah* diese Aufgabe übernehmen sollte, äußerte Lansdowne ernsthafte Bedenken. Nach seiner Auffassung war es einfach zu gefährlich, während der im Mittleren Westen besonders gewitterreichen Sommermonate ein Luftschiff ausgerechnet in jener Gegend auf eine Werbetour zu schicken. Denn jede zeitliche Verzögerung und jedes kleine Mißgeschick hätten den Zweck eines solchen Unternehmens in Frage gestellt. Überdies, so ließ er verlauten, gebe es dort noch keine angemessenen Landevorrichtungen.

Lansdowne erreichte einen Kompromiß. Die Fahrt wurde auf die erste Septemberwoche verschoben. Zu dieser Zeit besuchten im Mittleren Westen viele Menschen die zahlreichen Herbstjahrmärkte. Freilich mußte man auch um diese Jahreszeit noch durchaus mit ungünstigen Wetterbedingungen rechnen. Am Nachmittag des 2. September 1925 legte die *Shenandoah* schließlich von ihrem Ankermast in Lakehurst ab und entschwebte westwärts in den von bedrohlichen Wolkenbergen verhangenen Himmel – und geradewegs in die Annalen der Geschichte.

Der Kommandant, Leutnant Charles Rosendahl, war sogleich hellwach. Der Mann, den man geschickt hatte, um ihn aus dem Bett zu holen, brauchte ihn nicht zweimal zu schütteln. Er saß in seiner engen Koje und blickte auf die Uhr: 3.30 Uhr morgens.

Rosendahls Koje lag gleich hinter der Führergondel neben dem Kieldurchgang. Von seinem Schlafplatz aus konnte er das sich nach allen Seiten erstreckende gigantische Netzwerk mehreckiger Ringe und Längsverstrebungen sehen, aus dem das Duraluminskelett der *Shenandoah* zusammengesetzt war;

der Laufgang wurde nur von dem Licht schwacher Glühbirnen erleuchtet, die auf der ganzen Länge des Kiels aufgehängt waren.

Er streifte seine Uniformjacke über und zog seine – zwecks besserer Standfestigkeit – mit Gummisohlen ausgestatteten Schuhe an, lauschte auf das Geräusch des Luftschiffes und spürte dessen Bewegung. In dem riesigen Heliumbehälter über seinem Kopf war kein auffälliger Laut zu vernehmen. Alles schien in Ordnung. Er trat in den Gang hinaus und stieg die Leiter zur Führergondel hinab – der Kommandobrücke des Luftschiffs.

Mit seinen dreiunddreißig Jahren war Rosendahl bereits ein – für amerikanische Verhältnisse – erfahrener Luftschiffkapitän. Er war als Navigationsoffizier auf der legendären transkontinentalen Reise der *Shenandoah* dabeigewesen und während der Taufe der *Los Angeles* durch Mrs. Calvin Coolidge im November 1924 beim Bodenpersonal im Einsatz gewesen. Auch hatte er sich an Bord des US-Schiffes *Patoka* befunden, als die *Los Angeles* im vergangenen Mai vor Puerto Rico auf See an dessen Ankermast festgemacht hatte. Überdies hatte er sich hoffnungslos in diese eigentümlich eleganten, schwebenden Giganten verliebt. Er hätte einem Luftschiff in jedem Fall den Vorzug gegenüber einem Flugzeug gegeben, gleichgültig wie großartig dieses gewesen wäre.

Die Führergondel, in die Rosendahl jetzt eintrat, war durch ein paar kleine Lampen über dem Armaturenbrett und durch die Radiumleuchten der Instrumentenanzeige nur schwach erhellt. Trotzdem erkannte er Korvettenkapitän Lansdowne sofort, der mit einigen Offizieren durch die Fenster in den Nachthimmel hinausspähte. Es war Zeit, Lewis Hancock, den ersten Navigationsoffizier, abzulösen. Hancock trat auch tatsächlich beiseite, machte aber keinerlei Anstalten, die Gondel zu verlassen. Das Wetter draußen machte einen ungemütlichen Eindruck.

Die diensthabende Wache hatte eine Kursänderung vorgenommen, um einer Gewitterfront auszuweichen. Weiter nördlich erleuchteten jetzt gelegentlich Blitze den Horizont. Obwohl der Himmel teilweise klar war – im Westen ging gerade der Mond unter –, konnten die fünf Motoren das über der hügeligen Landschaft des Staates Ohio dahinschwebende Schiff wegen des heftigen Windes nicht auf seinem Kurs halten; es wurde immer weiter abgetrieben und kam kaum mehr voran.

Gegen 4.20 Uhr bemerkte Rosendahl auf der Steuerbordseite »einen dünnen, im schwachen Mondlicht kaum sichtbaren Wolkenstreifen«. Korvettenkapitän Lansdowne trat eilig heran, um diese neue Gefahr näher in Augenschein zu nehmen. Entweder näherte sich ihnen die Wolkenbank mit großer Geschwindigkeit, oder aber sie türmte sich rasch immer höher auf.

»Das Schiff steigt, Sir«, berichtete der Höhensteuermann.

»Versuchen Sie mit allen Mitteln, die jetzige Höhe zu halten«, erwiderte Lansdowne ruhig. Er verriet nicht den geringsten Anflug von Nervosität.

»Wir steigen sehr rasch, und ich kann nichts dagegen tun, Sir«, verkündete der Höhensteuermann ein paar Augenblicke später. Seine Stimme klang angespannt, und das mit gutem Grund. Denn die *Shenandoah* war von einer mächtigen vertikalen Luftströmung erfaßt worden, die sie mit einer Geschwindigkeit von rund 300 Metern pro Minute hinaufzog. Kein anderes Luftschiff hatte bis dahin je mit so extremen Wetterverhältnissen zu kämpfen gehabt. Aber es sollte noch schlimmer kommen.

Lansdowne befahl in ruhigem Ton, die Geschwindigkeit des Schiffes zu steigern, weil er hoffte, die großen horizontalen Höhenruder würden das Luftschiff trotz der vertikalen Strömung abwärts lenken. Er wollte einen Aufstieg des Schiffes über dessen Prallhöhe von rund 1200 Metern nach Möglichkeit vermeiden, weil er andernfalls kostbares Helium durch die Ventile ablassen mußte. Als die Wirkung der Motoren einsetzte, verstärkte sich der Neigungswinkel der *Shenandoah*. Die Nadel des Neigungsmessers näherte sich achtzehn Grad und zeigte damit einen Winkel an, der nicht überschritten werden durfte, falls man die Kontrolle über das Luftschiff nicht vollends verlieren wollte.

»Den Neigungswinkel stabil halten«, ordnete Lansdowne an. Der Höhensteuermann brachte die riesigen Höhenruder sofort in eine horizontalere Position, und die Gefahr war gebannt.

In gut 1000 Meter Höhe setzte der rasante Auftrieb für ein paar Minuten aus, und die Männer in der Führergondel glaubten schon, daß das Schlimmste nun vorüber sei. Trotz der Wachablösung hielten sich die meisten noch immer in der Gondel auf. Und nun setzte der Auftrieb plötzlich wieder ein, diesmal sogar noch turbulenter als zuvor.

»Ich hab' die Flossen steil nach unten gestellt, aber das nützt nichts«, meldete der Höhensteuermann.

»Keine Sorge«, erwiderte Lansdowne.

»Das Seitensteuer ist scharf in Position gebracht, aber das Schiff reagiert nicht«, rief der Mann am Seitensteuer. Das riesige Luftschiff »schlingerte jetzt immer stärker, und man hatte das Gefühl, sich auf einem Floß zu befinden, das von einer stürmischen See hin und her geschleudert wird«, schrieb Rosendahl später.

Die Prallhöhe war bereits überschritten, und das Luftschiff wurde – mit einer Geschwindigkeit von über hundert Metern pro Minute – immer weiter aufwärts getrieben. Bei diesem Tempo konnten die wenigen automatischen Ventile, die nach dem Umbau verblieben waren, das überschüssige Helium unmöglich schnell genug ablassen, und wenn die Gaszellen sich übermäßig ausdehnten oder gar platzten, konnten sie den Metallrahmen beschädigen. Lansdowne befahl deshalb, die von Hand zu bedienenden Ventile zu öffnen. Und trotzdem setzte die *Shenandoah* ihren Aufstieg unerbittlich fort.

In 2000 Metern Höhe drang unversehens ein kalter Luftstrom durch die Kielluken ein und erfüllte das ganze Schiff, so daß selbst die wenigen Männer, die bis dahin nahe dem Laufgang im Kiel noch in ihren Kojen geschlafen hatten, wach wurden. Manche hörten, wie weit oben im Rumpf Träger brachen und Spanndrähte rissen. Alle an Bord – von den Männern an den kreischenden Motoren angefangen bis hin zum Höhensteuermann – wußten jetzt, daß das Luftschiff sich in tödlicher Gefahr befand.

Lansdowne in der Führergondel begriff sofort, was die plötzliche Kälte zu bedeuten hatte: Das Luftschiff war durch die warme Luftschicht, die den Aufstieg bewirkt hatte, hindurch gelangt und würde aufgrund des hohen Gasverlustes bald rapide sinken. Deshalb befahl er bereits vor Beginn des unvermeidlichen Absturzes, Wasserballast abzulassen, weil er hoffte, die Wucht des freien Falls dadurch abzumindern.

Aus einen sturmgeschüttelten Floß verwandelte sich die *Shenandoah* jetzt unversehens in einen Stein im freien Fall und stürzte innerhalb einer Minute fünfhundert Meter tief hinab. Als dann der atmosphärische Druck zunahm, verspürte Rosendrahl einen starken Druck auf den

Ohren. Dann erfaßten abermals aufsteigende Luftmassen das Luftschiff, und es fing wieder an zu steigen. Sein Rumpf war für derartige Belastungen nicht gebaut.

Als nach dem neuerlichen Aufstieg der nächste Absturz einsetzte, begriff Lansdowne sogleich, daß es an der Zeit war, Notballast abzuwerfen – und zwar die großen, mittschiffs angebrachten Treibstofftanks. An eine ordnungsgemäße Navigation war jetzt ohnehin nicht mehr zu denken; deshalb beauftragte er Rosendahl, dafür zu sorgen, daß die Mannschaft sich bereitmachte, auf Befehl die großen Treibstofftanks loszuschneiden. Zwei Motoren waren sowieso bereits ausgefallen, und die verbleibenden würden es auch nicht mehr lange machen. Er mußte auf das Schlimmste gefaßt sein.

»Um in den Kiel zu gelangen, mußte man über eine Leiter in dem engen Kommandoturm hinaufsteigen«, schrieb Rosendahl später. »Als ich gerade auf die ersten Sprossen trat, bäumte sich das Luftschiff plötzlich – wie ein Flugzeug, das zu einem Looping ansetzt – steil auf. Ich hatte eine solche Schräglage in einem Luftschiff bis dahin noch nie erlebt.« Als er weiter emporstieg, hörte er, wie Teile des Gerippes auseinanderrissen – die Verstrebungen, an denen die Führergondel befestigt war, brachen entzwei. Nur die mächtigen Kabel, die von der Gondel aus zu den Seiten- und Höhenrudern verliefen, verbanden den Kommandanten und seine Leute jetzt noch mit dem Rumpf.

Der junge Offizier konzentrierte sich jetzt ganz auf seinen Auftrag – an die Möglichkeit, daß die Führergondel sich losreißen könne, mochte er nicht einmal denken – und rannte zu den Treibstofftanks weiter hinten. Plötzlich hörte er »ein schreckliches metallisches Kreischen«, als wollten zwei riesige Hände die *Shenandoah* auseinanderreißen. Und tatsächlich brach der Kiel des Luftschiffes knapp hinter dem Bug auseinander.

Während der folgenden neunzig Sekunden wurden die beiden Teile noch notdürftig durch die Steuerungskabel zusammengehalten. Als dann auch diese Kabel rissen, sah Rosendahl mit ungläubigem Entsetzen, »wie sich der hintere, größere Teil des Schiffes rasch von mir entfernte und im trüben grauen Licht der Morgendämmerung verschwand«. Der Rumpf war mit dem ohrenbetäubenden Kreischen zerreißenden Metalls auseinandergebrochen, »wie wenn jemand tausend Glasscheiben aus großer Höhe auf einen gepflasterten Platz schleudert«.

Damit nicht genug, rissen auch noch die verbliebenen Stahldrähte, die die Führergondel mit dem Rumpf verbanden, und die Gondel stürzte mit Lansdowne und seinen Männern wie ein Stein in die Tiefe. Lansdowne bewahrte Haltung bis zum Schluß und verkündete noch kurz vor dem Absturz der Kabine mit fester Stimme: »Wer will, kann die Gondel verlassen.« Nur zwei der Männer kletterten, wie zuvor Rosendahl, in den Kiel hinauf.

Der Restrumpf, der Rosendahls Blicken immer weiter entschwand, brach noch ein zweites Mal, und zwar ein kleines Stück hinter der ursprünglichen Bruchstelle. Von dem neuen Bruchstück rissen zwei Motorgondeln samt Besatzung ab und stürzten wie eine Bombe der Erde entgegen. Als das Rumpffragment selbst auf dem Boden aufprallte, fand ein weiteres Besatzungsmitglied den Tod.

Wegen der zwei schweren hinteren Motorgondeln stürzte der Heckteil zunächst mit der Spitze voran steil nach unten. Als die Gondeln jedoch abrissen, geriet diese Sektion wieder in eine mehr oder weniger stabile Lage und landete schließlich ziemlich sanft einen halben Kilometer von der Stelle entfernt, an der die Führergondel aufgeschlagen war. Wie durch ein Wunder überlebten zweiundzwanzig Besatzungsmitglieder diese Landung, und nur einer von ihnen war verletzt.

In dem noch immer als Freiballon dahintreibenden Bug wich der anfängliche Schock, den Rosendahl erlitten hatte, jetzt der Angst und einem starken Gefühl der Verzweiflung. Als die rund siebzig Meter lange Bugsektion rasch immer höher hinaufstieg, bis der Boden unten kaum mehr zu erkennen war, fühlte er sich von Gott und der Welt verlassen. Zwischen seinem Standort und dem vorderen Teil des Bugs klaffte an jener Stelle, wo die Führergondel sich losgerissen hatte, ein riesiges Loch. Er dachte, vielleicht könne er ja an den Trägern entlangklettern und die noch intakten Gaszellen aufschlitzen, aber eine solche Brachialaktion hätte wohl nur eine sichere Bruchlandung garantiert. Um überhaupt etwas zu tun, fing er an, gegen den brausenden Wind anzuschreien. Zu seiner Überraschung hörte er Stimmen, die ihm antworteten – mindestens eine weiter vorne jenseits des Abgrunds und eine andere weiter hinten.

Er entdeckte jetzt, daß sich außer ihm noch sechs weitere Männer in dem jetzt auf fast dreieinhalbtausend Meter hinaufschießenden Bug aufhielten. Plötzlich erschien ihm die Situation nicht mehr ganz so verzweifelt. Während seiner Grundausbildung hatte Rosendahl auch gelernt, einen Freiballon zu handhaben. Jetzt schwebte er in einem zwar etwas unförmigen Ballon durch die Lüfte, aber das änderte gleichwohl nichts an den flugtechnischen Prinzipien. Es gab keinen Grund, warum er den Bug nicht mit Hilfe einer aus sechs Männern bestehenden Besatzung sicher und weich sollte zu Boden bringen können.

Während er seine Männer für einen Landungsversuch einteilte, schwebte der Bug gemächlich in einem großen Kreis über dem Gelände dahin, wo bereits das restliche Luftschiff mehr oder weniger gewaltsam niedergegangen war. Indem er abwechselnd Helium abgab und Ballast – hauptsächlich die noch verbliebenen Treibstoffreserven – abwerfen ließ, brachte Rosendahl das schwebende Wrack langsam zu Boden. Als das Luftschiff kurz vor der Landung neuerlich von einer Windbö erfaßt wurde, ließ er den noch verbliebenen Ballast abwerfen, um einen harten Aufprall zu vermeiden. Aber es war bereits zu spät, und der Bug streifte einen Baum, der die Hülle aufschlitzte und einen der Überlebenden zu Boden riß. Der Mann wurde zwar schwer verletzt, überlebte jedoch das Unglück.

Der zweite Landeversuch war erfolgreicher: »Ganz langsam setzten wir auf – mit dem offenen Hinterteil voran – und landeten so sanft auf der guten alten Mutter Erde, daß dabei nicht einmal ein Ei zu Bruch gegangen wäre.« Als die Schiffsnase schließlich sicher am Boden gelandet war, verließen die Männer sofort das Wrack und vertäuten es an den nächstgelegenen Ankerpunkten – Zaunpfählen und Bäumen –, und die Heliumbehälter wurden aufgeschlitzt, damit der Bug nicht noch einmal davonschweben konnte.

Die *Shenandoah*-Katastrophe kostete zwar nicht so viele Menschenleben wie das *Roma*-Unglück – nur vierzehn der dreiundvierzig Männer an Bord fanden den Tod –, sie hinterließ jedoch einen weit tieferen Eindruck. Das laut Admiral Moffett stärkste und stabilste Luftschiff der Welt war von einem Sturm buchstäblich in Stücke gerissen worden. Das amerikanische Luftschiffprogramm war jetzt ernstlich in Gefahr. Einzig die Entschlossenheit zweier bemerkenswerter Männer – Konteradmiral William Moffett und Charles Rosendahl – sollten es vor einem vorzeitigen Ende bewahren.

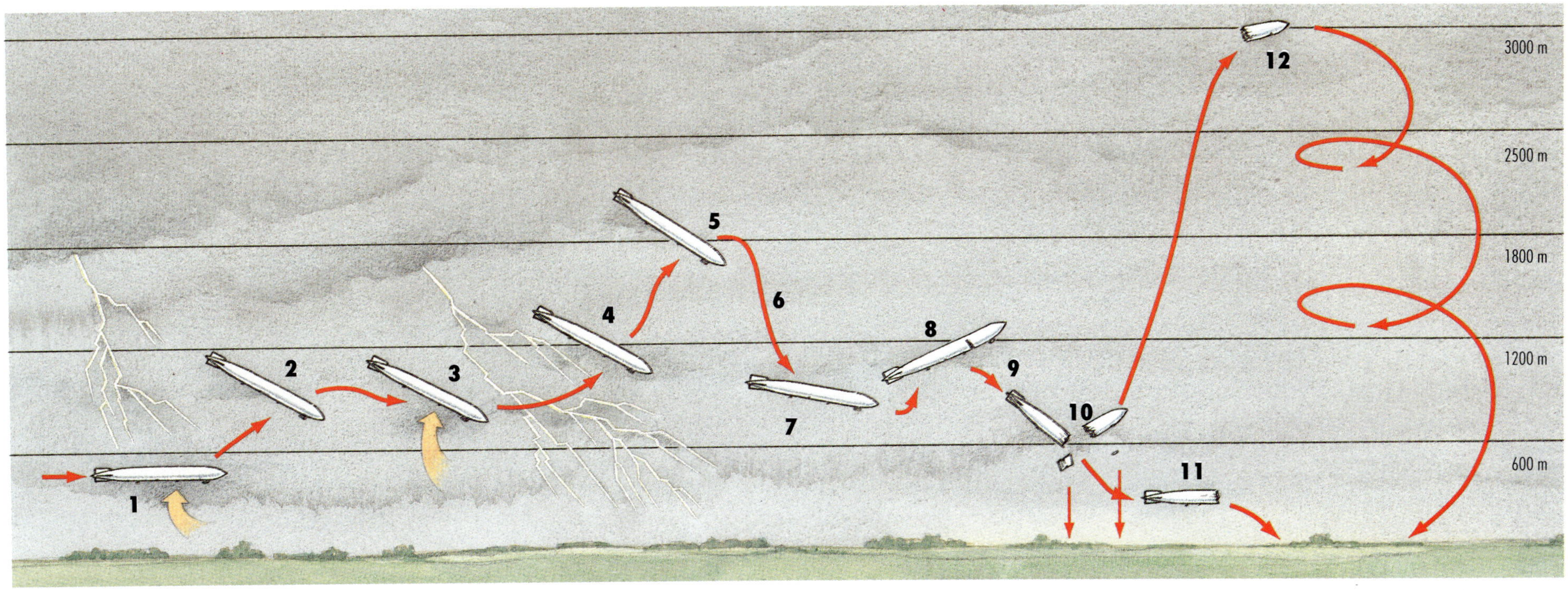

DER TODESKAMPF EINES GIGANTEN

Dieses Diagramm zeigt die letzte halbe Stunde der *Shenandoah*, die am 3. September 1925 abstürzte. **1)** Das vergeblich gegen den heftigen Gegenwind ankämpfende Schiff steigt plötzlich steil auf. **2)** Etwa fünf Minuten lang stabilisiert es sich, schlingert und schaukelt jedoch beträchtlich in der schweren Turbulenz. **3)** Ein zweiter, noch rasanterer Aufstieg beginnt.

4) In 1200 Meter Höhe übersteigt das Schiff seine Prallhöhe. Helium und Wasserballast werden abgelassen. **5)** Das Schiff hält kurz inne und fällt dann steil nach unten. **6)** Währenddessen läßt die Mannschaft weiteren Wasserballast ab. **7)** Der dritte Aufstieg beginnt. Rosendahl verläßt die Führergondel. **8)** Eine gewaltige Bö schleudert den Bug aufwärts und läßt den Rumpf bei Ring 125 auseinanderbrechen **9)** Das Schiff hält noch zusammen, während es hinabstürzt.

10) Die Belastung ist schließlich so stark, daß der Bug sich selbständig macht. Sekunden später bricht die Hecksektion auf der Höhe von Ring 110 ab, und dieses Rumpffragment stürzt gemeinsam mit den beiden vorderen Motorgondeln zur Erde hinab. **11)** Die Hecksektion mit 22 Männern an Bord gerät in eine Art Gleitflug und schwebt hinab. **12)** Rosendahl und sechs andere Männer bringen die Bugsektion im Freiballonstil sicher zur Erde.

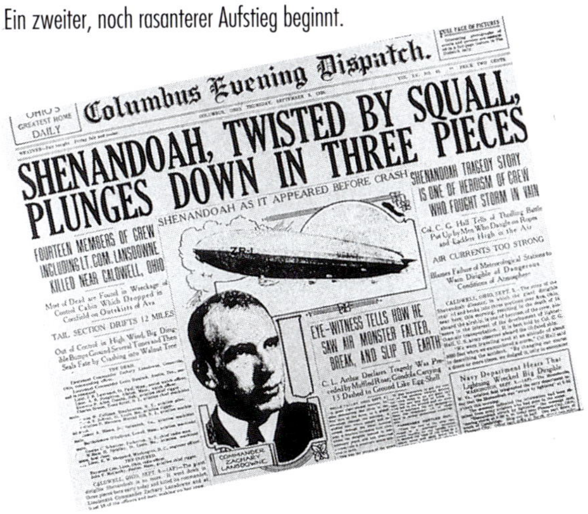

Columbus Evening Dispatch.

SHENANDOAH, TWISTED BY SQUALL, PLUNGES DOWN IN THREE PIECES

SHENANDOAH AS IT APPEARED BEFORE CRASH

FOURTEEN MEMBERS OF CREW INCLUDING LT. COM. LANSDOWNE KILLED NEAR CALDWELL, OHIO

SHENANDOAH TRAGEDY STORY IS ONE OF HEROISM OF CREW WHO FOUGHT STORM IN VAIN

EYE-WITNESS TELLS HOW HE SAW AIR MONSTER FALTER, BREAK, AND SLIP TO EARTH

Bevor noch die Zeitungen von dem *Shenandoah*-Unglück berichten (oben), haben sich Einheimische bereits scharenweise bei den drei Wrackteilen eingefunden. Die Überreste der Hecksektion sind rechts abgebildet. Die wenigen Hilfssheriffs, die als Wachen aufgestellt waren, konnten die Leute nicht davon abhalten, den Unglücksort regelrecht zu plündern und alles mögliche mitzunehmen.

Die Nachricht von dem *Shenandoah*-Unglück muss Hugo Eckener hart getroffen haben. Denn nach der erfolgreichen Auslieferung der *Los Angeles* in Lakehurst hatte er alle Hebel in Bewegung gesetzt, um ausreichend Geld für den Bau eines großen Transatlantik-Luftschiffs zum Passagiertransport zusammenzubringen. Der Verlust des ersten – nach deutschem Vorbild gebauten – in Amerika hergestellten Starrluftschiffs war seinem Anliegen natürlich nicht gerade zuträglich. Aber er ließ sich auch durch diesen Rückschlag nicht beirren.

1925/26 reisten Eckener, Lehmann und andere erfahrene Luftschiffoffiziere in Deutschland umher und hielten Vorträge zugunsten der Zeppelin-Eckener-Spende. Eckener selbst trat mehr als einhundertmal vor interessierten – und wie er hoffte, spendierfreudigen – Zuhörern auf. »Es war vielleicht die mühevollste Arbeit meines Lebens«, erinnerte er sich später. Langsam, aber sicher begann jetzt das Geld zu fließen. Zwar kam es zu keinem zweiten »Wunder von Echterdingen«, aber das deutsche Volk glaubte noch immer an den Traum des alten Grafen. Bis Ende 1926 hatten die Luftschiff-Enthusiasten zweieinhalb Millionen Mark gesammelt. Das war zwar nur knapp die Hälfte des nötigen Kapitals, aber Eckener ließ die Bauarbeiten schon einmal in Angriff nehmen. Die Alliierten hatten ihre die Größe deutscher Luftschiffe betreffenden Vorschriften inzwischen gelockert. Und so fand sich die deutsche Regierung widerstrebend bereit, eine Million Reichsmark in das Projekt zu investieren. Das verbleibende Defizit von rund 3,5 Millionen Mark wurde durch Einkünfte aus den diversen Geschäftszweigen des Zeppelin-Konzerns gedeckt.

Während Eckener sich noch darum bemühte, die notwendigen Gelder aufzubringen, wandte sich das öffentliche Interesse an der Luftfahrt von Deutschland und Amerika ab und dem Nordpol zu. In diesen Jahren lieferten sich nämlich ein paar Forscher und Abenteurer ein Wettrennen um die Eroberung der letzten bis dahin noch nicht erforschten Regionen des Planeten. Männer wie Peary, Scott, Nansen und Amundsen gelangten zu Weltruhm. Und schon bald kam – zur allgemeinen Überraschung – der Name des italienischen Ingenieurs und Lenkluftschiffbauers Umberto Nobile hinzu.

Nobile war zu dieser Zeit der erfahrenste Luftschiffer Italiens. Als Leiter der italienischen Militärluftschiffwerkstatt war er bis dahin für die Konstruktion und den Bau der Flotte halbstarrer Lenkluftschiffe seines Landes zuständig gewesen, so auch der unglückseligen *Roma*, seit deren Absturz in den Vereinigten Staaten die Verwendung von Helium als Traggas üblich geworden war.

Im Sommer 1925 trat Roald Amundsen, der als erster die Nordwestpassage befahren und den Südpol entdeckt hatte, mit einem Vorschlag an Nobile heran. Er fragte den Italiener, ob er bereit sei, als Kapitän eines seiner Luftschiffe die Arktis von Spitzbergen bis Alaska zu durchfahren. Amundsen konnte sich dabei auf die finanzielle Unterstützung des amerikanischen Gentleman-Abenteurers Lincoln Ellsworth verlassen, mit dem er bereits im Vorjahr vergeblich versucht hatte, dieselbe Strecke mit zwei Wasserflugzeugen zurückzulegen.

Umberto Nobile erklärte sich sofort bereit, sich an Amundsens Projekt zu beteiligen. Weniger begeistert war er schon von der Bedingung, daß die Expediton ausschließlich unter der norwegischen Flagge vonstatten gehen sollte. Das für die Expedition vorgesehene Luftschiff war

Der italienische Luftschiffkapitän Umberto Nobile (oben rechts) unternahm gemeinsam mit dem berühmten norwegischen Forscher Roald Amundsen (oben links) den waghalsigen Versuch einer Überquerung des Polarmeeres. (Unten und ganz unten) Vor der Abfahrt in Spitzbergen war die *Norge* in einem dachlosen Hangar untergebracht. (Gegenüber) Eine italienische Zeitung illustriert den für die ganze Nation stolzen Augenblick, da die Flagge des Landes über dem Pol abgeworfen wird.

Direzione e Amministrazione
Torino, Via IV Marzo, 12
Per gli abbonamenti indirizzare vaglia all'Amministrazione.
ITALIA e COLONIE:
Anno L. 18 - Semestre L. 9,50
ESTERO:
Anno L. 36 - Semestre L. 19 —

ILLUSTRAZIONE DEL POPOLO

Anno VI - Numero 21
Domenica 23 maggio 1926
PER GLI ANNUNCI A PAGAMENTO rivolgersi direttamente alla *Unione Pubblicità Italiana*, Via Santa Teresa, n. 7, Piazzetta della Chiesa, TORINO, ed alle sue Succursali.

Sedici pagine — Supplemento della «Gazzetta del Popolo» — Centesimi 35

L'eroica impresa del «Norge» - Mentre la bella aeronave si abbassa sopra la ghiacciata solitudine del Polo, vengono lanciate tra la più viva commozione dell'equipaggio le bandiere della Norvegia, degli Stati Uniti e dell'Italia come segno di questo meraviglioso successo della navigazione aerea *(Disegno di Alfredo Ortelli).*

Nobiles *N 1,* das der als Sponsor fungierende Norwegische Aero-Club käuflich erwerben sollte. Außerdem sollte das *N 1* in *Norge* (Norwegen) umgetauft werden. Für Nobile, der einen Großteil der Mannschaft stellte, war lediglich die Rolle des Kapitäns vorgesehen. Amundsen, der viel von der Erforschung der Arktis und vom Überleben unter schwierigsten Bedingungen, jedoch rein gar nichts von Luftfahrt verstand, überließ dem Italiener bereitwillig alle luftfahrttechnischen Kompetenzen.

Anfang Mai 1926 traf sich eine aus Italienern, Norwegern, Schweden und einem Amerikaner (Ellsworth) zusammengewürfelte Mannschaft in der King's Bay (Kongsfjord) an der Westküste von Spitzbergen. Nobile hatte die *Norge* von Rom aus über Pulham (England), Oslo und Leningrad sicher in den hohen Norden gesteuert – eine beträchtliche Leistung angesichts eines Luftschiffs, das nur etwa ein Viertel des Rauminhalts der *Shenandoah* hatte. Ein unterwegs ausgefallener Motor wurde in einem provisorischen Hangar ohne Dach, den man im vorhergehenden Winter gebaut hatte, durch einen Ersatzmotor ausgetauscht.

Nach Abschluß der notwendigen Reparaturarbeiten stieg die *Norge* am 11. Mai 1926 zu ihrer Fahrt ins Ungewisse auf. Die von Amundsen, Ellsworth und Nobile gemeinsam durchgeführte Arktisüberquerung sollte ein für allemal erweisen, ob es in den bis dahin unerforschten Weiten des Nördlichen Eismeeres einen noch unentdeckten Kontinent gab. Der vierundfünfzig Jahre alte Amundsen hatte angekündigt, daß diese Fahrt seine letzte Forschungsreise sein werde. Anschließend wolle er sich zurückziehen und jüngeren Männern das Feld überlassen.

In der dichtbesetzten Führergondel, die Nobile zwecks Gewichtsverminderung hatte verkleinern lassen, thronte Amundsen in einem mit Samt ausgeschlagenen Stahlrohrsessel, während die von ihm angeheuerten Hilfskräfte – Nobile und seine Mannschaft – das Luftschiff Richtung Nordpol steuerten. Nobiles kleiner weißer Hund Titina lag dösend in einer Ecke und ließ sich von der Kälte anscheinend überhaupt nicht stören. Die Männer in der unbeheizten und mit Zelluloidfenstern ausgestatteten Duraluminkabine waren warm angezogen, aber die belegten Brote gefroren, und der Tee und der Kaffee in den Thermosflaschen waren bald erkaltet.

Bereits vor Mitternacht gerieten die Abenteurer in starken Nebel – was Nobile befürchtet hatte –, und das Luftschiff fing allmählich an zu vereisen. Der Höhensteuermann lenkte die *Norge* daraufhin aufwärts, und in etwa 1000 Metern Höhe erreichte man zur allgemeinen Freude tatsächlich wieder das Sonnenlicht. Der Nordpol war jetzt nur noch ein oder zwei Stunden entfernt. Alle Mitreisenden waren seit dem frühen Morgen wach, trotzdem fühlte sich niemand müde. Um 1.30 Uhr früh hatte man das Ziel erreicht. Amundsen, Ellsworth und Nobile warfen jeweils die Fahne ihres

Landes ab. Die imposante italienische Flagge, die Nobile von Mussolini persönlich erhalten hatte, ließ die »Wimpel« der beiden anderen Männer eher mickrig erscheinen. Amundsen hielt sich zwar inmitten der allgemeinen Feststimmung zurück, aber er war alles andere als erfreut.
Beinahe hätte die *Norge* sogar als erstes Luftfahrzeug den Nordpol erreicht. Denn erst wenige Tage zuvor hatte Richard Byrd in einer Fokker die Strecke Spitzbergen–Nordpol erfolgreich absolviert. Aber niemand war über diesen Punkt je hinausgekommen. Als Nobile jetzt »volle Kraft voraus« anordnete und Kurs auf Point Barrow in Alaska nahm, wußte er, daß der entscheidende Teil der Reise noch vor ihnen lag. Da die Besatzung für regelmäßige Wachablösungen zu klein war, mußten sämtliche Mitreisenden bis zur glücklichen Landung in Alaska oder bis zum unglücklichen Ausgang der Expedition fast ununterbrochen wach bleiben.
Schon bald glitt das Luftschiff wieder blind durch den gefrierenden Nebel dahin. Auf den Metalloberflächen bildeten sich Eisschichten. Doch die Idylle war trügerisch. Von den Motorgondeln lösten sich Eisbrocken, wurden von den Propellern erfaßt und zerkleinert gegen die Luftschiffhülle geschleudert. Der Segelmacher eilte von Loch zu Loch, um die Schäden in der Hülle wenigstens notdürftig zu reparieren. Glücklicherweise durchschlug keiner der Eisklumpen eine Gaszelle. Denn ein größeres Wasserstoffleck wäre verhängnisvoll gewesen.
Und so schwebten die Abenteurer durch das grauweiße Zwielicht und verließen sich darauf, daß ihr Magnetkompaß sie sicher nach Alaska leiten werde. Als der Nebel einmal für kurze Zeit nachließ, fand Nobile sogar Zeit, sich in seiner näheren Umgebung umzusehen. »Wir waren seit zweiunddreißigeinhalb Stunden in der Luft. Die Führerkabine war entsetzlich schmutzig. Mehrere Dutzend Thermosbehälter, auf dem Boden neben dem Schränkchen abgestellt, in dem ich Navigationskarten und -bücher aufbewahrte, boten einen bejammernswerten Anblick. Einige waren leer, andere umgekippt oder zerbrochen. Kaffee und Tee überall verschüttet, und allenthalben Speisereste. Mitten aus diesem Unrat ragten in grotesker Weise Amundsens riesige Füße in den grasgefütterten Schuhen, seine tuchenen Tauchergamaschen und die rotweißen Handschuhe.«
Sechsundvierzig Stunden und zwanzig Minuten nach dem Start in der King's Bay rief der Navigator des Luftschiffs: »Land in Sicht!« Sie hatten die Küste Alaskas erreicht. Amundsen, Ellsworth und Nobile hatten in einem Luftschiff, das nach Meinung vieler Experten für ein solches Unternehmen viel zu klein war, eine der großartigsten Reisen in der Geschichte der Luftfahrt unternommen. Und sie hatten zweifelsfrei erwiesen, daß die Polarregion nichts als ein riesiges gefrorenes Meer ist.
Während der nächsten anderthalb Tage mußte das kleine Luftschiff noch einmal mit Nebel, Schnee und heftigen Winden kämpfen; zwischendurch verloren die Reisenden sogar mehrmals völlig die Orientierung und wären beinahe ins Meer gestürzt. Nobile gab schließlich die Hoffnung auf, daß man je den ursprünglich vorgesehenen Zielort Nome erreichen werde, und machte mit der *Norge* in der Nähe der winzigen Siedlung Teller in Alaska eine Notlandung.
Das war eine bemerkenswerte Leistung. Nobile und seine Männer hatten seit der Abreise in Spitzbergen kaum mehr geschlafen. Mehrmals hatte der italienische Luftschiffkapitän sogar den vor sich hindösenden Höhensteuermann wachrütteln müssen. Als er einmal befohlen hatte, die Motorleistung hochzufahren, hatte der zuständige Mann überhaupt nicht reagiert. Aber irgendwie war es Nobile gleichwohl gelungen, sein Luftschiff in der schnee- und

NI
NORGE
NI

eisbedeckten Landschaft Alaskas weich zu landen, obwohl weder Orientierungslichter noch eine Haltemannschaft ihm die Durchführung dieses schwierigen Manövers erleichtert hatten. Roald Amundsen dankte ihm überschwenglich. Lincoln Ellsworth stellte dem Italiener sogar seine Wohnung in New York und seine Villa in Italien zur Verfügung. Aber diese Herzlichkeit und Kameraderie waren schon bald vergessen. Noch fünfunddreißig Jahre später mußte sich Nobile gegen die Verleumdungen zur Wehr setzen, die Roald Amundsen nach ihrer gemeinsamen Entdeckungsreise in Wort und Schrift gegen ihn in Umlauf gebracht hatte. In Amundsens Augen war Nobile von Anfang an nicht viel mehr als eine Art Söldner gewesen, und er war zutiefst empört, als der Italiener jetzt seinen Beitrag zu der erfolgreichen Expedition entsprechend gewürdigt wissen wollte. Deshalb bauschte er Nebensächlichkeiten, etwa den Umstand, daß die am Pol abgeworfene italienische Fahne größer gewesen war als die beiden anderen, so sehr auf, daß Nobile wie ein nur auf Selbstdarstellung erpichter Egoist dastand. Aber die größte Kränkung fügte Amundsen dem italienischen Luftfahrer zu, als er fälschlich behauptete, Nobile habe in einigen gefährlichen Situationen vor der Küste Alaskas »völlig den Kopf verloren«, so daß das Luftschiff nur dank der Wachsamkeit der mitreisenden Norweger einer Katastrophe entgangen sei.

Nobile war an dem Streit wohl auch nicht ganz unschuldig – schließlich hatte es sich tatsächlich um Amundsens Expedition gehandelt –, aber er hätte durchaus eine bessere Behandlung von seiten des großen alten Mannes der Polarforschung verdient gehabt, der während der langen Fahrt im Grunde genommen kaum mehr als ein Passagier gewesen war.

Zwei Jahre nach der Polarreise der *Norge* kehrte Nobile an der Spitze einer von Italien finanzierten Expedition mit der *Italia*, einem soeben erst fertiggestellten Schwesterschiff der *Norge*, nach Spitzbergen zurück. Er wollte eine Reihe von Fahrten unternehmen, um jene fast vier Millionen Quadratkilometer großen arktischen Gebiete zu erforschen, die bis dahin noch kein Europäer besucht hatte. Bei dieser Gelegenheit sollten drei Wissenschaftler, die er mit an Bord genommen hatte, wissenschaftliche Experimente durchführen.

Bereits die zweite Expeditionsreise führte Nobile abermals zum Pol. Als sich die *Italia* am 25. Mai 1928 auf dem Heimweg bereits kurz vor Spitzbergen befand, schlug das aus unerklärlichen Gründen plötzlich sehr schwere Luftschiff im Treibeis auf. Nobile sowie neun andere Passagiere wurden zusammen mit etlichen Proviantrationen und lebenswichtigen Ausrüstungsgegenständen aus der Führergondel auf das Eis hinausgeschleudert. Sie mußten in sprachlosem Erstaunen mitansehen, wie ihr jetzt erheblich leichteres Luftschiff mit sechs Männern an Bord auf Nimmerwiedersehen im grauen Nebel verschwand. Einer der zehn Abgestürzten war tot, ein Mechaniker hatte sich das Bein gebrochen, und auch Nobiles rechter Arm und sein rechtes Bein waren bei dem Unglück zu Bruch gegangen. Die Überlebenschancen schienen denkbar schlecht.

Zwei Jahre nach der Polarreise der *Norge* kehrt Nobile mit der halbstarren *Italia* nach Spitzbergen zurück. (Oben) Nobile und sein Hund Titina nach ihrer dramatischen Rettung aus dem arktischen Eis.

Immerhin befanden sich unter den Gegenständen, die die *Italia* auf dem Packeis zurückgelassen hatte, ein Funkgerät und ein winterfestes Zelt. Während die Vorräte allmählich dahinschwanden und die Männer immer schwächer wurden, sandte der Funker Tag für Tag pflichtbewußt seine Notrufe aus. Doch es kam keine Antwort. Auf der Basis in Spitzbergen wußte der Kapitän des Hilfsluftschiffs *Città di Milano* lediglich, daß die Funksprüche der *Italia* abrupt aufgehört hatten. Er schloß daraus ganz richtig, daß das Luftschiff abgestürzt sei, und war felsenfest davon überzeugt, daß Nobiles Funker bei dieser Gelegenheit den Tod gefunden hatte. Deshalb hielt er es für überflüssig, auf einen Notruf zu warten. Nach sechs Tagen Zittern und Zagen stieg die Stimmung der im Treibeis Verschollenen kurzfristig, als einer der Männer einen Eisbären erlegte – jedenfalls würde man nicht so bald Hungers sterben. Schließlich bekamen die Überlebenden Kontakt mit einer Funkstation im viele tausend Kilometer entfernten São Paulo in Brasilien und erfuhren auf diese Weise, daß man am falschen Ort nach ihnen suchte.

Nobile gab schließlich drei körperlich robusten Männern die Erlaubnis, sich auf den Weg zu machen und nach Land Ausschau zu halten. Er hatte zwar insgeheim schon die Hoffnung auf Rettung aufgegeben, verlangte jedoch, daß weiterhin täglich Funksprüche abgesetzt würden. Nachdem sie bereits zwei Wochen auf dem Eis ausgeharrt hatten, erfuhren sie am 6. Juni von der Funkstation in São Paulo, daß ein Funkamateur in Rußland offenbar einen Notruf der *Italia*-Mannschaft empfangen hatte. Am nächsten Tag ging die *Città di Milano* auf Empfang. Jetzt endlich schien die Rettung nicht mehr fern. Tatsächlich jedoch mußten Nobile und seine Männer noch einen Monat im Treibeis ausharren, während sich Schiffe und Flugzeuge aus sechs Ländern um ihre Rettung bemühten. Als er von Nobiles Funkspruch erfuhr, unterbrach sogar Roald Amundsen seinen Ruhestand, um bei der Suche nach dem Mann behilflich zu sein, den er zuvor öffentlich verunglimpft hatte. Am 18. Juni machte er sich mit einem geliehenen französischen Wasserflugzeug vom norwegischen Tromsø aus auf den Weg. Das Flugzeug kehrte nie zurück.

Italienische Flugzeuge waren die ersten, die die Luftschiffer am 20. Juni entdeckten; sie warfen dringend benötigte Lebensmittel ab. Dann landete ein wagemutiger schwedischer Flieger in der Nähe der Luftschiffbrüchigen auf einer Eisscholle und brachte Nobile in Sicherheit. Der Expeditionsleiter ließ seine Männer zwar nur widerstrebend im Stich, aber der Schwede hatte seine Anweisungen. Denn Nobile konnte auf dem Schiff, von dem aus die Rettungsmaßnahmen koordiniert wurden, weit nützlichere Dienste leisten als in der Eiswüste.

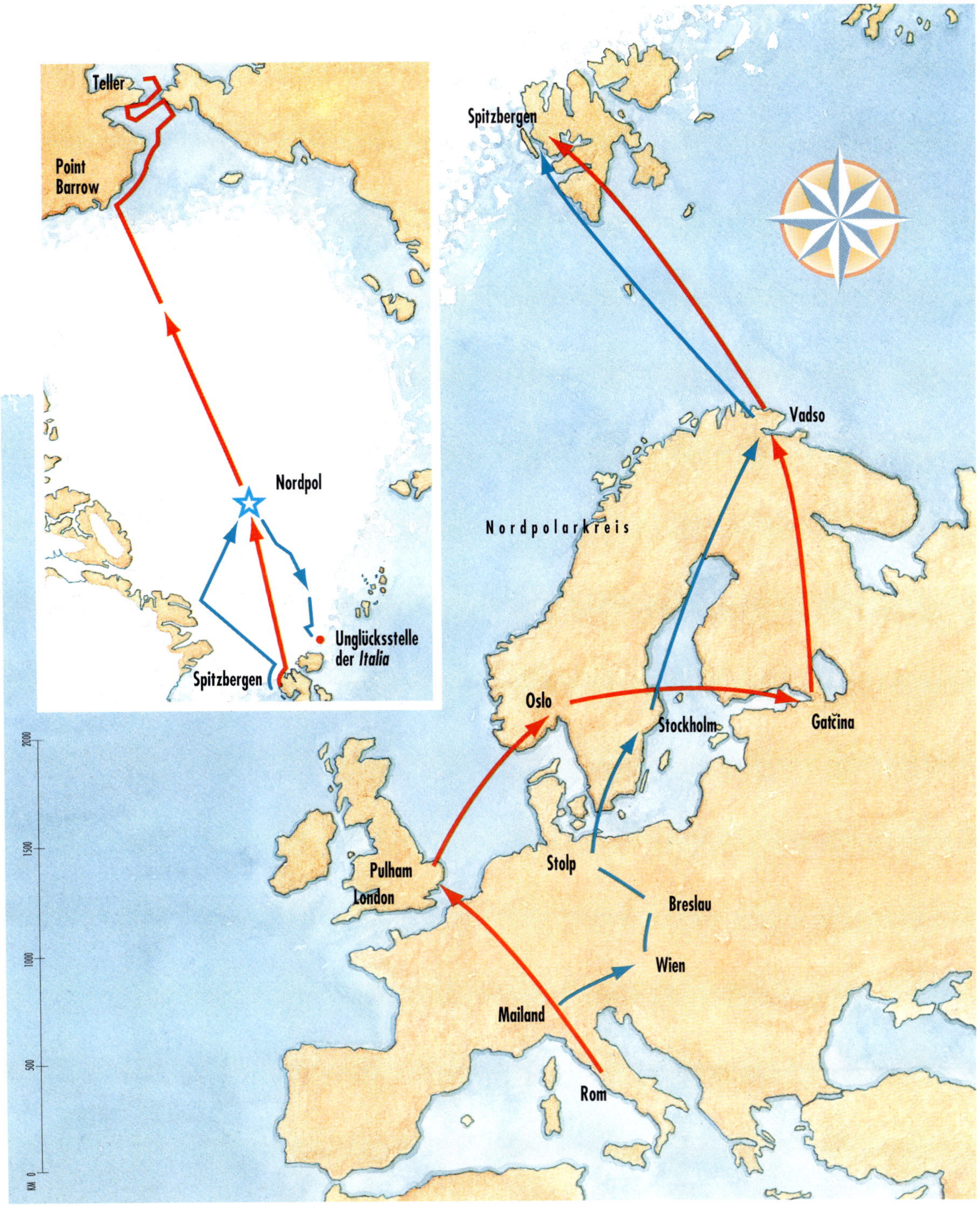

Angesichts ihrer geringen Größe waren die Fahrten der *Norge* und der *Italia* von der Apenninhalbinsel in arktische Breiten nicht minder spektakulär als ihre Polarreisen. Die Nordlandtour der *Norge* im Frühjahr 1926 verlief ohne Zwischenfall, obwohl das Schiff einen mehrwöchigen Aufenthalt in Gatčina nahe Leningrad in Kauf nehmen mußte, während an der King's Bay der Hangar aufgebaut wurde. Die *Italia* dagegen hatte es 1928 nicht so leicht. Über der Tschechoslowakei geriet sie in einen Hagelsturm, wobei die obere Flosse brach und die Propeller durch Hagelkörner beschädigt wurden. Aber der Schaden wurde behoben, und das Luftschiff setzte die Reise fort. Die kleine Karte (oben links) zeigt die Route der bahnbrechenden *Norge*-Reise von Spitzbergen nach Alaska (rote Linie) und die letzte Reise der *Italia* (blaue Linie), die kurz vor der Rückkehr zu ihrer Heimatbasis tragisch endete.

Was dann folgte, ließ den Alptraum, den Nobile mit Amundsen erlebt hatte, wie eine angenehme Episode erscheinen. Der faschistische Luftfahrtminister Italiens, Italo Balbo, der sich geweigert hatte, die *Italia*-Expedition finanziell zu unterstützen, verbreitete jetzt das Gerücht, Nobile habe seine Männer feige im Stich gelassen, um sich selbst zu retten. Eines seiner Presseorgane berichtete sogar, Nobile habe sich das Bein nicht während des Absturzes gebrochen, sondern in dem Augenblick, als er zu dem Rettungsflugzeug hinübergerannt sei. An Bord der *Città di Milano* ließ man Nobile das offizielle Mißfallen der italienischen Regierung spüren und behandelte ihn beinahe wie einen Gefangenen. Dessenungeachtet tat er, was er konnte, um die vielfach chaotischen Rettungsbemühungen zu forcieren, während die Bedingungen für die Männer im Treibeis sich zunehmend verschlechterten. Schließlich erreichte der russische Eisbrecher *Krassin* am 12. Juli die Unglücksstelle und rettete die dort noch verbliebenen fünf Männer. Die *Krassin* rettete außerdem zwei der drei Männer, die sich zu Fuß auf den Weg nach King's Bay gemacht hatten. Insgesamt hatten Nobiles Männer neunundvierzig Tage im Eis ausharren müssen.

Der Verlust der *Italia* markierte das Ende von Umberto Nobiles italienischer Luftschifferkarriere, nicht jedoch seine bahnbrechenden Luftfahrtaktivitäten. Die italienische Regierung sorgte dafür, daß ein Untersuchungsausschuß ihm die Verantwortung für das Unglück zuschob, woraufhin der in Ungnade Gefallene 1929 alle seine Funktionen niederlegte. Einen Großteil der dreißiger Jahre verbrachte er in Rußland, wo er sich um das dortige Luftschiffprogramm verdient machte. Während des Zweiten Weltkriegs emigrierte er in die Vereinigten Staaten und kehrte erst nach der Niederlage des Faschismus endgültig in sein Heimatland zurück, wo er offiziell rehabilitiert wurde. Seine letzten Berufsjahre verbrachte er als angesehener Professor für Luftfahrt an der Universität Neapel.

Am 18. September 1928, weniger als vier Monate nach dem Absturz der *Italia*, wurde das neue *LZ 127* erstmals aus dem Hangar in Friedrichshafen ausgehallt. Das größte bis dahin gebaute Luftschiff war für die erste Testfahrt bereit. Bereits im Juli hatte die einzige Tochter des Grafen Zeppelin, Gräfin Hella von Brandenstein-Zeppelin, das Luftschiff am 90. Geburtstag ihres verstorbenen Vaters auf den Namen *Graf Zeppelin* getauft. Der zum Luftschiffunternehmer mutierte Journalist Hugo Eckener war sich der Macht dieses Symbols bewußt. Von dem Erfolg dieses seines jüngsten Luftschiffs hingen alle seine Zukunftshoffnungen ab.

DAS ENGLISCHE LUFTIMPERIUM

»[Das R 101] ist nach menschlichem Ermessen so sicher wie ein Haus.«

Lord Thomson von Cardington

»Es kann kein Zweifel daran bestehen: Wären nicht eine Reihe höchst unwahrscheinlicher Umstände zusammengekommen und hätte sich die Besatzung nicht in letzter Minute falsch verhalten, so wäre das R 101-Unglück nicht geschehen.«

Sir Peter G. Masefield

ALS AM ABEND DES 31. JULI 1930 ÜBER DEM St.-Lorenz-Strom die Dämmerung hereinbrach, saßen vier Männer entspannt in dem ansonsten menschenleeren Speiseraum des *R 100* und genehmigten sich vor dem Essen einen Sherry. Das britische Riesenluftschiff, das mit rund siebzig Stundenkilometern gen Westen schwebte, hatte zwar mit einem starken Gegenwind zu kämpfen, doch das sanfte Auf und Ab, weniger störend als auf einem Ozeandampfer, brachte nicht einmal das Geschirr und die Speisen auf dem bereits in der Mitte des Raumes gedeckten Tisch ins Rutschen. Wahrscheinlich sprachen die Männer über den – inzwischen behobenen – Schaden an den beiden Höhenrudern, der ein paar Stunden zuvor nahe der Mündung des Saguenay durch eine plötzliche Sturmbö verursacht worden war. Und sicher diskutierten sie auch über die kleine Gewitterfront, auf die das Luftschiff jetzt geradewegs zusteuerte.

(Oben) Major G. Herbert Scott in der Führergondel des *R 100* sieht hinunter auf die vorbeiziehende Landschaft Kanadas. (Gegenüber) Das *R 100* fährt in östlicher Richtung über die Tausend Inseln des St.-Lorenz-Stroms hinweg.

Nevil Norway, ein junger Ingenieur, der auch an der Konstruktion des Luftschiffs mitgearbeitet hatte, dachte ebenfalls über diese Gewitterfront nach, die er deutlich hatte sehen können, bevor er die Führergondel verlassen hatte: »Sie lag in Gestalt einer gut zwanzig Kilometer langen – golden schimmernden – Wolkenbank direkt auf unserem Weg. Unten konnte man den Regen erkennen.« Die kanadischen Behörden hatten dem *R 100* geraten, diese Front südlich zu umschiffen, doch Major George Herbert Scott hatte befohlen, mit dem Luftschiff geradewegs hindurchzufahren. Das *R 100*, dessen erste Atlantiküberquerung sich dem Ende näherte, hatte nie zuvor eine Gewitterfront durchquert. Und der kleine Zeitgewinn, den dieses Manöver versprach, war ohnehin unerheblich, da das Luftschiff den Zeitpunkt seiner offiziellen Ankunft auf dem Luftschiffhafen St. Hubert nahe Montreal – wo eine große Menschenmenge sehnsüchtig auf das britische Weltwunder wartete – sowieso bereits überschritten hatte.

Aber Fliegermajor Ralph Booth, der durchaus kompetente Kapitän des Luftschiffs, hatte gegen die Entscheidung des Majors nicht aufgemuckt. Scott war schließlich im Rahmen des ehrgeizigen britischen Luftschiffprogramms für die Luftfahrt und die Schulung zuständig und galt als erfahrenster Lenkluftschiffkapitän des Landes. 1919 hatte Scott sogar mit dem *R 34* die erste Transatlantikfahrt eines Luftschiffs nach Long Island und zurück unternommen, und später hatte er das *R 36* vor dem Absturz bewahrt, als dessen Stabilisierungsfläche abgebrochen war. Er hatte überdies den von den Briten eingeführten hohen Ankermast konzipiert.

Der erste Windstoß versetzte der Nase des *R 100* einen Schlag nach oben und ließ das Luftschiff dann abrupt nach unten sinken, als der Wind seine Kraft einbüßte. Scott und Booth stellten sogleich ihren Sherry beiseite und eilten in die fast mittschiffs unter dem Rumpf angebrachte Führergondel zurück. Norway und der vierte im Speiseraum anwesende Mitreisende, Sir Dennistoun Burney, der Leiter des Vickers-Unternehmens, das das *R 100* gebaut hatte, verließen ebenfalls den Speiseraum und traten auf das Promenadendeck, durch dessen große Fenster sie das Geschehen besser verfolgen konnten.

Sie waren kaum dort angekommen, als eine vertikale Bö das Schiff erfaßte und es innerhalb einer Minute sechshundert Meter weiter in die Höhe riß. In der Führergondel stellte man die

Höhenruder daraufhin auf Sinkflug, was aber nur bewirkte, daß die Nase jetzt steil nach unten wies. In rund 1000 Metern Höhe hielt das *R 100* kurz inne, bevor eine weitere Bö das Schiff noch schneller und noch weiter hinaufbeförderte – Norway errechnete später, daß das Schiff bei dieser Gelegenheit innerhalb von fünfzehn Sekunden, also mit einer Geschwindigkeit von über 70 km/h, um mehr als dreihundert Meter aufgestiegen sein muß; zugleich drückten die Höhenruder die Nase des *R 100* jetzt noch steiler nach unten. Bis dahin erinnerte das Geschehen aufs unangenehmste an den anfänglichen Aufstieg der *Shenandoah* über Ohio.

Suppenschüsseln, Fleisch- und Gemüseplatten, Kuchenstücke, Teller und Besteck wurden vom Tisch in den Speiseraum und in den nach vorne führenden Laufgang geschleudert. Im Mannschaftsquartier fiel ein Mann in einen Behälter mit Spannlack, den man kurz zuvor bei der Reparatur des Höhenruders verwendet hatte. Die Flüssigkeit ergoß sich über den Boden und tropfte von dort in die Führergondel. Norway, später unter dem Namen Nevil Shute ein berühmter Romancier, hat die Szene in lebhaften Farben geschildert: »Die Nase des Luftschiffs wies so stark nach unten, daß man sich festhalten mußte, während wir – durch dicke Wolken und strömenden Regen – scheinbar unaufhaltsam dem Boden entgegenstürzten; auch der Höhenmesser spielte total verrückt, kurzum: die Situation war völlig außer Kontrolle. Ausgerechnet in diesem Augenblick floß in dem schwachen, orangefarbenen Licht von oben eine zähflüssige – an Blut erinnernde – rote Flüssigkeit in die Führergondel. Das Grand-Guignol-Theater in Paris hätte es nicht besser machen können.«

Major Scott ließ sofort die Lichter löschen, um die Gefahr einer Entzündung der leicht entflammbaren Flüssigkeit zu bannen. Und auf einmal war der haarsträubende Aufstieg zu Ende, das Luftschiff kehrte in die Horizontale zurück und tauchte ein paar Minuten später wieder sicher aus dunklen Wolken und strömendem Regen auf. Bei der nachfolgenden Inspektion stellte man fest, daß sich am Höhenruder auf der rechten Seite ein neuer Riß gebildet hatte.

Das *R 100* setzte seine Fahrt nun behutsamer fort und umsteuerte jetzt alle noch auftauchenden Schlechtwetterfronten. Am 1. August um fünf Uhr früh machte es bei ruhigem Wetter ganz sanft an dem neuen Ankermast von St. Hubert fest. Das Zeitalter der großen Luftschiffe, die die weit voneinander entfernt liegenden Hauptstädte des britischen Empire miteinander verbinden sollten, hatte begonnen. Jedenfalls schien es so.

Aber der häßliche Zwischenfall über dem St.-Lorenz-Strom beunruhigte gleichwohl all jene, die etwas von der Sache verstanden – schließlich hatten die Briten einen noch im Experimentierstadium befindlichen Prototyp wie ein weitgereistes, bewährtes Luftschiff behandelt. Das *R 100* hatte über Großbritannien niemals derartige Wetterverhältnisse angetroffen, aber in der Nähe oder oberhalb kontinentaler Landmassen treten solch heftige Unwetter ziemlich häufig auf. Als Norway sich viele Jahre später im Rückblick zur damaligen Situation äußerte, fiel seine Kritik an Scott denn auch vernichtend aus: »Selbst in Anbetracht der geringeren Erfahrung jener Zeit hätte Scott auch damals schon besser Bescheid wissen können, und seine Entscheidung war äußerst fahrlässig.«

Hätte es sich bei dem *R 100* um einen deutschen Zeppelin unter Hugo Eckeners Kommando gehandelt, so wäre das Luftschiff fraglos nicht direkt in ein Unwetter hineingefahren. Denn der ungemein vorsichtige Eckener ging niemals unnötige Risiken ein; und war ein solches Risiko gleichwohl nicht zu vermeiden, so kalkulierte er mit äußerster Sorgfalt sämtliche Gefahrenmomente ein, obwohl er auf ungleich erfahrenere Besatzungen zurückgreifen konnte als die Briten. Hätte sich einer von Eckeners Kapitänen verhalten wie Scott, so wäre er – selbst bei bestem Leumund – scharf getadelt, womöglich sogar von seinem Posten entfernt worden.

Der ehrgeizige Plan, eine für den Passagier- und Warenverkehr innerhalb des Empire geeignete Luftschiffflotte zu bauen, hatte erstmals Anfang 1924 konkrete Gestalt angenommen – kurz nachdem Ramsay MacDonald die erste britische Labour-Regierung gebildet hatte. Der eifrigste Verfechter des Programms war MacDonalds neuer Luftfahrtminister, Christopher Birdwood Thomson, ein höchst untypischer Sozialist. Thomson, der nach den Worten eines seiner Standesgenossen der Oberklasse »gut Cricket und ganz ordentlich Golf« spielte, war erstklassig erzogen, sehr belesen und hatte bereits eine erfolgreiche militärische Laufbahn hinter sich, die er kurz nach dem Ersten Weltkrieg als Brigadegeneral abschloß. Er hatte sich bereits seit langem als idealistischer Verteidiger der Rechte der Unterdrückten hervorgetan und galt schon bald als dicker Freund und Vertrauter von Ramsay MacDonald höchstpersönlich.

Da Thomson in den Wahlen von 1923 keinen Sitz im Parlament hatte erringen können – es gelang ihm nie, in ein Amt gewählt zu werden –, schickte Premierminister MacDonald ihn ins Oberhaus und nahm ihn dann als Luftfahrtminister in das erste Labour-Kabinett auf. Zu Ehren der in Cardington nahe Bedford gelegenen Königlichen Luftschiffwerke nahm er den Titel Lord Thomson von Cardington an. Er war offenbar bereits zu diesem Zeitpunkt von dem Luftschiffvirus infiziert, obwohl die einzige Erfahrung, die er bis dahin mit Starrluftschiffen gemacht hatte, nicht eben angenehm gewesen war: 1916 war er bei einem Luftschiffangriff auf Bukarest, wo er als britischer Militärattaché stationiert gewesen war, nur knapp ungeschoren davongekommen. In seinem neuen politischen Amt erwies er sich binnen kurzem als glühender Verfechter des »Leichter-als-Luft«-Reisens und drückte dem von seinem konservativen Vorgänger, Sir Samuel Hoare, initiierten Programm schon bald seinen ganz persönlichen Stempel auf.

Die Tories hatten beabsichtigt, bei der Vickers Company den Bau von sechs Luftschiffen in Auftrag zu geben, die etwa die Größe der künftigen *Graf Zeppelin* haben sollten. Diese Luftschiffe sollten alle zwei Wochen nach Indien fahren und später einmal wöchentlich nach Australien. Thomson lehnte dieses Konzept ab und erklärte, wenn man sämtliche geplanten Luftschiffe bei der privaten Vickers Company bauen lasse, besitze das Unternehmen in diesem Bereich künftig ein Monopol. Ein großes nationales Projekt dieser Art dürfe nicht einzig einer Privatfirma überlassen bleiben.

Nach Thomsons Verständnis sollte die britische Luftschiffflotte überdies einem nobleren Zweck dienen: Sie sollte »weit zerstreut lebende Völker zu einer bis heute unerreichbaren Einheit zusammenfassen, einen neuen Geist erwecken oder einen ermatteten alten Geist neu beleben und den Menschen ein Empfinden für das gemeinsame Geschick und die Aufgabe unserer Gattung einpflanzen«. Im Gefolge des Ersten Weltkriegs war die britische Seeherrschaft immer fragwürdiger geworden. Britannien war nicht mehr das allmächtige Land aus den Tagen Königin Viktorias. Wie sein deutscher Zeitgenosse Hugo Eckener wollte auch Thomson riesige Luftschiffe bauen, um dem angeschlagenen Selbstbewußtsein seiner Landsleute wieder aufzuhelfen. Nach Thomsons Vorstellung sollten die neuen Luftschiffe eine symbolische und zugleich sehr konkrete Verbindung zwischen den fernen Außenposten des Empire schaffen.

(Links) Das Heck des *R 100* wird im ehemaligen Militärluftschiffhafen Howden mit seiner Außenhaut bespannt.

(Unten) Der bedeutende britische Luftschiffkonstrukteur Barnes Wallis, der das *R 100* baute.

Thomson übersetzte seine imperiale Vision in die folgenden praktischen Schritte: Er wollte zwei große Luftschiffe von je 140 000 Kubikmeter Rauminhalt bauen lassen – eines davon, das *R 100*, von der Vickers Company, das andere von den Königlichen Luftschiffwerken in Cardington. Jedes der beiden Luftschiffe sollte hundert Passagiere plus Gepäck sowie sechzehn Tonnen Fracht mit einer Spitzengeschwindigkeit von mindestens 110 km/h und einer Durchschnittsgeschwindigkeit von 100 km/h nonstop über eine Entfernung von 5600 Kilometern transportieren können. Aus diesen Prototypen sollte dann eine zweite Generation von Luftschiffen hervorgehen, die die Vorzüge der beiden konkurrierenden Entwürfe in sich vereinigte.

Dieser politische Kompromiß – die Minderheitsregierung der Labourpartei mußte der Opposition der Tories entgegenkommen – erwies sich in der Folge zwar als wenig glücklich, aber Thomson scheint ehrlich geglaubt zu haben, daß bei einer Kombination privat- und staatswirtschaftlicher Elemente beide Konstruktionsteams sich wechselseitig befruchten würden und daß dies der Qualität beider Luftschiffe zugute kommen werde. Er hoffte auf Kooperation und Wettbewerb zugleich, bekam indes keines von beiden.

Thomson zog einige wichtige Faktoren überhaupt nicht in Betracht. Zuerst und vor allem vergaß er, daß es nach dem Tod, den Brigadegeneral Maitland und so viele andere 1921 beim Absturz des *R 38* gefunden hatten, britische Starrluftschiffexperten kaum mehr in nennenswerter Zahl gab. Dieser Umstand wurde Sir Samuel Hoare sofort schmerzlich bewußt, als er nach dem Sturz der nur neun Monate amtierenden Labour-Regierung im November 1924 abermals die Position des Luftfahrtministers übernahm. Überdies mußte er schon bald feststellen, daß die beiden Konstruktionsteams sich »mit Mißtrauen, ja Eifersucht« begegneten. Und im Fortgang der »Bauarbeiten erwies sich der erhoffte freundschaftliche Wettbewerb immer mehr als hinderliche Rivalität«.

Barnes Wallis, der erfahrenste britische Starrluftschiff-Konstrukteur, arbeitete für Vickers, wo er während des Krieges für den Bau der Starrluftschiffe und nach dem Krieg für die Konstruktion des *R 80* zuständig gewesen war, des bis dahin modernsten britischen Starrluftschiffs. Sein junger Mitarbeiter Nevil Shute Norway war voll des Lobes für den Mann, der das *R 100* konstruierte. »Nach meiner Auffassung war Wallis damals und während der folgenden zwanzig Jahre der größte englische Ingenieur«, schrieb er später. Aber Wallis stand vor der unauflöslichen Schwierigkeit, unter den Bedingungen eines im voraus festgesetzten Kostenrahmens ein Luftschiff bauen zu müssen, das größer sein sollte als alle deutschen Zeppeline.

Allerdings zeigte sich in der Folgezeit, daß diese große Vision zum Scheitern verurteilt war. Thomsons Vision traf durchaus auf eine breite Resonanz, wenngleich die Briten, die sich noch zu gut an die »Baby-Killer« aus dem Ersten Weltkrieg erinnerten, nie vollends dem Zeppelinfieber verfielen. Anfang der zwanziger Jahre wurde das Luftschiff freilich allenthalben als das Fernverkehrsmittel der Zukunft gefeiert. Und 1924 hatten sowohl das britische *R 34* als auch das deutsche *LZ 126* (die spätere *Los Angeles*) den Atlantik mühelos überquert. Flugzeuge hingegen hatten selbst ohne Passagiere und Fracht noch immer große Mühe, diese Entfernung zu überbrücken, und viele Flieger waren ganz gescheitert. In einem Zeitalter, da man Reisen übers Meer am sichersten auf einem Ozeandampfer zurücklegte, schien das Starrluftschiff einen verläßlichen, komfortablen, kostengünstigen und raschen Transfer in die entferntesten Winkel der Erde zu gewährleisten.

Das bedeutete, daß nicht genügend Zeit oder Geld zur Verfügung stand, um die nötige Grundlagenforschung zu betreiben, bevor man in der noch aus dem Ersten Weltkrieg stammenden Luftschiffwerft in Howden mit dem Bau begann.

Bei den Königlichen Luftschiffwerken in Cardington hingegen verfügte man über reichlich Geld. Während die Konstrukteure des (bald als das »kapitalistische Luftschiff« bezeichneten) *R 100* jeden Penny zweimal umdrehen mußten, konnten es sich die Erbauer des (»sozialistisches Luftschiff« genannten) *R 101* leisten, alles und jedes auszuprobieren. Sie ließen sogar eine bereits zu Testzwecken gebaute Rumpfsektion des Luftschiffs wieder demontieren. Und jede von den Forschern in Cardington erdachte Innovation wurde sogleich mit großem Tamtam in der Presse gemeldet, so daß es äußerst schwierig war, eine bereits vom Steuerzahler finanzierte Neuerung, die sich als untauglich erwies, später wieder zu verwerfen.

Wie Lee Payne in seinem Buch *Lighter than Air* schreibt, ging man bei dem ganzen Unterfangen wie jemand zu Werke, »der mit der Konstruktion eines Wolkenkratzers beginnt, ohne je zuvor auch nur ein Haus gebaut zu haben«. Im Gegensatz zu den Deutschen hatten die Briten im Starrluftschiffbau keine wirkliche Tradition. Die meisten ihrer frühen Luftschiffe waren lediglich Kopien deutscher Vorbilder gewesen. Beide britische Konstruktionsteams nahmen sich jetzt vor, mit der Arbeit quasi von vorne zu beginnen und ein echt britisches Starrluftschiff zu bauen, das doppelt so groß werden sollte wie die *Los Angeles*, der bis dahin größte Zeppelin. Der Entschluß, mehr oder weniger bei Null zu beginnen, hatte jedoch tatsächlich zur Folge, daß beide Arbeitsgruppen ein paar bautechnische Innovationen austüftelten. So reduzierten Wallis und das Vickers-Team etwa die Zahl der Ringe und Längsverstrebungen, um den Bau des *R 100* zu vereinfachen, wodurch zwischen den tragenden Elementen größere Freiräume entstanden. Während der Testfahrten

(Oben) Die auf diesem Foto sichtbaren vertikalen Streifen auf dem *R 100* zeigen, wie sich Luftschwankungen als Flattern der Außenhaut auswirken. (Unten) Das *R 101* (links) und das *R 100* nebeneinander in der Doppelhalle in Cardington.

zeigte sich dann, daß die Außenhülle mangels Stabilisierung zu flattern anfing und bei hohen Geschwindigkeiten sogar riß. Aber selbst als dieses Problem behoben war, kam man mit der Hülle noch immer nicht ganz zurecht. Denn wann immer das Luftschiff schnell fuhr, traten an dem Material gefährliche Veränderungen auf.

Bei den Königlichen Luftschiffwerken experimentierte man beim Bau des *R 101* mit Längsverstrebungen aus rostfreiem Stahl, die zwar schwerer als Duralumin waren, dafür aber auch weitaus belastbarer. Auf diese Weise erhielt man eine deutlich stabilere Rumpfstruktur, was aber zu Lasten des Gewichts ging. Noch problematischer waren die an den Seiten der Gaszellen angebrachten doppelfunktionalen Ventile, die sowohl automatisch arbeiten als auch manuell bedient werden konnten. Sie reagierten viel zu empfindlich und öffneten sich bereits, wenn das Luftschiff um mehr als drei Grad kippte, was häufig genug geschah.

Neuartig war auch die Konstruktion der großen Ringe, bei denen man auf die bei deutschen Zeppelinen übliche Drahtverspannung verzichtete. Diese unverspannten, massiven Ringe, wie sie später auch bei amerikanischen Luftschiffen verwendet wurden, waren freilich ausgesprochen platzgreifend und reduzierten den für die Gaszellen verfügbaren Raum, sie waren aber auch wesentlich stabiler als der deutsche Typ. Allerdings mußten sie auf eine komplizierte Art und Weise miteinander verbunden werden, damit sie nicht bei einer Schräglage des Luftschiffs vor- oder zurückrutschten. Bei den Zeppelinen dienten die Drahtverspannungen als Schutzwände, die die Zellen an ihrem Platz hielten.

Das *R 101*, das die Regierung besonders ins Herz geschlossen hatte, war das »experimentellere« der beiden neuen Luftschiffe. Aber beide wiesen erstaunliche Übereinstimmungen in der Konstruktion auf und hatten jene bauchige, stromlinienförmige Gestalt, die Ursache dafür war, daß keine zwei Ringe den gleichen Durchmesser haben konnten – was wenigstens zum Teil auch die lange Bauzeit erklärt. In beiden Fällen war die Führergondel unter dem Rumpf aufgehängt, während die Passagier- und Mannschaftsquartiere im Rumpf selbst untergebracht waren. Aber während die Passagierbereiche des *R 100* eher funktional gehalten waren, waren sie im *R 101* geradezu luxuriös; es gab dort ein geräumiges Foyer, einen großen Speiseraum und eine Promenade mit direkt in die Rumpfwand eingebauten, schrägen Fenstern. Die Konstrukteure hatten sogar Platz für den ersten je in ein Luftschiff eingebauten Rauchsalon gefunden, dessen Fußboden, Wände und Decke ganz aus feuersicheren Materialien bestanden.

Im Juni 1929 – die beiden Luftschiffe standen kurz vor der Fertigstellung – kehrte die Labour Party an die Macht zurück. Als die ersten Testflüge stattfanden, war Thomson deshalb bereits wieder Chef des Luftfahrtministeriums. Zuerst wurde das *R 101* aus dem Hangar geholt. Aber bereits vor ihrer Jungfernfahrt am 14. Oktober 1929 erkannten die Konstrukteure, daß das Schiff einen gravierenden Fehler aufwies: Es war zu schwer. Wenn man das Eigengewicht des Luftschiffs von der Auftriebskraft der fast 140 000 Kubikmeter Wasserstoff abzog, blieb lediglich Platz für fünfunddreißig Tonnen Nutzlast, weit weniger also als die dreiundsechzig Tonnen, die man ursprünglich vertraglich vereinbart hatte. Wollte man wie geplant Treibstoff und Ballast, Besatzungsmitglieder und Passagiere, Lebensmittel und Gepäck an Bord bringen, dann würde zu wenig Sicherheitsspielraum für kommerzielle Langstreckenflüge bleiben. Das *R 101* erhob sich zwar in die Luft, aber in seinem derzeitigen Zustand würde es die lange Reise ins indische Karachi niemals schaffen, wo mit einer riesigen neuen Luftschiffhalle bereits das größte Gebäude des britischen Empire auf die Ankunft des Giganten wartete.

Während die Konstrukteure noch darüber nachdachten, wie sich der Auftrieb des Luftschiffs verbessern lasse, absolvierte das *R 101* bereits seine ersten Testfahrten. Als es am 18. Oktober seine zweite – siebenstündige – Probefahrt unternahm, auf dem es eine Entfernung von 340 Kilometern zurücklegte, war auch Thomson persönlich an Bord und absolvierte bei dieser Gelegenheit seine erste Luftschiffahrt überhaupt. Die einzige schwierige Situation der ansonsten erfolgreichen Reise trat ein, als Major Scott darauf bestand, den Landevorgang selbst zu leiten. Zunächst brachte er das Luftschiff in die Bredouille, als er zuviel Wasserballast abließ, dann schoß er über den Ankermast hinaus, wobei sich etliche Landetaue verhedderten. Schließlich konnte das *R 101* dann doch sicher anlegen.

Nach dieser Fahrt geriet Thomson vor der versammelten Presse am Fuß des Landemasts in einen wahren Begeisterungsrausch und erklärte: »Ich habe nur selten ein angenehmeres Erlebnis gehabt. Ich hatte ein Gefühl völliger Freiheit und Sicherheit. Ganz sicher habe ich mich auf einem Ozeandampfer nie so wohl gefühlt, und die Schwankungen des

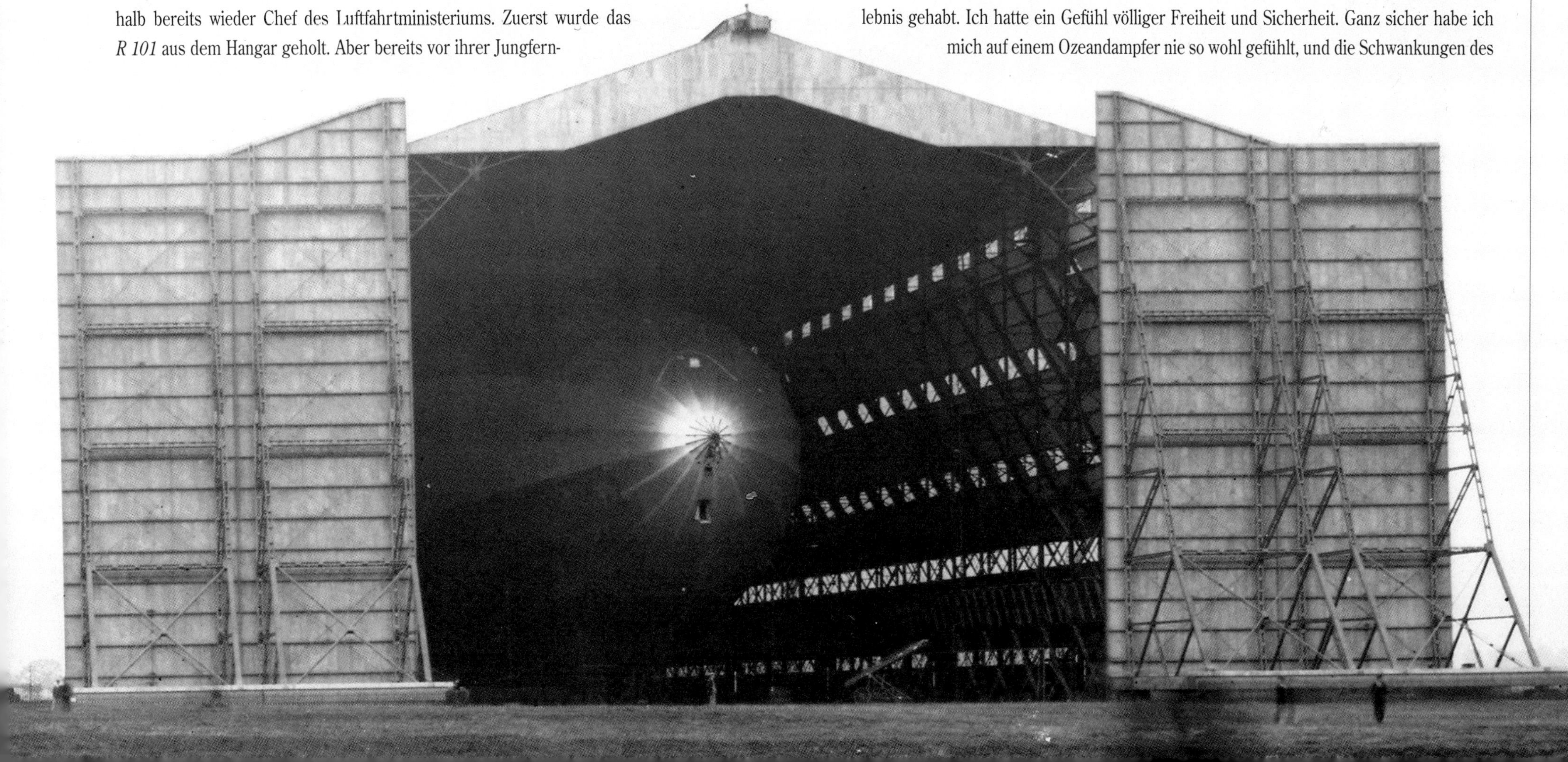

(Links) Nevil Shute Norway – auf der Treppe oben links – war einer jener Mitarbeiter bei Vickers, die sich für eine Werbeaufnahme des Speisesaals des *R 100* fotografieren ließen. Vom Speisesaal aus hatte man Zugang zu den Promenadendecks (rechts oben), die beiderseits des Schiffes entlangliefen. (Rechts unten) Vor seiner endgültigen Fertigstellung lud Vickers prominente Regierungsmitglieder und Geschäftsleute zum Tee an Bord des Luftschiffes ein.

Luftschiffs erinnern eher an einen Flußdampfer, nur daß das Luftschiff weniger Lärm macht. Es gibt in dem Schiff einen Raum, in dem man umhergehen und von dem aus man einen wundervollen Blick auf die Landschaft genießen kann. Wir haben sogar unten im Gelände ein querfeldein laufendes Rudel Jagdhunde gesehen. Ich habe überdies eine Reihe von Dokumenten unterzeichnet und den Eindruck gewonnen, daß man in einem Luftschiff Arbeit, die Konzentration erfordert, besonders gut erledigen kann.« Dann ließ er gegenüber der aufmerksamen Presse noch etwas verlauten, worüber er bis dahin nur selten gesprochen hatte: »Im übrigen möchte ich, wie ich es bereits 1924 zu Beginn des Programms getan habe, klarstellen, daß es sich natürlich um eine noch im Versuchsstadium befindliche Technik handelt. Bisher ist das Experiment allerdings außerordentlich erfolgreich verlaufen.« War diese Auskunft richtig?

Nevil Shute Norway berichtete fast ebenso enthusiastisch über die Jungfernfahrt des *R 100* am 16. Dezember 1929, obwohl er später einräumte, ihm sei nicht ganz wohl gewesen, weil für vierundfünfzig Passagiere nur fünfzig Fallschirme an Bord gewesen seien. Immerhin war Norway vorsichtig genug, ein »sehr großes, rasierklingenscharf geschliffenes Klappmesser« mitzunehmen. Im Falle eines Unglücks hatte er die Absicht, sich mit dem Messer seinen Weg durch die Hülle zu bahnen, bevor das Luftschiff in Flammen aufging. Aber seine Nervosität hatte ihn schon bald verlassen: »Ob zu Recht oder Unrecht – jedenfalls habe ich mich während sämtlicher Testfahrten des *R 100* so sicher wie auf einem großen Schiff gefühlt.« Seine Jungfernfahrt beendete das neue Luftschiff in Cardington, wo es offiziell in den Besitz der Regierung überging. Wenn es nicht am Mast vertäut war, dann lag es gleich neben dem Hangar des *R 101* in einer großen Halle.

Auch das *R 100* war ziemlich schwer, hatte aber immerhin eine Tragkraft von einundfünfzig Tonnen. Es übertraf in dieser Hinsicht zwar das *R 101*, erfüllte jedoch bei weitem nicht die vertraglich festgesetzten Bedingungen. Das von der Vickers Company gebaute Luftschiff verdankte zudem einen Großteil seiner relativen Leichtigkeit seinen Rolls-Royce-Benzinmotoren, die weniger wogen als die für kanadische Lokomotiven entwickelten und jetzt für das *R 101* verwendeten Dieselmotoren. Ursprünglich hatte man sich vertraglich auf Dieselmotoren festgelegt, weil man glaubte, daß – das leichter als Diesel entflammbare – Benzin in tropischen Zonen nicht genügend Sicherheit biete. Aber Barnes Wallis und das mit der Konstruktion des *R 100* befaßte Team ignorierten diesen Vertragspassus einfach, als ihnen klar wurde, daß die verfügbaren Dieselmotoren pro PS Leistung wesentlich schwerer waren als vergleichbare Benzinmotoren.

Nur in einer Hinsicht war das *R 100* dem *R 101* eindeutig überlegen: Es erreichte die beeindruckende Spitzengeschwindigkeit von 130 km/h, während das *R 101* nur maximal ein Tempo von 110 km/h erreichte.

Der Öffentlichkeit freilich waren die erwähnten technischen Probleme ziemlich gleichgültig. Im Sommer und Herbst 1929, als das *R 101* häufig von seinem Ankermast in Cardington ablegte, herrschte auf den umliegenden Straßen häufig das reinste Chaos. Schätzungen zufolge machten sich mehr als eine Million Menschen auf den Weg, um ihr Luftschiff persönlich in Augenschein zu nehmen.

(Oben) Das verlängerte *R 101* Ende September 1930 an seinem Ankermast in Cardington. Der dunkle Streifen unterhalb der Nase ist ein Teil der nicht ausgewechselten Originalbespannung. Durch den Einbau einer zusätzlichen Gaszelle (links oben und unten) wurde das Schiff um 13,7 Meter länger und sein Gasvolumen um 14 160 Kubikmeter erhöht. Mit dem dadurch erzielten zusätzlichen Auftrieb wurde die Fahrt nach Indien ermöglicht.

Ende November, ein paar Wochen bevor das *R 100* auf der Szene erschien, war das *R 101* in die Werft zurückgekehrt, wo zwecks Gewichtsreduzierung einige größere Umbauten anstanden. Am einfachsten wäre es natürlich gewesen, die Diesel- durch Benzinmotoren zu ersetzen. Aber die Regierung weigerte sich, einer solchen Maßnahme zuzustimmen. Statt dessen entfernten die Techniker alles überflüssige Gewicht, einschließlich einer Reihe von Passagierkabinen, schnitten das Luftschiff in der Mitte entzwei und verlängerten es um zwei Hauptringe samt einer zusätzlichen Gaszelle. In ihrer Verzweiflung lockerten sie überdies die Drahtnetzverspannungen, die die Gaszellen an ihrem Platz halten sollten, so daß diese sich weiter ausdehnen konnten. Douglas Robinson zufolge war das Ergebnis in »doppelter Hinsicht katastrophal«. Die »wandernden« Gaszellen machten das Schiff jetzt statisch unstabil, so daß es selbst bei ruhigen Windverhältnissen bisweilen völlig unberechenbare Sturzflüge vollführte, was ein ständiges Gegensteuern mit dem Höhenruder erforderte. Aber mindestens ebenso gravierend war der Umstand, daß die erweiterte Bespannung auch noch dafür sorgte, daß die »wandernden« Gaszellen jetzt an den oberen Metallträgern scheuerten, was schon bald Löcher und Lecks in den Zellen entstehen ließ. Die Konstrukteure verkleideten daraufhin die Träger mit Baumwollpolstern, um diese Reibung zu unterbinden.

Während das *R 101* im Sommer 1930 in zwei Teile zerlegt und verlängert wurde, um endlich die lange versprochene Fahrt nach Indien antreten zu können, unternahm das *R 100* die schon erwähnte Kanadareise. Trotz der Probleme über dem St.-Lorenz-Strom erwies sich die Fahrt als ein wahrer PR-Triumph. Nachdem es von dem eigens errichteten neuen Mast in Montreal

SIMPSONS

R-100

R-100
WELCOME - -
thrice welcome - - -
gallant R-100
All Montreal welcomes the Empire's newest triumph in aeronautics . . . and drinks to the health of her officers and crew in Molson's famous old Stock Ale . . . the Ale with the Blue Label.
STOCK ALE
MONTREAL
LSON'S
CK ALE

A SAFE JOURNEY OVER AND
A TRIUMPHANT
RETURN!
Air-Worthiness
of the R100
was Proven on
CASTROL
R-100
C. C. WAKEFIELD & CO. LIMITED
What About
YOU?
WAKEFIELD
Castrol
Motor
More Outstanding Achievem
Than All Other Oils

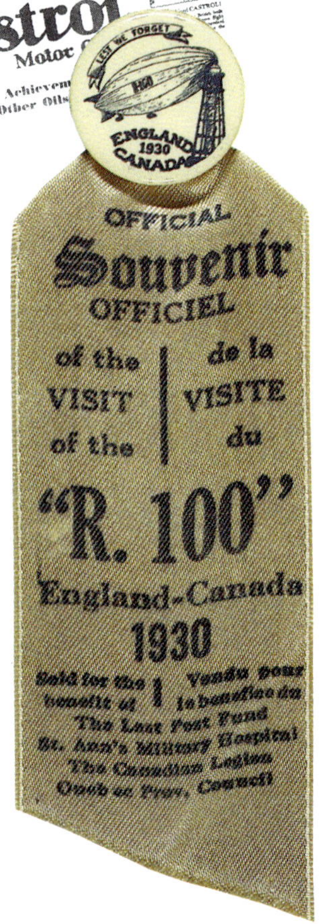
LEST WE FORGET
R100
ENGLAND
1930
CANADA
OFFICIAL
Souvenir
OFFICIEL
of the
VISIT
of the
de la
VISITE
du
"R. 100"
England-Canada
1930
Sold for the
benefit of
Vendu pour
le benefice du
The Last Post Fund
St. Ann's Military Hospital
The Canadian Legion
Queb ec Prov. Council

DAS *R 100* IN KANADA

Die Kanadafahrt des *R 100* im Sommer 1930 wurde zu einer Sensation. (Unten) Hunderttausende Kanadier und Amerikaner strömten zum Luftschiffhafen St. Hubert bei Montreal, um das riesige Schiff am Ankermast zu besichtigen und Anstecker, Fotos, ja sogar die Schallplattenaufzeichnung eines neuen Schlagers mit dem Titel »The R 100« als Erinnerung mit nach Hause zu nehmen. Die Passagiere frühstückten hoch über den Niagarafällen und genossen den Blick auf die atemberaubende Skyline Torontos, so auch auf das Gebäude der Bank of Commerce (gegenüberliegende Seite oben links). Auf der Rückfahrt von Ontario flog das *R 100* über den Beaver Hall Hill von Montreal, die Zentrale der Bell Telephone Company, hinweg (gegenüber, links unten).

abgelegt hatte, begab sich das Luftschiff auf eine Vierundzwanzigstundenreise nach Ottawa, zu den Niagara-Fällen, nach Toronto und Kingston, wo es überall von jubelnden Menschenmengen begrüßt wurde. Dann fuhr es mit fünf Motoren – einer war auf der PR-Tour ausgefallen – ohne Schwierigkeiten nach Hause zurück.

Als das *R 100* am 16. August 1930 wieder in seine Halle in Cardington befördert wurde, war es jedoch kein unbeschränkt einsatzfähiges Luftschiff mehr. Der Zustand der Hülle und der Gaszellen hatte sich derart verschlechtert, daß beides ausgetauscht werden mußte. Sir Peter Masefield hat in seinem Buch *To Ride the Storm* geschrieben, das *R 100* habe »Glück gehabt, daß sich bei keinem der zahlreichen Zwischenfälle, zu denen es während seiner zehn Fahrten gekommen ist, eine Katastrophe ereignet hat«. Man wollte es komplett überholen und zwecks Steigerung der Tragkraft um zwei Hauptringe verlängern. Doch das *R 100* sollte seinen Hangar nie mehr verlassen und in die Luft aufsteigen.

Mitte September 1930 reiste Nevil Shute Norway nach Cardington, um dort mit zwei hohen Offizieren über die von Vickers vorgeschlagenen Umbaumaßnahmen an dem *R 100* zu sprechen. Er traf die beiden Männer, Major Ralph Booth und den Ersten Offizier George Meager, in einem kleinen Büro in der Halle, in der das stillgelegte Luftschiff jetzt verwahrt wurde. Da keiner der drei für die vorläufig für Anfang Oktober vorgesehene Indienfahrt des *R 101* eingeteilt war, hatten sie es nicht besonders eilig. Während sie bei einer Tasse Tee gemütlich plauderten, zog einer der Offiziere ein aus einer Ballonhülle herausgeschnittenes quadratisches Stück Leinwand hervor und reichte es Norway.

»Es handelte sich um ein ganz normales Stück auf einer roten Oxydbasis mit silbrigem Spannlack beschichtete Leinwand«, schrieb Norway später. »Auf der Innenseite waren – offenbar zur Verstärkung – zwei zirka fünf Zentimeter breite Bänder aufgeklebt. Ich wußte nicht, welche Reaktion man von mir erwartete, deshalb drehte und wendete ich das Stück in den Händen, bis ich es plötzlich mit den Fingern durchstoßen hatte. An einigen Stellen war es mürbe wie ausgedörrtes Packpapier, so daß es sich in kleine Flocken auflöste, wenn man es in der Hand zerknüllte. Ich blickte voll Entsetzen auf den Textilfetzen vor mir und dachte an das *R 100*.«

»Um Himmels willen«, sagte Norway, »woher haben Sie das denn?«

»Nein, nein«, erwiderte Booth. »Das stammt nicht von unserem Schiff, das ist vom *R 101*.«

»Aber was ist mit der Leinwand passiert? Wieso ist sie derart heruntergekommen?« wollte der junge Ingenieur wissen.

Es stellte sich heraus, daß man bei dem Bemühen, zwei Sektionen der Außenhülle zu verstärken, die zur Stabilisierung gedachten Textilstücke mit einer Gummilösung aufgeklebt hatte. Diese Lösung hatte mit dem Spannlack chemisch reagiert, was zu einer partiellen Zerstörung des Gewebes geführt hatte.

»Ich hoffe, daß man dieses Zeug inzwischen wieder entfernt hat«, sagte Norway.

»Sie behaupten es jedenfalls«, entgegnete Booth.

(Oben) Luftwaffenmajor Ralph Booth war der Kapitän des *R 100* auf dessen erfolgreicher Reise nach Kanada und zurück. (Rechts) Die untere Flosse des *R 101* wird mit einem speziellen Firnis präpariert.

Tatsächlich war die Brüchigkeit der verwendeten Leinwand nur eines der Probleme, die im Zusammenhang mit der Hülle des *R 101* aufgetreten waren. Große Teile der Hülle waren bereits verrottet und an einigen Stellen aufgeplatzt und deshalb ersetzt worden. Allerdings waren zwei entscheidende Segmente der alten Hülle an ihrem Platz verblieben: eine Sektion direkt vor den Höhenrudern und eine größere Fläche, die den Rumpf gleich hinter der Nase umspannte. Anders als die verrotteten Bereiche hatte man diese Flächen an Ort und Stelle mit Spannlack beschichtet und so eine größere Stabilität erreicht. Anschließend hatte man sie dann lediglich mit Textilstreifen verstärkt und als Fixiermittel eben jenen Gummikleber verwendet, der die Zersetzung des Gewebes verursacht hatte. Zu dem Zeitpunkt, als man dieses neue Problem entdeckte, hätte die Entfernung der betroffenen Sektionen zugleich auch die Verschiebung der für Oktober geplanten Indienfahrt bedeutet. Deshalb wurden diese Flächen lediglich ein zweites Mal verstärkt, wobei man Spannlack als Kleber verwendete. Und so kam es, daß ausgerechnet die anfälligsten Sektionen der *R 101*-Hülle, nämlich jene Bugbereiche, die bei einem dynamischen Auftrieb am meisten strapaziert wurden und etwaigen Regen- und Hagelattacken schutzlos preisgegeben waren, sich in einem desolaten Zustand befanden. Wie um alles in der Welt hatte man das nur zulassen können? Die Antwort lautet: aus Prestigebewußtsein und politischem Kalkül sowie aus Stolz und einer tödlichen Dosis bürokratischer Doppelzüngigkeit. Lord Thomson hegte bereits seit langem den Wunsch, rechtzeitig zur Empire-Konferenz, die im Oktober 1930 angesetzt war, mit dem Luftschiff nach Indien zu fahren. Durch dieses spektakuläre Unternehmen wollte er unterstreichen, welche Bedeutung er den neuen Luftschiffen als Verkehrsmittel zwischen den weit voneinander entfernten Vorposten des Empire beimaß. Freilich hatte er gleichzeitig auch betont, daß er die Reise nur dann unternehmen werde, wenn die Konstrukteure das Luftschiff für uneingeschränkt fahrtüchtig erklärten.

Zugleich hatte man die Öffentlichkeit nun schon seit Jahren mit immer neuen Informationen über die Wunderleistungen des in Cardington gebauten Schiffs überhäuft. Seit der ersten Probefahrt des *R 101* hatte Lord Thomson mit seinen optimistischen Verlautbarungen diese Erwartungshaltung erheblich verstärkt. Und dann hatte das *R 100* seinen Rivalen am Himmel mit der erwähnten triumphalen Kanadareise ausgestochen.

DIE *GRAF ZEPPELIN* IN ENGLAND

Am 26. April 1930 erreichte die *Graf Zeppelin* Cardington (rechts); dort stieg Hugo Eckener zu, der am Abend zuvor mit Lord Thomson diniert hatte. »Es war die perfekteste Landung, die ich jemals gesehen habe«, schwärmte ein britischer Luftschiffexperte. Britische Fußballfans waren jedoch weniger beeindruckt, als Kapitän Lehmann während eines Pokalendspiels (unten) über das Wembley-Stadion hinwegfuhr und deshalb das Spiel unterbrochen wurde.

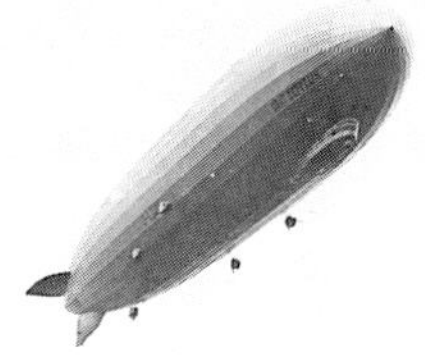

(Rechts) Major Herbert Scott (Mitte) und Korvettenkapitän Vincent Richmond (links), der Chefkonstrukteur des *R 101*, zeigen Hugo Eckener die Führergondel.

G
R 101
G

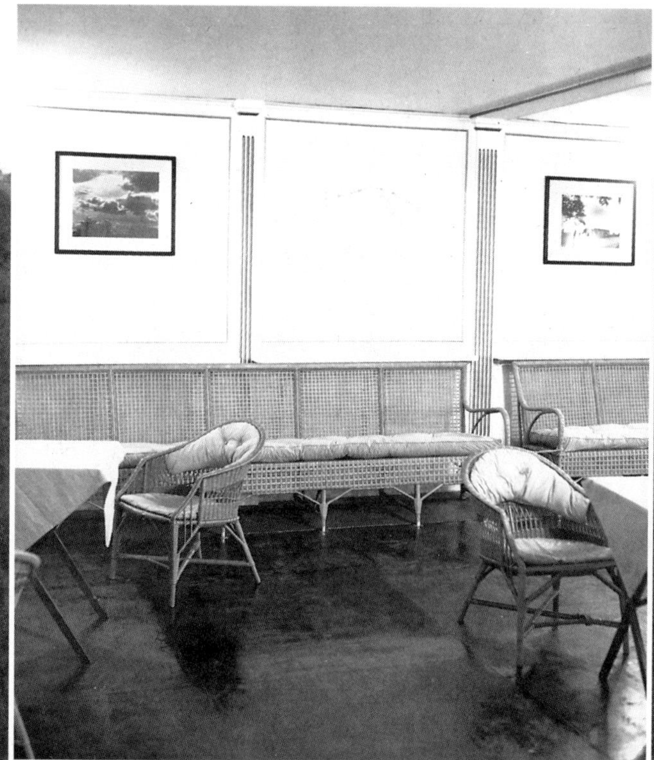

Zu den elegant ausgestatteten Passagierräumen des *R 101* gehörte auch ein großzügig angelegter Speisesaal (gegenüberliegende Seite links). Die Lounge erstreckte sich über die gesamte Breite des Schiffes und wurde von erhöht angebrachten Promenadengängen flankiert, aus deren um 45 Grad geneigten Fenstern (rechts ganz unten) man einen wunderbaren Panoramablick hatte. In diesem 9 x 18 m großen Saal nahm man nach dem Essen einen Drink ein oder tanzte zu den Melodien einer kleinen Tanzkapelle Foxtrott. Zur Geselligkeit im kleineren Kreis zog man sich in den Rauchsalon (rechts unten) zurück, der feuersichere Asbestwände und einen Boden aus Aluminiumblech hatte.

Wie sollten die Konstrukteure unter solchen Umständen zugeben, daß ihr Luftschiff nach so langer Bau- und Umbauzeit es noch immer nicht mit seinem Konkurrenten aufnehmen konnte? Überdies war die Reise für den Luftfahrtminister von außerordentlicher Bedeutung.
Allem Anschein nach waren sich die verantwortlichen Konstrukteure in Cardington der Schwächen des *R 101* durchaus bewußt, zogen es jedoch vor, sie zu bagatellisieren. Überdies ließen sie Lord Thomson über das volle Ausmaß der Schwierigkeiten im unklaren. Als Minister war er es, der letzten Endes für die Entscheidung zu fahren einzustehen hatte; doch seine eigenen Ratgeber verheimlichten ihm die bestehenden Risiken. Sie kamen überein, daß man nicht mehr genügend Zeit habe, die fraglichen Sektionen der Hülle zu entfernen, und begnügten sich damit, dem umgebauten Luftschiff eine vierundzwanzigstündige Testfahrt zu verordnen und es dann auf die große Reise zu schicken.
Im nachhinein bleibt es unbegreiflich, wie es möglich war, ein laut Sir Peter Masefield »praktisch neues Luftschiff« nur drei Tage nach Abschluß der Reparaturarbeiten nach Indien fahren zu lassen. Und noch unglaublicher ist der Umstand, daß dies bereits nach einer einzigen – dazu noch von vierundzwanzig auf siebzehn Stunden verkürzten – Testfahrt geschah, bei der das Luftschiff wegen eines defekten Ölkühlers nicht ein einziges Mal die volle Reisegeschwindigkeit erreichte. Ansonsten verlief die Probefahrt bei ruhigem Wetter unproblematisch, ließ aber auch keinen Aufschluß darüber zu, ob die Polsterung an den Längsträgern ein Scheuern der Gaszellen tatsächlich verhindern konnte oder ob die neu verstärkten Bereiche der Hülle den Anforderungen genügten.
Am Tag vor der Abreise stattete Lord Thomson seinem alten Freund, Premierminister Ramsay MacDonald, einen Besuch in der Downing Street Nr. 10 ab. MacDonald fragte seinen Luftfahrtminister, ob die Fahrt nach Indien wirklich unerläßlich sei. Thomson war von der Reise nicht abzubringen und wischte alle Bedenken vom Tisch. »Er glaubte an das Schiff«, schrieb MacDonald später. »Es war sein Kind. Er hatte es heranwachsen sehen. Wie sollte er zu Hause bleiben, während sein Sprößling zu neuen Ufern aufbrach?«
Von diesen beiden Männern einmal abgesehen, wußten nur wenige, daß die Reise für Thomson, der 1875 in Bombay zur Welt gekommen war, noch aus einem anderen Grund bedeutsam war. Einige Monate zuvor hatte der Premierminister seinen Freund nämlich gefragt, ob dieser sich vorstellen könne, als Vizekönig nach Indien zu gehen. Thomson zog eine positive Antwort auf diesen Vorschlag ernstlich in Erwägung. Sein seit vielen Jahren erster Besuch in seinem Geburtsland sollte seine Entscheidung besiegeln.

Premierminister Ramsay MacDonald (links) mit seinem engen Freund Christopher Birdwood Thomson.

Am Abend des 4. Oktober 1930 um 18.15 Uhr rollte ein langer blauer Daimler über die Startbahn des Luftschiffhafens in Cardington. Sein Ziel war der fünfundsechzig Meter hohe Ankermast. An der Spitze des Turmes verankert war das riesige Luftschiff *R 101*, das im auf- und abflauenden Wind leicht schwankte. An der unteren Außenseite des Rumpfes fiel aus den Fenstern des Promenadendecks und der Führergondel goldschimmerndes Licht auf das Startfeld. Die meisten Passagiere waren bereits samt Gepäck mit dem Ankermastaufzug hinaufgefahren und betraten soeben gleich hinter der Spitze der Nase über eine Gangway das Innere des Luftschiffs.
Der Daimler stoppte am Fuße des Turmes, und dem Fond entstieg der großgewachsene, leicht gebeugte Lord Thomson von Cardington. Er schüttelte etlichen fröhlichen und erwartungsvollen Beamten, die gekommen waren, um ihn zu begrüßen, die Hände. Dann posierte die Gruppe für ein letztes Foto, das zweifellos die Sonntagszeitungen schmücken würde.
Derweil wurde das Wetter immer schlechter. Doch Major Scott dachte gar nicht daran, die Fahrt zu verschieben. Um 18.36 Uhr gab der Oberleutnant der Luftwaffe, H. Carmichael Irwin, den Befehl, das Ankergeschirr zu lösen, und das größte Luftschiff der Welt legte – rückwärts schwebend – vom Mast ab und stieg langsam in den düsteren Abendhimmel auf. Als jetzt der Wind auffrischte und ein unangenehmer Nieselregen niederging, war das Luftschiff mit zweiundvierzig Besatzungsmitgliedern und zwölf Passagieren an Bord bereits in der Abenddämmerung verschwunden. Planmäßig sollte das *R 101* am Abend des 5. Oktober im ägyptischen Ismailia zwischenlanden und dann am nächsten Morgen in Karachi eintreffen.
Nachdem das Luftschiff in traditioneller Abschiedsmanier noch einmal einen Kreis über Bedford gezogen hatte, fuhr es in auffrischendem Gegenwind Richtung London. Augenzeugen, die das Schiff bei der Abfahrt beobachteten, hatten den Eindruck, daß es besorgniserregend niedrig fuhr. Und tatsächlich hatte das Luftschiff schwergewichtiger als vorgesehen von seinem Ankermast abgelegt und war bereits beim Start gezwungen gewesen, vier Tonnen Wasserballast abzulassen. Doch trotz dieser Maßnahmen hatte das *R 101* Schwierigkeiten, die als sicher geltende Reisehöhe von rund 350 Metern zu erreichen. Die turbulenten Winde ließen das Luftschiff überdies immer wieder absacken und schlingern, wobei ständig Gas aus den neumodischen Ventilen an den Gaszellen entwich.
Vielleicht hätten die Ausstatter in Cardington auch zweimal nachdenken sollen, bevor sie das Passagierfoyer einzig aus Prestigegründen mit einem dicken blauen Axminster-Teppich auslegten. Allein dieser Teppich wog mehr als eine halbe Tonne. Es ist fast unglaublich, daß ausgerechnet ein Luftschiff, von dem die Konstrukteure genau wußten, daß es auf jedes Gramm Auftriebskraft angewiesen war, um seine erste große Reise erfolgreich zu bestehen, mit solch gewichtigem Schnickschnack ausgestattet wurde. Hinzu kamen neun Tonnen zusätzlicher Treibstoff, weil man die für das Nachtanken in Ismailia nötige Zeit verkürzen wollte. Außerdem wollte man die von Lord Thomson dort zu einem Galadiner geladenen Gäste nicht mit Dieselgestank behelligen.
Oberleutnant Irwin und Major Scott – der wieder einmal als Kommandant fungierte – wußten genau, daß die Wetterverhältnisse sich zusehends verschlechterten, aber sie fuhren unbeirrt weiter, obwohl sie auch mit Motorproblemen zu kämpfen hatten. Schon kurz nach dem Start

Das *R 101* umkreist bei seiner Fahrt über London die St.-Pauls-Kathedrale. (Folgende Doppelseite) Ein paar Unbeirrbare trotzen dem Wind und dem Regen, um das *R 101* beim Verlassen der englischen Küste zu beobachten.

fiel der Öldruck des Motors Nr. 5 rapide ab, und er mußte wegen der nötigen Reparaturarbeiten abgeschaltet werden.

Währenddessen hatten die zwölf illustren Passagiere, die von all diesen Schwierigkeiten nichts ahnten und im Speisesaal an den mit kostbarem Porzellan, Silberbesteck und weißen Leinendecken geschmückten Tischen Platz genommen hatten, soeben die heiße Suppe zu sich genommen und erwarteten weitere Gänge eines köstlichen Abendmenüs. Das Schiff bewegte sich zwar merklich, aber doch sanft wie die Wiege eines Kindes.

Etliche Zuschauer, die trotz des Regens auf die Straße hinausgegangen waren, um das niedrig über London hinwegschwebende *R 101* zu beobachten, sahen, daß das Luftschiff mit dem Wind zu kämpfen hatte. Obwohl seine großen Dieselmotoren mächtig dröhnten, schlingerte das Schiff merklich, während es sich äußerst mühsam vorwärtsarbeitete. Über der Hauptstadt wurde der Motor Nr. 5 wieder für ein paar Minuten in Betrieb gesetzt. Aber das Öldruckproblem machte sich sogleich wieder bemerkbar, so daß der Motor abermals abgeschaltet werden mußte.

Während das Schiff jetzt über Kent südostwärts schwebte, erhielt man an Bord den bis dahin niederschmetterndsten Wetterbericht aus Cardington: »eine sich ostwärts verlagernde Tiefdruckrinne an den Küsten der Britischen Inseln; eine Hochdruckzone über Südfrankreich«. Während der nächsten zwölf Stunden mußte das *R 101* auf der geplanten Route mit Gegenwind von rund 80 km/h Stärke, tiefhängenden Wolken und heftigen Regenfällen rechnen. Schon jetzt hatte das Luftschiff mit Wetterverhältnissen zu kämpfen, wie es sie bis dahin noch nicht erlebt hatte, und es sollte noch schlimmer kommen. »Wäre dieser Wetterbericht drei Stunden früher ausgegeben worden, wäre der Start höchstwahrscheinlich verschoben worden«, meint Masefield.

In dieser kritischen Phase hatten Scott und Irwin eine schwierige Entscheidung zu treffen. Am klügsten wäre es gewesen, nach Cardington zurückzukehren und am nächsten Morgen erneut zu starten. Aber Scott, der mit dem *R 100* über dem St.-Lorenz-Strom direkt in eine Gewitterfront hineingefahren war, obwohl er die Gefahrenzone ohne Gesichtsverlust hätte umsteuern können, wäre ein solcher Schritt feige erschienen. Auch verschwendete er keinen Gedanken daran, etwa die Geschwindigkeit zu drosseln, um festzustellen, wie das Schiff auf eine solche Maßnahme reagieren würde. Das rechtzeitige Eintreffen des Ministers zu dem in Ägypten geplanten Diner war ohnehin schon fraglich. Mit lediglich vier funktionstüchtigen Motoren brauchte das *R 101* schon bis 21.35 Uhr, bis es östlich von Hastings die englische Küste erreichte – also drei Stunden, vom Start in Cardington aus gerechnet. Man brauchte unbedingt besseres Wetter und den Einsatz sämtlicher fünf Motoren, wenn man die angekündigten Ankunftszeiten einhalten wollte.

Als das Schiff über die Küstenklippen hinweg in Richtung Kanal schwebte, waren die Passagiere hinter den erleuchteten Fenstern vom Boden aus deutlich zu erkennen. Und ungeachtet der Tatsache, daß das *R 101* jetzt fast seine Prallhöhe von vierhundert Metern erreicht hatte, wurde das dumpfe Dröhnen der Motoren von

HE CLIFF INN
CLIFF INN
YN-2972

R 101
G-FAAW
R 101

Tanzmusik übertönt. Dieser Eindruck der Fröhlichkeit und Unbekümmertheit wollte so gar nicht zu dem heftigen Wind und Regen passen, in dem das Luftschiff kurz darauf auf seinem Weg gen Frankreich entschwand.

Kurz vor 23.00 Uhr gelang es den Maschinisten schließlich, den Öldruck des Motors Nr. 5 mitten über dem Kanal zu stabilisieren und den Motor auf volle Leistung hochzufahren. Jetzt waren alle Motoren intakt, und es wurde eine respektable Eigengeschwindigkeit von 100 km/h erreicht. (Wegen des starken Gegenwindes betrug die Grundgeschwindigkeit jedoch nur rund die Hälfte.) Das *R 101* war noch nie so schnell durch die Luft geschwebt. Aber was noch entscheidender war: Die durch den strömenden Regen bereits geschwächten, »geflickten« Teile der Hülle in Bugnähe hatten bis dahin noch nie einen so großen aerodynamischen Druck auszuhalten gehabt.

Die Passagiere waren noch wach geblieben, um durch Regen und Wolken hindurch die Lichter der französischen Küste auftauchen zu sehen. Einige von ihnen pafften im Rauchsalon eine letzte Zigarre und gingen dann zu Bett. Um Mitternacht hatten sich fast alle in ihre Kabinen zurückgezogen, und die meisten der inzwischen reichlich erschöpften Besatzungsmitglieder erlaubten sich ebenfalls ein wohlverdientes Nickerchen. In der Führergondel richtete der Navigator währenddessen den Kurs auf Paris und zog sich dann ebenfalls in seine Koje zurück. Auch Major Scott legte wahrscheinlich eine Ruhepause ein und gab Anweisung, ihn beim Auftreten etwaiger Schwierigkeiten zu wecken.

Trotz des miserablen Wetters schwebte das Luftschiff auf seinem südöstlichen Kurs offenbar problemlos über der französischen Landschaft dahin. Bei der Wachablösung um 2.00 Uhr früh gab der erschöpfte Oberleutnant Irwin, der inzwischen achtzehn Stunden auf den Beinen war, das Luftschiff wahrscheinlich in die Obhut des Zweiten Offiziers Maurice Steff und des Ersten Steuermanns George »Sky« Hunt. Hunt war einer der erfahrensten Luftschiffkapitäne an Bord. Aber niemand vermag mit Gewißheit zu sagen, wer während der folgenden schicksalhaften Minuten in der Führergondel das Kommando führte.

Das *R 101* quälte sich jetzt mit wenig mehr als dreißig Stundenkilometern gegen den immer wieder in Böen auffrischenden, stärker werdenden Gegenwind vorwärts. Außer dem wachhabenden Personal schliefen jetzt fast alle Mitreisenden. Harry Leech, der als Maschinist in Cardington an dem Bau des Luftschiffs mitgewirkt hatte, saß allein im Rauchsalon und qualmte vor dem Zubettgehen noch eine letzte Zigarette. Währenddessen war Michael Rope, einer der Konstrukteure des Schiffes, im Bug unterwegs, um nach dem Rechten zu sehen. Sonst war alles ruhig. Das Schiff hatte sich bis dahin unter schwierigen Bedingungen bewährt, und es schien keinen Anlaß zur Sorge zu geben. Schon bald würde man das schlechte Wetter hinter sich gelassen haben, und dann lockte das sonnige Mittelmeer.

Leech war auf einer der Sitzbänke im Rauchsalon ein wenig eingenickt, als das Luftschiff plötzlich unter ihm wegsackte. Alles, was nicht niet- und nagelfest war – er selbst eingeschlossen –, rutschte in Richtung der vorderen Trennwand weg. Kaum eine Minute später fuhr das Schiff wieder in der Horizontalen, und er machte sich daran, die zu Boden gestürzten Gläser und Soda-Siphonflaschen einzusammeln.

In dem gleichen Augenblick, da das Schiff sein Gleichgewicht wiederfand, kam Sky Hunt auf seinem Weg nach den weiter hinten gelegenen Mannschaftsquartieren an dem direkt oberhalb der Führergondel im Rumpf lokalisierten Schaltraum vorüber. Plötzlich rief er: »Wir sind unten, Jungs!« und rüttelte den Chefelektriker Arthur Disley wach. Augenblicke später sackte das Luftschiff abermals ab und krachte in die französische Hügellandschaft.

Nur einer war Zeuge der letzten Augenblicke des *R 101*, Georges Alfred Rabouille, ein Fallensteller, der auf einem kleinen Höhenzug unweit des Fleckens Allonne, gleich südlich von Beauvais, seine Drahtschlingen auslegte. »Das Luftschiff hatte Schwierigkeiten, als ich es erstmals über mir erblickte, offenbar hatte es mächtig mit dem orkanartigen Wind zu kämpfen«, erinnerte sich Rabouille später. »Und obwohl die Motoren liefen, verlor es ständig an Höhe, je näher es kam. Plötzlich sackte es ab, kam zunächst wieder in die Waagerechte und sank dann langsam mit der Nase vorweg nach unten. Dann gab es eine gewaltige Explosion. Im nächsten Augenblick stiegen hohe Flammen zum Himmel auf. Die Hülle brannte lichterloh. Ich war nur knapp hundert Meter von der Stelle entfernt, und die Hitze war furchtbar. Ich verlor den Kopf und bin, so so schnell ich konnte, weggelaufen.«

Harry Leech wurde noch nicht einmal besonders durchgeschüttelt, als das Schiff den Boden berührte, so sanft war der Aufprall. Dann flog die Tür zum Rauchsalon auf und gab den Blick auf eine Flammenwand frei, und das obere Deck brach über ihm zusammen. Wegen des Rauchs konnte er kaum mehr atmen, obwohl die Flammen ihn noch nicht erreicht hatten. Er hörte die Besatzungsmitglieder in ihren Quartieren und die Passagiere in ihren Kabinen schreien und stöhnen. Leech riß eine der Sitzbänke aus der Wand und schlug damit ein Loch in die Asbestabtrennung. Schließlich gelang es ihm, auf der Steuerbordseite aus dem Schiff herauszukriechen und sich in Sicherheit zu bringen.

Joseph Binks und Arthur Bell in der hinteren Motorgondel hatten die Hoffnung auf Rettung schon fast aufgegeben, als die Flammen, die sie umloderten, plötzlich durch eine wahre Sturzflut von Wasserballast aus einem geborstenen Tank über ihnen gelöscht wurden. Sie preßten sich feuchte Taschentücher vor das Gesicht, sprangen aus der Gondel und liefen durch das brennende Gerippe, bis sie auf der linken Seite einen Ausgang fanden. Draußen angekommen, wälzten sie sich glücklich in dem hohen, nassen Gras. Dann schrien sie laut: »Hallo, ist irgendwer hier draußen? Wo seid ihr?«

Nur vier Mitreisende antworteten ihnen, darunter Leech und Disley. Als schließlich Rettungsmannschaften am Unglücksort eintrafen, waren die meisten der achtundvierzig Menschen – Lord Thomson eingeschlossen – in dem Wrack bereits bis zur Unkenntlichkeit verbrannt.

Was war geschehen? Kurz vor 2.07 Uhr früh war das *R 101* noch auf normaler Fahrt Richtung Paris gewesen. Ganze zwei Minuten später schlug es bereits am Boden auf. Untersuchungen am Wrack ergaben, daß das Gerippe noch intakt war und sich die Katastrophe also nicht auf Mängel in der Konstruktion zurückführen ließ. Der – von Sir Peter Masefield vertretenen – überzeugendsten Theorie zufolge ist vermutlich die geflickte Hülle nahe dem Bug die Hauptursache gewesen.

Das Hauptargument, das Masefield für diese Behauptung anführt, ist der Umstand, daß Sky Hunt zu dem Zeitpunkt, da das Schiff sich wieder kurzzeitig stabilisiert hatte, nach hinten zu den Mannschaftsquartieren rannte. Sollte sich der Steuermann tatsächlich zu diesem kritischen Zeitpunkt auf Höhe des Schaltraums befunden haben, dann muß er die Führergondel bereits *vor* dem ersten Abtauchen des Luftschiffs verlassen haben. Das heißt, Hunt

(Großes Bild und kleines Bild oben) Am Morgen des 5. Oktober 1930: Alles, was von dem *R 101* übrigblieb, war ein zerknülltes Gerippe, das am Fuße eines Hügels bei Beauvais lag. (Kleines Bild unten) Ein verkohlter Leichnam wird geborgen. Nur wenige der aus dem Wrack geholten Leichen konnten identifiziert werden.

wußte bereits *vor* Beginn der eigentlichen Schwierigkeiten, daß mit dem *R 101* etwas nicht stimmte.
Masefield erklärt das Geschehen so: Vielleicht eine Minute vor Beginn des ersten folgenreichen Absackens des *R 101* hatte Michael Rope auf seinem Inspektionsgang in Bugnähe einen Riß in der Außenhülle entdeckt – im Bereich der geflickten Sektion. Er begriff schnell, daß die bereits mit Wasser vollgesogene erste Gaszelle als nächstes reißen würde. Deshalb erstattete er sofort in der Führergondel Meldung, und Hunt rannte los, um die Mannschaft zu wecken. Während Hunt dieses Vorhaben ausführte, entwich aus einer oder aus zwei vorderen Zellen das Gas, und der Bug brach nach unten weg.
In diesem Augenblick begingen die Männer in der Führergondel einen tödlichen Fehler. Während der Höhensteuermann versuchte, das Schiff wieder in die Waagrechte zu bringen, befahl der diensthabende Offizier, die Motoren zu drosseln, wohl um die Belastung des beschädigten vorderen Teils des Schiffes zu reduzieren. (Überlebende aus zwei verschiedenen Motorgondeln erinnerten sich später, vor dem Absturz entsprechende Anweisungen erhalten zu haben.) Zunächst fing das Schiff sich wieder – bei voller Reisegeschwindigkeit konnten die Höhenruder den Gasverlust in den vorderen Zellen mehr als ausgleichen. Als dann jedoch die Motoren gedrosselt wurden, verloren die Höhenruder ihre Wirkung, und es kam zum tödlichen Absturz. Hätte das *R 101* seine Geschwindigkeit beibehalten, wäre es möglicherweise selbst mit zwei völlig entleerten vorderen Gaszellen der Gefahr entgangen und hätte mit Hilfe günstiger Rückenwinde vielleicht sogar zurück ins heimatliche Cardington fahren können. Aber dieses Gedankenspiel bleibt abstrakt, wenn man bedenkt, daß das Schiff bereits vor dem Unfall sehr schwergewichtig und vom dynamischen Auftrieb der Motoren abhängig war.

Masefields Theorie macht indes den Abstand zwischen den hochfliegenden Zielen der *R 101*-Enthusiasten und ihrer praktischen Erfahrung deutlich und trifft damit die Hauptursache der Tragödie. Hugo Eckener hätte sich niemals mit einem Schiff, das weder eine Dauerfahrt noch eine Fahrt bei voller Reisegeschwindigkeit absolviert hatte, auf eine fast 9000 Kilometer weite Reise begeben. Zudem hätte er eine solche Tour angesichts des bedrohlichen Wetters höchstwahrscheinlich verschoben.

Seit der *Titanic*-Katastrophe von 1912 hatte kein Unglück die britische Öffentlichkeit derart erschüttert. Abertausende von Menschen defilierten an den achtundvierzig mit Flaggen geschmückten Särgen vorbei, die am 10. Oktober 1930 in Westminster Abbey aufgebahrt waren. Henry Cord

Meyer zufolge säumten eine Million Menschen die Straßen, als »die größte Prozession in Friedenszeiten seit der Krönung Georgs V. im Jahre 1910« durch London zog. Hinter den Särgen schritt auch Hugo Eckener mit einer kleinen Gruppe hoher Repräsentanten der »Luftschiffbau Zeppelin«.

Die britische Regierung legte bereits fertige Pläne für zwei noch größere Starrluftschiffe, das *R 102* und das *R 103*, auf Eis. Diese beiden Giganten hätten die *Hindenburg* bereits zu einem Zeitpunkt in den Schatten gestellt, da das deutsche Luftschiff noch nicht einmal auf dem Zeichentisch existierte. 1931 wurde das *R 100* verschrottet, und seither stieg kein britisches Luftschiff mehr in die Luft. Die Zukunft solcher Giganten des Himmels lag jetzt ausschließlich in den Händen der Deutschen und der Amerikaner.

(Oben) Am 7. Oktober 1930 wurden achtundvierzig mit der britischen Fahne bedeckte Särge in der Westminster Hall in London aufgebahrt. (Ganz rechts) Unter den im Wrack gefundenen, rußgeschwärzten Gegenständen befand sich eine Taschenuhr, die genau im Augenblick des Aufpralls stehengeblieben war: um 2.09 Uhr. (Rechts) Geborgen wurde auch die angesengte Flagge der Royal Airforce, die am Heck des *R 101* angebracht gewesen war. Sie wird oberhalb einer Gedenktafel in St. Mary in Cardington aufbewahrt, einer Kirche, die sich unweit der bis heute erhaltenen Luftschiffhallen (gegenüberliegende Seite) befindet.

GLOBETROTTER

»*Die* Graf Zeppelin *sollte ein Luftschiff werden, mit dem man nicht nur fliegen oder fahren, sondern reisen konnte.*«
Hugo Eckener

»*Die* Graf Zeppelin *ist nicht nur eine komplizierte Maschinerie mit einer Tuchbespannung und einem Aluminiumgerüst. Sie hat eine Seele.*« Lady Grace Drummond Hay

Nicht lange nach dem Absturz des *R 101* erklärte Hugo Eckener sich bereit, ein Vorwort zur ersten englischsprachigen Biographie des Grafen Zeppelin zu schreiben. Und er nutzte die Gelegenheit, die Erfindung des Grafen zu verteidigen. »Meiner Ansicht nach«, schrieb Eckener, »hat uns das rauchende Wrack des *R 101* keine Argumente gegen die Tauglichkeit des Zeppelins geliefert.« Nicht die Idee des Starrluftschiffs selbst sei mangelhaft, erklärte er, vielmehr seien bei der Konstruktion des *R 101* wegen der vielen Neuerungen Fehler unterlaufen.
Was Hugo Eckener zum Thema Luftschiffahrt zu sagen hatte, fand im Oktober 1930 bereits allgemeines Gehör, denn immerhin hatte er den zu jener Zeit erfolgreichsten Zeppelin der Luftschiffgeschichte gebaut und gefahren – die *Graf Zeppelin*. Zwei Jahre zuvor, im Herbst 1928 – das *R 100* und das *R 101* befanden sich zu diesem Zeitpunkt noch im Bau –, hatte die Zeppelin-Gesellschaft das *LZ 127* in Betrieb genommen. Nach einer Reihe erfolgreicher Testfahrten (darunter eine vierunddreißigeinhalbstündige Dauerfahrt) zeigte sich schon ein paar Wochen später, daß die *Graf Zeppelin* durchaus flugtüchtig war, und so machte sich Eckener mit dem neuen Luftschiff auf den Weg nach New York. Er hatte überdies dafür gesorgt, daß diese

(Ganz oben) Plakette der Zeppelin-Eckener-Spende. (Oben) Am 8. Juli 1928, dem 90. Geburtstag ihres verstorbenen Vaters, tauft Gräfin Hella von Brandenstein-Zeppelin das neue Schiff. (Gegenüberliegende Seite) 1930 begegnet die *Graf Zeppelin* mitten über dem Atlantik dem Segelschiff *Archibald Douglas*.

Fahrt mit den anläßlich des »Kolumbustages« in Amerika üblichen Feierlichkeiten zusammenfiel. Eckener strebte ein Höchstmaß an öffentlicher Aufmerksamkeit an, weil er sich davon für die Idee der baldigen Aufnahme eines regelmäßigen transatlantischen Luftschiffverkehrs Auftrieb versprach.
Und wieder einmal stellte der gemeinhin bedächtige Eckener unter Beweis, daß er mit hohem Einsatz zu spielen verstand, wenn die Situation dies erforderte. Obwohl die *Graf Zeppelin* in puncto Fahrtüchtigkeit wesentlich gründlicher geprüft worden war als zwei Jahre später das unglückliche *R 101*, befand sich auch der deutsche Zeppelin noch im Versuchsstadium und war das größte bis dahin je aufgestiegene Luftschiff. Aber bereits die siebte Fahrt führte den neuen Zeppelin mit zwanzig Passagieren an Bord über den Atlantik.
Ludwig Dürr, der Chefkonstrukteur der *Graf Zeppelin*, der am Bau sämtlicher bis dahin in Friedrichshafen hergestellter Luftschiffe maßgeblich beteiligt gewesen war, hatte bei der Konstruktion des *LZ 127* darauf geachtet, daß jeder Kubikzentimeter Rauminhalt zugunsten des Auftriebs genutzt wurde. Eckener brauchte jedes Gramm Tragkraft, denn er wollte demonstrieren, daß auch ein großes Luftschiff auf langen Strecken durchaus verläßliche Dienste zu leisten vermag. Das Ergebnis war eine verlängerte, etwas unförmige Version der stromlinienförmigen *Los Angeles* und zugleich das größte Schiff, das in der geräumigsten der drei in Friedrichshafen noch verbliebenen Werfthallen überhaupt gebaut werden konnte. Als die *Graf Zeppelin* im September 1928 erstmals ausgehallt wurde, betrug der Abstand zwischen dem oberen Rahmen des Hangartors und der Oberseite des Luftschiffs gerade einen halben Meter. Gleichwohl war der Zeppelin wesentlich kleiner, als Eckener es sich gewünscht hätte.

DER MAGELLAN DER LÜFTE

Von Hugo Eckener, dem Kommandanten der *Graf Zeppelin*, war jeder beeindruckt, der ihn kannte. Er erschien größer von Gestalt, als er in Wirklichkeit war (etwas über 1,80 m). Mit seinen hellen blauen Augen, seinem zerfurchten Gesicht, seiner Gehorsam heischenden Stimme und seiner selbstbewußten Würde war er eine Persönlichkeit von großer Ausstrahlung. Eckener konnte ungeduldig und schroff sein, wenn er das Gefühl hatte, seine Zeit zu verschwenden, und er ersparte weder den Offizieren noch den Mannschaftsmitgliedern Kritik, wenn sie sie verdient hatten. Doch Eckener verteilte auch gern Lob; seine Untergebenen waren ihm gegenüber unbedingt loyal. Eckener war ein gebildeter Mann, der nicht groß aufsprach oder auftrumpfte. Als Liebhaber von Literatur und Musik zitierte er gerne Goethe, Schiller und Shakespeare, und er behauptete, die Themen sämtlicher Beethoven-Symphonien aus dem Gedächtnis pfeifen zu können.

Die 105 000 Kubikmeter Rauminhalt des *Grafen* sollten ja schon bald von den beiden neuen britischen Luftschiffen *R 100* und *R 101* mit ihren 140 000 Kubikmetern übertroffen werden. Der *Graf* war mit zwei Arten von Gaszellen ausgestattet, von denen die einen mit Traggas und die anderen mit Treibstoff – mit knapp 30 000 Kubikmeter Blaugas – gefüllt wurden. Dieses dem Propan ähnliche Gas sollte nach Dürrs Vorstellung Benzin als Treibstoff für die fünf Maybach-Motoren des Luftschiffes ersetzen. Da Blaugas fast genauso schwer ist wie Luft, würde der Verbrauch des Treibstoffs auf der langen Reise das Schiff nicht leichter machen und die Mannschaft folglich auch nicht zum Ablassen von Wasserstoff zwingen. Diese neue Technik bewährte sich und wurde auch während der langen und glücklichen Geschichte dieses Luftschiffs beibehalten. Mit 237 Metern Länge war der *Graf* nur um rund sechzig Zentimeter kürzer als das verlängerte *R 101*, aber anders als bei den beiden britischen Schiffen waren die Kommandobrücke und die Passagierbereiche in einer großen Gondel untergebracht, die direkt unter der Spitze aufgehängt war. Auf diese Weise stand im Rumpf mehr Platz für Wasser- und Treibstoff zur Verfügung, außerdem ließ sich unter diesen Umständen beim Bau des Luftschiffs die gesamte Höhe der Werfthalle für die Konstruktion des Rumpfes nutzen. Obgleich die Schnelligkeit des *Grafen* unter der nicht ganz erreichten Stromlinienform und der großen, außen angebrachten Gondel zu leiden hatte, erbrachte das Schiff noch immer eine Reisegeschwindigkeit von 115 km/h und eine Spitzengeschwindigkeit von 130 km/h – Werte, die sich gegenüber den entsprechenden Leistungen der beiden aerodynamisch günstiger geschnittenen britischen Luftschiffe vorteilhaft ausnahmen.

Das Schiff konnte nur zwanzig Passagiere transportieren – bei über vierzig Mann Besatzung –, aber Eckener war darauf bedacht, daß den zahlenden Fahrgästen der denkbar größte Komfort geboten wurde. So bestand er etwa trotz Dürrs anfänglicher Einwände auf dem Einbau einer für die Zubereitung warmer Speisen geeigneten Küche. Der fünf mal fünf Meter große Speiseraum – der auf beiden Seiten mit großen Fenstern ausgestattet war – diente zugleich als Salon und war in der Mitte – also an der breitesten Stelle – der Gondel untergebracht. Rückwärts direkt anschließend befand sich ein Gang, der rechts und links von je fünf mit Fenstern ausgestatteten Doppelkabinen gesäumt wurde. Die Mannschaft schlief im Rumpf im hinteren Teil des unteren dreieckigen Kiels, der zugleich einen vom Bug zum Heck führenden Laufgang bildete. Auch Ballast und Fracht war in den an den unteren Kiel angrenzenden Räumen untergebracht. Ferner gab es einen neuartigen Axialkiel, der in der Mitte über die gesamte Schiffslänge führte und dem Gerippe zusätzliche Stabilität verlieh. In diesem Axialkiel war ein weiterer Laufgang untergebracht, von dem aus die oben angebrachten Wasserstoffzellen und die unten angebrachten Blaugaszellen zu erreichen waren. Alles in allem handelte es sich um eine sehr solide Konstruktion, in die alle Erfahrungen eingegangen waren, die die Deutschen in den vergangenen fünfundzwanzig Jahren beim Bau von Starrluftschiffen gemacht hatten. Und das war gut so, wie schon die erste Atlantiküberquerung des *Grafen* zeigen sollte.

Hugo Eckener in der Führergondel der *Graf Zeppelin* konnte die Spannung, die eine solche Reise mit sich brachte, nicht ganz von sich abschütteln. Angesichts des nichts Gutes verheißenden Wetterberichts, den er vor dem Start erhalten hatte, war die Reise Richtung Lakehurst bisher sogar besser verlaufen, als er gehofft hatte. Dieser Wetter-

Passagiere, die zu einer Sightseeing-Tour über Deutschland aufbrechen, gehen an Bord der *Graf Zeppelin* (oben).

bericht hatte ihn auch veranlaßt, sich für die südliche Route zu entscheiden – das Rhônetal hinab und dann durch die Straße von Gibraltar westlich nach Madeira. Aber während das Schiff jetzt in der ersten – feucht-schwülen – Nacht der Reise südlich der Azoren dahinschwebte, wurde der nördliche Horizont von immer bedrohlicher zuckenden Blitzen erhellt.

Der Erste Offizier Ernst Lehmann lag in dem stickigen Mannschaftsquartier und konnte nicht schlafen. Auch er hatte das Gefühl, daß dem Schiff bereits in Kürze seine erste Bewährungsprobe bevorstand. Als dann der Morgen des zweiten Tages heraufdämmerte – das Schiff befand sich gerade über dem mittleren Atlantik –, konnte Eckener die Gefahr mit eigenen Augen sehen: »Gegen sechs Uhr in der Frühe zeigte sich vor uns eine blauschwarze Wolkenwand von sehr häßlichem Aussehen. Sie kam aus Nordwesten mit großer Schnelligkeit heran.«

Aus irgendeinem Grund ließ der sonst so vorsichtige Eckener die Geschwindigkeit nicht drosseln. Es war, als wolle er die Belastungsfähigkeit seines neuen Schiffes auf die Probe stellen. Er ließ seinen erfahrensten Höhensteuermann rufen, der das Höhensteuer anstelle eines weniger geübten Mannes übernehmen sollte – doch es war schon zu spät. Das vorwärtseilende Schiff prallte mit der entgegenkommenden Schlechtwetterfront zusammen, und das Schiff streckte seine Nase steil nach unten weg. Augenblicke später wurde der Zeppelin dann mit voller Wucht von einer vertikalen Luftströmung getroffen.

Korvettenkapitän Charles Rosendahl, der als Vertreter der US-Marine an der Jungfernfahrt des *Grafen* teilnahm, betrat die Führergondel, als die Sturmfront heranzog. Rosendahl, der die abgetrennte Bugsektion der *Shenandoah* im Freiballonstil sicher zur Erde zurückgebracht hatte, wollte zusehen, wie der große Luftschiffkapitän Hugo Eckener sich bei einer so tückischen Turbulenz verhalten würde. Zu seinem Entsetzen fing der unerfahrene Mann am Höhenruder nach dem anfänglichen Absacken des Schiffes sogleich an, völlig unkontrolliert und übertrieben gegenzusteuern. Und so war der Bug noch im Ansteigen begriffen, als die vertikale Bö das Schiff erfaßte. Rosendahl schrie, ein Offizier rannte hinüber, um das Höhenruder zu übernehmen, und Eckener hielt sich – während die Nase steil nach oben schoß – an einem Träger fest, um nicht vollends das Gleichgewicht zu verlieren. Bücher und Instrumente stürzten in der Führergondel zu Boden, und in der Küche polterten Töpfe und Pfannen rasselnd und klappernd vom Herd und aus den Schränken. Ganz in der Nähe krachte ein lauter Donnerschlag. Der *Graf* war noch nicht einmal einen Monat alt. Sollte ihm ein so frühes Ende beschieden sein?

Die zwanzig Passagiere wollten gerade mit dem Frühstück beginnen, als die Sturmfront zuschlug. »Kaffee, Tee, Butter, Wurst und Marmelade bildeten eine klebrige Masse, die jene Unglücklichen besudelte, die mit dem Rücken zum Heck saßen«, schrieb Lady Grace Drummond Hay später, der einzige weibliche Passagier an Bord. »Atemberaubende Augenblicke verstrichen, und aus so manchem erbleichten Gesicht sprach die Frage: Müssen wir uns auf den Tod gefaßt machen?« Dann gelangte der *Graf* wieder in eine stabile Lage. Lady Grace Drummond Hay wandte sich an ihren Journalistenkollegen Karl von Wiegand und meinte lachend: »Karl, laufen Sie doch schnell in meine Kabine, daß meine Schreibmaschine nicht herunterfällt.« Dieser Satz löste die Spannung. Ein paar Mitreisende fingen ebenfalls zu lachen an, und kurz darauf halfen die Passagiere den Stewards bereits bei der Beseitigung des Chaos.

Als die *Graf Zeppelin* jetzt wieder ruhig dahinglitt, atmete Hugo Eckener erleichtert auf. Sein Schiff hatte ohne weiteres eine – wie er meinte, über dem Atlantik an Stärke kaum noch zu übertreffende – Turbulenz überstanden. Aber seine Freude war verfrüht. Als der Zeppelin einige Minuten später bei halber Geschwindigkeit durch eine dicke Regenfront rollte und schlingerte, stürzte der Chefmaschinist atemlos keuchend in die Führergondel und meldete, daß die untere Tuchbespannung der linken Stabilisierungsfläche abgeplatzt sei. Eckener ließ die Motoren sogleich weiter drosseln. Wenn die abgerissenen und im Wind flatternden Stoffetzen ein Höhen- oder Seitenruder beschädigten, würde das Schiff seine Manövrierfähigkeit einbüßen. Und da jetzt die rechte Stabilisierungsfläche einen Großteil der horizontalen Belastung trug, bestand die Gefahr, daß sie bei voller Geschwindigkeit ebenfalls Schaden nehmen könnte. Aber würde sich der Schaden so ohne weiteres mitten über dem Ozean beheben lassen?

(Links) Das Frühstück flog durch die Luft, als der *Graf* während seiner ersten Atlantiküberquerung in eine Gewitterfront geriet. (Oben) Die Journalisten der Hearst-Presse, Lady Grace Drummond Hay und Karl von Wiegand.

Häufig mußten während des Fluges Reparaturen durchgeführt werden. Bei einer Fahrt über den südlichen Atlantik im Jahr 1933 fotografierte der deutsche Fotograf Alfred Eisenstädt ein Mannschaftsmitglied, das vom *Grafen* an einem Seil herabgelassen wird, um die beschädigte Hülle zu flicken.

Eckener ließ anfragen, ob es Freiwillige gebe, die bereit wären, den Schaden abzuschätzen und einen Reparaturversuch zu unternehmen. Als sein sechsundzwanzigjähriger Sohn Knut zusammen mit einigen anderen Männern vortrat, verstummte er. Bei strömendem Regen und heftigem Wind hoch über dem brausenden Atlantik an der beschädigten Flosse zu arbeiten, war ohne Frage ein gefährliches und schwieriges Unterfangen – etwa so, als wenn jemand versuchte, während eines Hurrikans ein Baugerüst aufzubauen. Aber Knut war alt genug, um zu wissen, was er sich zutrauen konnte.

Wie es seine Art war, ließ Eckener sich in dieser prekären Situation nicht von falsch verstandenem Stolz, sondern einzig von seinem Verantwortungsgefühl leiten. Deshalb bat er Rosendahl, die US Navy um die Entsendung eines Seeschiffes zu ersuchen, das möglichst rasch die Position des gefährdeten Zeppelins anlaufen solle. Sollte sich die Flosse nicht reparieren lassen, dann konnte er noch immer genügend Ballast abwerfen lassen, um den *Grafen* während der drei Tage, die bis zum Eintreffen des US-Schiffes vergehen würden, in der Luft zu halten. Er hoffte, daß diese Vorsichtsmaßnahme sich als überflüssig erweisen werde. Dann begab er sich zu den Passagieren, um zu berichten, was geschehen sei.

Während die gefährlichen Arbeiten an der Flosse vonstatten gingen, sank das langsam dahinschwebende Luftschiff immer weiter ab, dem Ozean entgegen. Als Eckener schließlich in die Führergondel zurückkehrte, trennten den Zeppelin nur mehr Minuten von einem Aufprall im Meer. Er wußte, daß eine plötzliche Steigerung der Geschwindigkeit einen der Männer von der Stabilisierungsflosse hinwegfegen konnte, aber es war bereits zu spät, um noch jemanden zu der Reparaturmannschaft nach hinten zu schicken. Er zögerte einen Moment, dann ließ er die Motoren herauffahren.

Glücklicherweise hatten Knut und die anderen gesehen, daß man sich immer mehr der Meeresoberfläche näherte, und waren deshalb bereits in den Rumpf zurückgeklettert, bevor das Luftschiff beschleunigte. Als der *Graf* wieder genug Höhe gemacht hatte, ließ Eckener die Motoren abermals herunterfahren, und die Männer kletterten wieder auf die Flosse hinaus,

Eine Reise mit dem Luftschiff war ein unvergeßliches Erlebnis. Das ausgezeichnete Essen im Speisesaal der *Graf Zeppelin* (oben) wurde in einer kleinen, aber gut ausgerüsteten Kombüse (unten links) zubereitet und vom Chefsteward (unten Mitte) und seinen Mitarbeitern serviert. Es gab für die Passagiere eigene Toiletten und Waschräume (unten rechts), die hinter den zehn Doppelkabinen lagen.

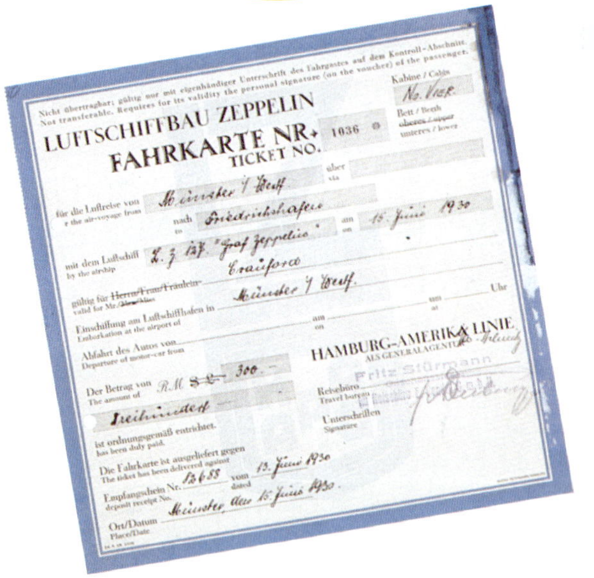

Nicht übertragbar; gültig nur mit eigenhändiger Unterschrift des Fahrgastes auf dem Kontroll-Abschnitt.
Not transferable. Requires for its validity the personal signature (on the voucher) of the passenger.

LUFTSCHIFFBAU ZEPPELIN
FAHRKARTE NR. / TICKET NO. 1036

Kabine / Cabin: No. Vier
Bett / Berth: ~~oberes / upper~~ unteres / lower

über / via

für die Luftreise von / the air-voyage from: Münster i/Westf.
nach / to: Friedrichshafen
am / on: 15. Juni 1930

mit dem Luftschiff / by the airship: L.Z. 127 "Graf Zeppelin"

gültig für ~~Herrn/Frau/Fräulein~~ / valid for Mr./~~Mrs./Miss~~: Erainforce

Einschiffung am Luftschiffhafen in / Embarkation at the airport of: Münster i/Westf.
am / on — um / at — Uhr

Abfahrt des Autos von / Departure of motor-car from

Der Betrag von / The amount of: RM ~~8~~ 300.–
Dreihundert
ist ordnungsgemäß entrichtet. / has been duly paid.

Die Fahrkarte ist ausgeliefert gegen / The ticket has been delivered against
Empfangschein Nr. / deposit receipt No. 12688 vom / dated 13. Juni 1930

Ort/Datum / Place/Date: Münster den 15. Juni 1930.

HAMBURG-AMERIKA LINIE
ALS GENERALAGENTUR
Fritz Stürmann
Reisebüro / Travel bureau
Unterschriften / Signature

(Ganz oben) 1935, dem Jahr, in dem das hier wiedergegebene Plakat gedruckt wurde, absolvierte die *Graf Zeppelin* sechzehn Fahrten nach Brasilien und zurück. (Mitte) Gummierte Papieraufkleber wie dieser wurden auf jedem kontrollierten Gepäckstück angebracht. (Oben) Der *Graf* beförderte auch viele Passagiere innerhalb Europas. Dieses Ticket stammt von einem Nachtflug zwischen Münster und Friedrichshafen im Juni 1930.

(Oben) In der Zeit zwischen den Mahlzeiten wurde der Speisesaal zum Gesellschaftsraum, in dem die Passagiere lasen und Karten spielten oder einfach den Ausblick aus den großen Fenstern genossen. Wenn Ernst Lehmann an Bord war, spielte er oft abends zur Unterhaltung Volkslieder auf seinem Akkordeon. (Oben rechts) Die Passagiere schliefen in Etagenbetten, die tagsüber in eine bequeme Couch verwandelt werden konnten.

DAS INNERE DER
GRAF ZEPPELIN

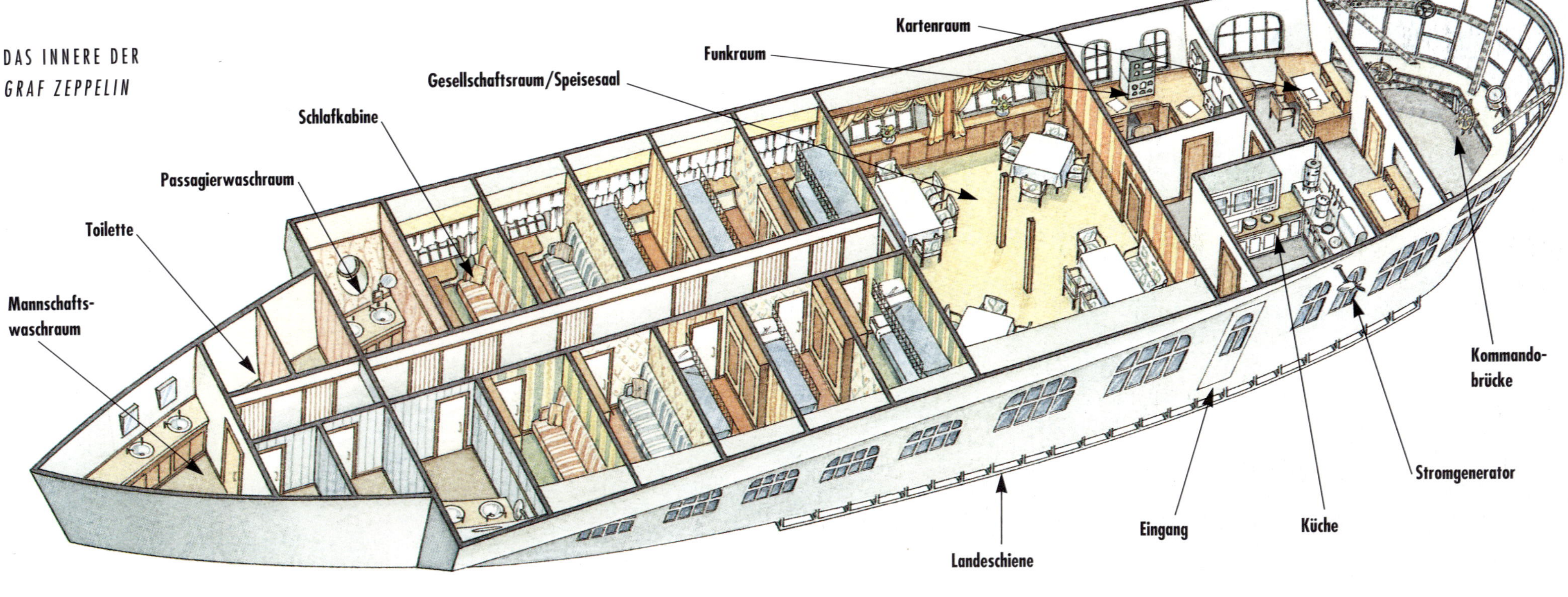

um mit ihren Reparaturarbeiten fortzufahren. Dieses Hin und Her mußte etliche Male praktiziert werden, bevor die Arbeiten an der Stabilisierungsfläche schließlich beendet waren. Zwar blieb ein klaffendes Loch in der Flosse bestehen, aber das Luftschiff konnte seine Fahrt fortsetzen.

Ein erleichterter Eckener setzte Rosendahl davon in Kenntnis, daß für das Rettungsschiff nun kein Bedarf mehr bestand – und der *Graf* fuhr mit fünfundsiebzig Prozent seiner Reisegeschwindigkeit seiner zweiten Belastungsprobe entgegen: Als das Schiff sich den Bermudas näherte, sah Eckener sich mit einem zweiten Sturmtief und einer weiteren schwierigen Entscheidung konfrontiert. Wenn er der Schlechtwetterzone auszuweichen versuchte, lief er Gefahr, den Treibstoff vorzeitig zu erschöpfen. Und sollte es dazu kommen, dann würde es später heißen, daß die *Graf Zeppelin* für schlechtes Wetter ungeeignet sei. Aber würde die beschädigte Flossenbespannung halten? Abermals ein kalkuliertes Risiko, abermals ein Einsatz, der sich lohnte. Er wies den Steuermann an, das Schiff auf geradem Kurs zu halten. Während der folgenden Stunde schaukelte der *Graf* durch heftige Wind- und Regenböen. Als das Schiff die Schlechtwetterfront schließlich durchquert hatte, ergab eine Inspektion, daß an der Flosse lediglich ein kleiner neuer Riß aufgetreten war.

Nach dem beängstigenden Zwischenfall des *Grafen* im Oktober 1928 mitten über dem Atlantik war der Empfang, den die New Yorker Eckener und seiner Mannschaft bereiteten, ganz besonders herzlich.

In der Zeit, die zwischen den beiden von Rosendahl abgesetzten Funksprüchen verstrichen war, hatte ganz Amerika in quälender Anspannung auf Nachrichten über das Schicksal der *Graf Zeppelin* gewartet. Die windangetriebenen Stromgeneratoren des Luftschiffs arbeiteten nämlich bei niedriger Geschwindigkeit nicht richtig, und so war die Funkanlage während der Reparaturarbeiten stumm geblieben. In unheilverkündenden Schlagzeilen wurde bereits gemeldet, es stehe zu befürchten, daß der *Graf* mit sämtlichen Passagieren verlorengegangen sei, daß also zu der langen Reihe der Luftschiffkatastrophen vermutlich eine weitere hinzugekommen sei. Doch dann meldete das Luftschiff plötzlich zur allgemeinen Erleichterung, daß alles in Ordnung sei.

Als der *Graf* schließlich nahe Cape Charles, Maryland, die amerikanische Küstenlinie überflog, hatten die Turbulenzen, die über dem mittleren Atlantik zu bestehen gewesen waren, bereits dafür gesorgt, daß das Luftschiff mit einer geradezu ekstatischen Begeisterung empfangen wurde. Und der schlaue Eckener ließ sich diese werbewirksame Gelegenheit nicht entgehen. Er war ohnehin bereits vierundzwanzig Stunden in Verzug, und da kam es auf ein paar Stunden mehr auch nicht mehr an. Statt direkt die Küste entlang Richtung Lakehurst zu steuern, ließ er das Luftschiff über der Chesapeake-Bucht landeinwärts fahren und über Baltimore und Washington ein paar Ehrenrunden drehen. Als das Schiff über das Weiße Haus hinwegschwebte, eilte Präsident Coolidge von einem offiziellen Empfang ins Freie hinaus. Der Präsident und Hunderttausende von Washingtonern, die das vorbeiziehende Luftschiff begrüßten, konnten ganz deutlich das Loch in der beschädigten Flosse erkennen, was die heroische Aura, die den *Grafen* inzwischen umgab, nur noch verstärkte. J. Gordon Vaeth zufolge, dessen Buch *Graf Zeppelin* wohl die anschaulichste Schilderung der bemerkenswerten Karriere des Luftschiffs enthält, konnten sich selbst die obersten Richter des höchsten US-Bundesgerichts der Faszination des *Grafen* nicht entziehen. Der frühere Präsident und jetzige Richter William Howard Taft las die Notiz, die ein Diener ihm zuschob, und flüsterte dann dem neben ihm sitzenden Richter Oliver Wendell Holmes zu: »Der *Graf* ist da!«

Die nach Norden führende Reise des *Grafen* glich einem Triumphzug. Schließlich kreiste Eckener über New York City, wo der Verkehr auf den Straßen zusammenbrach. Am Nachmittag des folgenden Tages wurde Eckener und dem Großteil seiner Mannschaft nach ihrer knapp 10 000 Kilometer langen, 111 Stunden und 44 Minuten dauernden Atlantiküberquerung in New York eine begeisterte Konfettiparade beschert. Auch in Zukunft wurden ihm noch mehrmals solche Empfänge bereitet, von denen freilich in puncto Größe und Begeisterung keiner je wieder die Parade jenes Tages erreichte. Zehn Jahre später verglich Ernst Lehmann im Rückblick den Empfang der *Graf Zeppelin* mit dem Willkommen, das die Amerikaner 1924 dem *LZ 126* entboten hatten: »Die Stimmung, die uns in Amerika umfängt, ist sehr verschieden von der vor vier Jahren. Damals waren es eigentlich nur die Deutschamerikaner, die uns um unseres Deutschtums willen feierten. Das übrige Amerika begrüßte im ZR III *[Los Angeles]* das amerikanische Marineluftschiff und bewunderte daneben die Bezwingung des Atlantik als technische Demonstration und Sportleistung. Heute streckt man uns als Deutschen die Freundeshand entgegen, man ehrt in uns den ungeschlagenen Feind von gestern, der der Freund von heute ist … Die Menschenmassen rasen vor Begeisterung, pfeifen mit den Fabriksirenen, Dampfern und Lokomotiven um die Wette, die Autos hupen, aus allen Wolkenkratzern senkt sich ein wahres Schneegestöber von Konfetti und Papierschlangen auf uns herab.«

Am nächsten Tag reisten Eckener, Lehmann und die übrigen Offiziere nach Washington, wo sie von Präsident Coolidge empfangen wurden. »Eine seltsame, ansteckende Begeisterung hatte sich der amerikanischen Öffentlichkeit bemächtigt«, schreibt Gordon Vaeth. »Ursache war die wilde, unkontrollierbare Faszination, die die *Graf Zeppelin* und alles ausstrahlte, was irgendwie mit dem Luftgiganten in Verbindung stand ... Die Nachfrage nach Andenken, die mit dem Schiff zu tun hatten, war immens, und insbesondere Stücke von der Flossenhülle erzielten geradezu phantastische Preise.«

Als die erste Welle der Begeisterung allmählich abebbte, schien die Gründung der ersten kommerziellen transatlantischen Luftlinie für Eckener zum Greifen nah. Noch vor seiner Abreise aus den Vereinigten Staaten versuchte er das zur Gründung einer Passagierlinie notwendige Kapital aufzubringen. Das Unternehmen sollte über vier Zeppeline verfügen, die größer sein sollten als die demnächst einsatzbereiten britischen Luftschiffe *R 100* und *R 101*. Gemeinsam mit Lehmann traf er in New York mit Bankiers und Finanziers zusammen und reiste dann weiter nach Akron, Ohio, wo er mit Paul Litchfield sprach, dem Präsidenten von Goodyear-Zeppelin, einem Unternehmen, das sich um den Bau eines großen – von der US-Marine benötigten – Starrluftschiffs bewarb. Die Amerikaner zeigten sich zwar interessiert, aber Eckener mußte ohne konkrete Zusagen über eine Beteiligung an den fünfzehn Millionen Dollar, die er brauchte, nach Deutschland zurückkehren. Solange er diese Summe nicht beisammen hatte, mußte er dafür sorgen, daß die öffentliche Aufmerksamkeit für sein Luftschiff nicht erlahmte. Und dafür brauchte er Geld.

Das Geld, das die Passagiere des ersten Transatlantikfluges für die Reise von Europa nach Amerika bezahlt hatten, reichte bei weitem nicht aus, um den *Grafen* in die Gewinnzone zu

Diese Aufnahme zeigt den Abschluß der Passagiergondel der *Graf Zeppelin*, die vor dem großen Hangar von Goodyear in Akron, Ohio, vor Anker liegt.

bringen. Bei dreiundvierzig Mann Besatzung – von den Hundertschaften, die beim Start und bei der Landung benötigt wurden, und dem zahlreichen Wartungspersonal, das zwischen den Fahrten das Schiff wieder startklar machte, einmal ganz abgesehen – war ein solches Luftschiff ein sehr teures Unternehmen. Zwar leistete Eckener beträchtliche Überzeugungsarbeit und trat zum Beispiel im Frühjahr 1929 mit deutschen Regierungsvertretern eine Reise in das östliche Mittelmeer an. Doch waren die finanziell gebeutelten Berliner Ministerien nicht bereit, weiteres Geld in dieses Aushängeschild des deutschen Wiederaufstiegs zu investieren. Eckener begriff rasch, daß er auf weniger konventionelle Finanzquellen würde zurückgreifen müssen.

Eckener hatte für seine finanziellen Probleme noch keine endgültige Lösung gefunden, als er im Frühjahr 1929 den kühnsten Schachzug seiner Karriere ausheckte: Die *Graf Zeppelin* sollte als erstes Luftverkehrsmittel die Welt umkreisen. Und zwar nicht innerhalb von achtzig Tagen, wie es Jules Verne in seinem gleichnamigen Roman beschrieben hatte, sondern in weniger als zwei Wochen Fahrzeit. Wenn irgend etwas die Skeptiker davon würde überzeugen können, daß die Zukunft der Luftschiffahrt bereits angebrochen war, dann sicherlich ein solches Unternehmen. Aber wie sollte er den schätzungsweise eine Million Reichsmark teuren Flug finanzieren? Die Antwort auf diese Frage bestand aus zwei Teilen: Erstens mußte er sich die journalistische Berichterstattung teuer bezahlen lassen und zweitens von der Sammelwut der Philatelisten profitieren. Als William Randolph Hearst von Eckeners grandiosem Plan Wind bekam, bot er sofort 150 000 Dollar für die Monopolberichterstattung von Bord aus. Eckener ließ ihn wissen, daß er die deutsche Presse von der Bordberichterstattung nicht ausschließen könne. Schließlich einigte man sich darauf, daß Hearst für die englischsprachigen Rechte 100 000 Dollar zahlen würde. Deutsche Zeitungen brachten weitere 50 000 Mark auf. Nun hatte Eckener etwa die Hälfte des Betrages beisammen, den er brauchte.

Das restliche Geld stellten Philatelisten bereit, die ganz wild auf an Bord des *Grafen* mitgeführte Postsendungen waren. Die Weltumrundung war für diese Sammler ein geradezu traumhaftes Ereignis. Die Aussicht, in den Besitz einer einzelnen Postkarte zu gelangen, die in Friedrichshafen, Tokio, Los Angeles und Lakehurst abgestempelt worden war, ließ ihnen geradezu das Wasser im Mund zusammenlaufen. Die Zeppelin-Gesellschaft erhielt für jede der Tausende von Postkarten, die an Bord des Luftschiffs mitgeführt wurden, über die üblichen Postgebühren hinaus einen beträchtlichen Zuschlag. Als das Luftschiff im August 1929 endlich zu seiner Fahrt um die Welt aufbrach, war die Zeppelin-Gesellschaft bereits deutlich in den schwarzen Zahlen, obwohl von den zwanzig Passagieren nur zwei tatsächlich das Weltumrundungsticket bezahlen mußten.

Die Auswahl einer geeigneten Route war die andere, nicht minder bedeutende Herausforderung. Im Grunde genommen gab es nur zwei Möglichkeiten, die jeweils mit erheblichen Nachteilen verbunden waren. Die sicherere Route – die das Luftschiff über den Indischen Ozean geführt hätte, wo das Wetter berechenbarer ist und sich damals (wegen der vielen Schiffe) wesentlich leichter Wetterauskünfte einholen ließen als über den riesigen unbewohnten Regionen Nordasiens – war zugleich die wesentlich längere. Auf dieser Strecke wäre man zunächst dem Kurs gefolgt, den das *R 101* im folgenden Jahr auf dem Weg nach Indien einschlagen sollte: über das Mittelmeer nach Ägypten, von dort aus über den Persischen Golf, den Indischen Ozean und das Chinesische Meer nach Japan. Aber bei der Entscheidung für diese 14 500 Kilometer lange Strecke hätte man bis an die Grenze der Reichweite der *Graf Zeppelin* gehen müssen, so daß jeder länger anhaltende Gegenwind die Treibstoffvorräte des Schiffes hätte erschöpfen und den Zeppelin manövrierunfähig über dem Chinesischen Meer umhertreiben lassen können.

Die kürzeste mögliche Strecke von Friedrichshafen nach Tokio führte über den 9600 Kilometer langen Landweg durch Europa und Asien, und zwar nördlich der großen Bergketten entlang, zu denen als höchste der Himalaya gehört. Auf dieser Route mußte man zunächst die südliche Sowjetunion bis zum Baikalsee durchfahren, dann nördlich der Mongolei entlang und, dem Amurtal folgend, in die Mandschurei fahren. Aber die steilen Berghänge, die den Amur begleiten, bereiteten Eckener Sorgen. Wenn er in dieser Gegend in eine Wolken- oder Nebelwand geriet und die Orientierung verlor, konnte er allzu leicht gegen einen Berg rasen. Schließlich entschied sich Eckener für eine noch weiter nördlich verlaufende Route, und zwar über Zentralrußland und Sibirien nach Jakutsk und dann über das Stanowoigebirge zum Ochotskischen Meer. Auf Eckeners Atlas war die höchste Erhebung des Stanowoigebirges mit nur 1980 Metern registriert, so daß von dieser Seite her keine Schwierigkeiten drohten. Hatte er diese Bergkette erst einmal überwunden, so konnte er Kurs auf das südlich gelegene Tokio nehmen. Er gelangte zu der Überzeugung, daß diese nur 11 200 Kilometer lange Route – auch unter dem Treibstoff-Gesichtspunkt – am sichersten sei. Wenn er sich für diese Strecke entschied, mußte er freilich über die unendliche sibirische Wildnis hinwegfahren, wo im Fall einer Notlandung mit Hilfe nicht zu rechnen war.

Die Weltumrundung der *Graf Zeppelin* war sicherlich der Höhepunkt in der vierzigjährigen Geschichte der Starrluftschiffahrt. Auf dem Gipfel seiner Laufbahn befand sich aber auch der inzwischen weltberühmte Hugo Eckener, dieser bärbeißige, eindrucksvolle Mann, dessen Wetternase inzwischen so legendär geworden war, daß manche ihm schon schamanistische Kräfte zusprachen. Die unter seinem Kommando mitreisenden Offiziere und die Mannschaftsmitglieder repräsentierten die gesamte Zeppelingeschichte von den Anfängen bis zur Gegenwart und darüber hinaus. Wie üblich hieß der stellvertretende Kommandant Ernst Lehmann, dessen Karriere als Luftschiffpilot bis in die Zeit der DELAG vor dem Ersten Weltkrieg zurückreichte. Lehmann schielte gewiß schon nach dem Stuhl, den noch der Mann besetzt hielt, den alle »den Alten« nannten, denn mit seinen einundsechzig Jahren kam Eckener tatsächlich allmählich in das Alter, in dem sich die meisten zur Ruhe setzen.

Außer dem dreiundvierzigjährigen Lehmann befanden sich noch eine Reihe weiterer »Luftschiffveteranen« an Bord, die alle um die vierzig waren. Die meisten von ihnen, so auch der Wachoffizier Hans von Schiller oder der Navigator Max Pruss, waren bereits während des Krieges mit Zeppelinen im Einsatz gewesen. (Als Kapitän des *LZ 55* hatte von Schiller mit 7598 Metern die größte Höhe erreicht, in die je ein Starrluftschiff aufgestiegen ist.) Der Navigationsoffizier Anton Wittemann, ehemals Seekapitän, hatte bereits vor dem Krieg bei der DELAG mit der Luftschiffahrt begonnen. Und am Höhenruder der *Graf Zeppelin* stand Albert Sammt, der seinen ersten Luftschiffflug 1912 auf der *Viktoria Luise* unternommen hatte. Er stieg später zum Kapitän des letzten Zeppelins, des *LZ 130*, auf.

Der siebenundzwanzig Jahre alte Heinrich Bauer wird durch seine Zulassung zu dieser

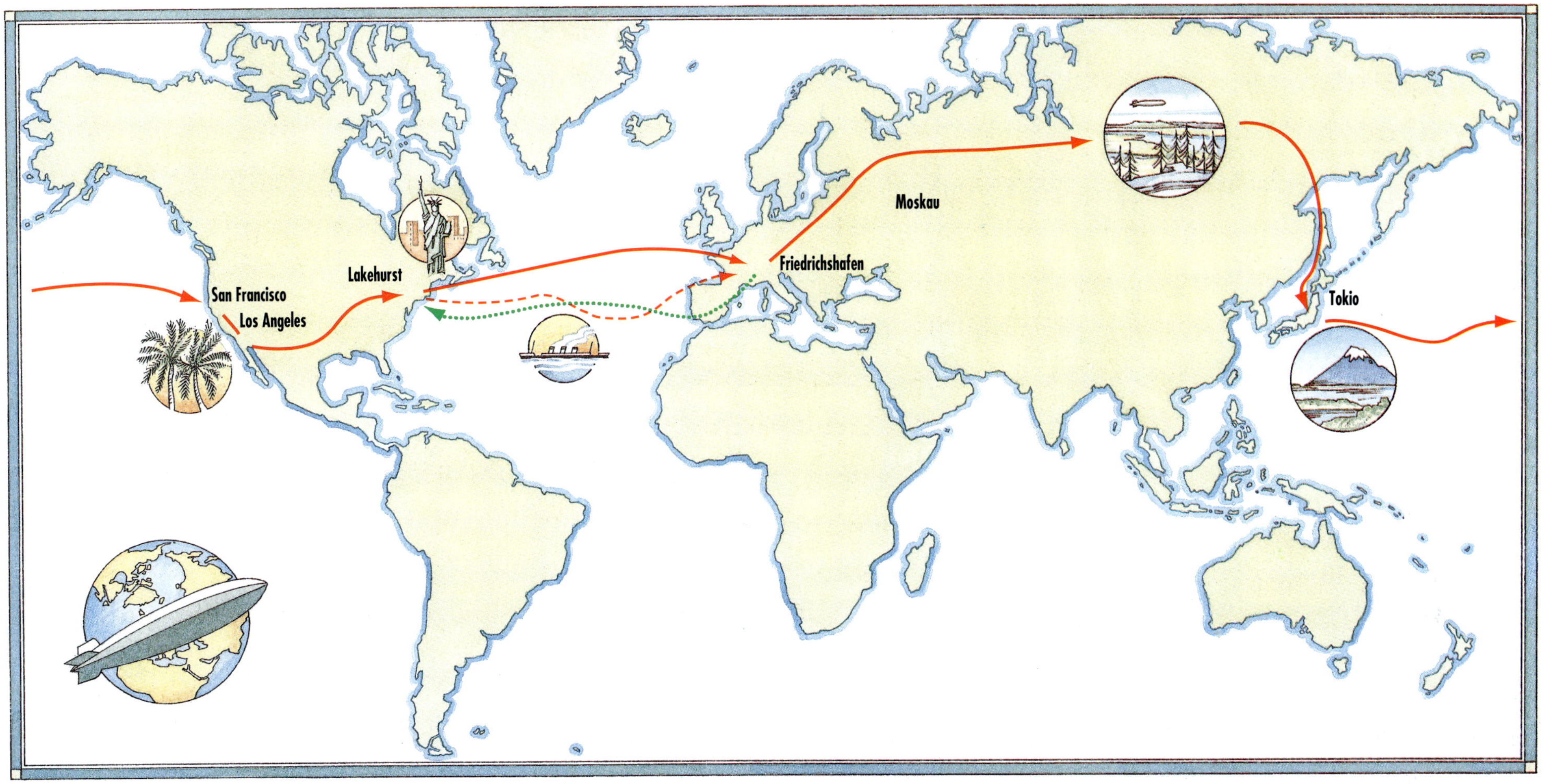

Die Weltfahrt der *Graf Zeppelin* im August 1929 führte von Friedrichshafen aus zunächst nach Lakehurst (gepunktete Linie); auf diese Weise konnte William Randolph Hearst sagen, die Fahrt um die Welt habe von amerikanischem Boden aus begonnen.

Elitestaffel zunächst ein wenig eingeschüchtert gewesen sein. Er gehörte zu jenen jungen Leuten der nächsten Generation, die für die riesigen Luftschiffe ausgebildet wurden. Der in Friedrichshafen aufgewachsene junge Mann war erst zwei Jahre vorher zur »Luftschiffbau Zeppelin« gestoßen und war für eine der drei Höhenruderwachen eingeteilt, ein sicheres Zeichen dafür, daß man mit ihm noch einiges vorhatte. In Eckeners Augen war die Beherrschung des Höhenruders die entscheidende Fertigkeit des Luftschiffers.

Unter den zwanzig Passagieren an Bord befanden sich der Polarforscher und Flugpionier Sir Hubert Wilkins, die beiden Hearst-Journalisten Lady Grace Drummond Hay und Karl von Wiegand – die sich inzwischen als große Befürworter des Luftschiffreisens hervortaten –, ferner drei deutsche Zeitungskorrespondenten, zwei Reporter aus Japan und einer aus Frankreich. Auch Kommandant Charles Rosendahl, der Kapitän der *Los Angeles*, befand sich als Repräsentant der US-Marine wieder mit an Bord. Die deutsche, die russische und die japanische Regierung hatten ebenfalls jeweils einen Vertreter entsandt.

Am 15. August 1929 im Morgengrauen startete die *Graf Zeppelin* von Friedrichshafen aus zu ihrer epochalen Reise. Genaugenommen war dieser Aufstieg jedoch schon der zweite Auftakt der Reise. Aus amerikanischer Sicht hatte das Pionierunternehmen der Weltumrundung nämlich bereits eine Woche zuvor in Lakehurst begonnen. Auf diesen Kompromiß hatte man sich Hearst zuliebe eingelassen, der immerhin der Hauptfinanzier des Unternehmens war. Und Eckener hatte die zusätzliche Fahrt von Friedrichshafen nach New Jersey und zurück dazu benutzt, um das Schiff und dessen erst unlängst umgebaute Maschinen noch einmal auf Herz und Nieren zu prüfen. Und so gab es denn zwei Fahrten: eine für die amerikanische Öffentlichkeit bestimmte, die von Lakehurst nach Lakehurst führte, und eine zweite für das europäische Publikum, die in Friedrichshafen startete und endete.

Mit Ausnahme einer kurzen Auseinandersetzung zwischen Dr. Eckener und dem Genossen Karklin ließ sich der erste Tag der Reise wunderbar an. Der Vertreter der russischen Regierung forderte nämlich nachdrücklich, der *Graf* solle über Moskau hinwegfliegen. Eckener erklärte ihm jedoch rundheraus, die Wettervorhersagen kündigten Rückenwind weiter nördlich an, und ließ die sowjetische Hauptstadt links liegen. Wie es für ihn typisch war, gab er auch in dieser Situation Erwägungen der praktischen Klugheit gegenüber politischen Gesichtspunkten den Vorzug. Die fein säuberlich aufgeteilte deutsche Landschaft wich bald den weiten Ebenen und Wäldern Osteuropas. Stunde um Stunde saßen die Passagiere an den Fenstern des Salons und blickten in die Weite hinaus. Wie zu Beginn einer langen Ozeanreise waren sie anfangs noch ein wenig kontaktscheu. Deshalb versuchte Ernst Lehmann die Stimmung aufzulockern, packte sein Akkordeon aus und spielte darauf Melodien aus *Die Meistersinger*, Wagners fröhlichster Oper.

Am frühen Morgen des zweiten Tages wurde unter ihnen der Ural sichtbar. Der *Graf* überquerte diese niedrige Bergkette – die eher an stark bewaldetes Hügelland erinnerte – mühelos, überschritt die Grenze zwischen Europa und Asien und gelangte von Rußland nach Sibirien, von der bekannten in eine unbekannte Welt.

Der Gegensatz zwischen jener unermeßlichen Weite und der in der Luftschiffgondel herrschenden erzwungenen Nähe löste die Stimmung der Passagiere und sorgte für eine angenehme Atmosphäre, als der *Graf* jetzt mühelos gen Osten schwebte. Das Essen war gut, der Wein floß reichlich, und nach dem Abendessen – bei dem Eckener und die höheren Offiziere sich den Reisenden an den verschiedenen Tischen zugesellten – ließ man sich von den Klängen eines tragbaren Grammophons unterhalten, das ein Passagier mit an Bord gebracht hatte.

An einem Tisch erzählte Hubert Wilkins von seinen Forschungsreisen, an einem anderen lauschte Rosendahl hingerissen dem Bericht des japanischen Korvettenkapitäns Fujiyoshi, der erzählte, wie er einmal aus einem vom Sturm geschüttelten, beinahe treibstofflosen halbstarren Luftschiff entkommen war. (Es war ihm gelungen, sein Schiff über dem flachen Felsvorsprung einer Insel in Position zu bringen und soweit herunterzugehen, daß seine Mannschaft sicher abspringen konnte. Fujiyoshi selbst war als letzter gesprungen und dann Zeuge geworden, wie sein Schiff wieder aufgestiegen, gegen eine Klippe geprallt und explodiert war).

Die Gäste schmückten wechselseitig die – als Andenken begehrten – Speisekarten der übrigen Mitreisenden mit ihrem Autogramm. Einige spielten Karten, andere lasen oder schrieben. Und von den Passagierkabinen klang leise das Klappern von Karl von Wiegands Schreibmaschine herüber.

Der romantische Charakter der Situation ließ selbst den hartgesottenen Kapitän nicht unbeeindruckt: »Die Landschaft wurde immer einsamer und in ihrer trostlosen Verlassenheit ... furchtbarer und abschreckender ... Kein Mensch hatte vielleicht bisher diese entsetzlichen Öden in ihrer ganzen Weite und in ihren wüstesten Teilen geschaut ... schaurig schön der Gedanke, daß man vielleicht auf diesem Teppich zu landen hätte und völlig hilflos und verloren inmitten der Sümpfe und der sich kreuzenden unzähligen kleinen Wasserläufe stecken würde.«

In den unbeheizten Kabinen schien es in jener Nacht besonders kalt zu sein. Rosendahl allerdings war gut vorbereitet an Bord gegangen. Er schlief bequem in einem Daunenschlafsack.

Der junge Heinrich Bauer sollte den Anblick nie vergessen, der sich ihm in der Morgendämmerung des dritten Tages bot. »Im ersten Licht der Morgensonne lag das Sumpfland unter uns – Wasser mit wenig festem Grund. Wie unendlich klein waren wir doch in jenem Augenblick, und welcher Stolz erfüllte uns, daß wir imstande waren, ein Land zu betrachten, das keines Menschen Auge je zuvor gesehen hatte.«

Am Nachmittag verdunkelte sich dann der Himmel bedrohlich, als der Zeppelin sich einer

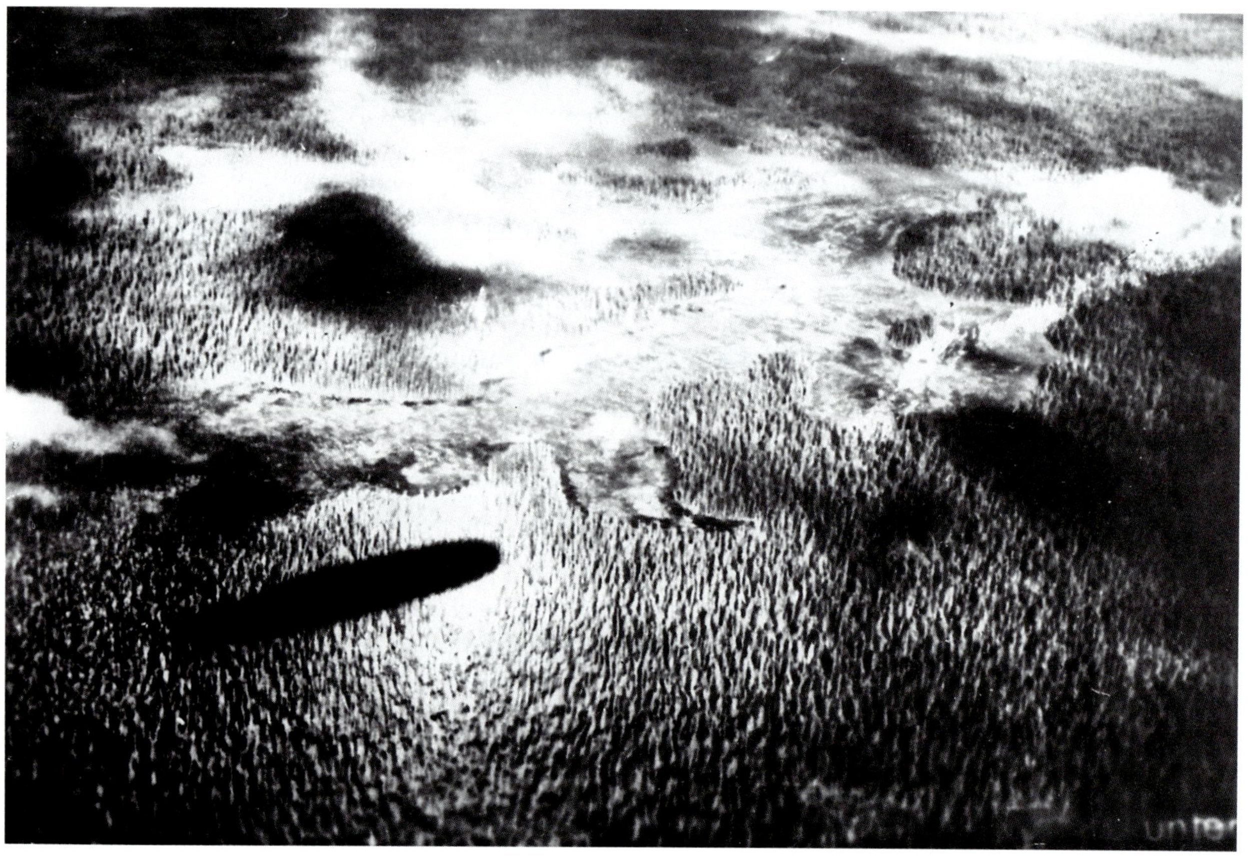

(Links) Die *Graf Zeppelin* wirft ihren Schatten auf die sibirische Landschaft. (Oben) Für den Postabwurf über Gebieten, die das Luftschiff nur überflog, wurden eigens hergestellte, mit Sand beschwerte Taschen verwendet. (Unten) Ein Briefumschlag, der im Luftschiff von Lakehurst aus einmal den Globus umkreiste.

Tiefdruckrinne näherte. Jetzt sollte Eckener entdecken, welche Unannehmlichkeiten das Innere des asiatischen Kontinents für ihn bereithielt. Rosendahl, der weitaus kritischere Situationen erlebt hatte, bemerkte, daß Eckeners eingespielte Mannschaft die Turbulenz mit Leichtigkeit handhabte. Nach zirka zehnminütigem Auf und Ab hatte der *Graf* die klare, warme Luft auf der anderen Seite des Tiefdruckgebiets erreicht. Da sich kein großes Gewässer in der Nähe befand, stellten die trockenen Luftverhältnisse über der sibirischen Landmasse für das robuste Luftschiff keine Bedrohung dar. Mit gestärktem Selbstvertrauen setzte die Mannschaft ihre Fahrt fort.

Das einzige Hindernis, das jetzt noch bewältigt werden mußte, waren die Stanowoiberge, die das Luftschiff am späten Morgen des vierten Tages erreichte. Wenn die Angaben in den geographischen Handbüchern stimmten, war der Scheitelpunkt des Gebirges nicht höher als 1980 Meter. Sollte sich dies jedoch als falsch erweisen, würde man von dem auf einer so langen Reise doppelt kostbaren Wasserstoff einen Teil ablassen müssen. Und wenn die Hülle des Luftschiffs sich später mit Regenwasser vollsaugen sollte, würde man jedes Gramm Auftriebskraft benötigen.

Als Eckener den Zeppelin nun zwischen den steilen Wänden der langsam ansteigenden Paßroute hindurchmanövrierte, hielt er den Atem an. Gegen Mittag lag der Scheitelpunkt bereits in ihrem Blickfeld, aber ein böiger Wind erschwerte jetzt zusehends die Navigation in der engen Talschlucht. Der Höhenmesser zeigte erst 1675, dann 1830 Meter an, und noch immer befand sich das Schiff im Steigflug. Doch dann glitt die *Graf Zeppelin* im Abstand von rund 50 Metern über den höchsten Punkt des Gebirges hinweg und begann seinen Abstieg zum Meer.

Für die Passagiere war dieses Erlebnis gewiß aufregend, aber Rosendahl fragte sich, ob eine derart knappe Durchfahrt tatsächlich nötig gewesen war. »Bisweilen neige ich der Meinung zu, daß der geschickte alte Dr. Eckener das absichtlich so gemacht hat, um uns die Vorstellung auszutreiben, der Flug sei viel zu mühelos verlaufen.«

Am Rande eines Taifuns über dem Ochotskischen Meer entlang ging es jetzt Richtung Tokio, wo der *Graf* am Abend des 19. August eintraf, viereinhalb Tage nach der Abreise von Friedrichshafen. Als jetzt zwecks Verlangsamung der Landung Wasserballast auf den Boden spritzte, rief eine junge deutschsprechende Frau in der riesigen Menge der Wartenden (manche behaupten, daß sich dort eine Viertelmillion Menschen eingefunden hatten): »Hier kommt Wasser aus dem Bodensee.« Die jungen Friedrichshafener an Bord des Luftschiffs fühlten sich in der fremden Stadt sofort zu Hause.

Während die riesigen Gaszellen mit frischem Wasser- und Treibstoff aufgefüllt wurden und Fachleute das Schiff gründlich überholten, machten die Luftschiffahrer erstmals Bekanntschaft mit der japanischen Gastfreundschaft. Für Eckener waren offizielle Empfänge und Staatsdiners inzwischen schon fast ein alter Hut. Nicht zufällig bemerkte er später einmal: »Um Ruhm und Erfolg zu erlangen, braucht man vor allem einen eisernen Magen.« In ihren schweren blauen Uniformen hatten die Offiziere und Mannschaften in dem von einer Hitze-

Erinnerungen an die Fahrt um die Welt. (Rechts) Ansicht der japanischen Landschaft vom *Grafen* aus. (Ganz rechts) Japaner strömen herbei, um das Luftschiff zu besichtigen. (Unten rechts) Eine Teedose mit der Darstellung des *Grafen* über New York, Berlin und Tokio. (Unten ganz rechts) Erinnerungsbuch an die Weltfahrt und Kartenspiel mit Motiven dieser Reise. (Links) Vorderseite der Speisekarte des Abschnitts Tokio – Los Angeles.

Im Hintergrund geht gerade
die Sonne unter, als die *Graf Zeppelin*
nach einer ihrer großartigen
Pazifiküberquerungen über die
Bucht von San Francisco hinwegschwebt.

GRAF ZEPPELIN

welle mit Temperaturen von weit über vierzig Grad im Schatten heimgesuchten Tokio sehr zu leiden.

Eine der Motorgondeln der *Graf Zeppelin* wurde beim Aushallen des Schiffes in Tokio beschädigt, so daß sich die Abreise verzögerte. Ansonsten verlief die weitere Reise fast ohne Zwischenfall. Im »Sog« eines zweiten Taifuns, der am Vortag über Japan hinweggefegt war, legte das Luftschiff die 8000 Kilometer weite Strecke bis zur amerikanischen Westküste in nur achtundsechzig Stunden zurück und schwebte schließlich in die Bucht von San Francisco ein, während im Hintergrund die Sonne im Pazifik versank. Diese spektakuläre Ankunft war alles andere als zufällig. Wie Eckener später erklärte: »Wenn zum erstenmal in der Geschichte ein Luftschiff, aus dem Orient in den Vereinigten Staaten eintreffend, den Pazifischen Ozean überquert, muß es einfach das Goldene Tor [Golden Gate] im Lichte der untergehenden Sonne durchfahren.«

Zu der einzigen kritischen Situation der Reise kam es, als der Zeppelin am Abend des 26. August in Los Angeles starten wollte. Über dem Flugfeld war es zu einer jener typischen Temperaturinversionen gekommen, die später als Erklärung für die vielen Smogtage der Stadt herangezogen wurden. Schlimmer noch: Das Schiff war wesentlich schwerer geworden; offensichtlich hatte sich der Wasserstoff in den Gaszellen unter der heißen südkalifornischen Sonne ausgedehnt, so daß die automatischen Gasventile in Aktion getreten waren. Eckener ergriff deshalb drastische Maßnahmen und ließ das Schiff so stark wie möglich erleichtern. So mußte ein Teil der Besatzung zurückbleiben, und einige Tonnen Ersatztreibstoff und Wasserballast wurden zwecks Gewichtsreduzierung in Kalifornien zurückgelassen. Schließlich war das Schiff leicht genug, um aufzusteigen.

»Alle Motoren volle Kraft voraus«, befahl Eckener, als nun der Zeppelin langsam aufstieg. Er wollte das Schiff mit aerodynamischen Mitteln in eine größere Höhe bringen und nahm unmittelbar über dem Boden Fahrt auf, was eher an den Aufstieg eines Flugzeugs als eines Luftschiffs erinnerte. In den kühleren, dichteren höheren Luftschichten sollte dann die Tragkraft des Wasserstoffs wieder voll zur Geltung kommen. Das große Schiff legte an Geschwindigkeit zu, gewann aber nicht an Höhe, die hintere Maschinengondel schwebte etwa fünf Meter über dem Boden, und auch der Bug hatte nur unwesentlich mehr Abstand zum Flugfeld. Der Zeppelin war auf eine wärmere Luftschicht gestoßen und schwebte jetzt direkt auf eine Reihe von Hochspannungsmasten am Ende des Flugfelds zu.

»Höhensteuer zugeben«, befahl Eckener.

Die Folge war, daß das Hinterende noch weiter nach unten gedrückt wurde und eine Furche in den Boden pflügte. Schließlich fing das Schiff zu steigen an, war jedoch noch immer nicht hoch genug, um über die auf den Hochspannungsmasten angebrachten roten Lichter hinwegzufahren. Langsam gewann der Zeppelin an Höhe. Immer näher kamen die

Die erste Station der *Graf Zeppelin* nach Tokio war Mines Field, Los Angeles (links), wo das Bodenpersonal eigens angefertigte Abzeichen trug (oben). Das Luftschiff erreichte am 29. August Lakehurst (rechts oben) und war am 4. September wieder zu Hause in Friedrichshafen (rechts unten).

Hochspannungsdrähte. Im letzten Augenblick erhob sich der Bug über die Leitungen hinaus, aber die Bugflossen befanden sich noch immer unterhalb der Gefahrenlinie. Mit kühlem Kopf wartete Eckener, bis der Mittelteil des Schiffes die Leitungen überflogen hatte und ließ dann das Höhenruder herunterstellen. Langsam gewann das Heck ebenfalls an Höhe: Der Zeppelin hatte freie Fahrt.

Sechs Tage und eine New Yorker Konfettiparade später landete der *Graf* wieder in Friedrichshafen. Zur Freude der amerikanischen Presse war die Fahrzeit von Lakehurst nach Lakehurst zwölf Stunden kürzer gewesen als von Friedrichshafen nach Friedrichshafen – so daß der Zeppelin insgesamt knapp unter dreihundert Stunden oder zwölfeinhalb Tage unterwegs gewesen war. Die *Graf Zeppelin* hatte den Globus in kürzerer Zeit umflogen, als man damals für eine Seereise von Tokio nach San Francisco brauchte. Der »Magellan der Lüfte«, wie jetzt die Zeitungen Hugo Eckener immer häufiger nannten, hatte allen Grund zu glauben, daß die Zulassung seiner kommerziellen Luftlinie in greifbarer Nähe war. Die amerikanische Wirtschaft erlebte gerade einen Aufschwung, und wohlhabende Investoren standen Schlange, um sich an dem Projekt zu beteiligen.

Dann kam der Börsenkrach vom Oktober 1929 und damit das Ende für die baldige Aufnahme des Luftschiffverkehrs zwischen Europa und Nordamerika. Eckener war sich freilich darüber im klaren, daß er neue Wege finden mußte, um die *Graf Zeppelin* im öffentlichen Bewußtsein präsent zu halten, wenn er seinen Traum nicht endgültig begraben wollte. Im Herbst desselben Jahres unternahm er eine Reihe sehr erfolgreicher Kurzstreckenfahrten über Europa; am beliebtesten waren dabei seine in die Schweiz führenden Kreuzfahrten. Zwar brachten diese »Zirkusflüge« genug Geld ein, um das Luftschiff in Betrieb zu halten und die Mannschaft zu bezahlen, aber bis zur Erholung der Weltwirtschaft und der Einführung größerer Schiffe mußte eine Zwischenlösung gefunden werden. Und so richtete er den Blick auf die Einrichtung einer Passagierlinie nach Südamerika.

In jenen Tagen gab es noch keine schnelle Verbindung zwischen Europa und Brasilien und Argentinien, wo sich auch viele Deutsche niedergelassen hatten. Anders als auf der von Dampfern gut bedienten Route zwischen Europa und Nordamerika, die schnelle Schiffe in weniger als fünf Tagen zurücklegten, brauchte man auf der südlichen Strecke zwei lange Wochen. Ein wohlhabender Geschäftsmann, der häufig zwischen Europa und Südamerika hin und her reisen mußte, würde deshalb – so Eckeners Kalkül – durchaus bereit sein, für eine von zwei Wochen auf drei Tage reduzierte Reisezeit einen saftigen Preis zu zahlen.

Am 18. Mai 1930 startete der *Graf* in Friedrichshafen zu seiner knapp 9000 Kilometer langen Südamerikareise, die über Sevilla nach Recife führte, einem auf dem östlichsten Vorsprung des brasilianischen Festlands gelegenen Hafen. Der Gouverneur des Staates Pernambuco hatte den Bau eines Landeplatzes samt Landemast und Gasflaschenlager zum Nachfüllen des Luftschiffes vor der Stadt zugesagt. Eckener hatte im Hinterkopf natürlich die Idee, daß Rio de Janeiro, die größte und wichtigste Stadt Brasiliens, die eigentliche Endstation seiner Südamerikalinie sein sollte. Die Entfernung nach Recife stellte für die *Graf Zeppelin* kein Problem dar, hatte das Luftschiff auf der ersten Etappe seiner Weltumrundung doch bereits eine Strecke von 11 200 Kilometern in einem Stück zurückgelegt. Zu den größeren Unwägbarkeiten zählten die tropische Hitze und die tropischen Unwetter.

Die Hamburg-Amerika-Linie war zugleich das Fahrkartenbüro für den zunehmend erfolgreichen Passagierdienst nach Südamerika (oben), der in der Stadt Recife (links) endete; ein Hangar war dort aufgrund des milden Klimas unnötig.

Eckener und seine Mannschaft entdeckten jedoch schon bald, daß auch das heftigste tropische Unwetter harmlos war im Vergleich zu einer nordatlantischen Sturmfront. Durch günstige Winde unterstützt, brauchte man auf der ersten Fahrt von Sevilla aus (wo ebenfalls ein Luftschiffhafen geplant war) für die Strecke lediglich zweiundsechzig Stunden. Als die Südamerikalinie später den regulären Betrieb aufgenommen hatte, dauerte die Fahrt von Friedrichshafen nach Recife durchschnittlich nur siebzig und der Rückflug achtzig Stunden. Die Hitze bereitete durch die mildernde Wirkung des Ozeans während der Reise kaum Probleme. Aber in Recife konnte Traggas nur in den kühlen Stunden zwischen Sonnenuntergang und Sonnenaufgang nachgefüllt werden. Das einzige echte Problem auf dieser ersten Südamerikafahrt war akuter Wassermangel, der, je näher das Schiff seinem Bestimmungsort kam, sogar dazu führte, daß die Passagiere sich mit Eau de Cologne waschen mußten. Auf den nachfolgenden Flügen wurde dann mehr Wasser mitgeführt.

Von günstigen Rückenwinden von Recife aus nach Süden getragen, traf die *Graf Zeppelin* bei Nacht in Rio de Janeiro ein. Vom Luftschiff aus betrachtet, erschien diese in der ganzen Welt für ihre Schönheit berühmte Metropole wie eine magische Traumstadt: die dunkle Silhouette des Zuckerhuts; die riesige von Flutlicht angestrahlte Christusfigur auf dem 760 Meter hohen Corcovado; die flimmernden Lichter, die die Konturen der Guanabara-Bucht nachzeichneten. Am nächsten Tag legte die ganze Stadt die Arbeit nieder, um den sensationellen Zeppelinbesuch entsprechend zu feiern. Es war, als habe man den Karneval für diesmal um acht Monate vorverlegt. Aber die riesige Menschenmenge, die die ganze Nacht auf dem Campo dos Alfonso gewartet hatte, konnte nur einen kurzen Blick auf diese fremdartige Erscheinung werfen. Als die Sonne aufging, fing der Wasserstoff an, sich auszudehnen, und so sah sich Eckener gezwungen, nach nur zweiundsiebzig Minuten am Boden wieder aufzusteigen.

Der reguläre Flugbetrieb nach Recife und Rio wurde im folgenden Jahr aufgenommen. In der Zwischenzeit wollte Eckener der Welt noch einmal beweisen, zu welchen Leistungen der *Graf* imstande war. Schon längere Zeit hatte er darüber nachgedacht, den bereits vor dem Krieg gehegten Plan auszuführen und die Arktis zu überfliegen, und Ende Juli 1931 startete der nach dem Grafen benannte Zeppelin tatsächlich zu einer Forschungsreise in die Polarregion. Ausgerüstet mit den neuesten Geräten, die für ein Überleben im Eis notwendig waren, sowie mit mehr als 4500 Kilo Proviant, hatte das Luftschiff eine Gruppe renommierter internationaler Wissenschaftler und über 50 000 Postsendungen an Bord. Wieder einmal brachten die – durch das Versprechen, man werde im Polarmeer mit einem russischen Eisbrecher zusammentreffen und die Post austauschen, gelockten – Philatelisten einen Großteil der für die Expedition benötigten Gelder auf.

UMBERTO NOBILE, DER SICH AN BORD DES RUSSISCHEN EISBRECHERS *MALYGIN* BEFAND, suchte angespannt den frühen Abendhimmel nach einem Zeichen der *Graf Zeppelin* ab. Wenn einer die Gefahren einer Polarexpedition per Luftschiff kannte, dann er. Und er stellte mit Erleichterung fest, daß das Wetter absolut ruhig war, geradezu ideal für die erste Landung eines Luftschiffs auf dem Polarmeer. Die hohen schwarzen Klippen der Bucht der Hooker-Insel in Franz-Josef-Land spiegelten sich auf der glatten Wasseroberfläche. Ein Stück weiter hinten lag eine kleine Forschungsstation, der nördlichste meteorologische Vorposten des Planeten. An der Mündung der Bucht schwammen weiße Eisschollen auf dem Wasser. Solange kein Wind aufkam, stand dem Rendezvous mit der Geschichte eigentlich nichts mehr im Wege.

Natürlich hätte Nobile den *Grafen* lieber selbst gesteuert, als das Luftschiff lediglich auf dem Wasser zu treffen. Denn trotz des Absturzes der *Italia* und der schweren Zeit, die hinter ihm lag, hatte er seine Begeisterung für die Polarforschung nicht eingebüßt. Tatsächlich hatte er

der Reise auf der *Malygin* schon zugestimmt, bevor er von dem Zusammentreffen mit dem *Grafen* erfahren hatte. Er befand sich an Bord des Schiffes auf Einladung der sowjetischen Regierung, die sich beim Bau einer Flotte halbstarrer Luftschiffe seines fachmännischen Rates versichern wollte.

Da es gerade die Zeit der Mittsommernacht war, herrschte noch helles Tageslicht, als – wie Nobile es beschrieben hat – der »große, silbrige Rumpf [des *Grafen*] an der Einmündung der Bucht am Horizont erschien«. Eine halbe Stunde später brachte Eckener das Luftschiff sanft aufs spiegelglatte Eis hinunter, als sei dies für ihn eine reine Routinesache. Zuerst ging der mit Luft gefüllte Puffer der Hauptgondel nieder, dann jener der hinteren Maschinengondel. Nobile war nicht der einzige, der die Landung bewunderte – Eckener ließ das Schwierige so leicht erscheinen – und ehrfurchtsvoll die erstaunliche Erscheinung am arktischen Himmel verfolgte. Das Profil des riesigen Luftschiffs, das sich von den tiefschwarzen Klippen des Sunds abhob,

Am 27. Juli 1931 trifft die *Graf Zeppelin* mit dem russischen Eisbrecher *Malygin* zum Postaustausch über der Arktis zusammen.

(Links unten) Ein Blick aus der Gondel auf Novaja Zeml'a. (Links oben) Die *Graf Zeppelin* bei der Begegnung mit der *Malygin* über dem Nordpolarmeer. (Rechts) Hugo Eckener saß am liebsten in seinem Korbsessel in der Führergondel; den Kameramann der Wochenschau scheint er gar nicht zu bemerken.

wirkte ganz wie die Erfindung eines Science-fiction-Autors. Verglichen mit dem Zeppelin erschien der Eisbrecher wie ein Zwerg, und das kleine Boot, das zu dem Luftschiff hinüberfuhr, geradezu wie ein Winzling.

Als das Boot sich dem *Grafen* näherte, konnte Nobile Eckener erkennen, der sich aus einem der Gondelfenster lehnte. Das von Tausenden von Zeitungsfotos und Wochenschaubildern her bekannte, von tiefen Furchen durchzogene Gesicht mit dem Ziegenbart war unverwechselbar. Nobile und seine kleine Gruppe hatten erwartet, man werde sie auf einen Tee an Bord einladen und ihnen das Luftschiff zeigen, aber Eckener hatte es eilig. »Schnell! Schnell!« rief er ihnen entgegen. Wind kam auf, und das Luftschiff bewegte sich bereits auf das Treibeis in der Mündung der Bucht zu.

Nachdem die Postsäcke ausgetauscht waren, blieb nur noch Zeit für einen kurzen Händedruck durch das Gondelfenster und einen raschen Abschiedsgruß. Dann war alles vorüber.

Wasserballast klatschte auf das Eis, und dann hob der *Graf* auch schon lautlos, sanft und heiter von seinem Landeplatz ab. Die Motoren sprangen an, und der Zeppelin fuhr nach Norden davon – Regionen entgegen, die bis dahin nur Nobile und ein paar andere zu Gesicht bekommen hatten.

ALS DER *GRAF* ÜBER DAS AUS HUNDERTEN KLEINER INSELN BESTEHENDE FRANZ-JOSEF-LAND hinwegschwebte, machten die Forscher zahlreiche Luftaufnahmen, mit deren Hilfe sie später die von diesem nördlichen Archipel bis dahin angefertigten ungenauen Karten korrigieren konnten. Dann ging es bei ruhigem Wetter und klarer – nur bisweilen von einer Nebelwand unterbrochener – Sicht nach Severnaja Zeml'a weiter, dem östlichsten Punkt ihrer Reise. Bei dieser Gelegenheit konnte ein für allemal eine alte kartographische Debatte beendet werden, denn das sogenannte Nordland bestand nicht aus einer, sondern aus zwei Inseln. Der Heimweg führte über das nördliche Kap der unzugänglichen Tajmyr-Halbinsel hinweg, wo die Wissenschaftler eine bis dahin unbekannte Bergkette entdeckten. Dann ging es über Novaja Zeml'a, Leningrad und Berlin zurück nach Hause. Die Arktisfahrt der *Graf Zeppelin* hatte genau sieben Tage gedauert und das Luftschiff über eine Entfernung von 13 027 Kilometer geführt.

Wieder einmal hatte der *Graf* Luftfahrtgeschichte gemacht. Doch es war das letzte Luftschiff, das in arktische Regionen vordrang. Erst in den letzten Jahren hat das Interesse an Luftschiffen für den Einsatz in der Polarregion wieder zugenommen.

Inzwischen umgab den *Grafen* eine geradezu mystische Aura. Wo immer das Luftschiff auftauchte, wurde es als Sensation empfangen. Man kann wohl mit Fug und Recht sagen, daß dieser Zeppelin das berühmteste Luftverkehrsmittel gewesen ist, das je existierte – einschließlich der heutigen Concorde. Lange nachdem der letzte Zeppelin verschrottet worden war, versuchte Hugo Eckener, die ungemeine Wirkung dieses länglichen, mit einer silbrig glänzenden Schutzschicht überzogenen und mit explosivem Gas gefüllten Ballons zu erklären: »Ich habe immer das Gefühl gehabt, daß solche Wirkungen, die vom Zeppelin-Luftschiff ausgingen, zu einem großen Teil auf ästhetischen Empfindungen beruhten. Die Wucht des gewaltigen Luftschiffkörpers, die mit Leichtigkeit und Eleganz gepaart und von Schönheit der Form in zartfarbiger Tönung gebändigt erschien, verfehlte nie ihren starken Eindruck auf das Gemüt. Es war nicht, wie so gern gesagt wurde, ein ›silberner Vogel‹, der in majestätischem Flug heraufgezogen kam, sondern ein fabelhafter silberner Fisch, der da ruhig im Ozean der Luft schwamm und der das Auge in ähnlicher, nur ungeheuer viel mächtigerer Weise fesselte, wie etwa ein phantastischer exotischer Fisch, den man im Aquarium erblickt. Und diese Märchenerscheinung, die mit der silbrigen Himmelsbläue in eins zu verschmelzen schien, wenn sie in der Ferne, von Sonne bestrahlt, auftauchte, schien wie aus einer anderen Welt zu kommen und in eine solche wieder zu entschwinden.«

Während nun die Welt in eine tiefe wirtschaftliche Depression taumelte, kreuzte die *Graf Zeppelin* in majestätischer Heiterkeit über dem Atlantik. Außer der Polarexpedition unternahm das Luftschiff 1931 noch drei planmäßige kommerzielle Fahrten zwischen Friedrichshafen und Brasilien. 1932 und 1933 stieg die Zahl dieser Fahrten dann auf neun, und etliche davon führten sogar bis Rio de Janeiro. Die Strecke entwickelte sich zu einem solchen Erfolg, daß Eckener die brasilianische Regierung 1933 dazu überreden konnte, südlich von Rio einen – 1935 fertiggestellten – Hangar zu bauen und auf diese Weise einen regelmäßigen Flugverkehr mit der brasilianischen Hauptstadt zu ermöglichen.

Aber die politische Situation entwickelte sich weit weniger günstig als der Luftschiffverkehr in den tropischen Gefilden. Im Januar 1933 ernannte der altersschwache deutsche Reichspräsident Paul von Hindenburg Adolf Hitler zum Kanzler, und die Naziherrschaft begann. Auf seinem letzten Südamerikaflug von 1933 unternahm der *Graf* auch einen Abstecher in die Vereinigten Staaten, wo er sich auf der Weltausstellung in Chicago zeigte, bevor er über Lakehurst nach Friedrichshafen zurückkehrte. Das letzte Mal war das berühmte Luftschiff drei Jahre zuvor in den Vereinigten Staaten aufgetaucht, und so waren viele schockiert, als sie jetzt entdeckten, daß das schwarze Hakenkreuz der Nazis eine Seite ihrer Heckflossen zierte. Da er sich dieses Problems durchaus bewußt war, kreuzte Eckener im Uhrzeigersinn über Chicago, so daß nur die – mit den schwarz-weiß-roten deutschen Farben geschmückte – rechte Seite des Hecks zu sehen war. Eckener war kein Freund des neuen Regimes, und er hatte sich tapfer dessen Heraufkunft widersetzt. Eine auf Angst und Haß beruhende politische Philosophie war ihm zutiefst zuwider. Noch während Hitlers Stern im Steigen begriffen war, hatte Eckener das Ersuchen der Nazis schroff zurückgewiesen, ihnen den Hangar in Friedrichshafen für eine Massenkundgebung zur Verfügung zu stellen, auf der der »Führer« selbst sprechen sollte. Er erklärte sich sogar bereit, sich in einer im ganzen Reich ausgestrahlten Rundfunkansprache für den unter Druck geratenen Kanzler Brüning einzusetzen. Sein Status als berühmtester Deutscher seiner Zeit verlieh seinen Worten Gewicht, und viele, die ihn damals haben sprechen hören, behaupten, daß seine rhetorischen Fähigkeiten Hitler daneben wie einen brüllenden und kreischenden Spießer haben erscheinen lassen. »Gefahr erwächst aus schwerster innerer Unruhe«, sagte er. Durch den Mangel an innerer Einheit und eine bittere politische Gleichgültigkeit bereite das deutsche Volk der Demagogie einen fruchtbaren Boden.

Einflußreiche Kreise drängten Eckener sogar, für die Präsidentschaft zu kandidieren. Und vielleicht hätten seine Popularität und Entschlossenheit ihn ja sogar befähigt, der Naziflut Einhalt zu gebieten. Sein Freund Willy von Meister, der Repräsentant der Zeppelin-Gesellschaft in den USA, glaubte, daß Eckener »lieber einen Bürgerkrieg riskiert hätte, als Hitler diktatorische Vollmachten zu geben«. Aber hätte solche Standfestigkeit ausgereicht, um die Naziflut aufzuhalten? Das ist eine der zahllosen offenen Fragen der Geschichte.

Ironischerweise waren es dann ausgerechnet die Nazis, die ihm die Vollendung seines Lebenswerks ermöglichten. Eckener verfügte noch immer nicht über genügend Kapital, um ein für den Transatlantikverkehr wirklich taugliches Luftschiff zu bauen – einen schnellen, sicheren und luxuriösen Zeppelin, der mindestens fünfzig Passagiere transportieren konnte. 1934 stellte Joseph Goebbels, der Propagandaminister der Nazis, für dieses Projekt 2,2 Millionen Reichsmark zur Verfügung.

Der Luftfahrtminister Hermann Göring, dessen abschätzige Meinung über die »Gasblasen« bekannt war, wollte sich jedoch nicht in sein Revier pfuschen lassen. Deshalb stellte er zur Fertigstellung des Luftschiffs neun Millionen Mark bereit und sorgte dafür, daß Anfang 1935 die Deutsche Zeppelin-Reederei ins Leben gerufen wurde. Die in Staatsbesitz befindliche Deutsche Lufthansa mußte die Hälfte der 2,2 Millionen Mark Grundkapital beisteuern, die »Luftschiffbau Zeppelin« brachte die *Graf Zeppelin* ein. Eckener schrieb später: »Der Zeppelin-Betrieb war nun allerdings gesichert, aber er war es um den Preis seiner Unabhängigkeit.«

In diesem Zusammenhang drängt sich die Frage auf, ob Eckener sein Arrangement mit dem Regime, das er ganz eindeutig verachtete, je bereut hat. Er hatte nur die Wahl zwischen einem Pakt mit dem Teufel oder dem geschäftlichen Aus. Aber waren seine geliebten Luftschiffe wirklich eine solche moralische Kapitulation wert? Er hat sein Gewissen offenbar ein wenig damit beruhigt, daß er ganz offen seine schlechte Meinung über seine neuen Herren kundtat – und zwar nicht nur im Kreis seiner toleranten Mitarbeiter, von denen nur wenige der Nazipartei beitraten. Wohl kein anderer in Deutschland hätte sich so etwas herausnehmen können, ohne seine berufliche Position oder gar sein Leben zu riskieren. Er machte sich sogar vor ausländischen Journalisten über den Hitlergruß lustig: »Wenn ich morgens aufstehe, sage ich nicht ›Heil Hitler‹ zu meiner Frau, sondern ›guten Morgen‹«, erklärte er ihnen. Trotzdem hatte er wahrscheinlich Glück, daß er sich am 30. Juni 1934, dem Tag des Röhm-Putsches, als viele Oppositionelle erschossen oder inhaftiert wurden, nicht in Deutschland aufhielt. An jenem Tag befand Eckener sich mit der *Graf Zeppelin* auf dem Weg nach Buenos Aires, wo er Unterstützung für die Einrichtung eines Luftschiffhafens in der argentinischen Hauptstadt zu finden hoffte. Doch diese Idee wurde nie in die Tat umgesetzt.

Eckener steuerte seinen exotischen Himmelsfisch auch weiterhin durch den Himmel jener aufgewühlten Welt, in der er lebte. Währenddessen nahm in einer riesigen neuen Konstruktionshalle in Friedrichshafen das Luftschiff seiner Träume Gestalt an.

VOM PECH VERFOLGT

»Bei der Entwicklung eines neuen Projektes – der einzig mögliche Weg, um Erfahrungen zu sammeln – vollzieht sich der menschliche Fortschritt allem Anschein nach einzig durch das Prinzip Versuch und Irrtum, durch Kummer und Qual, ja sogar durch den Verlust von Menschenleben … Das ist der Preis des Fortschritts, den der Mensch für seine Anstrengungen zahlen muß.«

Charles E. Rosendahl

»Hier hat der Traum des Menschen für viele, viele Generationen ein Ziel. Nicht vom Flugzeug, nicht vom Hydroskop – nein, von einem riesigen, eleganten Schiff hat der Mensch geträumt, das leichthin in die Lüfte steigt und ebenso leicht dahinschwebt. Und es ist wahr geworden, es ist ein voller Erfolg, es ist atemberaubend schön.«

Akron Beacon Journal

(Oben) Kommandant Frank McCord, der letzte Kapitän der *Akron*.
(Gegenüber) Die *Akron* auf dem Werftgelände von Goodyear.

KORVETTENKAPITÄN HERBERT V. WILEY FRAGTE SICH, ob der neue Kapitän die richtigen Entscheidungen traf, aber er behielt seine Zweifel für sich. Der Erste Offizier auf dem US-Marinezeppelin *Akron*, dem größten Luftschiff der Welt, hatte rasch begriffen, daß Fregattenkapitän Frank McCord Wert darauf legte, Entscheidungen allein zu treffen. Trotzdem: Hätte Wiley das Sagen gehabt, dann wäre das große Luftschiff jetzt nicht wieder aufs Meer hinausgefahren, sondern landeinwärts, um das heranziehende Frühjahrsunwetter vielleicht zu umgehen.

Um 22.00 Uhr hatte der Navigator des Luftschiffs gemeldet, man habe soeben nahe Ashbury Park die Küste von New Jersey überflogen. In Wirklichkeit befand sich der Zeppelin fast siebzig Kilometer weiter südlich, aber wegen des Nebels und der tiefhängenden Wolken, die den Boden der Sicht entzogen, hatte man weder Orientierungspunkte sehen noch die Abdrift bestimmen, also feststellen können, mit welcher Geschwindigkeit das Schiff von seinem festgesetzten Kurs abwich. Über den wirklichen Kurs konnte man nur Vermutungen anstellen. Als man jetzt über dem Atlantik gen Osten schwebte, blieb die Luft zunächst relativ ruhig, während ringsum Blitze zuckten. Die Nacht des 3. April 1933 war ungestüm, und sie sollte noch ungestümer werden.

»Herr Kommandant, gehen Sie hinauf, und werfen Sie einen Blick auf die Wetterkarte«, befahl McCord. Er wollte den neuesten Wetterbericht kennen, bevor er weitere Entscheidungen über den Kurs traf.

Wiley kletterte zum Funkraum hinauf. Elektrostatische Störungen hatten dazu geführt, daß der Funker rund ein Drittel des Berichts nicht verstanden hatte, aber die unvollständigen Informationen deuteten auf ein Tiefdruckgebiet über Washington, D. C., hin. Wiley nahm an, daß dort das Zentrum des Sturms lokalisiert sei. Er fand keinerlei Hinweise darauf, daß sich ihnen sehr rasch eine riesige Sturmfront und nicht etwa ein einzelnes Unwetter näherte – das schlimmste Sturmtief, das seit vielen Jahren über die Küste New Jerseys hereingebrochen war. Er kletterte rasch in die Führergondel zurück und gab die ihm bekannten Wetterdaten an Kapitän McCord weiter.

Der Kapitän entschied sich prompt zur Rückkehr auf das Festland von New Jersey. Es war jetzt etwa eine Stunde vor Mitternacht, doch als das Luftschiff zirka eine Stunde später vor der Küste eintraf, war immer noch keine Wetteränderung festzustellen. Deshalb beschloß er, wieder aufs Meer hinauszufliegen und es dort mit dem Sturm aufzunehmen. Mit ein wenig Glück würden die schlimmsten Sturmausläufer nach Nordosten abziehen, und am Morgen würde sich die *Akron* dann wieder ihrer eigentlichen Aufgabe widmen und die Funkpeilstationen an der neuenglischen Küste kalibrie-

ren. Da sich sowohl Admiral William Moffett, der Leiter der Marine-Luftfahrtabteilung, als auch Fregattenkapitän Frederick Berry, der Kommandant des Marineflugfeldes in Lakehurst, an Bord befanden, wollte McCord unter gar keinen Umständen vor Erfüllung seines Auftrags zur Basis zurückkehren.

Eine Zeitlang schien es, als sei das Glück auf McCords Seite. In der Ferne leuchteten zwar noch immer Blitze auf, und überdies fuhr das Schiff durch so manchen Wolkenbruch, aber die Luft blieb gleichwohl gespenstisch ruhig. Fünfzehn Minuten nach Mitternacht geriet die *Akron* dann plötzlich in eine heftige Turbulenz. Diesmal zuckten wieder ganz in der Nähe Blitze auf. Donnerschläge krachten, und das Schiff fing mächtig zu schaukeln an. Plötzlich sackte der Boden unter Wileys Füßen weg. Der Höhensteuermann kämpfte mit dem Steuer, und Wiley lief hinüber, um ihm dabei zu helfen, das jetzt rasant nach unten stürzende Luftschiff in stabiler Lage zu halten. McCord erteilte den Maschinisten das Kommando: »Volle Kraft voraus!« Den Männern auf der Kommandobrücke war sofort klar, daß sie trotz bester Bemühungen geradewegs in das Zentrum des Sturmes hineingefahren waren.

»Soll ich Ballast abwerfen lassen, Sir?« fragte Wiley.

»Ja, sofort«, erwiderte McCord.

Die erhöhte Eigengeschwindigkeit des Luftschiffs und der Abwurf etlicher Tonnen Wasserballast hielten den Fall des Zeppelins – nach einem Absturz um gut dreihundert Meter schließlich in rund 230 Metern Höhe auf. Die jetzt leichtere *Akron* stieg rasch wieder auf. Dank der geschickten Höhensteuerung war das Schiff bereits bald wieder unter Kontrolle und pendelte sich auf der ursprünglichen Höhe ein. Doch nur ein paar Augenblicke lang. Dann stürzte der Boden wieder unter den Männern weg. Ohne auf Kapitän McCords Erlaubnis zu warten, schlug Wiley Alarm. Fünf langgezogene Sirenentöne dröhnten durch das Schiff und weckten die Männer zum Notdienst. Wiley wußte, daß die *Akron* sich in großer Gefahr befand, während die meisten dienstfreien, schlafenden Besatzungsmitglieder bis zum Ertönen der Sirene von den Schwierigkeiten noch gar nichts geahnt hatten. Sie waren alle schon öfter in rauher Luft unterwegs gewesen.

KONTERADMIRAL WILLIAM A. MOFFETT

Seit seiner Ernennung zum Chef des Bureau of Aeronautics kämpfte Admiral Moffett unablässig gegen jene, die das Starrluftschiff als militärisch nutzloses Unterfangen betrachteten. Er war kein blinder Anhänger der Luftschiffidee, glaubte aber, daß Luftschiffe neben Flugbooten und von Flugzeugträgern aus operierenden Flugzeugen als Teil der Luftflotte eine bedeutende Rolle spielen könnten.

Der Bootsmann Richard »Lucky« Deal döste unruhig in seiner Koje weit hinter der Führergondel vor sich hin, als die zweite Turbulenz das Schiff erfaßte. Seinen Namen »Lucky« (Glückspilz) trug er, seit er bei der Unglücksfahrt der *Shenandoah* in letzter Minute von der Besatzungsliste gestrichen worden war. Verschlafen blickte er zur Gaszelle Nr. 7 hinauf und sah, daß sie sich gewaltig verformt hatte. Augenblicklich begriff er, daß sich das Luftschiff in ernster Gefahr befand, und war sofort hellwach. Als er sich aus dem Bett rollte, erschütterte die *Akron* ein mächtiger seitlicher Ruck. Über Deal brachen zwei Längsträger krachend zusammen.

In der Führergondel hatte der Höhensteuermann unterdessen – in der vergeblichen Hoffnung, den Abwärtssog ausgleichen zu können – das Ruder auf Steigflug gestellt, so daß das Schiff jetzt, in einem Winkel von dreißig Grad oder mehr, mit nach oben weisender Nase dahinschlingerte. Leutnant George Calnan, der an seinem Platz im Ballastkontrollraum auf den Höhenmesser blickte, rief: »270 Meter.« Sekunden später der Ruck. Herbert Wiley hatte das Gefühl, daß eine besonders heftige Bö das Schiff mitten in der Luft plötzlich zum Stehen gebracht habe. Dann stabilisierte sich der Zeppelin wieder ein wenig.

Fast im selben Augenblick meldete der Mann am Seitenruder, daß er nicht mehr steuern könne. Wiley erkannte rasch den Grund: Das zum unteren Seitenruder führende Kontrollkabel war nicht mehr da. Sekunden später war auch das obere Seitenruder bereits außer Kontrolle. Jetzt bäumte der Bug sich abermals auf; der Winkel, den der Boden unter Wileys Füßen beschrieb, betrug inzwischen fast fünfundvierzig Grad, so daß der Offizier sich an einer Verstrebung festhalten mußte. Die Gondel ächzte und verformte sich auf eine Weise, wie er es noch nie zuvor erlebt hatte.

»Noch hundert Meter«, rief Calnan aus.

»Alle Mann in Bereitschaft! Wir stürzen ab!« schrie Wiley. Er konnte die weißschäumende Wasseroberfläche in dem dichten Nebel jetzt rasch näherkommen sehen.

Augenblicke später schlug die Führergondel mit voller Wucht im Ozean auf und ging – mit einer starken Neigung nach rechts – rasch unter. Das hereinströmende Wasser drückte

Wiley aus einem der Fenster auf der Steuerbordseite. Er befand sich jetzt unter dem Luftschiff unter Wasser und schwamm um sein Leben.

Als Wiley schließlich die Wasseroberfläche erreichte, schienen seine Lungen zu bersten. Nach Luft schnappend und gegen die unruhige See ankämpfend, sah er die von einem Blitz erleuchtete *Akron*. Ein etwa dreißig Meter langes Stück des Bugs ragte hoch aus dem Wasser auf; der restliche Rumpf war halb versunken, an mehreren Stellen gebrochen, bildete aber noch ein zusammenhängendes Ganzes. Beim nächsten Blitz sah er schwimmende Männer und hörte ihre verzweifelten Hilferufe. Da das Luftschiff keine Rettungswesten mit sich geführt und man keine Zeit gehabt hatte, auch nur ein einziges Rettungsfloß auszusetzen, richtete er seine ganze Hoffnung auf ein Stück Treibgut, an das er sich klammern konnte. Zuerst versuchte er das Wrack zu erreichen, aber es trieb von ihm weg. Dann schwamm er, bis er völlig erschöpft ein Brett fand. Er hörte noch ein paar schwache Schreie seiner ertrinkenden Kameraden, dann herrschte Stille. An das Brett geklammert und auf Hilfe wartend, dachte er an seine drei kleinen Kinder, die ihre Mutter drei Jahre zuvor verloren hatten. Würden sie schon morgen Waisen sein?

The Akron Times-Press
HOME EDITION
HUNT 72 IN AKRON CRASH
4 Saved, One Dies; Wreckage Sighted
NAVY'S GIANT ZEPP PLUNGES INTO SEA OFF JERSEY COAST

In den Tagen nach dem Absturz der *Akron* wurde das Wrack, darunter auch die obere Höhenflosse, gefunden und teilweise geborgen (rechts). Die untere Höhenflosse wurde in einiger Entfernung vom Wrack des Rumpfes gefunden, was die Theorie zu bestätigen scheint, daß der Absturz in dem Augenblick erfolgte, als die Flosse ins Wasser eintauchte. Auch Admiral Moffetts Leiche konnte geborgen werden (kleines oberes Foto). Nur drei Männer überlebten das Unglück (kleines unteres Foto): Herbert Wiley (sitzend), Moody Erwin und Richard Deal.

Von den sechsundsiebzig Männern an Bord der *Akron* wurden in jener Nacht nur vier aus dem eisigen Atlantik vor der Küste New Jerseys geborgen. Das deutsche Motorschiff *Phoebus* sah die Lichter des untergehenden Zeppelins und fuhr zum Schauplatz des Geschehens, aber wegen der Dunkelheit und des starken Windes gestaltete sich die Suche äußerst schwierig. Die Seeleute entdeckten drei Männer, die sich an einen dahintreibenden Gastank klammerten, und Korvettenkapitän Wiley wurde von seiner Planke aus an Bord gezogen. Einer der vier Männer, der Funker des Luftschiffs, verstarb noch an Bord der *Phoebus*, so daß von insgesamt sechsundsiebzig Mann Besatzung nur drei überlebten, darunter der Glückspilz Richard Deal.

Das Ausmaß der Tragödie – es handelte sich um das bis dahin schlimmste Unglück der Luftfahrtgeschichte – war noch gar nicht bekannt, als sich bereits eine zweite Katastrophe ereignete. Das am späten Morgen von Lakehurst aus als Suchschiff entsandte Blimp *J 3* stürzte ebenfalls vor der Küste ab, und zwei Besatzungsmitglieder fanden den Tod, noch bevor man überhaupt eine Spur von der *Akron* oder von Überlebenden entdeckt hatte. Im Laufe der nächsten Tage wurden immer wieder Leichen angespült, und ein Teil des Wracks wurde später fast fünfzig Kilometer östlich der Little-Egg-Bucht vor New Jersey gefunden.

Im Verlauf der nachfolgenden Untersuchung wurde gegen Kapitän McCord der Vorwurf erhoben, »er sei einer Fehleinschätzung erlegen, weil er das Luftschiff nicht in den sicheren Bereich westlich der Sturmfront hineingesteuert habe«. Aber angesichts der langgestreckten, schweren Sturmfront, die das Schiff schließlich in den Untergang riß, ist dieses Urteil ungerechtfertigt. Als McCord sich mit dem Schiff im Zentrum des Unwetters befand, manövrierte er das Luftschiff völlig sachkundig. Im Rückblick kann man freilich sagen, daß er sich beim zweiten Absacken der *Akron* um mehr horizontale Stabilität hätte bemühen müssen. Denn der scharfe Ruck, der vor dem Aufklatschen durch das Schiff ging, war nicht etwa durch eine

Sturmbö verursacht, sondern auf den Aufprall der unteren Leitwerkfläche auf die Wasseroberfläche zurückzuführen.

Als Wiley später Zeit fand, über die damaligen Geschehnisse nachzudenken, erinnerte er sich, daß beim Auftreffen der angeblichen Sturmbö aufs Schiff kein Wind durch die offenen Fenster in die Führergondel eingedrungen war, wie es in einem solchen Fall eigentlich normal gewesen wäre. Außerdem, so berichtete er der Untersuchungskommission, »habe ich [nach dem Ausfall des Seitenruders] den Aufprall des Hecks auf dem Wasser erwartet, aber zu einem solch harten Schlag ist es nicht gekommen«. Er schloß daraus, daß der anfängliche kräftige Ruck nur durch das Eintauchen der unteren Leitwerkfläche in das Wasser verursacht worden sein konnte und nicht durch einen Windstoß. Die meisten Luftschiffhistoriker sind Wiley bei dieser Deutung der Sachlage gefolgt.

DIE LETZTEN AUGENBLICKE DER *AKRON*

1) Während die Nase des Luftschiffs steil nach oben weist, taucht die untere Höhenflosse ins Wasser ein. **2)** Der Aufwärtstrieb ist zum Stillstand gekommen und die Nase sinkt kurzzeitig. **3)** Die Nase erreicht einen 45 Grad-Winkel. **4)** Die Nase taucht ins Wasser ein.

Aber wie konnte das Heck schon so tief unten gewesen sein, wo doch der Höhenmesser Sekunden vor der »Sturmbö« noch eine Höhe von 270 Metern angezeigt hat? Einen Teil der Antwort liefert das Instrument, das auf der *Akron* zur Höhenbestimmung verwendet wurde. Dieser Apparat stellte nämlich den bei zunehmender Höhe abnehmenden atmosphärischen Druck fest. Als das Schiff in das Zentrum der Sturmfront gelangte, geriet es zugleich in einen Bereich mit extrem niedrigem atmosphärischem Druck. Das wiederum veranlaßte den Höhenmesser zu einer Falschauskunft, so daß die Höhe des Schiffs um hundert bis zweihundert Meter zu hoch angezeigt wurde. Und da das Schiff in einem relativ steilen Winkel nach unten sackte, muß sich das Heck wiederum hundert bis zweihundert Meter weiter unten befunden haben als die Führergondel, in der sich der Höhenmesser befand. (So hätte sich bei einem Neigungswinkel von dreißig Grad die Leitwerkfläche etwa hundert Meter niedriger als die Führergondel befunden.) Als Leutnant Calnan daher

Die *Akron* im Luftschiffhafen Lakehurst am 2. November 1931 kurz nach ihrer Ankunft aus Ohio und ihrer Indienstnahme.

»270 Meter« rief, befand sich der am tiefsten abgesunkene Teil des Luftschiffs bereits unmittelbar über dem Wasser. Sekunden später schlug dann die Heckflosse auf, und die *Akron* war erledigt.

Die Anfänge der *Akron* und ihres späteren Schwesterschiffs *Macon* – die beiden größten in den Vereinigten Staaten je gebauten Zeppeline – lassen sich bis in das Jahr 1924 zurückverfolgen, als Hugo Eckener das später als *Los Angeles* bezeichnete Luftschiff von Friedrichshafen nach Lakehurst überführte. Der Bau der *Los Angeles* hatte die in ihrer Existenz bedrohte Luftschiffbau Zeppelin eine Zeitlang über die Runden gebracht, aber die Aussichten waren gar nicht rosig. Deshalb war Eckener bereits an einer anderen Front aktiv geworden. Für den Fall, daß die Alliierten Deutschland den Bau weiterer Zeppeline nicht gestatten sollten, mußte er jemanden finden, der bauen konnte. Die naheliegendsten Kandidaten für ein solches Unterfangen waren die Amerikaner, deren Marine ein starkes Interesse an der »Leichter-als-Luft«-Technik zeigte. Und als geeignetster Partner erschien die Goodyear Tire and Rubber Company in Akron, Ohio, die bereits jahrelang Blimps baute und deren Präsident Paul Litchfield ein begeisterter Befürworter der Starrluftschifftechnik war.

Ein paar Wochen nach der Ankunft der *Los Angeles* in Lakehurst traf Dr. Karl Arnstein, der Chefkonstrukteur des Luftschiffs, gemeinsam mit zwölf Ingenieuren aus Friedrichshafen in den Vereinigten Staaten ein. Der kleingewachsene, leise sprechende Arnstein war 1915 zur Zeppelin-Gesellschaft gestoßen. Er und seine »zwölf Apostel« bildeten fortan den harten Kern des für das neue deutsch-amerikanische Gemeinschaftsunternehmen Goodyear-Zeppelin tätigen Konstruktionsteams. Die Goodyear-Zeppelin Company war nämlich im Besitz der Rechte an den Patenten der Luftschiffbau Zeppelin für Nordamerika. Die deutschen Experten mußten zwar noch vier Jahre auf ihre große Chance warten, aber als die Gelegenheit dann da war, waren sie bereit.

Trotz des *Shenandoah*-Unglücks stand dank Admiral Moffett und Korvettenkapitän Rosendahl die Luftschifftechnik weiterhin auf der Tagesordnung der Marine. Als Chef der Luftfahrtabteilung hatte Moffett ein gewichtiges Wort mitzusprechen. Und er glaubte, daß den riesigen Starrluftschiffen mit ihrer außerordentlichen Reichweite in der Seeaufklärung eine bedeutende Rolle zukomme und daß sie besonders für Patrouillenfahrten über dem in weiten Teilen von Amerika dominierten Pazifischen Ozean geeignet seien.

1926 bewilligte der Kongreß schließlich die nötigen Gelder, und 1928 erhielt Goodyear-Zeppelin von der US Navy den Auftrag, zwei 184 000 Kubikmeter große, fast acht Millionen Dollar teure Starrluftschiffe zu bauen. Während Arnstein seine Pläne für die gut 260 Meter langen, mit Helium gefüllten Schiffe überarbeitete, machte sich Goodyear daran, in Akron einen riesigen Hangar für deren Unterbringung zu bauen. Diese stromlinienförmig gehaltene, riesige Luftschiffhalle mit ihren apfelsinenschalenförmigen Toren stellte gegenüber dem Hangar Nr. 1 in Lakehurst eine erhebliche Verbesserung dar. Im Gegensatz zu der alten Halle war der Hangar in *Akron* so gebaut, daß die Achse der Luftschiffwerft mit der herrschenden Windrichtung korrespondierte, wodurch das Ein- und Aushallen der Giganten deutlich erleichtert wurde. Dank der

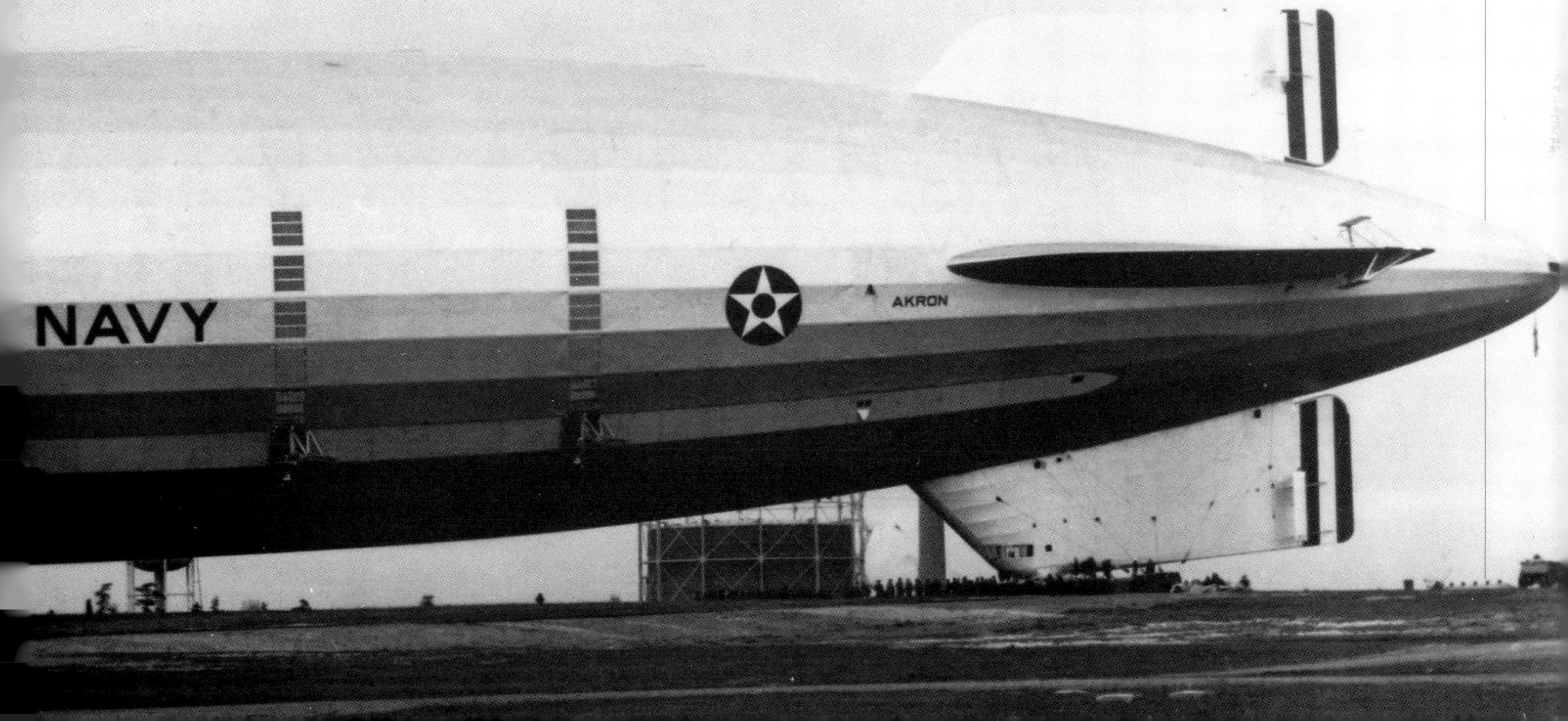

halbkugelförmigen Tore, die sich in geöffnetem Zustand exakt den Gebäudekonturen anpaßten, konnte man im Eingangsbereich einen Großteil der Turbulenzen vermeiden, die bei Hallen mit konventionellen Toren immer wieder zu verzeichnen waren.

Zwar war schon der Hangar zukunftsweisend, mehr aber noch das riesige stromlinienförmige Gebilde, das zwischen November 1929 und August 1931 in der Halle heranwuchs – das modernste bis dahin jemals gebaute Starrluftschiff und in den Augen vieler Beobachter das schönste. Der von den Einschränkungen der Zeppelin-Orthodoxie befreite Arnstein konnte sich jetzt – aus der Fülle seiner Zeppelin-Erfahrung schöpfend – daranmachen, ein Schiff zu entwickeln, das hervorragend an die extremen klimatischen Verhältnisse Amerikas angepaßt war. Mit ihren drei Kielen (einer im oberen, je einer auf den Seiten des unteren Teils des Rumpfes), zehn mächtigen Hauptringen und sechsunddreißig Längsträgern war die *Akron* ungemein stabil. Keinem Sturm über Ohio würde es gelingen, diesen Riesen zu zerbrechen, wie es mit der unglückseligen *Shenandoah* geschehen war. Die drei Kiele garantierten aber nicht nur eine außerordentliche strukturelle Stabilität, sie erleichterten auch den Zugang zu sämtlichen Bereichen des Schiffsinnern. So war es beispielsweise nicht länger nötig, zwecks Inspektion der Gasventile auf den Rumpf hinaufzusteigen. Nun konnte man den Laufgang im oberen Kiel benutzen.

Dr. Karl Arnstein (links im Bild), der Chefkonstrukteur der *Akron* und der *Macon*, mit dem Präsidenten von Goodyear, Paul Litchfield.

Es war das erstemal, daß ein Luftschiff von vornherein für die ausschließliche Verwendung von Helium konstruiert wurde. Die Motoren waren im Rumpf untergebracht – schließlich konnte kein Funke das reaktionsträge Traggas entzünden – und an den beiden seitlichen Kielen befestigt, so daß sie der Luft keinen Widerstand boten. In die Seitenwände des Rumpfes waren Kondensatoren eingelassen, die aus den Abgasen der Motoren Wasserballast gewannen, das den durch den Treibstoffverbrauch verursachten Gewichtsverlust ausgleichen sollte. Sie erinnerten an lange, rechteckige Fenster und befanden sich oberhalb der einzelnen Propeller. In den Mannschaftsräumen hatte man zudem ein Rauchzimmer eingerichtet.

Die wohl wichtigste technische Neuerung der *Akron* war ihre Fähigkeit, in der Luft Flugzeuge starten zu lassen und wiederaufzunehmen. Bis zu drei Curtiss F9C-2 Sparrowhawk-Doppeldecker konnten im Bauch des Luftschiffs mitgeführt werden. Diese Flugzeuge sollten von einem ausfahrbaren Trapez aus herein- und herausgelassen werden. Noch blieb abzuwarten,

(Links) Bei den Feierlichkeiten zum offiziellen Baubeginn der *Akron* am 7. November 1929 versammelten sich dreißigtausend Menschen in der noch unvollendeten Werfthalle von Goodyear; Admiral Moffett schlägt einen goldenen Niet in den ersten Hauptring. (Rechts oben und unten) Die neue Bauhalle mit ihren apfelsinenschalenförmigen Toren, durch die das Ein- und Aushallen des gigantischen Luftschiffs sehr erleichtert wurde.

ob diese Technik auch funktionierte und die Flugzeuge in der Luft tatsächlich sicher starten und landen konnten.

Aber Rosendahl und andere amerikanische Luftschiffkommandanten erhoben Einwände gegen ein in den ursprünglichen Plänen vorgesehenes Konstruktionsdetail, und zwar gegen die Form der Leitwerke. Arnstein wollte sie lang und relativ flach gestalten, aber das bedeutete, daß man die untere Heckflosse von der Führergondel aus nicht mehr sehen konnte.

Die künftigen Piloten des großen Luftschiffs aber wollten diese untere Flosse als Aufstandspunkt am Boden nutzen. Deshalb wurden die Leitwerke kürzer und höher gebaut. Diese Änderung bedeutete freilich eine stärkere Belastung der tragenden Teile des Gerippes, da die Stabilisierungsflächen jetzt lediglich an zwei und nicht wie ursprünglich vorgesehen drei Punkten verankert waren. Arnstein erklärte denn auch noch viele Jahre später: »Falsche Kompromisse verhindern erstklassige Arbeit.« Und wenigstens in einer Hinsicht war die *Akron* also genau wie ihre Nachfolgerin *Macon* von vornherein das Produkt eines unglücklichen Kompromisses.

Aber niemand machte sich darüber Gedanken, als die *Akron* am 23. September 1931 unter dem Kommando des Korvettenkapitäns Rosendahl ihr Debüt gab. Für Rosendahl war dies vermutlich ein noch größerer Augenblick als die Weltfahrt im *Grafen*. Jetzt hatte er das Kommando über das größte bis dahin gebaute Luftschiff. Und das neue Schiff ließ ihn nicht im Stich.

Als er das Kommando »Schiff los!« erteilte, löste die Bodenmannschaft die Seile, und die *Akron* erhob sich vor den Augen von 200 000 begeisterten Zuschauern elegant in die Lüfte. Ein paar Tage später nahm sie Kurs auf Lakehurst.

Bedauerlicherweise war Rosendahls Luftschiffbegeisterung weitaus größer als seine Fähigkeit, sich vorzustellen, was die Marine mit dem neuen Riesen eigentlich anfangen sollte. Bis dahin jedenfalls hatte niemand einen konkreten strategischen Einsatzplan für den neuen Zeppelin entwickelt. Und in der ersten Zeit nach Indienststellung der *Akron* waren Rosendahl und sein Vorgesetzter, Admiral Moffett, offenbar mehr daran interessiert, das neue Luftschiff der amerikanischen Öffentlichkeit vorzuführen, als es zu irgendwelchen Flottenübungen zu schicken.

Zu dem Zeitpunkt, da die *Akron* in Dienst gestellt wurde, waren weder ihr Trapez noch ihre Flugzeuge einsatzbereit. Aber Rosendahl, der seine Ziele nach Auskunft von Zeitgenossen aggressiv, ja rücksichtslos verfolgte, hat sich über diese Verzögerung offenbar keine Gedanken gemacht. Erst im Mai 1932, also sieben Monate nach Übergabe der *Akron*, machte erstmals ein Flugzeug in der Luft an dem Luftschiff fest. Und erst im Herbst 1932, ein Jahr nach Indienststellung der *Akron*, stand die gesamte vorgesehene Sparrowhawk-Staffel samt Piloten auch tatsächlich zur Verfügung.

Solange es noch keine Flugzeuge an Bord hatte, verliefen die anfänglichen Übungen des Luftschiffs mit der Flotte – zurückhaltend ausgedrückt – eher enttäuschend. Während eines Manövers vor der Küste North Carolinas im Januar 1932 gelang es ihm nicht, eine Staffel »feindlicher« Aufklärungskreuzer zu entdecken, während es selbst von zwei Zerstörern ins

(Links) Aufgrund von Einwänden amerikanischer Luftschiffkapitäne waren die Flossen der *Akron* und *Macon* kürzer und höher und nur an zwei der »tiefen« dreieckigen Hauptringe des Rahmenwerks kräfteübertragend fixiert. Diese Konstruktion war aerodynamischen Belastungen durchaus gewachsen. (Rechts) Charles Rosendahl in der Führergondel der *Akron* am Bugtelegraphen, um die Nachricht zu übermitteln, daß das Schiff vom Mast gelassen worden ist. Die Bodenmannschaft hievt unterdessen das Schiff mit Hilfe langer Stangen hoch; dies ist wohl die einzige Aufnahme von dieser ungewöhnlichen Hebetechnik.

Visier genommen wurde. Als es im Juni an einer Übung der Pazifikflotte teilnahm, sichtete es zwar den »Feind«, wurde aber sofort von zwei Jagdfliegern angegriffen. Hätte er seine Flugzeuge schon an Bord gehabt, behauptete Rosendahl später, so hätte er die dreizehn Angreifer »ganz sicher« abgewehrt. Andere hingegen waren der Auffassung, daß das Luftschiff ungeachtet seiner Flugzeuge und seiner – bescheidenen – Bewaffnung für Jagdflieger ein riesiges, langsam dahinschwebendes Ziel darstelle.

Rosendahl und andere alte Hasen des Luftschiffdienstes wollten nicht zugeben, daß ihr riesiges neues Schiff für eine zentrale Rolle im Seekrieg offenbar nicht besonders tauglich war. Aber seitdem Flugzeugträgern auf dem Wasser eine zentrale Bedeutung beigemessen wurde, war von einem privilegierten Einsatz der Luftschiffe – mit ihren wenigen für die Abwehr geeigneten Flugzeugen an Bord – für Aufklärungs- und Überwachungsaufgaben keine Rede mehr.

Luftschiffe waren hauptsächlich für die strategische Fernaufklärung geeignet und konnten ihre Reichweite mit Hilfe der mitgeführten Flugzeuge sogar noch vergrößern. In dieser Funktion durfte ein Luftschiff aber nie absichtlich Kontakt mit feindlichen Seestreitkräften suchen – dazu waren die Zeppeline viel zu verwundbar. Immerhin konnten ihre vorausfliegenden Aufklärungsflugzeuge in jenen Tagen vor der Erfindung des Radar gleichsam aus dem Nichts auftauchen. Diese durchaus vernünftige Einsatzmöglichkeit in der allzu kurzen Laufbahn der *Akron* wurde jedoch nie in die Tat umgesetzt, obwohl man bald auch über verläßliche Andock- und Starttechniken für die mitgeführten Flugzeuge verfügte. Wenigstens einen Teil der Verantwortung für diese Unterlassung muß man wohl Rosendahl anlasten.

Die *Akron* konnte beeindruckend lange in der Luft bleiben und riesige Entfernungen zurücklegen und meisterte auch die schwierige USA-Rundreise ohne Mühe. Auf ihren dreiundsiebzig Fahrten erreichte sie eine reine Fahrzeit von fast 1700 Stunden. Und von den Schwierigkeiten einmal abgesehen, wie sie bei jeder technischen Neuentwicklung auftreten, war sie in den Augen der Besatzung ein durchaus bequemes und verläßliches Luftfahrzeug.

Am 21. April 1933, kaum zwei Wochen nach dem *Akron*-Absturz, wurde die *Macon* erstmals ausgehallt. Das Schiff war eine fast identische Kopie ihrer dahingeschiedenen Schwester, aber einige Verbesserungen hatte man gleichwohl vorgenommen. Sie war achttausend Pfund leichter, und durch diese Gewichtsersparung war die Nutzlast größer als die der *Akron*. Sie war knapp dreizehn Stundenkilometer schneller als die *Akron* (die zur Wassergewinnung bestimmten Kondensatoren waren zwecks Reduzierung des Luftwiderstands im Rumpf untergebracht) und erreichte eine beachtliche Spitzengeschwindigkeit von 141 km/h. Der Hangar in ihrem Bauch konnte zwei Flugzeuge mehr aufnehmen als die *Akron*, und das modifizierte Trapez funktionierte sogar noch besser als das alte. Die samt und sonders auf der *Akron* ausgebildete Mannschaft wußte durchaus, was ihr Fahrzeug zu leisten vermochte. Und so war die *Macon* ein unter allen nur denkbaren Gesichtspunkten glückliches Schiff – bis zu ihrem so unglücklichen Ende.

Wie aber spielte sich das Leben an Bord des letzten großen amerikanischen Starrluftschiffs eigentlich ab? Die Routineverrichtungen entsprachen in weiten Teilen denen auf einem ganz normalen Schiff. Die Männer waren zu regelmäßigem Wachdienst eingeteilt. Während jeder Wache war immer ein höherer Offizier auf der »Brücke«, das heißt im vorderen Teil der Führergondel. Außerhalb der Dienstzeit entspannten sich die Männer in ihren die beiden seitlichen Kiele säumenden engen Kajüten, spielten Karten oder plauderten in der Offiziersmesse. Das Essen war gut und reichlich.

Anders als die *Akron* konnte die *Macon* gleich nach ihrer Fertigstellung in den Marinedienst treten. Im Herbst 1933 fuhr sie von Lakehurst aus zu der soeben fertig gewordenen – südlich der Bucht von San Francisco gelegenen – Luftschiffbasis Sunnyvale in Kalifornien. Dieser nach dem berühmtesten Opfer des *Akron*-Unglücks Moffett Field genannte Luftschiffhafen hätte seinen Namensgeber wahrlich mit Stolz erfüllt. Mit seiner riesigen Halle und der Bodentechnik, die auf dem neuesten Stand war, war Moffett Field »die wahrscheinlich schönste ›Leichter-als-Luft‹-Basis der Welt«, wie William Althoff in sei-

DIE ABENTEUER DER *AKRON*

(Oben) Am 22. Februar 1932 löste sich beim Aushallen in Lakehurst – und im Beisein von vier entsetzten Kongreßabgeordneten – das Heck aus seiner Verankerung und schlug mehrmals am Boden auf, als das Schiff vom Wind erfaßt wurde. Die gesamte untere Flosse mußte erneuert werden. Nur wenige Monate später wurden drei Mitglieder der Bodenmannschaft in Camp Kearny in Kalifornien hochgerissen, als das Schiff beim Landemanöver versehentlich Ballast abließ. Nur einem der drei, dem jungen Matrosen Bud Cowart (links oben und unten), gelang es, sich eine Stunde lang festzuhalten – so lange dauerte es, bis die Mannschaft der *Akron* ihn an Bord geholt hatte. Die anderen beiden stürzten in die Tiefe. (Gegenüberliegende Seite) Von drei Sparrowhawks begleitet, fährt die *Macon* über ihre Heimatbasis Moffett Field hinweg.

U.S. NAVY
MACON
USS MACON

nem Buch *Sky Ships* schreibt. Abgesehen von einer Fahrt, die das Luftschiff im Frühjahr 1934 zwecks Teilnahme an einem Manöver der Atlantikflotte unternahm, blieb die *Macon* für den Rest ihres kurzen Daseins in Kalifornien stationiert.

Am 11. Juli 1934 erhielt Korvettenkapitän Herbert V. Wiley endlich die Position, auf die er schon so lange hingearbeitet hatte – er wurde Kommandant der *Macon*. Nach dem *Akron*-Unglück hatte Wiley bei der Marine gedient, und so wußte er aus erster Hand, wie tief inzwischen das Mißtrauen war, das den großen Starrluftschiffen im allgemeinen entgegenschlug. Daß es bei der US-Marine gleichwohl eine Zukunft für Starrluftschiffe zu geben schien, war einzig dem Umstand zu verdanken, daß Rosendahl wieder einmal einen hochgestellten »guten Freund« gefunden hatte. Dieser Freund war Konteradmiral Ernest J. King, der neue Leiter der Marine-Luftfahrtabteilung. Wie sein Vorgänger wollte auch King den großen Starrluftschiffen die Chance geben, ihre militärische Tauglichkeit unter Beweis zu stellen. Diesen Beweis war die *Macon* allerdings noch schuldig. Während der letzten Flottenübungen, an denen sie teilgenommen hatte, war sie nämlich neunmal »abgeschossen« worden. Da bedurfte es schon eines spektakulären Erfolges, um die ablehnende Haltung, die den Luftschiffern entgegenschlug, noch einmal zu wenden.

Herbert Wiley fand sich in seinem neuen Aufgabengebiet schnell zurecht. Der ewige zweite Kommandierende schien als Chef plötzlich ganz in seinem Element. Er sah nicht nur aus wie der geborene Kapitän – er war kräftig gebaut, über eins achtzig groß und trug sein dickes graues Haar streng nach einer Seite gekämmt –, er spielte seine neue Rolle auch perfekt. Allzu perfekt, wie manche meinten. Richard Smith, der Verfasser von *The Airships Akron & Macon*, beschreibt ihn als »eine strenge Persönlichkeit, besonders gegenüber den Nachwuchsoffizieren«, einen Mann, der den Ruf genoß, wie ein Zuchtmeister aufzutreten. Jedenfalls herrschte, wie einige seiner Offiziere später bestätigten, »auf seinem Schiff eiserne Disziplin«. All jene freilich, die befürchtet hatten, daß er zu konservativ sei, belehrte er rasch eines Besseren. Nur eine Woche nach Übernahme der Kapitänsfunktion unternahm er mit der *Macon* bereits auf eigene Faust eine ziemlich waghalsige Mission.

Korvettenkapitän Herbert V. Wiley

Wiley wußte, daß Präsident Franklin Roosevelt während seines Urlaubs an Bord des schweren Kreuzers *Houston* und in Begleitung eines weiteren schweren Kreuzers, der *New Orleans*, von Panama nach Hawaii reisen wollte. Obwohl er seine Informationen nur aus der Zeitung bezogen hatte, errechnete der Kapitän der *Macon* die voraussichtliche Reiseroute und -geschwindigkeit der Präsidentenflottille und legte dann einen Punkt im Pazifik fest, an dem er die illustre »Gesellschaft« treffen wollte. Er hatte nämlich die Absicht, in spektakulärer Manier vorzuführen, welch wertvolle Dienste sein Luftschiff als Fernaufklärer zu leisten vermochte.

Am Morgen des 18. Juli 1934 startete die *Macon* von Moffett Field aus und fuhr Richtung Südwest. Schon bald befand sie sich weit draußen im Pazifik; den Kurs bestimmte Wiley nach der Sonne und mit Hilfe mehr oder weniger qualifizierter Mutmaßungen. Am nächsten Tag um kurz nach 10.00 Uhr früh ließ er zwei Sparrowhawks starten. Wenn seine Berechnungen stimmten, mußte die kleine Flottille des Präsidenten jetzt in Reichweite sein. Und tatsächlich entdeckten die Abwehrjäger kurz vor Mittag die beiden Kreuzer.

Das letzte, was man an Bord der Schiffe erwartet hatte, waren zwei Flugzeuge mitten über dem Pazifischen Ozean, insbesondere da man wußte, daß sich sämtliche Flugzeugträger der Marine im Atlantik aufhielten. Auf der Brücke der *Houston*, wo die beiden Flugzeuge just zum Zeitpunkt der Wachablösung entdeckt wurden, wich das Erstaunen kurzzeitig der Verwirrung: Denn die Flugzeuge trugen unter dem Rumpf offenbar schwere Bomben. Aufmerksame Beobachter wiesen jedoch schon Sekunden später auf die unverkennbaren Aufhängungen hin, die oben auf dem oberen Flügel befestigt waren. Bei den »Bomben« handelte es sich in Wahrheit um Zusatztanks, die man anstelle des nicht benötigten Fahrwerks angebracht hatte, um die Reichweite der Flugzeuge zu vergrößern.

Triumphierend machten die Piloten Wiley über Funk Mitteilung von ihrem Erfolg; kurz darauf erschien der Kapitän bereits persönlich am Schauplatz des Geschehens, nahm die beiden Flugzeuge an Bord und ließ sie dann mit einer Ladung Geschenke nochmals starten. Für den Präsidenten hatte er die neuesten Zeitungen aus San Francisco mitgebracht und mehrere Nachrichtenmagazine, außerdem für sämtliche Reisenden an Bord der beiden Kreuzer mit einem speziellen *Macon*-Stempel frankierte Briefe der *Macon*-Besatzung. Wiley wußte, daß Präsident Roosevelt ein passionierter Briefmarkensammler war und sich bestimmt über »Post« freuen würde, die – erstmals in der Luftfahrtgeschichte – von zwei Flugzeugen ausgeliefert wurde, die von einem Luftschiff aus gestartet waren. Allerdings konnte man froh sein, daß man die Pakete in wasserdichtes Material eingewickelt hatte, denn sie landeten samt und sonders im Wasser.

Der Postabwurf war eine nette Idee, die eines Hugo Eckener würdig gewesen wäre, der auf der ersten Südamerikareise der *Graf Zeppelin* einmal eigens einen Umweg gemacht hatte, um über Alberto Santos-Dumonts brasilianischem Geburtsort einen Kranz abzuwerfen. Roosevelt war begeistert. »Der Präsident beglückwünscht Sie und Ihre Flugzeuge zu Ihrer glänzenden Leistung und Ihren exzellenten Navigationskünsten«, kabelte die *Houston*.

Wileys Vorgesetzte waren von seiner eigenmächtigen Aktion weit weniger angetan. Der Kapitän der *Macon* hatte seine Absichten für sich behalten und den Funkverkehr stundenlang eingestellt. Admiral Joseph Reeves, der neue Kommandant der US-Flotte, schnaubte, der Flug sei »zum falschen Zeitpunkt und unter falschen Bedingungen« durchgeführt worden und nannte das Ganze eine »fehlgeleitete Initiative«. Es war sogar die Rede von disziplinarischen Maßnahmen. Aber King und offenbar auch Roosevelt setzten sich für Wiley ein. Jahre später erklärte der vormalige *Macon*-Kapitän: »Alle haben immer wieder gesagt, ich solle ihnen beweisen, daß die *Macon* gute Aufklärungsarbeit leisten kann. Als ich genau das getan habe, wollten sie mich vors Kriegsgericht stellen!« Als der Sturm sich gelegt hatte, war Wiley noch

Die *Macon* hatte am Ende ihrer Laufbahn ihre Eignung als leistungsstarker Flugzeugträger unter Beweis gestellt. Das schwierigste Manöver war die Landung der Sparrowhawks von Typ F9C-2 während des Flugs. Eine grüne Flagge (unten links) signalisierte dem Piloten, daß das Trapez zum Einhaken klar war. Der Sparrowhawk auf diesem Foto besitzt sein Fahrgestell noch, während das bereits einhakende Flugzeug (unten rechts) die Landeräder entfernt hat, um statt dessen einen zusätzlichen Treibstofftank mitzunehmen, wodurch seine Reichweite bedeutend erhöht wurde. Sobald sich ein Flugzeug eingehakt hatte, wurde das Trapez zu einem Kran, der das Kampfflugzeug in den Bauch des Luftschiffs hievte.

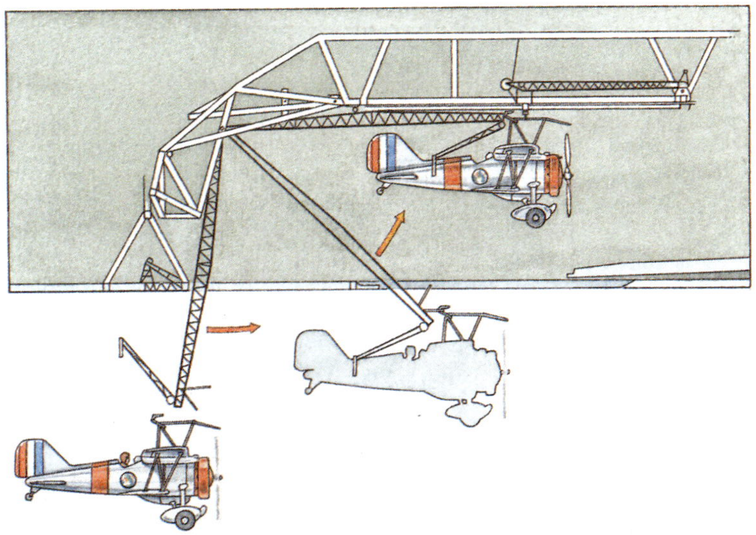

immer Kapitän der *Macon* und entschlossener denn je, zu zeigen, was sein Schiff zu leisten vermochte.

Während die amerikanische Flotte im Sommer und Herbst 1934 im Atlantik Manöver veranstaltete, wurde die Mannschaft der *Macon* noch einmal gedrillt. Man übte so intensiv wie nie zuvor auf einem anderen Luftschiff. Zwischen Ende Juli und seiner Wiedereingliederung in den Flottenalltag Ende November war das Luftschiff 404 Stunden in der Luft. Vor allem probte man den Start und das Einholen der Flugzeuge. Nach der erfolgreichen Aufspürung Präsident Roosevelts war Wiley davon überzeugt, daß seine Sparrowhawks zu Spähdiensten und nicht zur Verteidigung des Luftschiffs eingesetzt werden müßten. Und er verfügte jetzt auch über eine Technik, die die Effizienz dieser Flugzeuge schlagartig verbesserte: ein einfaches Funkpeilgerät.

Bis dahin hatten auf Luftschiffen stationierte Spähflugzeuge nach einem bestimmten Rastersystem fliegen müssen, während das Luftschiff selbst strikt auf Kurs geblieben war, so daß die Piloten sicher sein konnten, daß sie ihren schwebenden Hangar auch wiederfinden würden. Ansonsten hätten sie sich über dem Ozean leicht verirren und ihren Treibstoffvorrat vorzeitig verbrauchen können. Dank ihres Funkpeilgeräts avancierte die *Macon* jetzt zum ersten – und letzten – voll einsatzfähigen fliegenden Flugzeugträger. Ihre Flugzeuge konnten sich nun wesentlich freier bewegen, und sie selbst konnte ohne weiteres ihren Kurs verändern, um feindlichem Beschuß oder einer häßlichen Schlechtwetterfront auszuweichen. Jetzt mußten Wiley und seine Mannschaft nur noch zeigen, was sie inzwischen alles gelernt hatten. Die erste Gelegenheit dazu bot das als »Fleet Problem XVI« bezeichnete Flottenmanöver im Frühjahr 1935. Die *Macon* sollte in den Weiten des Pazifiks westlich von Hawaii operieren – ideale Bedingungen für die Demonstration gelungener Fernaufklärung.

Von dem Wunsch beflügelt, sich selbst und die Leistungsfähigkeit seines Luftschiffs unter Beweis zu stellen, hatte Wiley freilich ein drängendes Problem außer acht gelassen: Die *Macon* hatte seit einiger Zeit im Bereich der hinteren Flossen Schwierigkeiten mit dem Duralumingerippe. Bereits im April 1934 war das Luftschiff auf dem Weg nach Florida, wo es an einer Übung der Karibikflotte teilnehmen sollte, über Texas in eine schwere Luftturbulenz geraten. Während des wilden Ritts über die Kontinentalscheide war einer der Hauptringe stark beschädigt worden, als zwei Träger gebrochen waren und einer auf der Backbordseite sich verbogen hatte. Der fragliche Teil des Rahmens, Ring 17.5, war bezeichnenderweise genau jene Stelle, an der die riesigen Leitwerke des Luftschiffs befestigt waren. Wäre dieser Ring gebrochen, so wäre eines oder mehrere dieser Leitwerke davongetragen worden. Zum Glück für das Luftschiff und die Mannschaft hatten Notreparaturen eine weitere Zerstörung des Gerippes verhindern können, und das Schiff kam schließlich sicher in Florida an, wo ein Team von Goodyear-Zeppelin die nötigen provisorischen Ausbesserungsarbeiten vorgenommen hatte.

Nachfolgend angestellte Analysen ergaben, daß der Rahmen an diesem Punkt zu schwach war, um maximale Belastungen der Stabilisierungsflächen – wie sie in schweren Turbulenzen auftreten können – auszuhalten. Die Struktur mußte deshalb an dieser prekären Stelle unbedingt verstärkt werden. Trotzdem wurde die *Macon* nicht aus dem aktiven Dienst genommen. Die Hauptbegründung dafür war offenbar die Annahme, daß das Luftschiff beim Einsatz über dem Wasser wohl kaum eine ähnlich heftige Luftturbulenz wie über West-Texas auszustehen haben werde. Die empfohlenen baulichen Maßnahmen sollten »von Zeit zu Zeit, je nach Gelegenheit, nach Gutdünken des kommandierenden Offiziers vorgenommen werden«. Nur daß Wiley eine solche »Gelegenheit« niemals fand und die oberen Teile des Rahmens nie verstärkt wurden.

Die *Macon* gleitet während einer ihrer zahlreichen Übungsflüge im Sommer und Herbst 1934 über den Pazifischen Ozean hinweg.

Doch hegten er selbst und seine Offiziere keinerlei Zweifel an der Fahrtüchtigkeit ihres Luftschiffs.

Charles Rosendahl beschrieb die Verzögerung der notwendigen baulichen Maßnahmen später als ein »kollektives Fehlurteil«. Es stand eben kein »Admiral« Eckener zur Verfügung, der das Luftschiff so lange am Boden gehalten hätte, bis die letzten Zweifel an der Stabilität des Gerippes ausgeräumt gewesen wären. Karl Arnstein, der Chefkonstrukteur des Schiffes, schlug vergeblich Alarm und drängte darauf, den Zeppelin vor Ausführung der nötigen Änderungen nicht mehr fahren zu lassen. Aber die Entscheidung lag bei der US-Marine, nicht bei ihm.

Am Nachmittag des 12. Februar 1935 ließ Korvettenkapitän Wiley die *Macon* hochbefriedigt auf Heimatkurs gehen. Endlich hatte er Gelegenheit gefunden, den Wert seines Luftschiffs vor den Augen zahlreicher Marineoffiziere eindrucksvoll unter Beweis zu stellen – und dazu noch unter alles andere als idealen Bedingungen. Am Vortag hatten seine Sparrowhawk-Jäger während einer Übung Flottenverbände lokalisiert und deren Position durchgegeben, ohne selbst entdeckt worden zu sein. Jetzt sah er dem als »Fleet Problem XVI« bezeichnete Manöver um so zuversichtlicher entgegen, hatte er doch die Absicht, seine Aufklärungsarbeit während dieser Übung mit einer Prise Überraschungsoffensive zu würzen. Anders als auf Flugzeugträgern stationierte Flieger konnten seine Jäger auch in der Nacht operieren. Seine Idee war, einen »feindlichen« Flugzeugträger zu lokalisieren, zu verfolgen und dann bei Nacht im Sturzflug mit seinen Jägern anzugreifen. Das sollte bei den Admirälen den letzten Zweifel an der Kriegstauglichkeit der *Macon* ausräumen.

Endlich schien sich die Meinung der Fachleute zugunsten des Luftschiffs zu wenden. Erst im Januar hatte die Bundes-Flugkommission eine Ausweitung des Luftschiffeinsatzes bei der Marine empfohlen und sogar geraten, das Schulschiff *Los Angeles* durch einen Neubau zu ersetzen. Überdies hatte die Kommission ein siebzehn Millionen Dollar teures kommerzielles Luftschiffprogramm gefordert.

Ein Mitglied der Mannschaft im Steuerraum der Führergondel am Seitenruderstand.

Als die *Macon* an diesem wolkenverhangenen Nachmittag in nördlicher Richtung die kalifornische Küste entlangglitt, herrschte an Bord das Gefühl, gute Arbeit geleistet zu haben. Noch wenige Stunden, dann würde das Schiff wieder in Moffett Field landen. Wiley beobachtete ohne jede Beunruhigung, wie die Wolkendecke sich immer weiter senkte. Wie er erwartet hatte, schwebte das Schiff mühelos durch die Regenböen dahin. Kurz vor 17.00 Uhr erschien der Leuchtturm von Point Sur unten auf der Steuerbordseite. Kurz darauf befahl Wiley: »Ruder links.« Er hatte auf der rechten Seite eine bedrohliche Wolkenformation entdeckt.

Der Steuermann legte das Ruder herum. Dann machte das Schiff plötzlich – von einer hammerharten Bö getroffen – einen Ruck Richtung Steuerbord. Das Wetter wurde jetzt immer schlechter, aber Wiley sah noch immer keinen Grund zur Besorgnis. Er hatte die dreiundachtzig Männer an Bord zu einer kooperationsbereiten, kompetenten Mannschaft zusammengeschweißt. Und die *Macon* war seit dem Zwischenfall in Texas bereits wieder Hunderte von Stunden in der Luft gewesen.

In dem Augenblick, da die Bö das Schiff erfaßte, verloren der Seiten- und der Höhensteuermann kurzfristig die Kontrolle über ihre Steuerräder, die sich wie wild drehten, doch dann meldeten die beiden, sie hätten alles wieder fest im Griff. Etwa eine Minute nach dem mächtigen Windstoß stieg die Nase des Luftschiffs dann plötzlich aufwärts. Das Telefon auf der Brücke läutete. Der Mann aus dem Hilfssteuerraum meldete einen nicht näher definierten Schaden an Ring 17.5, der vorderen Verankerung der vier großen Leitwerke.

In diesem Augenblick befand sich das Schicksal des Schiffs buchstäblich in der Schwebe. Wiley wußte nur, daß es im hinteren Teil des Schiffes einen Schaden gegeben hatte; wie schwerwiegend die Sache war, konnte er nicht einschätzen. Aber der plötzliche Abfall des Hecks deutete auf einen Gasverlust in mindestens einer der hinteren Zellen hin. Auch reagierte das Höhenruder nicht mehr auf die Lenkversuche des Steuermanns. Auf der *Macon* gab es jedoch keine routinemäßige Schadenskontrolle, und Wiley dachte nicht daran, jemanden zur Abklärung der Situation nach hinten zu schicken – dafür blieb allem Anschein nach keine Zeit mehr. Er reagierte instinktiv und ordnete den Abwurf des gesamten Wasserballasts im hinteren Bereich des Schiffes an. Wieder klingelte das Telefon. Die Zellen 0, I und II verloren Helium. »Werfen Sie die Abwurftanks ab«, befahl Wiley. »Motoren herunterfahren. Funken Sie SOS.«

Das Schiff sackte vielleicht 30 Meter tief ab, fing sich wieder und schoß dann himmelwärts, blieb bei diesem atemberaubenden Aufstieg jedoch stets in einer Schräglage. Entweder hatte Wiley zuviel Ballast abgeworfen, oder aber die Männer an den acht starken 560-PS-Maybach-Motoren hatten Wileys Kommando nicht verstanden. (Bei den nachfolgenden Untersuchungen gelangte man zu der Auffassung, der rasche Aufstieg der *Macon* sei auf die Wirkung ihrer Motoren zurückzuführen gewesen.) Immer höher stieg das Schiff, überschritt bereits seine

Prallhöhe von 930 Metern. Und dabei ließen die Notventile auch das Helium aus den noch intakten Gaszellen ausströmen. Hilflos blickte der Kapitän auf den Höhenmesser: 1000 Meter, 1200 Meter, 1300 Meter, 1500 Meter. Auch die manuelle Heliumabgabe konnte den Aufstieg nicht stoppen. Bei fast 1700 Metern hörte die Auftriebswirkung auf, und das Schiff stabilisierte sich vorübergehend.

Endlose Minuten vergingen, und immer mehr Helium trat aus den Zellen aus. Wiley wußte jetzt, daß sein Schiff infolge des starken Gasverlusts zum Untergang verurteilt war. Während des unkontrollierten Aufstiegs hatte er alle Mann in den Bug befohlen, in der vergeblichen Hoffnung, ihr Gewicht werde die Hecklastigkeit des Schiffs ausgleichen können. Jetzt befahl er ihnen, sich zum Verlassen des Schiffs bereitzumachen. Dank der Erfahrungen während des *Akron*-Unglücks hatte man jetzt wenigstens genügend Rettungswesten und -inseln an Bord. Wiley versuchte den nun fälligen Absturz abzumildern, indem er sämtliche Propeller nach unten richten und allen noch verbliebenen Ballast abwerfen ließ. Dadurch wurde der Sturz erheblich gebremst, und das einzige, worauf er jetzt noch hoffen konnte, war eine halbwegs sanfte Landung im Ozean.

Schließlich – nachdem sich das Luftschiff volle sechzehn Minuten oberhalb seiner Prallhöhe befunden hatte – begann der Absturz, und Wiley hatte den Eindruck, daß ihm wie in einem aus dem fünfzigsten Stockwerk abstürzenden Aufzug geradezu der Boden unter den Füßen wegbreche.

Der Wächter auf dem Leuchtturm von Point Sur erkannte die mißliche Lage der *Macon* nur allzu deutlich. Als das Riesenluftschiff erstmals in seinem Blickfeld aufgetaucht war, hatte er seinen Feldstecher adjustiert und den Vorbeiflug des Zeppelins beobachtet. Plötzlich war dessen Heck nach unten abgesackt. Einen Augenblick später war ein Teil der oberen Stabilisierungsfläche vom Rumpf abgefallen, und dann hatte sich das ganze Leitwerk buchstäblich in nichts aufgelöst. Er sah entsetzt, wie das beschädigte Luftschiff hilflos im Kreis herumtaumelte, während sich aus seinem Heckteil – wie das Blut eines tödlich getroffenen Tieres – ein Strom von Treibstoff und Wasserballast ergoß. Einige Augenblicke später verschwand die *Macon* auf ihrem schicksalhaften Aufstieg über ihre Prallhöhe hinaus (sie betrug 850 m) in der grauen Wolkendecke.

(Oben) So gab der Illustrator einer italienischen Zeitschrift die letzten Augenblicke der *Macon* wieder. Als das Luftschiff in den Pazifik stürzt, versucht sich die Besatzung mit aufblasbaren Rettungsfloßen in Sicherheit zu bringen. (Unten) Wie schon nach dem Unglück der *Akron* mußte Herbert Wiley nach dem Absturz der *Macon* den Journalisten Einzelheiten des Unglücks erläutern. Mit dem Ende der *Macon* verlor die amerikanische Öffentlichkeit ihren Glauben an das Starrluftschiff. (Gegenüberliegende Seite) Ein einsames Blimp wartet am 12. Februar 1935 in Hangar Nr. 1 in Moffett Field vergeblich auf die Rückkehr der *Macon*.

Niemand hat den Absturz der *Macon* ins Meer mit eigenen Augen gesehen. Zuerst schlug das Heck auf, dann senkte sich der Rest des – mehr als zwei Fußballfelder langen – gigantischen Luftschiffs auf das Wasser hinab. Kurz darauf schwammen bereits zahlreiche Rettungsinseln und Männer, die sich im Wasser die Rettungswesten anlegten, im Ozean. Die Mannschaft der *Macon* konnte jetzt wie von einem Logenplatz aus beobachten, wie ihr großes Schiff allmählich in den Wellen versank.

Auf Rettung brauchten die Männer nicht lange zu warten. In der Nähe kreuzende Schiffe, die an dem Manöver teilgenommen hatten, eilten zum Schauplatz des Geschehens, sobald die *Macon* ihr SOS abgesetzt hatte. Bis auf zwei überlebten alle dreiundachtzig Besatzungsmitglieder. Unter den Überlebenden befand sich auch der soeben zum zweitenmal davongekommene Herbert Wiley.

Der Kommandant der Marine-Luftfahrtabteilung in Lakehurst schritt in seinem Büro unruhig auf und ab. Dabei stieß er immer wieder den schlimmsten Fluch aus, den er in seinem Repertoire hatte: »Gottverdammt! Gottverdammt! Gottverdammt!« Wie es seine Gewohnheit war, sprach er mit leiser Stimme, aber die einzelnen Silben schossen wie Gewehrkugeln aus seinem Mund hervor. Alles, wofür er gearbeitet hatte, war am Boden zerstört. Mit dem letzten großen amerikanischen Marineluftschiff waren auch alle seine kühnsten Träume abgestürzt.

Selbst in seiner dunkelsten Stunde war Charles E. Rosendahl nicht willens, seinen Kampf für das Starrluftschiff aufzugeben. Aber diesmal konnten freilich nicht einmal mehr hochgestellte Freunde ihn bei der Durchsetzung seines Herzensanliegens unterstützen. Bei den vorhergegangenen Abstürzen hatte es stets ein weiteres Luftschiff gegeben, das die Stelle des verlorenen hatte einnehmen können. Jetzt gab es überhaupt keines mehr.

Der Absturz der *Macon* setzte dem amerikanischen Kapitel in der Geschichte der großen Luftschiffe ein Ende. Immer neue Ideen machten zwar in den folgenden Jahren die Runde, auch der Plan, ein gigantisches Luftschiff mit 283 000 Kubikmeter Rauminhalt zu bauen, das eine ganze Flugzeugstaffel sollte aufnehmen können. Aber all diese Träumereien fanden unter Hinweis auf den Absturz der *Macon* ein Ende. Schließlich trat das Amphibienflugzeug auf den Plan, das in der Fernaufklärung erstklassige Dienste zu leisten vermochte.

Eine quälende Spekulation bleibt indes bestehen: Wäre es Wiley gelungen, die *Macon* wieder sicher zu Boden zu bringen – und das wäre beileibe nicht unmöglich gewesen –, dann hätte das Starrluftschiff im Zweiten Weltkrieg vielleicht eine Rolle gespielt. Man stelle sich einmal vor, eine kleine Flotte dieser majestätisch dahinschwebenden Flugzeugträger mit verbesserten Aufklärungsflugzeugen an Bord wäre an einem Tag im Dezember 1941 über dem Pazifik westlich von Hawaii Patrouille geflogen, als ganze Geschwader japanischer Bomber zur Verrichtung ihres Zerstörungswerks gen Pearl Harbor eilten. Von solchen Luftschiffen aus gestartete Aufklärungsflugzeuge hätten den angreifenden Feind womöglich rechtzeitig entdeckt und die Vereinigten Staaten vor dem verheerenden Verlust des besten Teils ihrer Pazifikflotte bewahrt.

Im Februar 1935, als die *Macon* ihr Schicksal ereilte, verfügte die US Navy nur noch über ein einziges flugtüchtiges Starrluftschiff. In der großen Halle in Lakehurst lag die allseits verehrte *Los Angeles*, die seit ihrer offiziellen Außerdienststellung im Juni 1932 nicht mehr geflogen war. Die *Los Angeles* hatte in den USA über 300 Fahrten absolviert, und ihre Heliumzellen waren erst unlängst neu gefüllt worden. Sowohl Admiral King als auch Korvettenkapitän Rosendahl machten sich jetzt dafür stark, den Zeppelin wieder für Versuchsflüge zu verwenden. Dieser Wunsch sollte allerdings nicht in Erfüllung gehen. Siebeneinhalb Jahre später allerdings erst wurde die *Los Angeles* abgewrackt.

Rosendahls Karriere hatte durch all diese Geschehnisse einen Knick erlitten. Jetzt war er der Leiter des – von der Marine kaum mehr genutzten – einzigen internationalen Luftschiffhafens der Vereinigten Staaten. Im Frühjahr 1936 konnte er zwar Hugo Eckener nach dessen erster Transatlantikfahrt mit der *Hindenburg* die Hand schütteln, aber weder er selbst noch irgendein anderer Amerikaner sollte je wieder auf einem der großen Starrluftschiffe das Kommando führen.

Viele hielten es für ein böses Omen,
daß das *LZ 129* im März 1936 seine Werft
ungetauft verließ.

DAS TRAUMSCHIFF

»Wegen seiner leichten Bauart und Verletzbarkeit bei seiner großen Angriffsfläche gedeiht und lebt er nur in einer Atmosphäre eines unbewölkten Friedens… Er ist wie einer jener buntschillernden Schmetterlinge, die sinnbezaubernd im Sommerlicht gaukeln, aber schnell ein schützendes Versteck aufsuchen, wenn ein Unwetter aufzieht. Ich habe deshalb auch öfters, wenn es bei seinem Erscheinen am Himmel von der Menschenmenge so begeistert begrüßt wurde, die Empfindung gehabt, als ob man in ihm ein Zeichen und Symbol eines gesicherten Friedens zu sehen glaubte oder wenigstens das Symbol des Wunschtraumes eines ewigen Friedens unter den Völkern.«

Hugo Eckener

»Die Hindenburg *war Eckeners Traum von dem idealen interkontinentalen Luftschiff.«*

Douglas H. Robinson

ERNST LEHMANN FLUCHTE LEISE VOR SICH HIN. Es war noch nicht einmal hell an diesem Morgen des 26. März 1936, aber ein unangenehmer Ostwind war aufgekommen, der das Aushallen des Luftschiffs zu einer hochriskanten Sache machte. Unter normalen Umständen hätte er nicht im Traum daran gedacht, die *Hindenburg* unter solchen Bedingungen aus ihrem neuen Hangar in Löwenthal (einem Vorort von Friedrichshafen) herausholen zu lassen. Das nach dem unlängst verstorbenen deutschen Reichspräsidenten Paul von Hindenburg benannte Luftschiff war größer als die *Graf Zeppelin* und noch nicht einmal einen Monat lang im Einsatz.

Auf der anderen Seite handelte es sich bei der für diesen Tag vorgesehenen Mission nicht um einen normalen Testflug, sondern um einen Einsatz fürs Vaterland. Kein Geringerer als Josef Goebbels, Hitlers Propagandaminister, hatte verfügt, daß die *Hindenburg* und die *Graf Zeppelin* auf einer viertägigen Deutschlandrundreise für die Annahme des für den 29. März angesetzten Referendums werben sollten. Aus eigens angebrachten Lautsprechern sollte patriotische Musik ertönen, ferner sollten über jedem größeren Wohngebiet Flugblätter abgeworfen werden, die zur Unterstützung der vom Dritten Reich kürzlich durchgeführten Besetzung des Rheinlands aufriefen.

Lehmann war der NSDAP nicht beigetreten, aber wie viele patriotische Deutsche – besonders jene, die im Ersten Weltkrieg gekämpft und den darauf folgenden erniedrigenden Frieden erlebt hatten – sah er sich gezwungen einzuräumen, daß das neue Regime nicht nur Ordnung gebracht und die deutsche Wirtschaft wiederhergestellt hatte, sondern seinen Landsleuten auch neuen Stolz und ein neues Selbstbewußtsein vermittelt hatte. Außerdem waren es die Nazis gewesen, die die Zeppelin-Gesellschaft letzten Endes mit so viel Geld ausgestattet hatten, daß man dort das erste kommerziell lukrative transkontinentale Luftschiff hatte bauen können. Lehmann und Hugo Eckener waren bestimmt nicht immer einer Meinung, aber in ihrem Engagement für die Zeppelinsache waren sie sich völlig einig. Trotzdem war Eckener über die Aussicht entsetzt gewesen, daß seine Zeppeline als Propagandamittel mißbraucht werden sollten. »Wenn die Luftschiffe für politische Zwecke eingespannt werden, dann ist das deren Ende«, hatte er verärgert verlauten lassen. Aber das Wort des alten Mannes galt nicht mehr soviel wie früher. Die Nazis hatten Ernst Lehmann zum Direktor der neugegründeten Deutschen Zeppelin-Reederei bestellt, die sowohl die *Graf Zeppelin* als auch die *Hindenburg* in ihrem Besitz hatte und auch die Transatlantikstrecke bediente. Hugo Eckener, der den braunen Machthabern weniger genehm war als Lehmann, war mit einem Ehrenposten als Aufsichtsratsvorsitzender der neuen Luftlinie abgespeist worden und hatte in Fragen des Passagierverkehrs nichts mehr zu melden. Doch war der alte Luftfahrtpionier nach wie vor Chef der Zeppelin-Gesellschaft. Er erfreute sich bei den Luftschiffern – von den Durchschnittsdeutschen gar nicht zu sprechen – weiterhin großer Beliebtheit und stand auch international, besonders in den Vereinigten Staaten, immer noch in hohem Ansehen.

Gegen 6.00 Uhr hatte Lehmann das Gefühl, daß er nicht mehr länger warten könne. Vermutlich würde der Wind bei Sonnenaufgang sogar noch stärker werden. Er befahl der Bodenmannschaft, das große Schiff aus der Halle zu ziehen, während er von seinem Platz in der Führergondel aus das Geschehen leitete. Die Gondel war kleiner und stromlinienförmiger gebaut als jene der *Graf Zeppelin*, in der auch der Speisesaal und die Passagierunterkünfte lagen. Bei der *Hindenburg* dagegen hatte man die wesentlich geräumigeren Passagierdecks im unteren Teil des Rumpfes untergebracht.

Alles ging gut, bis das Schiff sicher vor seinem Hangar angelangt und startklar gemacht worden war. Da die Frontseite der Halle sich nach Westen hin öffnete und der Wind an jenem Tag von Osten wehte, würde das Luftschiff bei Rückenwind starten müssen, aber Lehmann war deswegen nicht allzu besorgt. Er hatte derartige Startmanöver schon des öfteren geleitet. Doch dann erfaßte plötzlich eine Bö das Heck, eine Halteleine riß, und der Schwanz des riesien Schiffes schoß – seiner Halterung ledig – steil empor. Der von dem Auftrieb miterfaßte Bug riß sich gleichfalls los. Die vordere Hälfte des riesigen, 245 Meter langen Luftschiffs bäumte sich auf, das Heck senkte sich wieder halb herab, und die Spitzen der unteren Stabilisierungsflosse und eines der Seitenruder bohrten sich – während das Gerippe ächzte und die Hülle an einigen Stellen riß – in den Boden. Dann schoß das ganze Schiff wieder steil nach oben, und Lehmann war plötzlich der Kapitän des größten Freiballons, der sich je in die Lüfte erhoben hatte. Er ließ eilends die Motoren starten und brachte die *Hindenburg* wieder unter Kontrolle, aber es vergingen drei Stunden, ehe der Zeppelin wieder landen und man sich um die entstandenen Schäden kümmern konnte.

Lehmann wurde bereits von einem aufgebrachten Hugo Eckener erwartet. Einen Augenblick lang war das alte Lehrer-Schüler-Verhältnis wiederhergestellt. Der großgewachsene alte Mann mit seinem dichten Schopf kurzgeschnittener weißer Haare und seinem Ziegenbart las dem ungezogenen Schüler gründlich die Leviten.

»Wie konnten Sie das Ausbringen des Schiffes bei solchen Windverhältnissen anordnen, Herr Lehmann?« donnerte er. »Sie hatten die beste Entschuldigung der Welt, diese blödsinnige Fahrt abzusetzen; statt dessen setzen Sie unser neues Schiff direkt aufs Spiel, nur um ja Herrn Goebbels nicht zu verschnupfen. Nennen Sie das Verantwortlichkeitsgefühl gegenüber unserer Sache?«

Wie Lehmann im einzelnen auf diese Tirade reagiert hat, ist nicht bekannt. In seinen Memoiren tut er den Zwischenfall mit einem einzigen Satz ab. Er entgegnete Eckener, der Schaden sei nicht allzu groß und werde schon bald repariert sein.

»So, das ist Ihre einzige Sorge«, fragte Eckener bitter, »schnell wieder auf diese unsinnige Fahrt zu kommen und für Herrn Goebbels Stimmzettel abzuwerfen! Daß wir aber in vier Tagen nach Rio fahren sollen und noch keine Fahrt zur Ausprobung der Motoren gemacht haben, das ist Ihnen anscheinend gleichgültig!« (Die abschließenden Motorentests bei voller Fahrt waren zugunsten des Propagandafluges abgesetzt worden.)

Eckener stürmte davon und überließ es Lehmann, sich um die vorläufigen Reparaturarbeiten zu kümmern. Wie dieser vorausgesagt hatte, waren diese Arbeiten schon bald erledigt. Ein paar Stunden später bereits hob die *Hindenburg* ab, und der Propagandaflug wurde planmäßig absolviert. Am Tag des Referendums stimmten alle 104 Passagiere und die Mannschaft an Bord des Luftschiffs in einem eigens in dem Zeppelin eingerichteten Wahllokal in der Rheinlandfrage ab. 99 Prozent der deutschen Bevölkerung sprachen sich für eine Annexion des Rheinlands aus. Bissig wie eh und je, überlegte Eckener laut, warum das Ergebnis an Bord nicht noch günstiger ausgefallen sei.

Die *Graf Zeppelin* und die *Hindenburg* bei ihren umstrittenen Propagandafahrten Ende März 1936 über dem Brandenburger Tor. (Links) Aus der Führergondel der *Hindenburg* gibt Ernst Lehmann vor dem Aufstieg der Bodenmannschaft die letzten Anweisungen.

Hindenburg
D-LZ129

Nur wenige verfügten über genügend Mut oder Einfluß, sich von den Nazis nicht mundtot machen zu lassen. Bis zu diesem Zeitpunkt war Hugo Eckener einer von ihnen gewesen. Aber diesmal war er vielleicht zu weit gegangen.

Kurz nachdem die *Graf Zeppelin* 1928 in Betrieb genommen worden war, begannen bereits die Planungen für das nächste große Luftschiff der Zeppelin-Linie, das *LZ 128*. Mit 231 Metern Länge und einem Gasvolumen von 141 000 Kubikmetern sollte der neue Zeppelin eine etwas »dickere« Version des *Grafen* werden, also ein Schiff, das an die beiden britischen Starrluftschiffe erinnerte. Aber dann kam es im Oktober 1930 zu dem katastrophalen Absturz des mit Wasserstoff gefüllten *R 101*. Wäre das *R 101* mit – unbrennbarem – Helium gefüllt gewesen, hätten nur wenige oder gar keine Menschen das Leben verloren. Die Pläne für das mit Wasserstoff gefüllte *LZ 128* wurden deshalb zugunsten des größeren und längeren *LZ 129* ad acta gelegt, in dessen Konstruktionsplänen bereits dem Umstand Rechnung getragen wurde, daß Helium weniger Tragkraft besitzt als Wasserstoff.

Freilich waren die sechzehn Gaszellen des Giganten, der schließlich am 4. März 1936 aus der neuen Werfthalle der Zeppelin-Gesellschaft in Friedrichshafen gezogen wurde, letzten Endes dann doch wieder nur mit Wasserstoff gefüllt. Die Amerikaner, die befürchteten, daß Helium für militärische Zwecke mißbraucht werden könnte, weigerten sich, das Helium-Gesetz von 1927 aufzuheben, das die Ausfuhr jenes Traggases untersagte, über das weltweit nur die USA verfügten. Und tatsächlich haben sich die Deutschen auch nie offiziell darum bemüht, für die Füllung der *Hindenburg* Helium zu bekommen.

Eckener war sich der mit dem Wasserstoff verbundenen Risiken durchaus bewußt. Aber bis 1936 konnten die Deutschen auf eine erstaunliche Sicherheitsbilanz im Passagierverkehr zurückblicken, und das wiederum ließ die mit dem Wasserstoff verbundenen Risiken beherrschbar erscheinen. In Eckeners Augen stellte das Benzin für die Luftschiffsicherheit ein größeres Problem dar. Bei tragischen Luftschiffunfällen hatte sich bis dahin meistens zuerst das Benzin entzündet und den Wasserstoff in Brand gesetzt. Von den wenigen mit Wasserstoff gefüllten Schiffen, die in der Luft gebrannt hatten, waren zwei nachweislich – als sie während eines Gewitters oberhalb ihrer Prallhöhe Gas abgelassen hatten – vom Blitz getroffen worden. Und das dritte, die französische *Dixmude*, hatte nach allgemeiner Überzeugung das gleiche Schicksal erlitten. Diese Erfahrungen hatten in der Luftschiffahrt das Diktum »Niemals während eines Gewitters Gas ablassen!« zu einem selbstverständlichen Grundprinzip gemacht. Bereits seit dem Ersten Weltkrieg hatten deutsche Zeppeline alle nur denkbaren riskanten Wetterlagen überstanden und waren öfter als einmal vom Blitz getroffen worden. Und trotzdem war keinem dieser Schiffe je etwas zugestoßen.

Eckener wußte gleichwohl ganz genau, daß jede Technik ihre Schwächen hat und menschliches Versagen niemals ganz auszuschließen ist. Er hätte deshalb gerne dem Helium den Vorzug gegeben, dennoch hielt er auch den Wasserstoff für beherrschbar – solange erfahrene Mannschaften behutsam mit ihren Luftschiffen umgingen.

Mit 245 Meter Länge, einem Durchmesser von 41 Metern an der »dicksten« Stelle und einem Gasvolumen von 200 000 Kubikmetern war die *Hindenburg* das größte je in die Lüfte aufgestiegene Luftschiff. Aber wie Harold Dick in seinem Buch *Graf Zeppelin & Hindenburg* betont, war das Schiff in puncto »Konstruktion und Bauweise durch und durch konventionell«. Ludwig Dürr und die übrigen *Hindenburg*-Ingenieure lehnten die Neuerungen ab, die ihr einstiger Kollege Karl Arnstein beim Bau der *Akron* und der *Macon* eingeführt hatte. Sie zogen es vielmehr vor, auf der Grundlage der langen Tradition des deutschen Zeppelinbaus zu arbeiten.

Wegen des anfangs verfolgten Planes, Helium zu verwenden, hatten Dürr und seine Kollegen mit diversen Techniken der Wiedergewinnung von Wasserballast experimentiert. Am Ende entschlossen sie sich jedoch für ein erst unlängst auch in die *Graf Zeppelin* eingebautes System, das Regenwasser als Ballast einfing. Eine der Neuerungen ging auf eine amerikanische Entwicklung zurück. Statt nämlich die Zellen mit gasundurchlässiger Goldschlägerhaut auszukleiden, wurden sie mit einer an die Innenhaut der *Akron*- und *Macon*-Zellen erinnernden Gelatinelösung beschichtet. Im großen und ganzen freilich war die *Hindenburg* ein Luftschiff, das auch der alte Graf ohne weiteres als Produkt seiner Enkel erkannt hätte.

In einem Punkt allerdings übertraf die *Hindenburg* alle anderen Luftschiffe, und zwar hinsichtlich der Unterbringung der Passagiere. Auf den beiden direkt hinter der Führergondel im Rumpf untergebrachten Decks konnten sich fünfzig Personen fast wie in einem Grand Hotel amüsieren. Die fünfundzwanzig, in der Mitte des oberen oder A-Decks gelegenen Zweibettzimmer waren für sich genommen nichts Besonderes – ein Eisenbahnwagen erster Klasse konnte es diesbezüglich mit der *Hindenburg* durchaus aufnehmen. Alte *Graf*-Passagiere beklagten das Fehlen von Fenstern, aber immerhin waren die Kabinen beheizt. Nein, es waren die geräumigen Gesellschaftsräume, in denen die Passagiere den Großteil ihrer Zeit verbrachten, die die Eleganz und die Klasse der *Hindenburg* ausmachten.

Auf beiden Seiten des A-Decks gab es je eine Promenade mit bequemen Sitzmöglichkeiten und schräggestellten Fenstern, die einen weiten Blick auf die unten vorüberziehende Land-

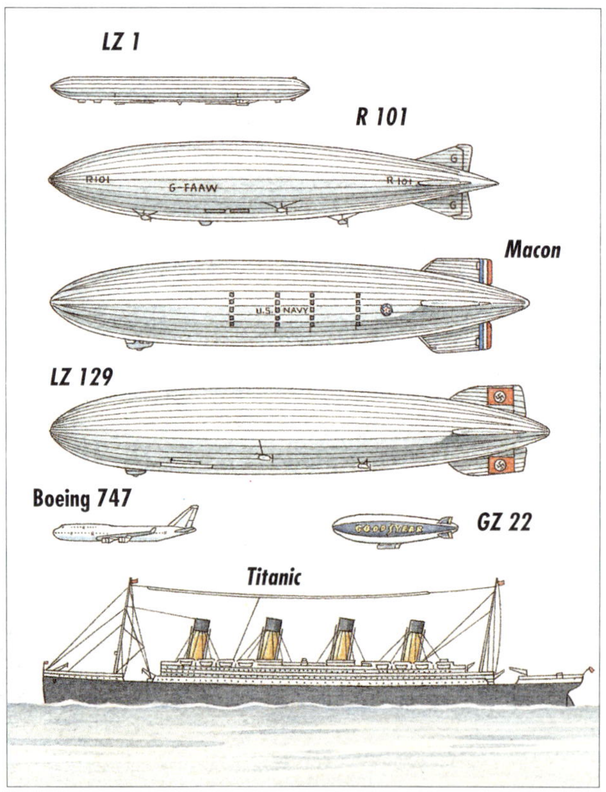

Die *Hindenburg* (*LZ 129*) und ihr Schwesterschiff, das *LZ 130*, waren die größten Luftschiffe, die jemals in den Himmel stiegen; im Vergleich zu ihnen sind selbst moderne Jumbo-Jets und auch die *Spirit of Akron* (*GZ 22*) lediglich Zwerge. Die *Hindenburg* war 23,8 Meter kürzer als die 269 Meter lange *Titanic*.

EIN GIGANT WIRD GEBOREN

Mit dem Bau des *LZ 129* wurde im Herbst 1931, bald nach der Vollendung der riesigen Konstruktionshalle in Friedrichshafen, begonnen; Anfang 1936 war das Schiff fertig. (Oben links) Der Axialsteg ist im fertiggestellten Buggerippe, an dem bereits das erste Stück der Außenhülle angebracht ist, deutlich zu sehen. (Oben rechts) Unmittelbar hinter dem Bug bringen Arbeiter Schichten der Außenhaut an. Der Bug ist bereits bespannt und mit Aluminieumlack gestrichen. (Unten links) Nach der Bespannung des Rahmens wurden mehrere Lackschichten aufgetragen. (Unten Mitte) Eine Gaszelle wird probeweise eingehängt. (Unten rechts) An Heck und Leitwerk wird letzte Hand angelegt.

H I N

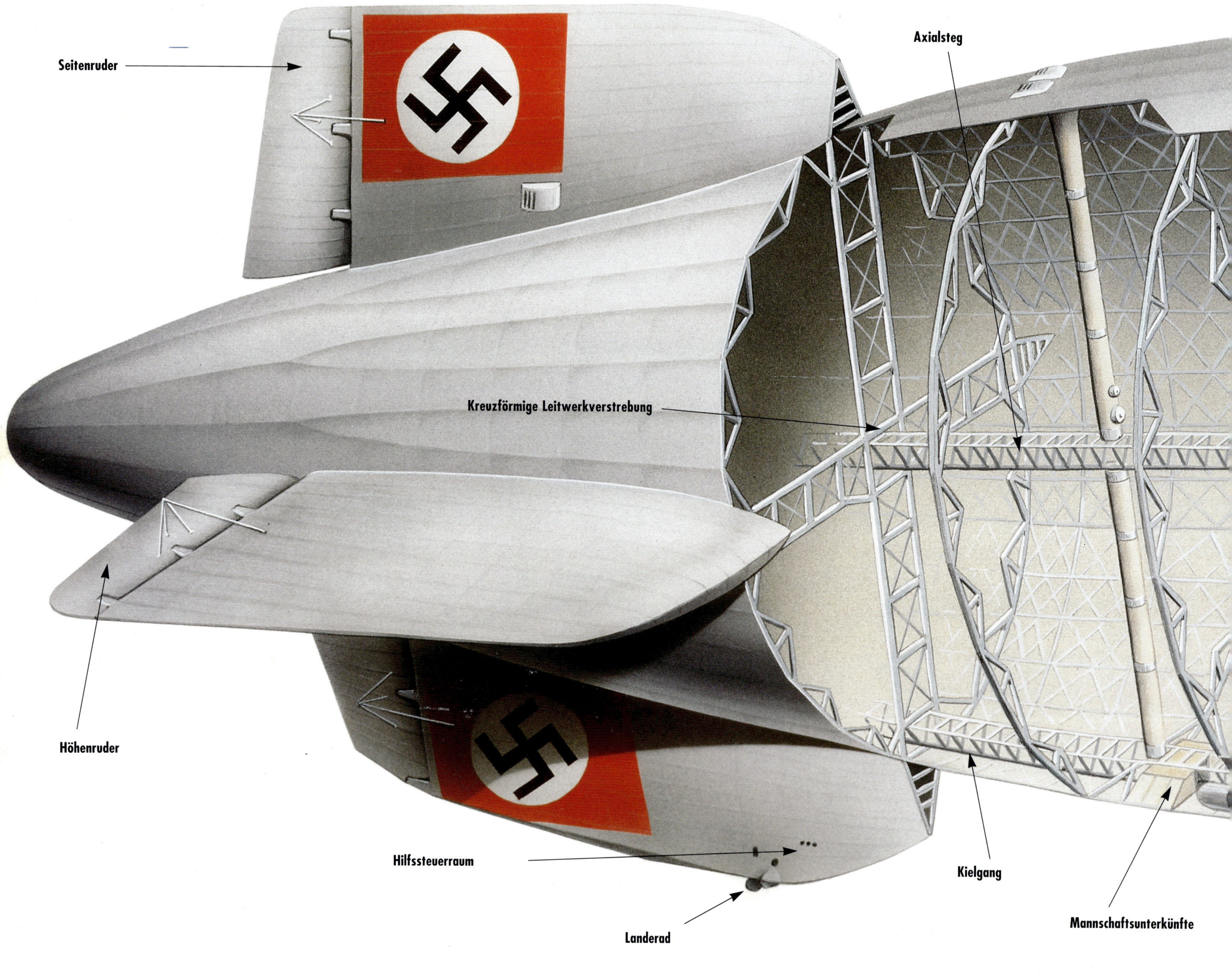

Seitenruder
Axialsteg
Kreuzförmige Leitwerkverstrebung
Höhenruder
Hilfssteuerraum
Kielgang
Landerad
Mannschaftsunterkünfte

DAS A-DECK

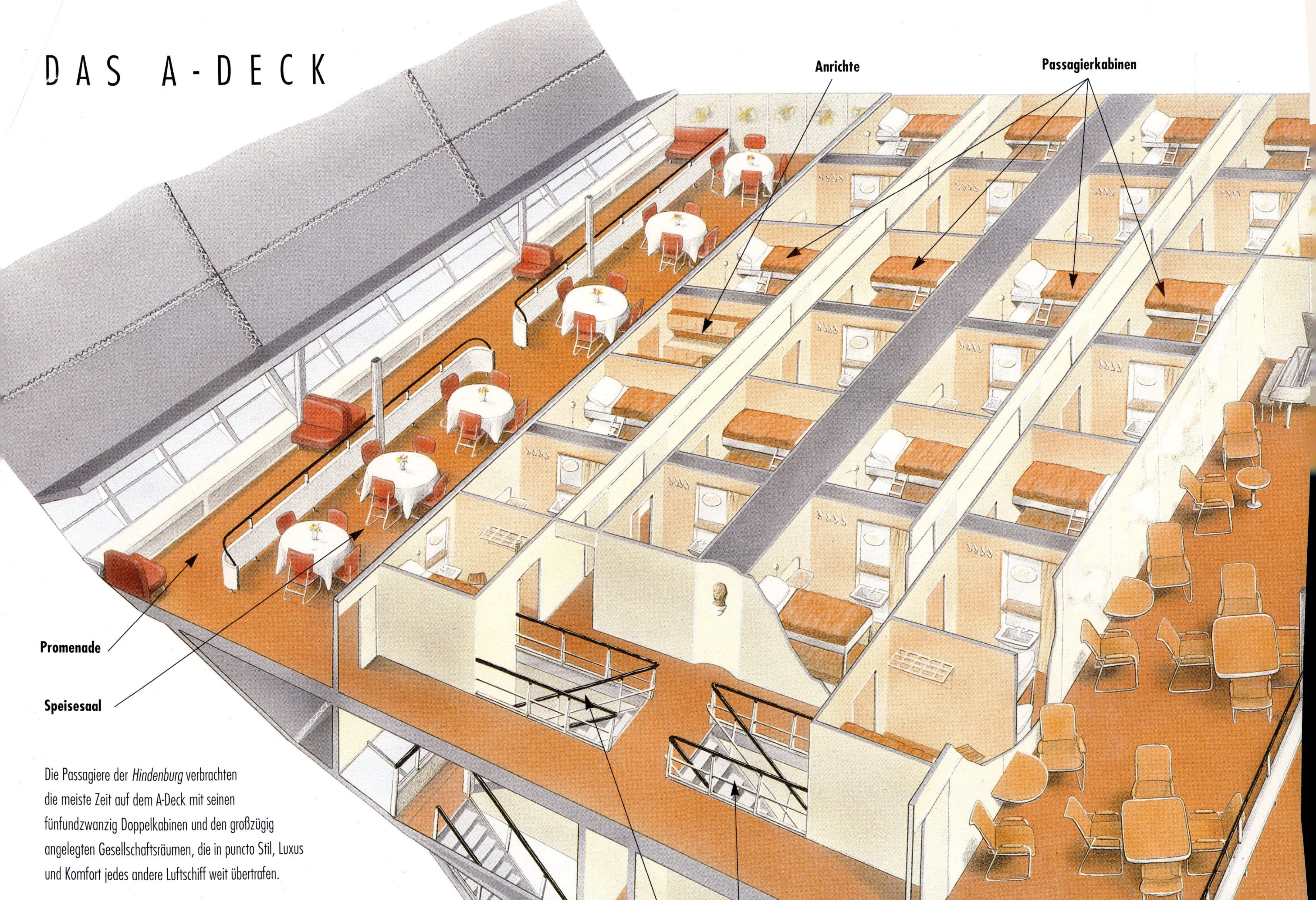

Die Passagiere der *Hindenburg* verbrachten die meiste Zeit auf dem A-Deck mit seinen fünfundzwanzig Doppelkabinen und den großzügig angelegten Gesellschaftsräumen, die in puncto Stil, Luxus und Komfort jedes andere Luftschiff weit übertrafen.

U R G

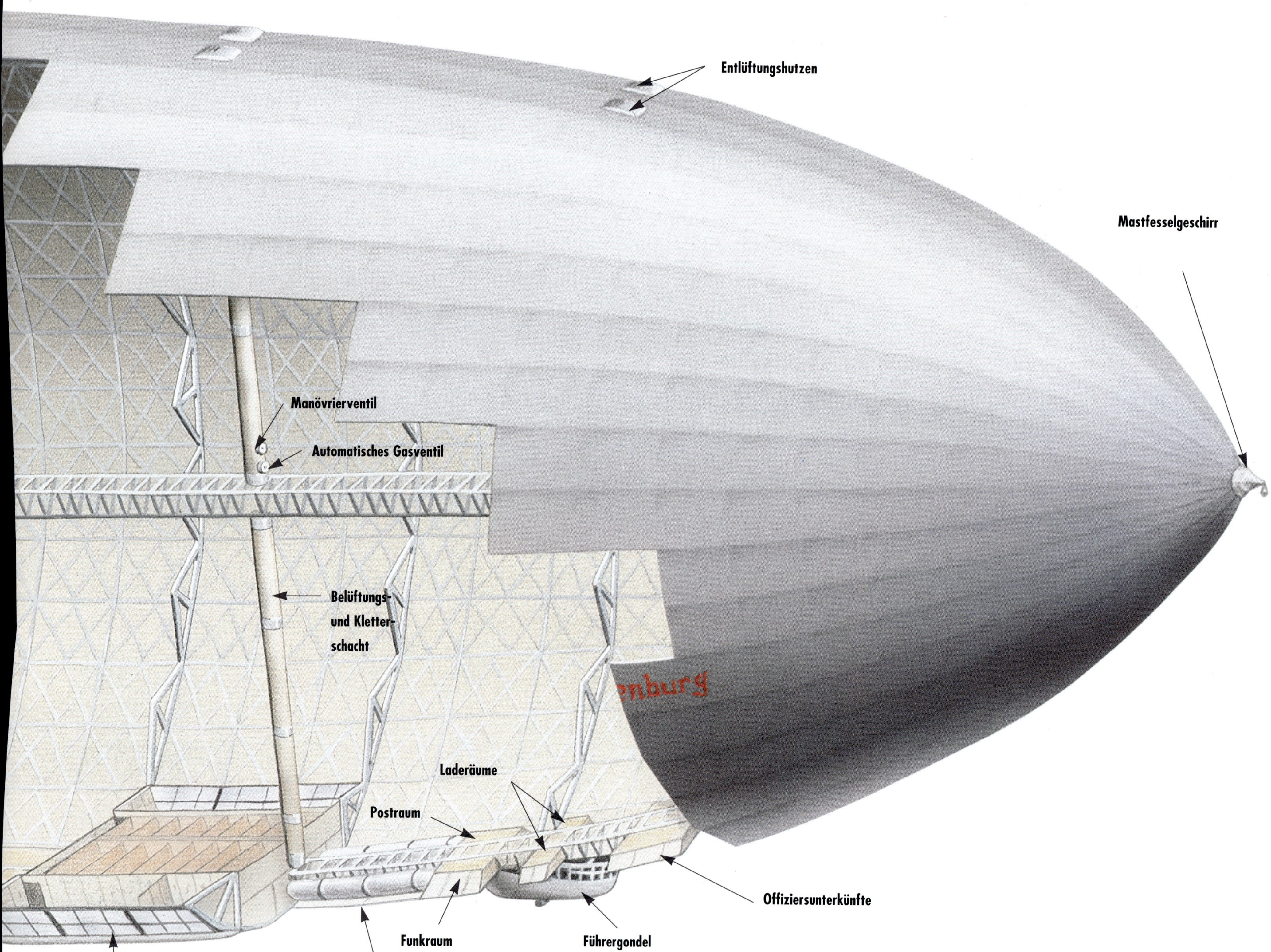

Entlüftungshutzen
Mastfesselgeschirr
Manövrierventil
Automatisches Gasventil
Belüftungs- und Kletter- schacht
enburg
Laderäume
Postraum
Offiziersunterkünfte
Funkraum
Führergondel
Passagierunterkünfte
Treibstoff- und Wassertanks

D E N B

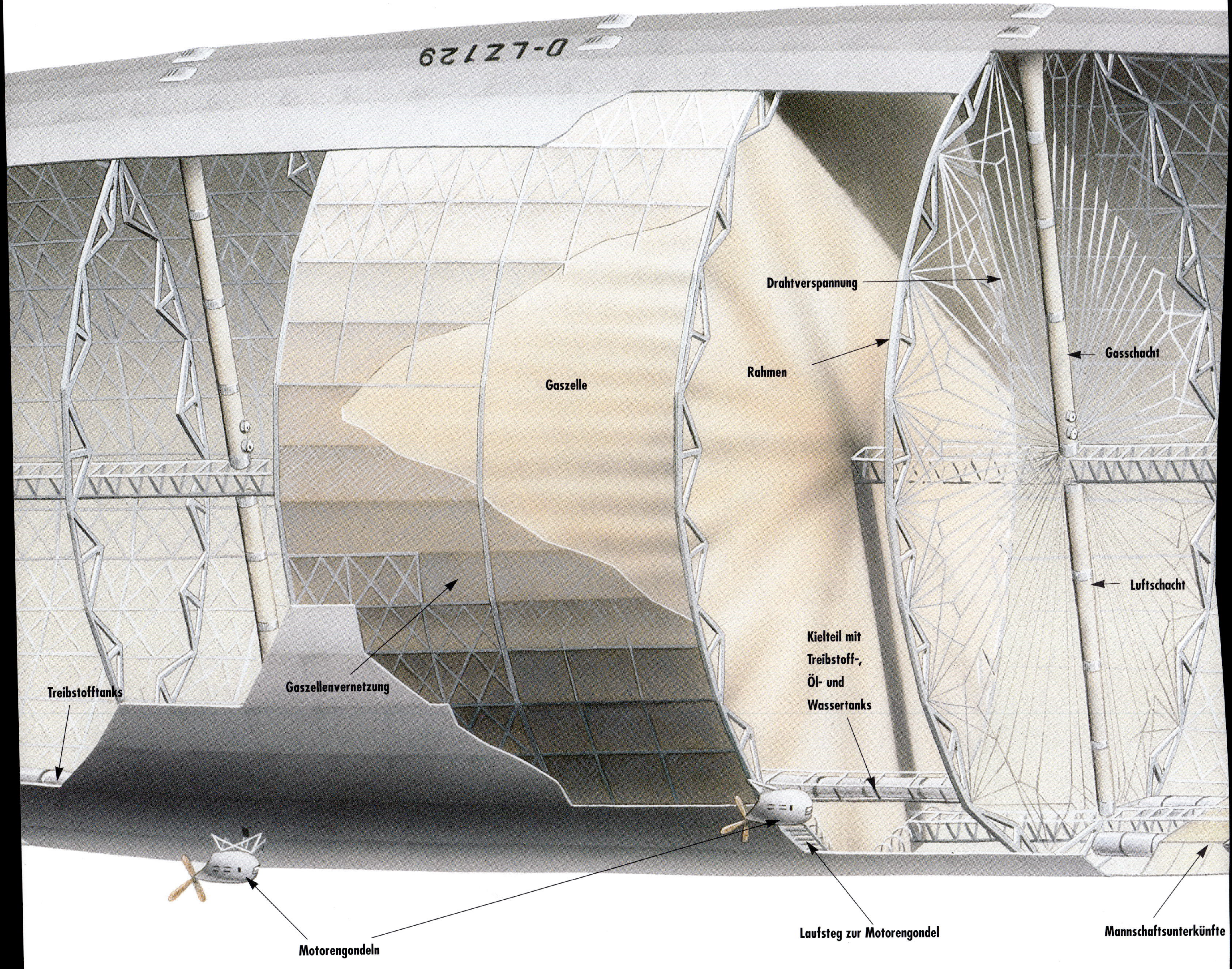
D-LZ129
Drahtverspannung
Rahmen
Gasschacht
Gaszelle
Luftschacht
Kielteil mit
Treibstoff-,
Öl- und
Wassertanks
Treibstofftanks
Gaszellenvernetzung
Laufsteg zur Motorengondel
Mannschaftsunterkünfte
Motorengondeln

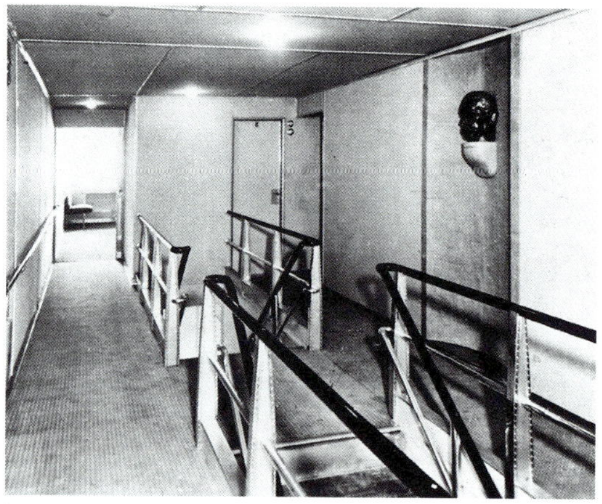

Die Passagiere bestiegen das Luftschiff über ausfahrbare Treppen, über die sie zum B-Deck gelangten. Dann betraten sie wiederum über Treppen das A-Deck (ganz links). Die Hauptattraktion des B-Decks waren der Rauchsalon (links) und die Duschräume, die ersten, die überhaupt auf einem Luftschiff eingebaut waren.

DAS B-DECK

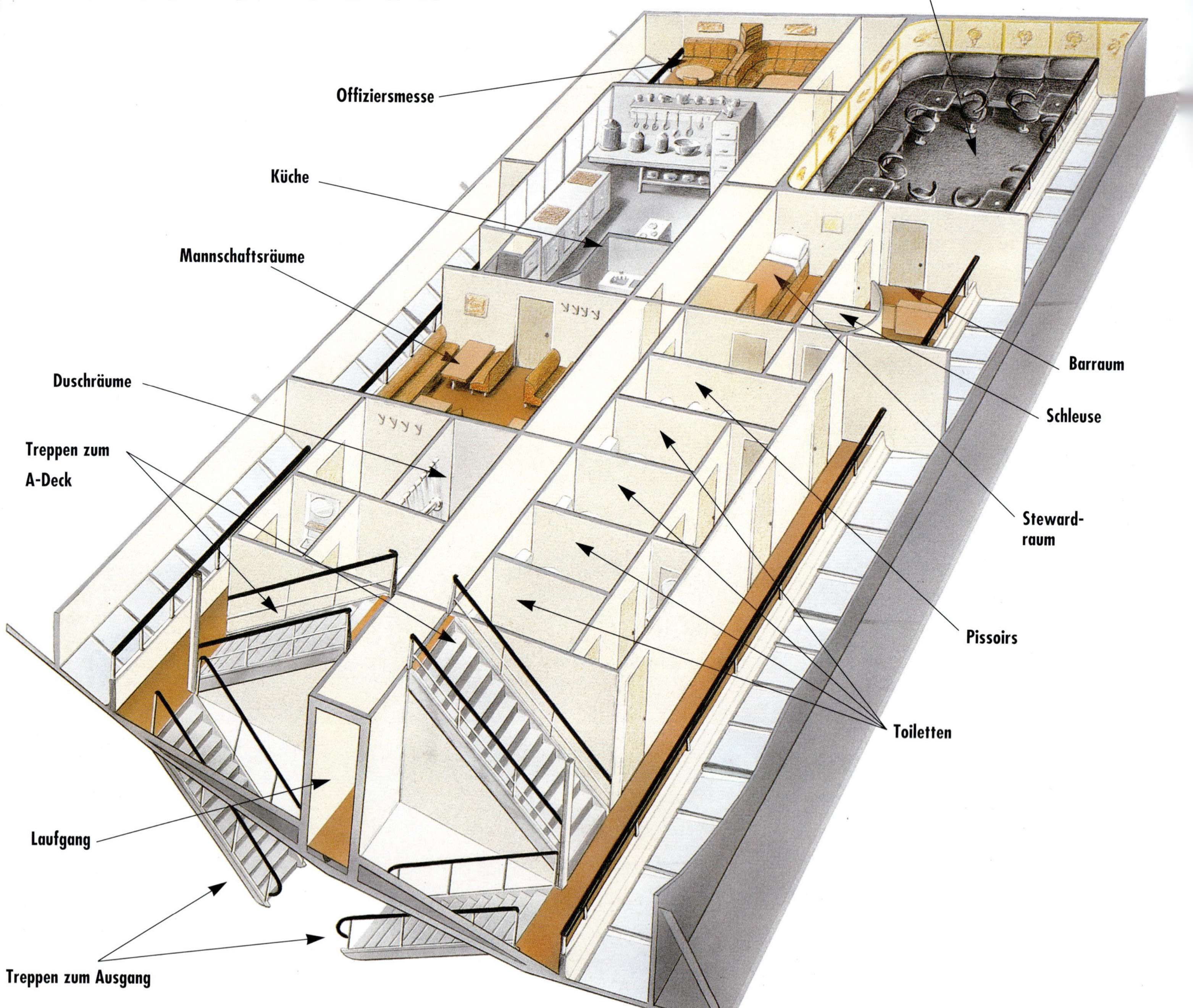

DIE FÜHRERGONDEL

Das Kernstück des Giganten war die Führergondel, wo die diensthabenden Offiziere und die Mannschaft die *Hindenburg* auf Kurs hielten und außerhalb möglicher Gefahrenzonen brachten. Der Höhensteuermann stand parallel zur Mittellinie des Schiffes und behielt ein wachsames Auge auf die Meßgeräte, die den Neigungsmesser, einen Monitor zur Anzeige des Gaszellendrucks und den Höhenmesser enthielten. Im Unterschied zur *Graf Zeppelin* konnte die *Hindenburg* mit automatischer Steuerung fliegen, was aber nur bei ruhigen Wetterverhältnissen praktiziert wurde. Unmittelbar hinter dem Kontrollraum befand sich der Kartenraum (unten links), wo der Navigator mit Hilfe von Funk- und Kreiselkompaß die Position des Schiffes errechnete und bei schlechtem Wetter den besten Ausweichkurs heraussuchte. Eine Leiter führte vom Stauraum in den Funkraum (unten rechts).

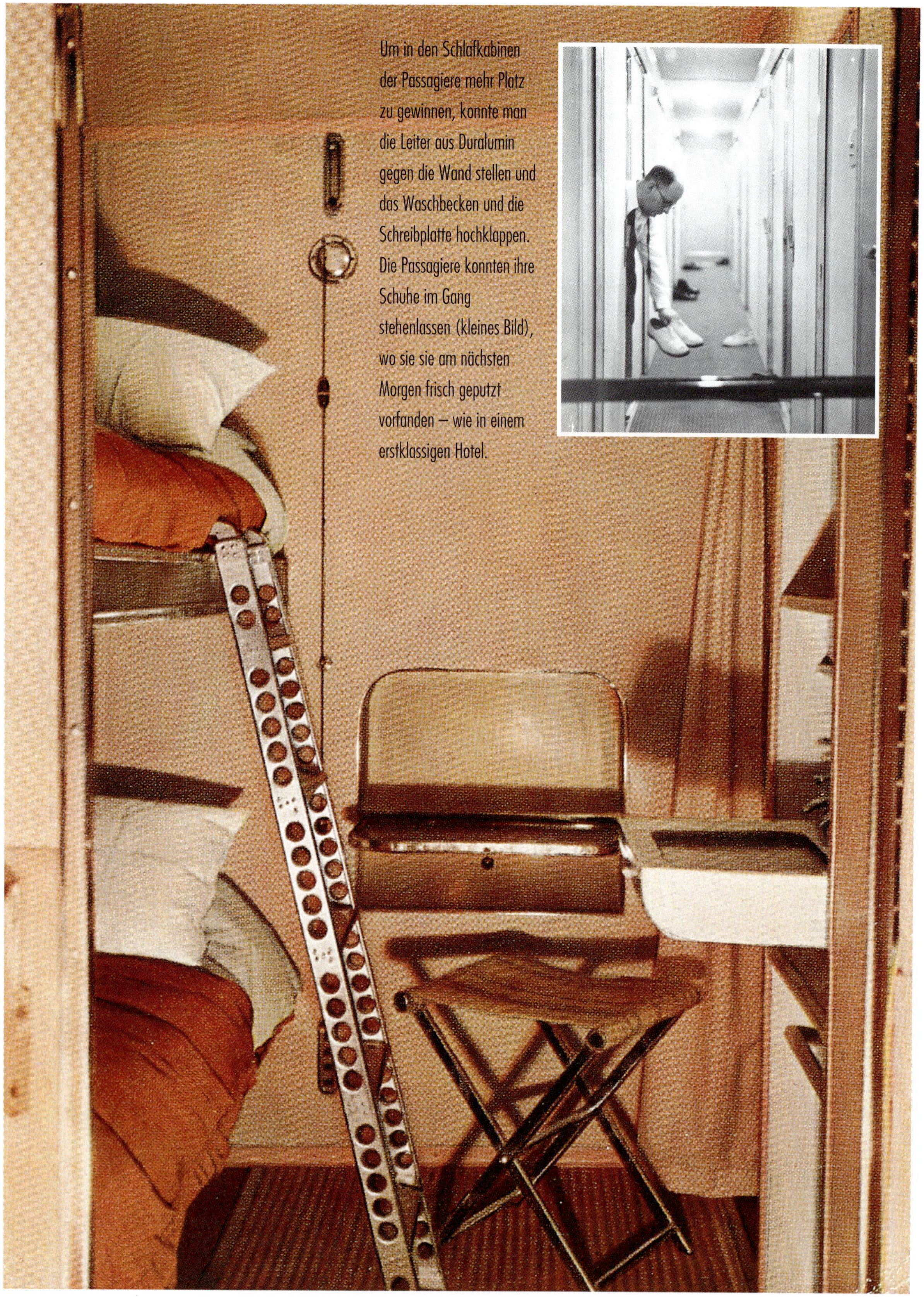

Um in den Schlafkabinen der Passagiere mehr Platz zu gewinnen, konnte man die Leiter aus Duralumin gegen die Wand stellen und das Waschbecken und die Schreibplatte hochklappen. Die Passagiere konnten ihre Schuhe im Gang stehenlassen (kleines Bild), wo sie sie am nächsten Morgen frisch geputzt vorfanden – wie in einem erstklassigen Hotel.

schaft ermöglichten. Und selbst bei Reisegeschwindigkeit war im Innern der Aufenthaltsräume keine Zugluft zu spüren, wenn diese Fenster geöffnet waren – obwohl der Zeppelin mit immerhin 130 km/h durch die Luft fuhr. Von diesen beiden Promenaden eingefaßt wurde der langgezogene, ansehnliche Speisesaal, dessen Wände Bilder von Professor Otto Arpke zierten, auf denen Szenen einer Reise der *Graf Zeppelin* nach Rio dargestellt waren. Hier fanden fünfunddreißig Passagiere an weißgedeckten Tischen Platz. Diese Tische wiederum waren mit dem geschmackvollen Silber der Deutschen Zeppelin-Reederei und mit eigens für die *Hindenburg* entworfenem feinem Porzellan dekoriert – dazu noch mit frischen Schnittblumen. Wenn man einen Sitzplatz an einer der beiden Fensterfronten hatte, konnte man auf die draußen vorbeiziehende Himmelslandschaft hinausblicken, während man Köstlichkeiten wie »Mastente, bayerische Art, mit Blaukraut« oder »Wildbretkotelett Beauval mit Berny-Kartoffeln« aß und dazu einen guten französischen Burgunder oder einen deutschen Moselwein trank. Da die Weinflaschen bei einer Schräglage von zehn Grad umfielen, war der Höhensteuermann strikt angewiesen, dafür zu sorgen, daß das Luftschiff sich bei dem üblichen Auf und Ab in der Luft nicht um mehr als fünf Grad neigte.

In dem geräumigen Salon auf der Steuerbordseite konnten sich die Passagiere bei einem Drink entspannen und zuhören, wie Ernst Lehmann oder ein anderer musikalisch begabter Mitreisender auf einer kleinen Version eines Blüthner-Klaviers spielte (auf der *Graf Zeppelin* reisende Passagiere hatten sich beklagt, daß ihnen zur Unterhaltung nach dem Abendessen allein noch ein Klavier fehle). Dieses hauptsächlich aus Aluminium bestehende, mit gelbem Schweinsleder überzogene Instrument wog lediglich 397 Pfund. Und auf einem eindrucksvollen Wandbild – einer riesigen Weltkarte – waren die Reiserouten berühmter Weltumsegler abgebildet, von der ersten Reise des Kolumbus bis hin zu Hugo Eckeners Weltfahrt mit der *Graf Zeppelin*.

Reisende, die Ruhe und Abgeschiedenheit bevorzugten, konnten sich in den Lese- und Schreibraum – mit seinen beruhigenden grauen Wänden und Bildern, auf denen die Entwicklung des Weltpostdienstes dargestellt war – zurückziehen. Auf der *Hindenburg* geschriebene und in einem *Hindenburg*-Kuvert verschlossene Briefe brauchte man nur in einen bereitstehenden

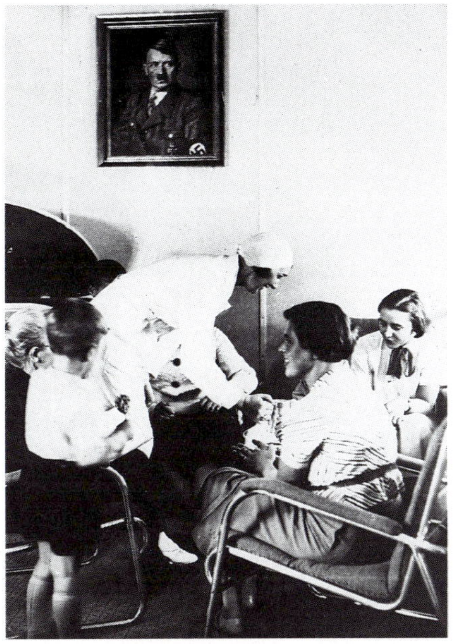

Angenehme Stunden verbrachten die Passagiere auf der Promenade (links) oder im Gesellschaftsraum (unten) mit seinen bequemen Rohrstühlen aus Duralumin und der eindrucksvollen Wandverkleidung. In der ersten Zeit ihrer Inbetriebnahme war die *Hindenburg* auch mit einem kleinen Flügel (oben) ausgestattet. Im Jahr 1936 war die gesamte Besatzung des Luftschiffs noch männlich, doch im darauffolgenden Jahr wurde Emilie Imhof (rechts) die erste Stewardeß.

DINIEREN ÜBER DEN WOLKEN

Ein Essen an Bord der *Hindenburg* war unbestreitbar der Gipfel der Eleganz. Meist nahmen der Kapitän und die ranghöheren Offiziere gemeinsam mit den Passagieren die Mahlzeiten ein, so auch Hugo Eckener (rechts ganz oben). Die Gerichte wurden durch einen Speiseaufzug aus der geräumigen Küche im darunterliegenden Deck (rechts Mitte und unten) heraufgebracht. Die Küche war mit einem Elektroherd, Back- und Grillherd, einem Kühlschrank und einer Eismaschine gut ausgestattet. Während einer durchschnittlichen Atlantiküberquerung wurden 440 Pfund frisches Fleisch und Geflügel, 800 Eier und 220 Pfund Butter verarbeitet.

Der Lese- und Schreibraum (oben) war ein Ort der Ruhe und des Friedens; so empfand es auch Lady Drummond Hay (rechts oben), die sich oft dort aufhielt. (Rechts) Eines der vielen bei Briefmarkensammlern hochgeschätzten *Hindenburg*-Motive. (Gegenüberliegende Seite) Ein Teil des Rauchsalons auf dem B-Deck.

Briefkasten zu werfen; dort wurden sie zweimal täglich abgeholt und in den Postraum gebracht.

Auf dem etwas beengteren B-Deck, gleich unterhalb des A-Decks, befand sich der überwiegend von Männern in Anspruch genommene Rauchsalon. Um hineinzugelangen, mußte man einen engen Vorraum passieren, der zugleich als Bar fungierte. Dort stand ein Steward bis drei Uhr früh bereit, ließ Rauchwillige durch die luftdichte Tür in den – zwecks Fernhaltung etwaigen Wasserstoffs unter Luftdruck stehenden – hinteren Raum eintreten und gab Getränke aus. Zu den Spezialitäten des Hauses gehörten etwa der »Geeiste Cocktail LZ 129« – Gin mit einem Schuß Orangensaft – oder der »Maybach 12« – Rezept zwar unbekannt, aber ganz sicher ziemlich PS-stark.

Auf dem restlichen B-Deck waren vorwiegend funktionale Einrichtungen untergebracht: Waschräume für die Passagiere, die Küche, Aufenthaltsräume für Offiziere und die Mannschaft sowie die erste »Himmels«-Dusche überhaupt. Zwecks Wassereinsparung war die Zufuhr des kostbaren Naß streng dosiert; auch der Wasserdruck ließ sehr zu wünschen übrig – aber immerhin: es gab eine Dusche.

Alles in allem stellte die *Hindenburg* die *Graf Zeppelin* in puncto Komfort und Geräumigkeit deutlich in den Schatten und übertraf diesbezüglich auch das – relativ luxuriös ausgestattete – unglückliche englische R 101 noch ganz beträchtlich. Ja, dies war das Schiff, von dem Hugo Eckener immer geträumt hatte.

AM 31. MÄRZ 1936, NUR ZWEI TAGE NACH DEM ENDE ihrer umstrittenen Propagandafahrt, machte die *Hindenburg* sich auf den weiten Weg nach Rio de Janeiro. Zum erstenmal seit dem Tod des Grafen Zeppelin führte jedoch auf der Jungfernfahrt eines Passagierzeppelins nicht mehr Hugo Eckener das Kommando. Diese Ehre wurde Ernst Lehmann zuteil, dessen Stern jetzt rasch aufging. Die Ursache dieses Bruchs mit der Tradition war jedoch nicht etwa Eckeners fortgeschrittenes Alter – im August stand sein achtundsechzigster Geburtstag an –, sondern sein schwindender Einfluß.

Und so flog Eckener als Passagier – und ohne offizielle Funktion – mit nach Rio. Er blieb aber weiterhin der große Medienstar. Als Journalisten von ihm wissen wollten, weshalb nicht er das Kommando führe, gab er höflich-ausweichende Antworten. Diese Pose beizubehalten fiel ihm jedoch deutlich schwerer, als mitten über dem Südatlantik der Reporter einer wichtigen englischen Zeitung an ihn herantrat und erklärte: »Ich habe soeben von meiner Zeitung einen Funkspruch erhalten, daß ich Sie über den Grund der ›Achterklärung‹ befragen möge, die Dr. Goebbels über Sie verhängt hat. Ich darf bis zu fünfhundert Worte darüber funken.«

HEISSLUFT-BALLON MONTGOLFIER
1783
WASSERSTOFF-BALLON
VON PROF CHARLES
1783
LEGITIMOS

Eckener war erstaunt – er hatte von dieser Sache bis dahin überhaupt nichts gewußt –, aber wie sollte er in der Mitte zwischen zwei Kontinenten herausfinden, was eigentlich genau passiert war?

Tatsächlich hatte Goebbels von Eckeners Ausbruch gegenüber Kapitän Lehmann erfahren, nachdem dieser die untere Flosse der *Hindenburg* beschädigt hatte. Hitlers mächtiger Propagandaminister war in Zorn geraten. Auf seiner nächsten Pressekonferenz erklärte er Eckener zur Unperson: »Dr. Eckener hat sich außerhalb der Volksgemeinschaft gestellt. Sein Name darf künftig in der Presse nicht mehr genannt und sein Bild nicht mehr gebracht werden.« Etliche Zeitungen außerhalb Deutschlands griffen diese Geschichte auf. Als die *Hindenburg* in Rio eintraf, hatten ausländische Presseberichte in der großen deutschen Bevölkerungsgruppe dort bereits für beträchtlichen Wirbel gesorgt.

Während des Willkommensbanketts des Deutschen Clubs in Rio hörte Eckener amüsiert zu, als der dortige Naziführer über die »Gemeinheit der ausländischen Presse« herzog, die durch die Behauptung, Eckener sei »bei der Naziregierung in Ungnade gefallen«, dessen guten Namen ruiniert habe. Eckener stand daraufhin auf, um die Dinge richtigzustellen: »Ich mußte dem verdutzten und sehr verlegen werdenden Herrn erklären, daß die Auslandspresse ›ausnahmsweise‹ einmal im Recht sei… Ich konnte mich nicht enthalten, dabei unmißverständlich zum Ausdruck zu bringen, daß ich keineswegs ein Nationalsozialist sei und daß ich die Spannung und Spaltung, die von der Ortsgruppe in die deutsche Kolonie Rios gebracht worden sei, lebhaft bedauere.« Diese Worte, die den Machthabern in Deutschland ganz sicher nicht verborgen bleiben würden, waren nicht gerade dazu angetan, ihm die Rückkehr nach Europa zu versüßen. Aber Eckener scheint das zu diesem Zeitpunkt gleichgültig gewesen zu sein.

Plakatwerbung für die neuerrichtete Südamerikalinie. Die *Hindenburg* absolvierte in der Flugsaison 1936 sieben Hin- und Rückfahrten nach Brasilien.

Auf der Rückfahrt nach Friedrichshafen erwies sich die von Eckener gegenüber Lehmann geäußerte Sorge, daß der Propagandaflug unbedingt notwendige Motorentests verhindert habe, als allzu berechtigt. Schon auf dem Hinweg war einer der vier großen Dieselmotoren der *Hindenburg* ausgefallen. Man hatte ihn so gut wie möglich in Recife repariert, konnte jedoch auf dem Rückweg nicht bei voller Reisegeschwindigkeit fahren. Als das Schiff die Kapverdischen Inseln vor der afrikanischen Küste erreichte, fiel ein weiterer Motor ebenfalls wegen eines Bruchs des Verbindungsbolzens aus. Offensichtlich hatten die neuen Motoren einen Konstruktionsfehler – die ersten Dieselmotoren übrigens, die auf einem deutschen Zeppelin installiert worden waren. Als die Mechaniker den defekten Motor auseinandernahmen, gab ein weiterer Motor den Geist auf.

Die *Hindenburg* fuhr jetzt mit zwei Motoren, von denen der eine nicht einmal voll einsatzfähig war, und das just in einer Phase, da das Schiff gegen eine kräftige nordöstliche Luftströmung ankämpfen mußte. Wäre noch ein weiterer Motor ausgefallen, dann hätte das Schiff nicht mehr weiterfahren können. Das war eine durchaus ernste Situation. Nach Osten hin lag die Sahara, wohl kaum ein besonders geeigneter Ort für eine Notlandung. Nach Westen hin erstreckte sich der Atlantik. Die einzig verbleibende Möglichkeit war der Versuch, über die widrige Luftströmung hinaufzusteigen und dort oben nach den sogenannten Gegenwinden Ausschau zu halten. Diese Winde wehten normalerweise etwa in einer Höhe von 1700 Metern, also oberhalb der Prallhöhe der schwer beladenen *Hindenburg*. Aber das Glück blieb Eckener auch diesmal hold. Bereits in einer Höhe von 1200 Metern stieß das Schiff auf den ersehnten Rückenwind und konnte jetzt mit erhöhter Geschwindigkeit heimwärts fahren.

Die Mechaniker brauchten ganze sechzehn Stunden, um den ersten der beiden ausgefallenen Motoren wenigstens bedingt einsatzfähig zu machen, und dreißig Stunden, um den zweiten soweit zusammenzuflicken, daß man ihn in einer Notsituation wie dieser verwenden konnte. Glücklicherweise kam es zu keinem weiteren Zwischenfall, und die *Hindenburg* schwebte sicher heim nach Friedrichshafen. Vor der für Anfang Mai festgesetzten Reise nach Lakehurst, die den regelmäßigen Passagierverkehr mit Amerika eröffnen sollte, wurden alle vier Dieselmotoren von der Daimler Benz AG überholt.

Was die von Goebbels über Eckener verhängte »Achterklärung« anbelangt, so erwies sich die Nachricht als ein wenig übertrieben. Auf Anregung des Luftfahrtministers Göring schrieb Eckener Goebbels einen Brief, in dem er die »technischen« Gründe darlegte, die zu seiner Ablehnung der Propagandafahrt geführt hätten – Gründe, die sich durch den Zwischenfall vor Afrika im nachhinein als mehr denn gerechtfertigt erwiesen hatten. Gleichwohl bekam er noch eine Zeitlang die öffentliche Mißbilligung des Regimes zu spüren. Doch sein Traum-Luftschiff

DER STOLZ DES DEUTSCHEN REICHS

Die Nazis stellten das Geld zur Verfügung, das die Fertigstellung der *Hindenburg* überhaupt erst möglich machte; trotz der widerstrebenden Bemühungen Eckeners wurde die *Hindenburg* ebenso wie die *Graf Zeppelin* zum Symbol des neuen Regimes. Die Flagge der Deutschen Zeppelin-Reederei (links), dem Eigner und Betreiber der beiden neuen Luftschiffe, war mit dem Hakenkreuz versehen, ebenso die riesigen Leitwerksflächen. Die *Hinden-burg* wurde erstmals im März 1936, kurz nach ihrer Fertigstellung, zu Propagandazwecken eingesetzt. Sie und die *Graf Zeppelin* fuhren über alle deutschen Städte mit mehr als 100 000 Einwohnern (oben links) hinweg, warfen Flugblätter ab und warben mit Lautsprecherdurchsagen um Zustimmung zu der Rheinlandbesetzung, die per Volksentscheid gebilligt werden sollte. Anfang August hatte die *Hindenburg* einen großen Auftritt bei den Eröffnungsfeierlichkeiten der Olympischen Spiele in Berlin. Und Mitte September verlieh sie durch ihr imposantes Erscheinen am Himmel dem jährlich stattfindenden Parteitag in Nürnberg, an dem Hitler die Huldigung seiner Anhänger entgegennahm, eine besondere Note (oben ganz links und links).

hatte seine Bewährungsprobe bestanden und verband jetzt Europa mit dem amerikanischen Kontinent. Und in den Augen der Weltöffentlichkeit bildeten die Luftschiffahrt und Hugo Eckener ohnehin eine unauflösliche Einheit.

Den ganzen Tag über trafen immer neue Passagiere der ersten Nordamerikafahrt der *Hindenburg* per Bahn und Flugzeug in Friedrichshafen ein. Sie versammelten sich im eleganten Kurgartenhotel, wo auch Graf Zeppelin während seiner letzten Lebensjahre oft gewohnt hatte. Auf der schönen – auf den Bodensee und die schneebedeckten Schweizer Alpen hinausgehenden – Terrasse tankte eine illustre Schar internationaler Gäste die Wärme der Frühlingssonne. Manche von ihnen, etwa die Journalisten Lady Grace Drummond Hay und Karl von Wiegand, aber auch Sir Hubert und Lady Wilkins waren bereits alte Luftschiffhasen. Andere, wie Louis P. Lochner, der Leiter des Büros der Associated Press in Berlin, reisten zum erstenmal auf einem Luftschiff. Aber unabhängig von ihren bisherigen Erfahrungen waren sich alle darin einig, daß sie an einem historischen Ereignis teilnahmen. Denn man schrieb den 6. Mai 1936, und sie waren Reisende der ersten planmäßigen Passagierfahrt zwischen Europa und Nordamerika.

Nach einem frühen Abendessen im Hotel trafen die Passagiere mit dem Bus in Löwenthal ein. Der riesige Hangar ragte eindrucksvoll in der Abenddämmerung vor ihnen auf. Seine riesigen Tore waren bereits – wie die Vorhänge einer Theaterbühne – aufgezogen und gaben den Blick auf die gigantische Silbernase des Luftschiffs frei. Unscheinbar wirkten daneben die Mitglieder der Bodenmannschaft, die geladenen Gäste, die Journalisten und Fotografen und die uniformierten Zollbeamten. Selbst jene, die bereits auf der verläßlichen alten *Graf Zeppelin* gefahren waren, zeigten sich beeindruckt. Desgleichen die Tausende von Zuschauern, die bereits warteten, voller Stolz auf die Leistung ihres Landsmannes. Bevor die Passagiere an Bord gingen, wurden Zündhölzer und Feuerzeuge – alles Feuergefährliche – konfisziert, außerdem alle Kameras (die deutschen Behörden hatten Aufnahmen von geheimen Militäreinrichtungen verboten).

Den an Bord gehenden Passagieren müssen die zwei kleinen Klapptreppen aus Aluminium, über die sie den Bauch des gigantischen Silberwales betraten, winzig erschienen sein. Louis

Jedes Gepäckstück wurde durch ein Gepäckschildchen (unten) und einen Aufkleber (oben) gekennzeichnet, auf dem der Anfangsbuchstabe des Besitzers stand; auf diese Weise konnte die Mannschaft die Gepäckstücke bei der Landung alphabetisch sortieren. (Gegenüberliegende Seite) Die *Hindenburg* läßt Wasserballast ab, um ihren Abstieg vor dem neuen Frankfurter Hangar zu bremsen, und die Bodenmannschaft (rechts unten) ergreift die Landespinnen, während das Schiff heranschwebt.

Lochner notierte später in seinem Tagebuch, er habe den Eindruck gehabt, er gehe »an Bord eines kleinen Ozeandampfers«. Die Passagiere stiegen die Treppe vom B- und zum A-Deck hinauf, erwiesen der Büste des unlängst verstorbenen Reichspräsidenten Paul von Hindenburg mit einem Kopfnicken die Ehre, brachten ihr Handgepäck in die Kabinen, verteilten sich dann auf die beiden Promenaden und lehnten sich aus den offenen Fenstern. Jene, die bereits auf der *Graf Zeppelin* gereist waren, wunderten sich über die Geräumigkeit der geschmackvoll eingerichteten öffentlichen Räume.

Als alles bereit war, spielte die Friedrichshafener Stadtkapelle zuerst »Muß i denn, muß i denn zum Städtele hinaus«, danach »Deutschland, Deutschland über alles«, die deutsche Nationalhymne, und schließlich »Stars and Stripes forever«. Dann erteilte Kapitän Lehmann das Kommando »Zeppelin marsch!«, und das Schiff wurde langsam aus der Halle in die Dämmerung hinausgezogen. Schon bald konnten die draußen Wartenden den in Frakturschrift gleich hinter dem Bug angebrachten Namenszug des Luftschiffs erkennen, ein paar Augenblicke später bereits die vielfarbigen Ringe der Olympischen Sommerspiele, die diesmal in Berlin stattfanden. Dann wurden die riesigen Heckflossen mit dem schwarzen Hakenkreuz sichtbar, das in einen weißen, von einem leuchtendroten Rechteck eingefaßten Kreis einbeschrieben war. Einen Augenblick lang bezweifelten selbst jene, die die *Hindenburg* schon einmal hatten fliegen sehen, daß dieses gewaltige Fahrzeug, das so lang war wie ein Ozeandampfer und so hoch wie ein dreizehnstöckiges Gebäude, jemals vom Boden abbheben werde.

»Schiff hoch!« rief Lehmann, während er sich aus dem Fenster der Führergondel lehnte. Auf diesen Befehl hin wurden die Halteseile abgeworfen, und die Bodenmannschaft an dem an der Gondel angebrachten Handgeländer gab dem Schiff einen Aufwärtsschub. Ein paar Tonnen Wasserballast klatschten zu Boden und bespritzten – zur Schadenfreude der Passagiere – ein paar hundert Zuschauer, die sich zu nahe an das Schiff herangewagt hatten. Dann stieg die *Hindenburg* unter Jubel- und Hochrufen langsam auf. In der Wahrnehmung des United-Press-Korrespondenten Webb Miller war der Aufstieg weich »wie Distelwolle«. Es gab nichts, was diesem Gefühl gleichkam, zugleich mit einem solch gigantischen Gewicht in eine Art Schwerelosigkeit aufzusteigen.

Dann sprangen die vier starken Dieselmotoren an und erzeugten ein mächtiges, rhythmisches Dröhnen. Das Schiff bewegte sich jetzt vorwärts und erhob sich zunächst langsam und dann immer rascher in den Nachthimmel. Manche der Passagiere empfanden ein leichtes Schwindelgefühl, als sich das Luftschiff jetzt immer schneller vom Boden entfernte und die Menschen dort unten kleiner und kleiner wurden. Aber dieses Gefühl der Orientierungslosigkeit schwand bald dahin. Die *Hindenburg* vermittelte ein sicheres, ungemein beruhigendes Gefühl. Die meisten standen noch immer an den Fenstern und sahen auf die dunklen Felder und Wälder Süddeutschlands hinunter; hier und da schimmerte das Licht eines Gehöfts oder vielleicht sogar einer alten Burg herauf. Der Vollmond war bereits aufgegangen und tauchte die Landschaft in ein geheimnisvolles, silbriges Licht, während das Luftschiff auf seiner nächtlichen Fahrt Kurs auf das Meer nahm.

Jene, die noch nie zuvor auf einem Luftschiff gereist waren, wunderten sich immer wieder über das ruhige, gleichmäßige Dahingleiten des von einer amerikanischen Zeitung als

»Galeone« der Lüfte bezeichneten Zeppelins. Der Journalist Lochner, der seit langem mit Lehmann und Eckener befreundet war, geriet ins Schwärmen, als man ihn in die Spitze des Bugs führte, wo von den Vibrationen der Maschinen rein gar nichts zu spüren war: »Man fühlt sich dort, als werde man in den Armen von Engeln davongetragen«, vertraute er später seinem Tagebuch an.

Auch auf den Passagierdecks war das schwache Dröhnen der weit hinten angebrachten Motoren kaum vernehmbar. Als die Transatlantikfahrten der *Hindenburg* später ihren außergewöhnlichen Charakter eingebüßt hatten, kam es sogar vor, daß manche Reisenden den Start überhaupt nicht wahrnahmen und glaubten, das große Schiff sei noch immer am Boden verankert, während sich der Zeppelin in Wahrheit bereits hoch oben in den Lüften befand. Willy von Meister, der Vertreter der Zeppelin-Gesellschaft in Amerika, berichtete besonders gerne von einem Vorfall, der sich 1936 zu Beginn der Fahrt von Lakehurst nach Europa ereignet hatte.

Das Schiff war verspätet in den Vereinigten Staaten eingetroffen, und die Abreise war deshalb von 20.00 auf 22.00 Uhr abends verschoben worden. Zwei Damen, die an jenem Tag aus dem Mittleren Westen eingetroffen waren, fühlten sich von ihrer Reise so erschöpft, daß sie direkt zu Bett gingen, nachdem sie an Bord gegangen waren. Kurz nach Mitternacht kam von Meister – vielleicht auf dem Weg zum Rauchsalon, wo er noch einen Drink nehmen und eine letzte Zigarette rauchen wollte – an ihrer Kabine vorbei und bemerkte, daß das oberhalb der Tür angebrachte Signallicht leuchtete. Im selben Augenblick kam auch bereits ein Steward den Korridor entlanggerannt. Eine der beiden Damen öffnete die Tür. Sie trug ein hübsches Seidennachthemd und auf dem Kopf eine Schlafmütze.

»Steward«, sagte die Dame, »wann starten wir denn endlich. Es ist bereits halb eins.«

»Wieso, Madame?« entgegnete der Steward. »Wir sind schon vor über zwei Stunden gestartet. Wir befinden uns jetzt über Cape Cod.«

»Das glaube ich Ihnen nicht«, erwiderte die Dame leicht verärgert. Dann lief sie – ohne sich weiter um ihre etwas unpassende Aufmachung zu kümmern – den Gang entlang, durch den Salon zu einem der Promenadenfenster hinüber, um mit eigenen Augen zu sehen, daß das Schiff sich bereits in der Luft über der Küste Neuenglands befand.

So ruhig glitt die *Hindenburg* dahin, daß die Passagiere eine Art Gesellschaftsspiel daraus machten herauszufinden, wie lange ein aufrecht stehender Blei- oder sonstiger Schreibstift während der Fahrt in dieser Position blieb, ohne umzufallen. Meistens wurden die an dem Spiel Beteiligten irgendwann des Wartens müde. Und selbst bei rauhem Wetter wurde auf der *Hindenburg* nie jemand luftkrank. Verglichen mit dem oft lauten, ruckelnden Flug in einem modernen Jumbo-Jet war das Reisen in einem Luftschiff ein gleichmäßig-federleichtes Dahinschweben.

Nachdem man an der eindrucksvollen Silhouette des Kölner Doms vorübergeschwebt war, hatten sich die meisten der Passagiere gegen Mitternacht zur Ruhe begeben. Schlafen konnte

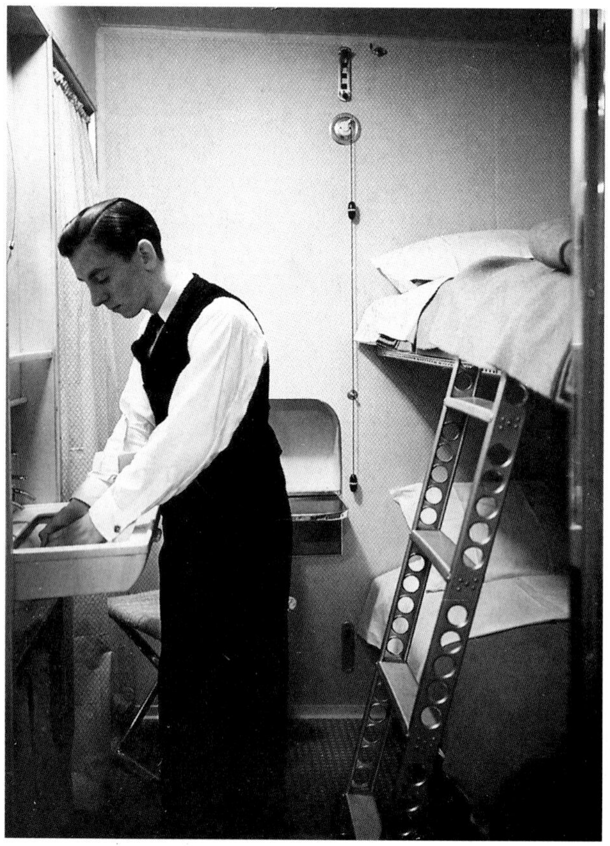

man in Ruhe und Bequemlichkeit, es sei denn, daß in der Nachbarkabine ein Schnarcher einquartiert war, denn die Wände bestanden lediglich aus einer dünnen – mit Stoff bezogenen – Schaumstoffschicht. Einige der Passagiere weilten allerdings noch im Rauchsalon, wo sie gemeinsam das einzige elektrische Feuerzeug benutzten und die Zigarettenasche in dem automatisch schließenden Aschenbecher deponierten. Sie saßen dort bis in die frühen Morgenstunden, sahen gelegentlich durch die in den Pfirsichholzboden eingelassenen Plexiglasscheiben weit unten ein paar Lichter vorbeiziehen und tranken immer wieder auf das Wohl der beiden Meister der Lüfte, Ernst Lehmann und Hugo Eckener.

Eckeners offizieller Status war mehr oder weniger undurchschaubar. Sein Name stand zwar am Anfang der kurz nach dem Start verteilten Offiziers- und Passagierliste, aber ohne jede nähere Qualifizierung, während der Name des an zweiter Stelle genannten Ernst Lehmann noch mit dem Zusatz »Kommandant« versehen war. Gleichwohl verbrachte Eckener viele Stunden in der Führergondel, besonders wenn sein Sohn Knut Wachdienst hatte, und schien völlig ohne Schlaf auszukommen. Die Nachtschwärmer sahen ihn genauso oft einen der Korridore entlangspazieren wie die Frühaufsteher. Zwar führte er nicht das Kommando, fühlte sich aber für sein Schiff verantwortlich.

Am nächsten Morgen beim Frühstück herrschte bereits die auch bei einer Ozeanreise übliche gesellige Stimmung vor. Die Passagiere waren allesamt gut betucht. Bei einem Fahrpreis von 400 Dollar für ein »einfaches« Ticket – immerhin dem Gegenwert eines Automobils – und 720 Dollar für einen Rückfahrschein überstieg diese Art zu reisen bei weitem die durchschnittliche Finanzausstattung, war jedoch immer noch preiswerter als eine Ozeanüberquerung auf der *Queen Mary*, dem schnellsten und modernsten Luxusdampfer auf der Transatlantikroute. Zu langweilen schien sich niemand an Bord. Wenn die Passagiere nicht gerade damit beschäftigt waren, die Dutzende von Postkarten zu schreiben, die sie Verwandten und Freunden versprochen hatten, blickten sie aus den Promenadenfenstern auf das Meer und den Himmel hinaus. »Im Luftschiff hoch über dem Meere zu fahren ist niemals langweilig«, schrieb Eckener später einmal, »ist immer reizvoll, weil das malerische Bild von Meer und Wolken immer schnell wechselt.« Eine Zeitlang schwebten sie an jenem Morgen im Sonnenschein über einen schier endlosen Teppich aus Schäfchenwolken. Bisweilen wurde der dunkle Schatten, der das Luftschiff in der Tiefe begleitete, von einem kreisrunden Regenbogen eingefaßt, ein Phänomen, an dem sich bereits die Passagiere der *Graf Zeppelin* immer wieder ergötzt hatten. Solange das Wetter nichts anderes verlangte, fuhr die *Hindenburg* gleichmäßig in einer Höhe von rund 220 Metern dahin, so daß die Passagiere immer wieder unter sich in aller Deutlichkeit vorbeiziehende Dampfer, auftauchende Wale und mitunter sogar einen Eisberg erkennen konnten. Bei dieser Reisehöhe erübrigte sich das Ablassen von Wasserstoff, und auch die Besatzung, die in den unbeheizten Teilen des Schiffes arbeitete und untergebracht war, konnte die in dieser Höhe herrschenden Temperaturen meistens gut aushalten.

Jeder Passagier, der dies wünschte, konnte das Schiff von der Führerkabine bis in die riesigen

(Gegenüberliegende Seite links) Aus den Hähnen des aus weißem Plastik gefertigten Waschbeckens der Passagierkabine kam fließend heißes und kaltes Wasser. (Gegenüberliegende Seite rechts) Hugo Eckener (im Hintergrund) sieht mit anderen Passagieren aus dem Promenadenfenster hinaus. (Rechts) Passagiere entspannen sich im Gesellschaftsraum auf der ersten Reise des Luftschiffs nach Lakehurst. Einer der wenigen, die nicht eingenickt sind, ist der Journalist der Associated Press, Louis P. Lochner (ganz links), der während der Fahrt ein eindrucksvolles Tagebuch führte.

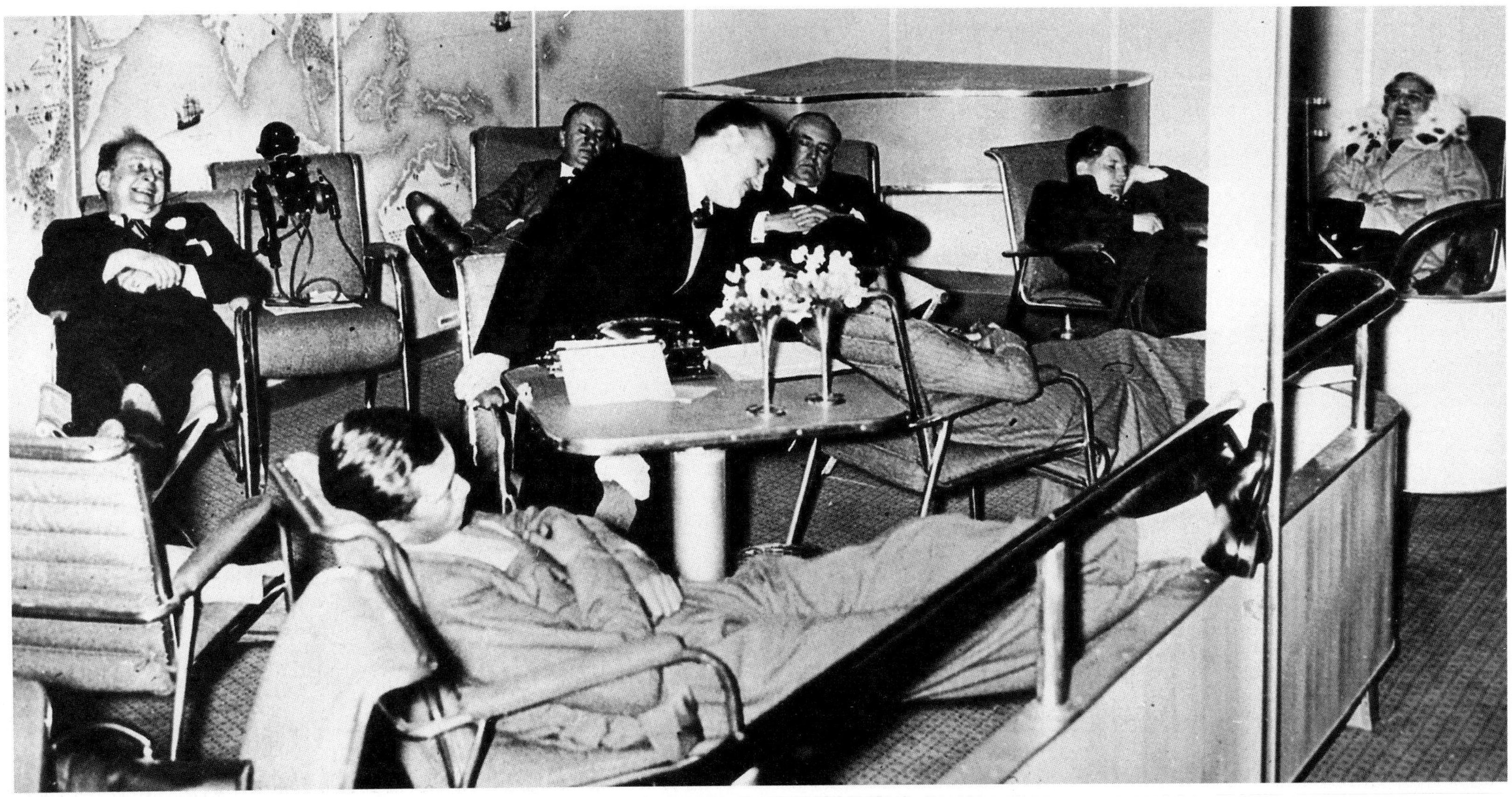

Leitwerke besichtigen. Einer der Reisenden bemerkte nach einer solchen Besichtigungstour einmal, das Innere des Zeppelins gleiche einem »gigantischen Stabilbaukasten«. Webb Miller wurde von Kapitän Lehmann höchstpersönlich geführt, der sich einen Scherz erlaubte, als er mit ihm den durch den Kiel führenden Axialsteg entlangging. Um die Widerstandsfähigkeit der Außenhülle zu demonstrieren, sprang der Zeppelinveteran von dem Laufgang aus auf die Außenhaut des Luftschiffs und vollführte dort fröhlich wie ein Schuljunge etliche Luftsprünge. Als die beiden später auf einer winzigen Leiter bei rund hundertdreißig km/h im Fahrtwind in eine der Motorgondeln hinabstiegen, mußte Miller die Leiter auf der windseitigen Seite ganz mit den Armen umklammern, um nicht davongerissen zu werden. Genau wie der diensthabende Maschinist trug er einen gefütterten Helm, empfand den Motorenlärm aber gleichwohl noch immer als ohrenbetäubend. Später schrieb er: Es war, »als ob wir in einem riesigen Artilleriegeschoß bei offenen Fenstern durch die Luft geschleudert würden«.

Am Abend des ersten Reisetags versammelte sich eine Gruppe von Musikliebhabern um den Blüthner-Flügel und taufte sich sogleich auf den Namen »Hindenburg-Quartett«. Den Gesangspart übernahmen Lady Wilkins, der populäre englische Romancier Leslie Charteris – der Erfinder des elegantesten Detektivs – und dessen »geistreiche und ach so attraktive Frau« Pauline, wie der Passagier Hans Hinrichs sich ausdrückte. Sie gaben Irvin Berlins »Cheek to Cheek« zum besten, dessen bekannteste Zeile lautet: »Heaven, I'm in Heaven.«

Selbst als das Wetter sich einmal kurzfristig verschlechterte, blieben die Passagiere dieser historischen Atlantiküberquerung bester Laune. Als man am Donnerstag mittags gemeinsam mit Kapitän Lehmann und Hugo Eckener bei Tisch saß, prasselten Regen und Hagel auf das Schiff nieder. Die Vasen mit den frischen Schnittblumen fingen zu wackeln an, und das ganze Schiff schlingerte ein wenig, fast wie ein riesiger Fisch, der langsam durch tiefes Wasser schwimmt. Viele der Reisenden waren enttäuscht, daß das schlechte Wetter nur ein paar Minuten lang anhielt. Früh am nächsten Morgen versetzte ein – diesmal heftigerer – Sturm vor der amerikanischen Küste die *Hindenburg* abermals etwa eine halbe Stunde lang in eine leichte Schaukelbewegung, aber von dem Glas Wasser, das in Webb Millers Kabine auf dem Nachttisch stand, wurde kein Tropfen verschüttet. Manche Passagiere gaben später sogar an, sie hätten trotz des Unwetters ruhig weitergeschlafen.

Als die *Hindenburg* am Morgen des dritten Tages über Manhattan einschwebte, schien man sich in der Stadt, deren Wolkenkratzergebirge im Halbdunkel des Morgengrauens magisch aufragte, insgeheim abgesprochen zu haben. Ungeachtet der frühen Stunde und des Umstands, daß es sich um einen Samstag handelte, wurde das Luftschiff von einem »ohrenbetäubenden Chor von Schiffs- und Fabriksirenen« begrüßt, wie Lochner schrieb. In der für ihn typischen Verwegenheit ließ Lehmann das Schiff in einem Abstand von weniger als hundert Metern über die Spitze des Empire State Building hinwegschweben und drehte dann nach Süden in Richtung seines Bestimmungshafens ab.

Die *Hindenburg* setzte – wie es sich allen Augenzeugen unauslöschlich einprägen sollte – um 6.10 Uhr im Licht der ersten Sonnenstrahlen in Lakehurst auf. Sie hatte für die Transatlantikpassage genau einundsechzigeinhalb Stunden benötigt und damit die Reisezeit der *Graf Zeppelin* deutlich unterboten. Nicht weiter überraschend, war es die berühmte »Unperson« an Bord, die von den Reportern am meisten mit Fragen bedrängt wurde. Aber Eckener hielt sich

EIN MECHANIKER HAT KEIN RUHIGES LEBEN

Am lautesten auf der *Hindenburg* war die Arbeit der Mechaniker, die in den vier Motorengondeln Schichtdienst taten: jeweils zwei Stunden tagsüber und drei Stunden nachts. Für jeden Motor waren drei Männer zuständig, von denen jeweils einer bereits vor Einführung des automatischen Monitorsystems Dienst getan hatte. Sie überwachten die Umdrehungen des Motors, die Temperatur von Wasser und Öl sowie den Öldruck. Neben dem Lärm war auch die Hitze oft unerträglich, insbesondere auf den Fahrten nach Südamerika, wo die Temperaturen in der Gondel Spitzenwerte von 45 Grad erreichen konnten. Meldungen von der Kommandobrücke kamen über den Maschinentelegraphen (links unten), und der Mechaniker regulierte den Meldungen entsprechend die Geschwindigkeit des Motors. Zwischen den Dienstzeiten nahmen die Mechaniker eine der vier warmen Mahlzeiten zu sich oder ruhten sich in ihren Kabinen nahe dem Heck aus, wo der Motorenlärm ihr ständiger Begleiter war. Wurde das monotone Dröhnen eines der Dieselmotoren einmal unterbrochen – wenn etwa dringende Reparaturarbeiten in der Luft anfielen –, wachten die Männer sofort auf.

Die *Hindenburg* bei der Ankunft in New York auf einer ihrer zehn Fahrten in die USA während der Saison 1936.

die Journalisten lächelnd und höflich vom Leibe, bis sie auf den Anlaß seines bevorstehenden Besuches bei Präsident Roosevelt zu sprechen kamen. Er wollte dem Präsidenten bei dieser Gelegenheit ein speziell aus Anlaß dieser ersten Fahrt nach Nordamerika abgestempeltes Briefkuvert überreichen. Einen geschickten PR-Schachzug ließ Eckener sich niemals entgehen. Schließlich hatte Roosevelt den Deutschen den Luftschiffhafen Lakehurst gegen eine nominelle Benutzungsgebühr als Landeplatz zur Verfügung gestellt. Anders wäre die für 1936 geplante Serie von »Test«-Fahrten gar nicht durchführbar gewesen. Wenn alles gutging, sollte schon bald auf amerikanischem Boden ein Gegenstück zu dem neuen Frankfurter Luftschiffhafen entstehen, wo die *Hindenburg* seit der Rückkehr von ihrer ersten Fahrt nach Lakehurst im vergangenen Mai stationiert war. Und die Männer, die jetzt die Zeppelin-Gesellschaft leiteten, sprachen bereits von einem ehrgeizigen Zehnjahresplan, demzufolge bis 1945 eine fünfunddreißig bis vierzig Luftschiffe starke – weltweit aktive – Flotte riesiger Zeppeline in Betrieb sein sollte. In Amerika und der übrigen Welt war man allgemein der Überzeugung, daß es mit der *Hindenburg* und ihrem Erbauer Hugo Eckener am Himmel niemand aufnehmen könne.

In der Saison 1936 absolvierte die *Hindenburg* alle zehn festgesetzten Reisen zwischen Deutschland und den Vereinigten Staaten und zudem noch sieben Nonstop-Flüge nach Rio de Janeiro. Die *Graf Zeppelin* bediente währenddessen regelmäßig die Südamerikalinie und stellte immer neue Pünktlichkeits- und Verläßlichkeitsrekorde auf. Bereits im ersten Jahr nach Indienststellung transportierte die *Hindenburg* mehr als 1600 Transatlantik-Passagiere und legte, einschießlich der Testflüge, rund 320 000 Kilometer ohne einen ernsthaften Zwischenfall zurück, bevor sie vor Wintereinbruch in den neuen Hangar in Frankfurt gebracht wurde. Und was noch wichtiger war: Das Schiff war fast immer ausgebucht und hatte deshalb beinahe die Rentabilitätsschwelle erreicht – ein Beweis dafür, daß der Atlantikverkehr sich durchaus rechnen konnte.

Freilich wäre es in der Saison 1936 zweimal beinahe zu einem Unfall gekommen. Der erste dieser beiden nicht ungefährlichen Zwischenfälle ereignete sich auf der zweiten Reise nach Lakehurst, als der wachhabende Offizier Heinrich Bauer das Schiff gemeinsam mit einem unerfahrenen Höhensteuermann durch ein Sturmtief über dem Atlantik manövrierte. Die Mechaniker in den hinteren Motorgondeln schätzten später, daß die Spitze des Seitenruders sich einmal nur mehr rund fünfzehn bis achtzehn Meter über der Wasseroberfläche befunden habe.

Auf ihrer dritten Nordamerikafahrt geriet die *Hindenburg* dann über dem südwestlichen Neufundland in dichten Nebel. Bei dieser Gelegenheit bewährte sich der neue Schallhöhenmesser des Schiffes. Die Zeiträume zwischen den beiden Pieptönen des Höhenmessers wurden plötzlich immer kürzer, was darauf hindeutete, daß man sich mehr und mehr dem Boden näherte. Die Offiziere in der Führergondel befahlen daraufhin dem Höhensteuermann, das Schiff schnell wieder hinaufzubringen; trotzdem gingen die Pieptöne in ein langgezogenes Dauerpfeifen über – ein Zeichen dafür, daß der Boden gefährlich nahe war und das Gerät die Distanz nicht mehr messen konnte. Das Schiff stieg jedoch allmählich wieder höher hinauf, und so konnte ein Absturz noch einmal abgewendet werden.

Auch die *Graf Zeppelin* hatte hie und da brenzlige Situationen zu bewältigen. Doch in den Augen der Öffentlichkeit erschienen die beiden großen Passagierzeppeline ohne Fehl und Tadel.

Um ganz sicherzugehen, daß keiner seiner amerikanischen Freunde die Situation falsch einschätzte, hatte Eckener sich zum Abschluß der Saison 1936 noch einen besonderen PR-Coup ausgedacht. Die »Millionärsfahrt« fand am 9. Oktober während des vorerst letzten Aufenthaltes der *Hindenburg* in Lakehurst statt. An Bord befanden sich als Eckeners Gäste zweiundsiebzig der reichsten und mächtigsten Männer der Vereinigten Staaten, die in eigens gecharterten Pullmanwagen von der Pennsylvania Station aus nach Lakehurst gebracht und dann mit großen Limousinen zum Luftschiff hinüberchauffiert wurden. Zu den prominenten Gästen gehörten Nelson Rockefeller, der mächtige Chef diverser öffentlicher Versorgungsbetriebe Thomas McCarter, sowie Wintrop Aldrich, der Aufsichtsratsvorsitzende der Chase Manhattan Bank. Wie John Toland in seinem Buch *Die große Zeit der Luftschiffe* schreibt, »waren auf der *Hindenburg* mehr als eine Milliarde Dollar versammelt«. Der NBC-Radioreporter John B. Kennedy, der direkt von dem Luftschiff aus berichtete – während dieses in nördlicher Richtung nach Neuengland mit seinen in prächtiges Herbstlaub gekleideten Wäldern entschwebte –, erklärte seinen Zuhörern: »Mit dieser Prominenz an Bord können wir es sogar mit dem *Who's Who* aufnehmen.«

Die *Hindenburg* war für die hohe Qualität ihrer Küche berühmt. So hatte man auf dem Luftschiff etwa als abschließenden Höhepunkt der ersten regulären Nordamerikareise Schwarzwälder Bachforelle serviert, dazu erlesene Weine aus dem »Keller« des Zeppelins. Aber das Mittagsmahl, das auf der »Millionärsfahrt« angeboten wurde, stellte alle bis dahin je präsentierten »Luft-Diners« bei weitem in den Schatten. Zunächst gab es eine indische Schwalbennestsuppe, als nächstes – zusammen mit einem angenehmen 1934er Piesporter Goldtröpfchen – kalten Rheinlachs mit Gewürzsauce und Kartoffelsalat. Danach ein warmes Gericht: Filetsteak mit Gänseleberсauce, Château-Kartoffeln und grünen Prinzeßbohnen, dazu ein

(Oben) Plakate der Zeppelin-Gesellschaft versprachen eine schnelle und bequeme Reise nach Amerika.
(Folgende Doppelseite) Seit April 1936 war die *Hindenburg* im regelmäßigen Passagierverkehr zwischen Deutschland und Brasilien im Einsatz.

frisch perlender 1928er Feist Brut. Schließlich folgte noch ein Carmen-Salat, geeiste kalifornische Melone sowie türkischer Mokka, Gebäck und Liköre.

Das hervorragende Essen, die wundervolle Szenerie, die majestätische Fahrt des großen Luftschiffs und die Aura der Unbezwingbarkeit, die es umgab, beeindruckte die wohlhabenden Gäste gebührend. Als nach zehnstündiger Reise in Lakehurst alle wieder von Bord gingen, werden Hugo Eckener und Paul Litchfield, der Präsident von Goodyear, sich zufrieden angelächelt haben. Die Aussichten wurden immer besser, daß man zur Bewältigung des rapide wachsenden Nordamerikaverkehrs künftig vier neue Luftschiffe würde einsetzen können. »Das wirtschaftliche Ergebnis der zehn Rundfahrten«, schrieb Hugo Eckener, »war für alle, die die beträchtlichen staatlichen Zuschüsse für jeden Luftverkehr kannten, eine erfreuliche Überraschung, denn wir konnten achtzig Prozent der Kosten durch die Einnahmen decken, wobei wir die Abschreibungen aller Art sehr reichlich ansetzten. Es war das ein um so erfreulicheres Ergebnis, als das eine Schiff mit nur fünfzig Betten alle Generalunkosten, besonders auch die Verwaltungs- und Betriebsunkosten auf den Landungsplätzen hüben und drüben zu tragen hatte.«

IM OKTOBER 1936 TRAF DER NEUNUNDZWANZIGJÄHRIGE HAROLD DICK mit der letzten *Hindenburg*-Fahrt der Saison in Frankfurt ein und reiste von dort aus nach Friedrichshafen. Die Atmosphäre im Zeppelin-Hauptquartier hatte sich in den Monaten, seit er nicht mehr dort gewesen war, merklich verändert. Seit 1934 war Dick Verbindungsmann zwischen Goodyear-Zeppelin und der Zeppelin-Gesellschaft; die vergangenen zwei Jahre hatte er hauptsächlich auf dem Werksgelände in Friedrichshafen oder an Bord der *Graf Zeppelin* oder der *Hindenburg* verbracht. Insgesamt hatte er zweiundzwanzig Transatlantikflüge hinter sich. In seiner Freizeit war er häufig mit Eckeners Sohn Knut, mit dem er sich angefreundet hatte, zum Bergsteigen gegangen. Obwohl Amerikaner, war Dick bis dahin wie ein Mitglied der Friedrichshafener »Großfamilie« behandelt worden und hatte nie irgendwelche Schwierigkeiten gehabt, in die Vorgänge dort Einblick zu erhalten.

»Eine unübersehbare und verständliche Veränderung dort«, schrieb er später, »war das selbstbewußte, ja arrogante Auftreten der Leute, die der Reederei oder der Luftschiffbau Zeppelin angehörten.« Die erste Saison der *Hindenburg* war überaus erfolgreich verlaufen, und das Luftschiff war während dieser Zeit fast dreitausend Stunden ohne Zwischenfall in der Luft gewesen. Besonders fiel Dick die Arroganz auf, die man in Friedrichshafen gegenüber Goodyear-Zeppelin an den Tag legte; immerhin war geplant, daß das US-Unternehmen die beiden amerikanischen Luftschiffe der neuen transatlantischen Luftschifflinie bauen sollte. Ursache dieser neuen Haltung waren nach Dicks Auffassung in erster Linie die immer höher schlagenden Wogen eines übersteigerten Nationalismus und weniger ein durchaus berechtigter professioneller Stolz. Jedenfalls hatte das neue Auftreten kaum etwas mit Eckeners langjähriger Einstellung gegenüber seinen amerikanischen Freunden gemein. Bereits 1924, als er die *Los Angeles* in die USA überführt hatte, war er in nationalistischen Kreisen dafür kritisiert worden, daß er die »Betriebsgeheimnisse« der Zeppelin-Gesellschaft an das Ausland verrate, aber er hatte sich in seinem weiteren Vorgehen dadurch nicht beirren lassen. Jetzt freilich mußte Dick feststellen, daß er an Informationen, zu denen er bis dahin ohne weiteres Zugang gehabt hatte, kaum noch herankam.

Aber alles in allem wußte er Bescheid über die Details des forcierten Luftschiffbaus, der jetzt geplant war. Das neue *LZ 130*, das Schwesterschiff der *Hindenburg*, war in Friedrichshafen in Bau und sollte im September 1937 fertig sein. Unmittelbar darauf wollte man dann das – gegenüber den Vorgängermodellen durch eine Rumpfverlängerung um fast 28 000 Kubikmeter Auftriebskapazität vergrößerte – *LZ 131* in Angriff nehmen, auf dem gut und gerne achtzig Passagiere Platz finden sollten. Mit einer Länge von 263 Metern würde das *LZ 131* freilich für die Friedrichshafener Werfthalle zu lang sein, die deshalb an einem Ende vergrößert werden sollte, während man bereits am anderen Ende mit dem Bau des Luftschiffs beginnen wollte. Zugleich sollten auf der Frankfurter Luftschiffbasis drei riesige neue Hangars entstehen, die durch eine gigantische, drehbare Andockhalle miteinander verbunden sein sollten; von dieser Halle aus sollten die künftigen Luftschiffe dann beliebig in einen der Hangars verbracht werden können. In dem Hangar in Löwenthal bei Friedrichshafen wollte man gleichzeitig bereits mit dem Bau des *LZ 132*, einem Schwesterschiff des *LZ 131*, beginnen.

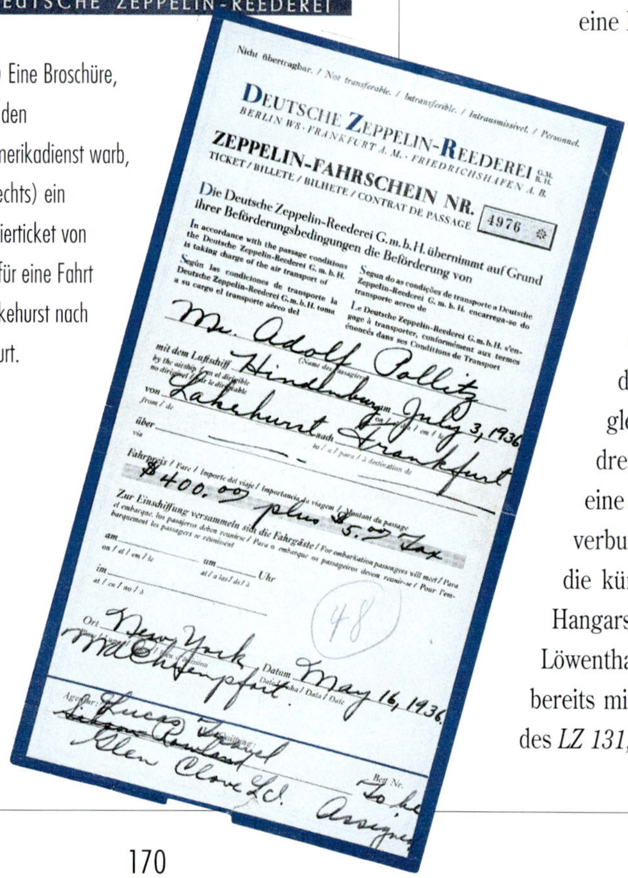

Nicht übertragbar. / Not transferable. / Intransferible. / Intransmissivel. / Personnel.
DEUTSCHE ZEPPELIN-REEDEREI G.m.b.H.
BERLIN W8 · FRANKFURT A.M. · FRIEDRICHSHAFEN A.B.
ZEPPELIN-FAHRSCHEIN NR. 4976
TICKET / BILLETE / BILHETE / CONTRAT DE PASSAGE
Die Deutsche Zeppelin-Reederei G.m.b.H. übernimmt auf Grund ihrer Beförderungsbedingungen die Beförderung von
Mr. Adolf Pollit
mit dem Luftschiff Hindenburg am July 3, 1936
von Lakehurst nach Frankfurt
Fahrpreis $400.00 plus $5.00 Tax
Ort New York Datum May 16, 1936

(Oben) Eine Broschüre, die für den Nordamerikadienst warb, und (rechts) ein Passagierticket von 1936 für eine Fahrt von Lakehurst nach Frankfurt.

Die weithin sichtbaren Erfolge des Jahres 1936 boten strahlende Aussichten für das kommende Jahr. Was die *Hindenburg* anbelangte, so baute man im Winter 1936/37 zehn neue Passagierkabinen ein. Da das Schiff ursprünglich für Helium konzipiert worden war, verfügte es jetzt über überschüssige Auftriebskapazitäten, so daß das zusätzliche Gewicht kein Problem darstellte. Die gleich hinter dem B-Deck in ehemaligen Mannschaftsquartieren eingerichteten neuen Kabinen waren ausnahmslos mit Fenstern ausgestattet und boten zweiundzwanzig Schlafplätze, einschließlich einer Vier-Kojen-Kabine für Familien mit Kindern. In der Zeppelinwerft hatte seit den Tagen des Ersten Weltkriegs kein solcher Hochbetrieb mehr geherrscht.

Am 3. Mai 1937 begann für die *Hindenburg* die einundzwanzigste Überquerung des Nordatlantiks und eine neue ehrgeizige Saison im Nordamerikaverkehr – bis zum Herbst waren achtzehn Fahrten nach Lakehurst geplant (auf der Südatlantikroute waren fünfzehn Fahrten vorgesehen).

Einige Wochen zuvor war der Zeppelin bereits unter seinem neuen Kapitän Max Pruss in Rio gewesen. Lehmann hatte sich aus dem aktiven Dienst zurückgezogen und war jetzt als Direktor der Reederei tätig; er überwachte alles, was mit der Abwicklung des Passagierverkehrs zu tun hatte, und sorgte für die Anwerbung und Ausbildung neuer Luftschiffmannschaften. Das Zeitalter des sicheren, effizienten und bequemen Luftschiffreiseverkehrs war angebrochen. Und es sprach alles dafür, daß noch Jahre vergehen würden, bis das »Schwerer-als-Luft«-Flugzeug mit diesen Himmelsgiganten würde konkurrieren können. Bis 1939 gab es kein Flugzeug, das zahlende Passagiere über den Atlantik transportierte – geschweige denn in solchem Luxus, wie er für Zeppelinreisende selbstverständlich war. Schon bald sollten die entferntesten Ecken der Welt regelmäßig und zuverlässig von Luftschiffen angefahren werden. Alles sprach für diesen Gang der Dinge – es mußte so kommen, es war längst überfällig.

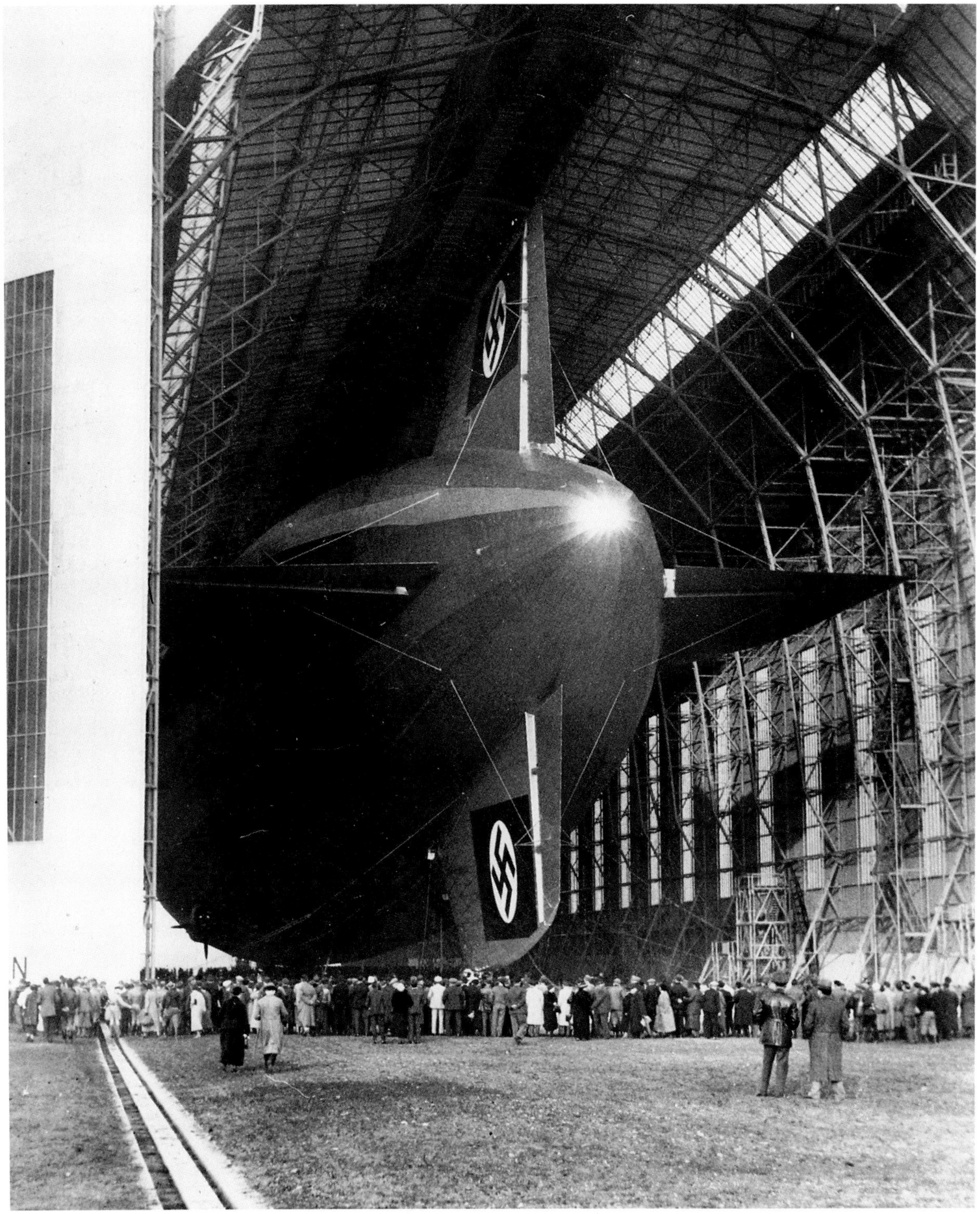

Am 14. Mai 1936 landete die *Hindenburg* bei der Rückkehr von ihrer ersten Fahrt nach Nordamerika auf dem neuen Luftschiffhafen Frankfurt am Main, wo gerade die erste von mehreren Hallen fertiggeworden war. Frankfurt als der wichtigste deutsche Passagierhafen für die immer größer werdende Zeppelin-Linie befand sich in zentraler Lage; die Straßen waren ausgezeichnet, die Eisenbahnverbindungen günstig; außerdem lag die Stadt fast dreihundert Meter tiefer als Friedrichshafen. Die größere Luftdichte in Frankfurt bedeutete, daß der Wasserstoff fast sieben zusätzliche Tonnen Nutzlast tragen konnte.

»OH, DIE MENSCHHEIT...«

»Morgen wird das Luftschiff nach den ersten von achtzehn für diesen Sommer geplanten Fahrten hier eintreffen. Außer in Marinekreisen ist das Interesse an der Hindenburg *jedoch merklich zurückgegangen. Die planmäßigen Landungen und Starts des größten Luftschiffs der Welt gelten inzwischen hier als reine Routinesache.«*

Zeitungsbericht vom 5. Mai 1937

»Bitte weisen Sie die Zeppelin-Gesellschaft in Frankfurt am Main darauf hin, daß man dort vor jeder Fahrt des Zeppelins Hindenburg *sämtliche Postsendungen öffnen und überprüfen soll. Der Zeppelin wird während der Fahrt in ein anderes Land von einer Zeitbombe zerstört werden.«*

Brief von Kathie Rauch aus Milwaukee an die deutsche Botschaft in Washington, D. C., vom 8. April 1937

HUGO ECKENER BEFAND SICH NICHT AN BORD, als die *Hindenburg* am 3. Mai abends in Frankfurt zu ihrer ersten US-Reise der Saison 1937 startete. Ende April war er mit dem Auto nach Österreich gefahren, um dort in Wien und Graz Vorträge zu halten; er war somit den Augen der breiten Öffentlichkeit weitgehend entzogen und konnte den Nazis auf seiner Tour auch nicht viel Ärger machen. Noch immer war er Chef der Zeppelin-Gesellschaft und gedachte diesen Posten so lange zu behalten, wie die Nazis dies zuließen. Zwar hatte er kurz mit dem Gedanken gespielt, in die Vereinigten Staaten auszuwandern, war jedoch zu der Über-

zeugung gelangt, daß es vielleicht besser wäre, wenn er in Deutschland bliebe und sich dort für die Erhaltung des von Graf Zeppelin gegründeten Unternehmens einsetzte. Aus diesem Grund hatte er auch eine Biographie des Erfinders des Starrluftschiffs geschrieben, die im folgenden Jahr aus Anlaß des hundertsten Geburtstags des Grafen erscheinen sollte.

Sein Vortrag in Wien hatte eine durchaus positive Resonanz gefunden – irritiert war er freilich darüber, daß offenbar immer mehr Österreicher eine militärische Besetzung ihres Landes durch Deutschland befürworteten. Am folgenden Morgen, dem 6. Mai, war er unangenehm überrascht, als er entdeckte, daß jemand an seinem vor dem Hotel wartenden Wagen eine Hakenkreuzflagge angebracht hatte. Sobald er mit dem Auto vor der Stadt angekommen war, entfernte er die Fahne. Wann würden die Leute endlich begreifen, daß Politik und Zeppeline nichts miteinander zu tun hatten?

Nach dem Mittagessen in Graz stattete Eckener dem – von ihm sehr bewunderten – bekannten Bildhauer Gustinus Ambrosi einen Besuch ab. Die Begegnung machte auf Eckener einen starken Eindruck. Der taube Bildhauer hatte ein ausdrucksvolles Gesicht, in dem »ein Paar dämonisch glühender Augen in einem fast mystischen Feuer brannten«, schrieb Eckener später. Er fühlte sich durch den Künstler sogar an einen alttestamentarischen Propheten erinnert. Aber noch stärker beeindruckt war er von einer Skulptur, die der alte Mann ihm zeigte.

Es handelte sich um die Darstellung eines ausgestreckt daliegenden Jünglings, dessen – mit sich auflösenden Flügeln ausgestattete – Arme sich verzweifelt himmelwärts streckten. Es war die aus der griechischen Mythologie bekannte Gestalt des Ikarus, der der Sonne im Flug zu nahe gekommen war und deshalb – weil seine aus Wachs gefertigten Flügel schmolzen – in das Ägäische Meer stürzte. »Sollte das eine Warnung, eine Vorahnung sein?« überlegte Eckener.

Auf der amerikanischen Seite des Atlantiks brach der Morgen des 6. Mai 1936 so dunkel und wolkenverhangen an wie schon die beiden Vortage. »Unsere Fahrt auf der *Hindenburg* im Mai war die ereignisärmste Reise, die ich je auf einem Luftschiff unternommen habe«, schrieb der sechsundfünfzigjährige Leonhard Adelt. Adelt, ein deutscher Journalist, der als Gast der Deutschen Zeppelin-Reederei an Bord war, hatte Ernst Lehmann bei der Abfassung von dessen Memoiren geholfen, die demnächst auch in den Vereinigten Staaten herauskommen sollten. Als er vor dem Frühstück aus einem der Promenadenfenster schaute, konnte er nichts erkennen. Das große Luftschiff schwebte dahin, als ob die Zeit außer Kraft gesetzt worden wäre: »ein grauer Gegenstand in grauem Nebel, über dem unsichtbaren Meer«.

Leonhard Adelt und seine ebenfalls journalistisch tätige Frau Gertrud waren nicht die einzigen Gratisreisenden an Bord. Denn anders als während der stets gut ausgebuchten Fahrten des Vorjahrs gab es während dieser ersten Überfahrt der Saison 1937 etliche freie Kabinen, und von den zweiundsiebzig verfügbaren Plätzen waren nur sechsunddreißig belegt. Wenigstens zum Teil lag dies wohl auch an den unruhigen politischen Verhältnissen in Deutschland. Die Rückfahrt jedenfalls war voll ausgebucht, und zwar überwiegend von Leuten, die am 12. Mai an der Krönung des neuen englischen Königs, Georg VI., teilnehmen wollten.

Der Umstand, daß das Schiff nicht voll besetzt war und die Passagierliste wenige spektakuläre Namen aufwies, trug gewiß dazu bei, daß während der ersten beiden Tage der Reise an Bord eine eher gedrückte Stimmung herrschte. Nur wenig erinnerte an die elegante Geselligkeit, die für die Jungfernreise des Vorjahres so typisch gewesen war. Insbesondere Ernst Lehmann war kaum wiederzuerkennen. An die Stelle seines bisweilen an Arroganz grenzenden unbekümmerten Selbstbewußtseins war traurige Nüchternheit getreten. Hinter einer Fassade antrainierter Höflichkeit wirkte er seltsam in sich gekehrt. Und das aus gutem Grund. Nur ein paar Wochen zuvor war sein einziger Sohn Luv an einer Lungenentzündung gestorben.

Lehmann war nur als Beobachter an Bord – das Kommando führte Max Pruss; trotzdem empfand er es als willkommene Ablenkung, auf der *Hindenburg* zu reisen und sich um berufliche Dinge zu kümmern. Vor dem Start des Luftschiffs war wieder einmal eine Bombendrohung eingegangen, die er jedoch nicht ernst nahm. Seit die Nazis an die Macht gekommen waren, hatten die hakenkreuzgeschmückten Zeppeline immer wieder die Aufmerksamkeit geistesgestörter Einzeltäter auf sich gezogen.

Lehmann verbrachte viele Stunden in der Führergondel und sah zu, wie Pruss gegen den permanenten Gegenwind ankämpfte, dessentwegen die *Hindenburg* schon einen halben Tag Verspätung hatte. Und so hatte Pruss nach Lakehurst gefunkt, daß das Luftschiff statt um 6.00 Uhr früh wohl eher erst gegen 18.00 Uhr abends dort eintreffen werde. Pruss zur Seite standen Kapitän Albert Sammt, der Erste Offizier, und Kapitän Heinrich Bauer, der Zweite Offizier. Zusammen mit Lehmann und Anton Wittemann, einem weiteren Beobachter an Bord, ergab das die stolze Zahl von fünf Kapitänen. Zusammengerechnet hatten diese Männer unter den verschiedensten Wetterbedingungen viele tausend Stunden in den Führergondeln von Luftschiffen verbracht.

Genau wie die Adelts waren auch die anderen Passagiere, die sich – zum Teil noch im Morgenrock – zum letzten Mal zum Frühstück einfanden, enttäuscht, daß das Wetter sich noch immer nicht gebessert hatte. Aber während die *Hindenburg* jetzt über der nebelverhangenen Küste von Maine dahinschwebte, besserte sich die Stimmung an Bord zusehends. Die am Ende einer – zudem noch unerwartet langen – Reise übliche Aufbruchsstimmung machte sich nun allmählich auf dem Luftschiff breit.

Die Zeppelinoffiziere der letzten Fahrt der *Hindenburg*: Ernst Lehmann (gegenüberliegende Seite), Max Pruss (links), Anton Wittemann (rechts), Albert Sammt (rechts Mitte) und Heinrich Bauer (ganz rechts). (Oben) Der Navigator des Luftschiffes im Kartenraum, links auf dem Tisch das Logbuch, an der Wand verschiedene Funkpeilgeräte. Durch die offene Tür und die Fenster kann man die Kommandozentrale der Führergondel sehen.

Die neunundfünfzigjährige Margaret Mather hatte »geschlafen wie ein Kind«. Als sie am Morgen erwachte, fühlte sie sich so wohl und glücklich, »wie man dies nach dem Ende der Jugend nur mehr selten erlebt«. Und für dieses Glücksempfinden hatte sie guten Grund. Trotz ihrer großen Vorliebe für das Luftreisen hatte Frau Mather einen »eigenartigen Widerwillen« empfunden, an Bord der *Hindenburg* zu gehen. Da sie schnell seekrank wurde, wollte sie unbedingt einmal per Luftschiff über den Atlantik fahren. Aber dann war das Gepäck in der Frankfurter Luftschiffhalle ungewöhnlich sorgfältig durchsucht worden, und sie war auch befremdet darüber gewesen, daß sie für fünfzehn Kilo mehr Gepäck einen saftigen Aufpreis hatte zahlen müssen, obwohl sie doch, wie sie gegenüber den Reederei-Mitarbeitern betont hatte, bei einer Größe von einem Meter fünfzig und einem Gewicht von achtundneunzig Pfund mindestens zwanzig Kilo weniger wog als der durchschnittliche männliche Passagier.

Frau Mather hatte auf der Reise ein paar Bekanntschaften gemacht (besonders angenehm war ihr die Gesellschaft einiger alleinstehender junger Herren an Bord), jedoch den Großteil ihrer Zeit damit verbracht, zu lesen, Briefe zu schreiben und den beiden kleinen Söhnen der Familie Doehner zuzusehen – dem achtjährigen Walter und dem sechsjährigen Ernst –, die auf dem Fußboden des Salons mit ihrem Spielzeug spielten. Die beiden Jungen waren gut erzogen. Sie begehrten nicht einmal auf, als einer der Stewards ihnen ihren Spielzeug-LKW wegnahm, weil dessen aufziehbarer Motor Funken sprühte.

Frau Mather, die in Rom nahe der Spanischen Treppe lebte, hätte gut in einen Roman von Edith Wharton gepaßt. Sie stammte aus einer wohlsituierten, gebildeten New Yorker Familie und hatte in ihrer Kindheit den Sommer regelmäßig in einem Landhaus auf Cape Cod verbracht. Ihr Vater, für den sie während seiner letzten Lebensjahre in Italien gesorgt hatte, war gestorben, und so reiste sie viel und verfaßte Gelegenheitsgedichte. Sie versuchte, wenigstens einmal im Jahr nach Hause zu fahren, und freute sich insbesondere auf das Wiedersehen mit ihrem Lieblingsbruder, der an der Universität Princeton Kunst und Architektur lehrte.

Den ersten sichtbaren Beweis dafür, daß die *Hindenburg* sich tatsächlich ihrem Ziel näherte, erhielten die Passagiere, als sich der Nebel gegen Mittag auflöste und man tief unten die Stadt Boston liegen sehen konnte. Zu diesem Zeitpunkt hatte Margaret Mather bereits ihre Sachen gepackt und schrieb gerade ein paar letzte Postkarten. »Ich war sehr erleichtert«, schrieb sie später, »ich war so froh, daß ich tatsächlich geflogen war – daß ich das Meer ohne Übelkeit und Erschöpfung überquert hatte. ›Es ist einfach lächerlich, daß ich so froh bin‹, sagte ich zu einer Amerikanerin, die mir entgegnete, daß es ihr ebenso erging.«

(Oben) Die *Hindenburg* erhält bei einer Zwischenstation in Lakehurst im Jahr 1936 Nachschub an Proviant. (Rechts) Das Zivilpersonal in Lakehurst trug zur Erkennung Anstecker wie diesen.

Kommandant Charles Rosendahl, der auf der Marine-Luftschiffbasis Lakehurst noch immer das Sagen hatte, war an diesem Morgen mehrmals in dem Kontrollgebäude verschwunden. Da in dem Haus sowohl die Wetter- als auch die Funkstation untergebracht waren, konnte er dort stets die letzten Neuigkeiten über die Position der *Hindenburg* und Auskunft über die Wetterlage erhalten. Er zeichnete dafür verantwortlich, daß am Boden alle nötigen Vorbereitungen für eine sichere Landung getroffen wurden. In seinem letzten Funkspruch hatte Kapitän Pruss verlauten lassen, daß er hoffe, gegen 16.00 Uhr nachmittags am Landeplatz einzutreffen. Aber Rosendahl konnte anhand der Wetterkarte errechnen, daß zu diesem Zeitpunkt eine von Westen her durchziehende Schlechtwetterfront Lakehurst erreichte.

Mit zunehmendem Alter wurde der aristokratisch wirkende Rosendahl noch distinguierter, und seine Begeisterung für die »Leichter-als-Luft«-Technik war ungebremst. Die *Shenandoah*, die *Akron* und die *Macon* hatten allesamt ein unglückliches Ende gefunden. Die *Los Angeles* wurde zwar hier und da noch aus ihrem Hangar geholt und schwebte dann zu Testzwecken ein paar Tage lang am Ankermast, aber sie durfte nicht mehr in die Luft aufsteigen. Gleichwohl glaubte Rosendahl noch immer unbeirrbar daran, daß die hohen Tiere bei der Marine demnächst schon ein Einsehen haben würden und auch der Kongreß die nötigen Mittel lockermachen werde. Bald würde sich, davon war er überzeugt, auch wieder ein Starrluftschiff mit den Insignien der Marine in die Lüfte erheben. Bis dahin freilich hatte er ausgesprochen wenig zu tun.

Um 14.57 Uhr trat Leutnant George Watson, der Fernmeldeoffizier, aus dem Funkraum und händigte Rosendahl den neuesten Funkspruch der *Hindenburg* aus: RÜCKGABE DER WÄSCHE NICHT NÖTIG, WERDEN SO BALD WIE MÖGLICH WIEDER ABREISEN. Watson informierte seinen Vorgesetzten ferner darüber, daß das Luftschiff bei guter Sicht und mäßigem Wind über den Long-Island-Sund hinweggeschwebt sei und in Kürze über Manhattan eintreffen werde.

Rosendahl verstand sofort die Bedeutung des knappen Funkspruchs, den die *Hindenburg* gesendet hatte: Kapitän Pruss wollte so bald als möglich die Rückreise nach Europa antreten. Mit ein wenig Glück würde er mit nur wenigen Stunden Verspätung wieder in Lakehurst starten können. Rosendahl empfand eine enorme Bewunderung für den deutschen Luftschiffer, aber er zweifelte ganz entschieden daran, daß es Pruss gelingen werde, noch vor Mitternacht die Heimreise nach Deutschland anzutreten. Denn die Gewitterfront zog sich immer mehr über Lakehurst zusammen.

New York kam in unser Blickfeld. Der Regen hatte zwar aufgehört, aber hinter den hohen Gebäuden türmten sich noch immer Wolken auf. Wir schwebten über die Bronx und über Harlem hinweg, dann die Fifth Avenue entlang«, erinnerte sich Margaret Mather später. Als die *Hindenburg* so tief über das Empire State Building hinwegglitt, daß die Passagiere den oben auf dem Aussichtsdeck versammelten Touristen zuwinken konnten, wurde sie von der Sonne angestrahlt. Nach einer so langen und eher öden Atlantiküberquerung wollte Kapitän Pruss seinen Passagieren jetzt für ihr Geld noch ein wenig bieten. Er steuerte das Schiff an jene Stelle, von der aus die Reisenden einen Blick auf die Freiheitsstatue werfen konnten, die laut Leonhard Adelt »klein wie eine Porzellanfigur« erschien; dann machte das Luftschiff kehrt und schwebte den East River hinauf. Eine halbe Stunde später, kurz nach 16.00 Uhr, befand sich das Schiff über Lakehurst.

Inmitten niedriger Eichen- und Kiefernwälder gelegen, wie sie auf den sandigen Böden des südlichen und mittleren New Jersey häufig anzutreffen sind, bot der riesige halbrunde Hangar Nr. 1 vor dem Hintergrund des dunkel bewölkten Himmels einen imposanten Anblick. Die Zuschauer, Fotografen und Reporter wirkten vor dem riesigen Gebäude unbedeutend klein. Manche hatten schon den ganzen Tag auf die Ankunft des Luftschiffs gewartet, und jetzt hatte der Zeppelin abermals Verspätung. Als sie sich aus einem der Promenadenfenster lehnte, fiel Margaret Mather auf, daß die Bodenmannschaft noch nicht angetreten war und das Wetter sich eher zu verschlechtern drohte.

In der Führergondel hatte Pruss soeben den neuesten Wetterbericht aus Lakehurst erhalten: BÖEN JETZT 25 KNOTEN. Wie Frau Mather, so konnte auch er den finsteren, sturmgepeitschten Himmel mit eigenen Augen sehen. Jedenfalls waren diese Bedingungen für eine sichere Landung nicht geeignet. Zuerst mußte er das Ende des Sturms abwarten. Er setzte Rosendahl von seiner Absicht in Kenntnis und fuhr dann nach Südwesten weiter – über Toms River hinweg bis zu dem an der Küste gelegenen Seaside

(Ganz oben) Die *Hindenburg* über Manhattan am 6. Mai 1937 gegen 15.00 Uhr Nachmittag. (Oben) Kapitän Pruss muß eine Wetterbesserung abwarten, bevor er in Lakehurst landen kann. Er steuert deshalb zunächst die Küste von New Jersey entlang.

Heights hinüber. Dort brachte Pruss die *Hindenburg* auf Nordkurs und schwebte über der fast menschenleeren Küste New Jerseys bis Asbury Park dahin. Dort wandte er sich landeinwärts, dann wieder nach Süden und wartete auf weitere Meldungen aus Lakehurst.

Die meisten Passagiere schienen wegen der weiteren Verspätung nicht sonderlich beunruhigt. Joseph Späh nahm die Verschiebung der Landung zum Anlaß, seine elsässische Schäferhündin Ulla ein letztes Mal zu besuchen, ein preisgekröntes Tier, das er als Überraschungsgeschenk für seine Kinder erworben hatte, die er schon seit drei Monaten nicht mehr gesehen hatte. Späh, der sich selbst als »akrobatischen Vaudeville-Schauspieler« bezeichnete, trat unter dem Bühnennamen Ben Dova auf. Besonders erfolgreich war er mit einer Nummer, in der er als torkelnder Betrunkener auftrat, der zu guter Letzt versucht, seine Zigarette an einer Straßenlaterne anzuzünden, an der er sich unter den komischsten Verrenkungen emporzieht.

Normalerweise durften die Passagiere sich nur in Begleitung eines Mannschaftsmitglieds in den Bauch des Schiffes begeben, aber die Stewards hatten es inzwischen aufgegeben, sich um Späh noch weiter zu kümmern. Er war ein charmanter Mann, und er hing offenbar sehr an seinem Hund. Ulla und der andere an Bord befindliche Hund waren im hinteren Teil des Schiffes in Korbkäfigen untergebracht – in einem Bereich des Zeppelins also, wo wegen des Maschinenlärms weder Mensch noch Tier so ohne weiteres ein Auge zutun konnten. Aber Ulla hatte die Überfahrt genauso gut überstanden wie die zahlreichen anderen Haustiere, die auf früheren Reisen bereits auf dem Luftschiff transportiert worden waren. Späh konnte es kaum erwarten, den Ausdruck der Freude auf den Gesichtern seiner Kinder zu sehen. Wahrscheinlich erwarteten sie ihn schon ungeduldig auf dem Landeplatz in Lakehurst.

ANGESICHTS DES UNSICHEREN WETTERS WAR KOMMANDANT ROSENDAHL besonders darauf bedacht, daß das große Luftschiff baldmöglichst an dem Ankermast festmachen und die Passagiere aus seinem Innern entlassen konnte. Ruhelos schritt er in seinem spartanisch eingerichteten Büro auf und ab und schaute immer wieder durch das Fenster zum spätnachmittäglichen Himmel hinauf. Um 17.00 Uhr hatte er Befehl gegeben, die Bodenmannschaft von der bevorstehenden Landung in Kenntnis zu setzen. Eine Serie lauter, tiefer Sirenentöne erklang, die man auch in dem nahegelegenen Städtchen Lakehurst hören konnte. Jetzt wußten die 92 Marinesoldaten und die 139 Helfer in Zivil, die als Haltemannschaft fungierten, daß sie auf der Basis zu erscheinen hatten. Die zivilen Helfer bekamen für ihre Dienste einen Dollar pro Stunde – ein nicht zu verachtendes Zubrot in jenen Tagen der ausklingenden Weltwirtschaftskrise. Wenn sie jedoch stundenlang herumsitzen mußten, konnten die Kosten für die Reederei ganz beträchtlich ansteigen. Rosendahl hoffte deshalb, daß er die Situation richtig eingeschätzt hatte.

Kurz vor 18.00 Uhr ging über dem Landeplatz ein heftiger Regenguß nieder, der die unter ein schützendes Dach eilenden Haltemannschaften völlig durchnäßte. Dann klarte der Himmel auf.

Um 18.12 Uhr funkte Rosendahl an Pruss: WETTERVERHÄLTNISSE LASSEN LANDUNG JETZT MÖGLICH ERSCHEINEN. Er hoffte nur, daß die *Hindenburg* sich inzwischen nicht allzu weit entfernt hatte. Das Barometer fing an zu steigen, und der Wind legte sich. Das schlimmste Unwetter war offenbar vorüber. Noch zweimal schickte er dem Luftschiff einen Funkspruch. Schließlich antwortete die *Hindenburg*: POSITION FORKED RIVER – das waren nur knapp fünfundzwanzig Kilometer weiter südlich.

Um 19.10 Uhr drängte Rosendahl – ein bißchen wie ein Lehrer, der einen säumigen Schüler ermahnt: WETTERVERHÄLTNISSE EINDEUTIG VERBESSERT, EMPFEHLE BALDMÖGLICHSTE LANDUNG.

Der Kommandant in Lakehurst schickte die Bodenmannschaft wieder auf den Landeplatz und trat aus seinem Büro, um sich an den Rand des Landekreises fahren zu lassen. Als er die kleine Schar der dort bereits wartenden Offiziellen erreichte, nickte er Willy von Meister zu und blieb neben ihm stehen. Wie stets war der Amerikarepräsentant der Zeppelin-Gesellschaft zur Stelle, um die Landung des Schiffes zu erwarten und dafür zu sorgen, daß die an- und abreisenden Passagiere gut bedient wurden. Noch ein paar Minuten – dann würde Rosendahl seinem alten Freund Lehmann zum erfolgreichen Start einer neuen Reisesaison gratulieren können. Plötzlich riefen Stimmen: »Da ist sie ja!« Und nun sah er das große, graue Schiff auch schon von Süden her einschweben.

IN DER FÜHRERGONDEL HERRSCHTE HOCHBETRIEB, als das Luftschiff bei leichtem Regen jetzt eine letzte Runde über dem Landefeld drehte. Außer dem Steuermann, dem Höhensteuerer, dem diensthabenden Offizier (der den Gasdruck überprüfte) und dem Mann, der den Maschinentelegraphen bediente, waren in dem engen Brückenbereich alle fünf Kapitäne zugegen: Lehmann, Wittemann, Pruss, Sammt und Bauer. Da der Erste Offizier Sammt gerade Dienst hatte, zeichnete er nominell für die Landeoperation verantwortlich, aber das letzte Wort hatte natürlich Pruss. Der Zweite Offizier Heinrich Bauer stand wie üblich hinter dem Höhensteuermann, von wo aus er beide Höhenruder und die Armaturenbretter sehen konnte, von denen die Wasserstoff- und Ballastmenge abzulesen war. Ernst Lehmann und Anton Wittemann standen ein wenig im Hintergrund und begnügten sich mit der Beobachterrolle. Alle in dem engen Brückenbereich anwesenden Männer hatten den jetzt eingeleiteten Landevorgang bereits Hunderte von Malen miterlebt.

Der vierundzwanzigjährige Richard Kollmer befand sich gemeinsam mit drei anderen Männern im unteren Teil der hinteren Leitwerkfläche. Sie waren für den Abwurf der hinteren Landeseile und die Absenkung des rückwärtigen Landerads verantwortlich. Das Kommando in diesem Bereich führte der Chefingenieur Rudolf Sauter, der telefonisch mit der Kommandobrücke in Verbindung stand und die von dort eintreffenden Befehle weitergab. Kollmer, der erst 1935 während der Bauarbeiten an der *Hindenburg* zur Zeppelin-Gesellschaft gestoßen war, war stolz darauf, daß er in die Mannschaft des Luftschiffs – die Luftschiffer-Elite – aufgenommen worden war.

Während die Männer im Bereich der hinteren Leitwerkfläche auf weitere Befehle warteten, beschrieb die *Hindenburg* noch einmal einen Bogen über dem Landeplatz und ließ dabei Gas ab, um die Höhe zu verringern und die horizontale Balance – zwecks einer optimalen Landung – zu verbessern. Kapitän Pruss, der es wegen der günstigen Wetterverhältnisse offenbar eilig hatte, drehte dann bei voller Geschwindigkeit eine scharfe Linkskurve, bevor er die Motoren drosseln ließ und in den Anflug ging. Die jetzt gegenläufigen Motoren bremsten das Schiff rasch ab, als es von Westen her einschwebte und immer weiter herunterkam. Dann machte die *Hindenburg* einen letzten scharfen Rechtsschwenk, um dann mit dem Wind auf den Ankermast zuzuschweben.

Den Anzeigetafeln nach war das Schiff um rund tausend Kilo zu schwer am Heck. Aus irgendeinem Grund war die *Hindenburg* ein wenig hecklastig. Albert Sammt ordnete deshalb an, Ballast aus dem Heck abzulassen. Heinrich Bauer betätigte zuerst einen Hebel, wartete ein paar Augenblicke und zog dann an einem weiteren Griff: Aus zwei Dreihundert-Kilo-Behältern stürzte Wasserballast zu Boden. Aber das Schiff war noch immer hecklastig. Bauer ließ weitere fünfhundert Kilo Wasser ab, das auf einige verdutzte Zuschauer herabregnete. Als diese Maßnahme das Gleichgewicht noch immer nicht ganz herzustellen

Als die *Hindenburg* zur Landung ansetzt, nehmen die Marinesoldaten und die zivilen Helfer der Haltemannschaft ihre Positionen ein.

Bei ihrer Anfahrt zur Landung von Norden her drosselt die *Hindenburg* ihre Geschwindigkeit.

vermochte, befahl Sammt sechs Besatzungsmitglieder nach vorne in den Bug, weil er hoffte, das Problem auf diese Weise lösen zu können.

Von den übrigen Zuschauern unbemerkt, beschrieb ein junger Reporter des Radiosenders WLS aus Chicago die Landung minuziös; sein Bericht sollte später von der Rundfunkstation seiner Heimat ausgestrahlt werden. Sein Toningenieur Charlie Nehlson nahm den Bericht des Reporters Wort für Wort auf große Metallplatten auf. Die beiden hatten es sich in einer kleinen Flugzeughalle gleich neben Hangar Nr. 1 bequem gemacht. Durch das große Fenster konnte Herbert Morrison das Geschehen draußen genau verfolgen.

Herbert Morrison

»Da ist sie, meine Damen und Herren«, hatte er seinen Bericht eingeleitet, »und was für einen Anblick sie bietet, einfach überwältigend, großartig. Sie kommt aus dem Himmel direkt auf uns zu und schwebt jetzt zum Ankermast hinüber. Die mächtigen Dieselmotoren dröhnen, die Propeller zischen durch die Luft und bilden kleine Wirbel ... Niemand ist darüber erstaunt, daß dieses große schwebende Hotel mit so hoher Geschwindigkeit durch die Luft schweben kann – bei diesen mächtigen Motoren. Die Sonne taucht jetzt die Fenster des Aussichtsdecks auf der östlichen Seite in helles Licht, und die Scheiben glänzen und funkeln wie Juwelen vor einem Hintergrund aus schwarzem Samt.«

Die *Hindenburg* war jetzt nur noch rund dreihundert Meter vom Ankermast entfernt und schwebte etwa hundert Meter über dem Boden langsam dahin. Um 19.21 Uhr wurde das rechte Ankertau aus einer Luke abgeworfen und klatschte auf den regenfeuchten Boden, daß der Sand nur so aufspritzte. Dann schlug das linke Tau auf den Boden auf. Das zweite Tau verwirrte sich ein wenig, als die Bodenmannschaft versuchte, die beiden Seile zu fassen. Schließlich gelang es, das linke Seil an einem der Niederholblöcke einzuhaken. Die Deutschen zogen es im allgemeinen vor, ihre Luftschiffe zuerst sanft zur Erde herabzubringen und sie erst dann an den Ankermast heranziehen zu lassen. Aber das hätte mehr als die 231 Männer Bodenpersonal erfordert. Aus Kostengründen hatte Pruss sich deshalb bereit erklärt, eine »hohe« Landung zu unternehmen.

Aus den Fenstern der beiden Promenadendecks winkten fröhliche Menschen den unten Wartenden zu – wie Passagiere, die mit einem luxuriösen Ozeandampfer anlegen. Joseph Späh richtete seine Filmkamera auf die Zuschauer und versuchte die Gesichter seiner Frau und seiner Kinder zu entdecken. Der junge Mann, der neben Margaret Mather stand, fotografierte wie wild, während er erzählte, daß er während der Reise sage und schreibe achtzig Fotos gemacht hatte. Die Kapitäne Pruss und Lehmann lehnten sich auf der linken Seite der Führergondel aus dem Fenster und riefen Rosendahl einen fröhlichen Gruß entgegen, als jetzt das Schiff schwebend über der wartenden Menge stand. Noch immer ging ein leichter Nieselregen nieder, und eine sanfte Brise drückte die *Hindenburg* ein wenig nach rechts. Weit hinten im Westen klarte der Himmel allmählich auf.

Charles Rosendahl winkte Pruss und Lehmann ebenfalls zu und war wieder einmal von der ehr-

Am Rande des Landebereiches, etwa zweihundertfünfzig Meter vom Mast entfernt, kommt die *Hindenburg* zum Stillstand, und die beiden Landetaue werden vom Bug abgeworfen.

furchtgebietenden Größe und Eleganz des riesigen Luftschiffs ganz angetan. »In imposantem, majestätischem Schweigen stand die riesige, silbern schimmernde *Hindenburg* reglos wie eine von Menschen bevölkerte, scharf umrandete Wolke über uns«, schrieb er später.

Leonhard Adelt, der – von Rosendahl aus gesehen – an einem der Fenster auf der anderen Seite des Promenadendecks stand, konnte sich später ebenfalls noch an diesen Augenblick erinnern: »Plötzlich herrschte eine seltsame Stille. Die Motoren schwiegen, und es war, als halte die ganze Welt den Atem an. Man hörte kein Kommando, keinen Ruf, keinen Laut.«

UNTEN IM BEREICH DES HINTEREN LEITWERKS DER *HINDENBURG* hatte Richard Kollmer inzwischen das Landerad heruntergelassen. Er mußte jetzt nur noch warten, daß die Bodenmannschaft das Schiff langsam nach unten zog. Etwa fünfzehn Meter über ihm stand Hans Freund im Kielgang oberhalb der Leitwerkfläche, ein kleines Stück hinter der Gaszelle Nr. 4. Er war damit beschäftigt, ein stählernes Ankerkabel herabzulassen, das kurzzeitig steckengeblieben war. Helmut Lau, der dabei geholfen hatte, das Kabel wieder flottzumachen, befand sich etwa zehn Meter unterhalb von Freund auf einem Laufgang nahe der unteren linken Seite der Leitwerkfläche. Rudolf Sauter beobachtete diesen Vorgang vom Hilfssteuerraum aus. Sowohl Sauter als auch Lau konnten hinter Freund den rückwärtigen Teil der Zelle Nr. 4 erkennen. Vier Minuten waren jetzt vergangen, seit das erste Bugtau abgeworfen worden war.

Eines der letzten von der *Hindenburg* aus gemachten Fotos zeigt Mitglieder der Haltemannschaft, unmittelbar bevor die ersten Landetaue abgeworfen werden.

Lau hatte noch immer das Ankerkabel im Auge, als er eine gedämpfte Explosion hörte – die ihn an das Geräusch erinnerte, das entsteht, wenn man den Brenner eines Gasherds anzündet. Er konnte jedoch nur ein helles Leuchten im Innern der Gaszelle Nr. 4 erkennen. Sauter, der fast im selben Augenblick aufblickte, hatte den Eindruck, daß sich Flammen vom Zentrum der Zelle her ausbreiteten, an der Stelle, wo der Axialsteg hindurchführte. Aber alles ging so schnell, daß er sich keinen abschließenden Eindruck verschaffen konnte. Freund war zwar dem Ort der Explosion am nächsten, stand jedoch mit dem Rücken zum Geschehen, so daß er später nicht sagen konnte, wo genau das Feuer ausgebrochen war. Das nächste, an das er sich später erinnerte, war ein Meer von Flammen um ihn herum.

Innerhalb von Sekundenbruchteilen wuchs sich das durch den Wasserstoff genährte Feuer von einem leichten Flackern zu einem riesigen Ball in Zelle Nr. 4 aus und griff in Windeseile auf die Nachbarzellen über. Das Schiff bebte. Freund kletterte von seinem gefährlichen Standort herunter und versuchte, gemeinsam mit seinen Kameraden in den unteren Teil der Leitwerkfläche zu gelangen. Alle vier wollten sie so rasch wie möglich vor dem Flammeninferno fliehen. Sie bedeckten den Kopf mit den Händen, um sich vor den geschmolzenen Aluminiumteilen und brennenden Fetzen der Außenhaut zu schützen, die auf sie niederprasselten. Das Heck des Schiffs sackte unterdessen rasch nach unten.

Fast zweihundert Meter weiter vorne in der Führergondel bemerkte

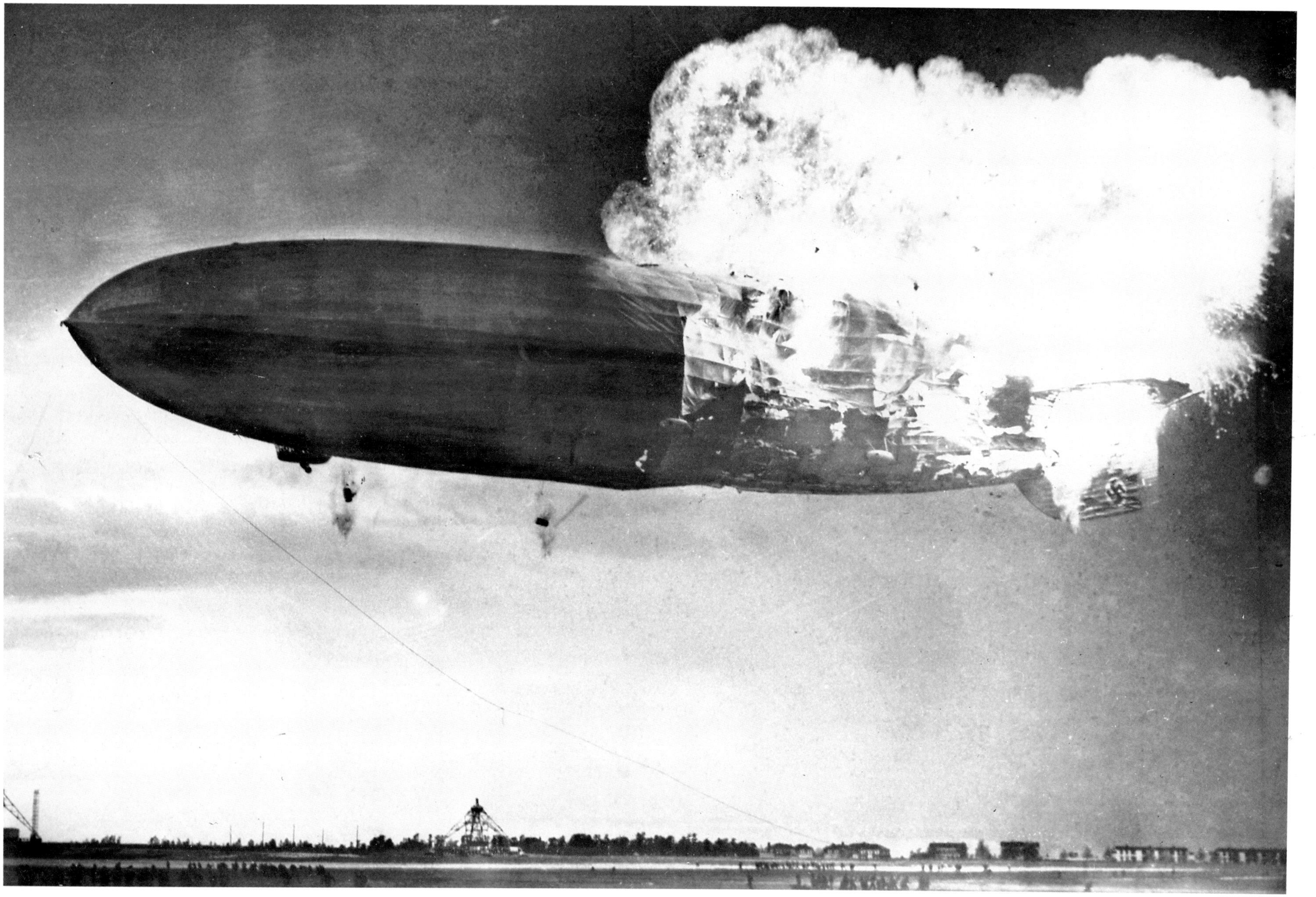

Nur wenige Sekunden, nachdem die erste Flamme im Heck sichtbar geworden ist, brennt bereits das halbe Schiff.

auch Heinrich Bauer, daß etwas nicht stimmte. Von seinem Standort auf der linken Seite aus sah er, daß Hangar Nr. 1 hell erleuchtet war.
Anton Wittemann meinte zuerst, eines der Ankerseile sei gerissen. »Da ist ein Halteseil gerissen«, sagte er zum Kapitän.
»Nein«, entgegnete Pruss. Noch immer hatte keiner der Offiziere begriffen, was eigentlich geschah. Sie sahen einander an – diese fünf Zeppelin-Veteranen –, als ob sie hofften, daß ihre kollektive Erfahrung ihnen schon einen Hinweis auf die Lösung des Rätsels geben werde. Dann schrie Kapitän Sammt, der neben Bauer auf der linken Seite aus dem Fenster schaute: »Das Schiff brennt!«
Die *Hindenburg* stürzte jetzt mit dem Heck voran rasch nach unten. Der Mann, der neben Bauer am Steuerrad stand, gab ein entsetzliches Stöhnen von sich. Nie mehr in seinem ganzen Leben sollte der Zweite Offizier diesen Seufzer vergessen.
»Soll ich Wasser ablassen?« schrie Bauer. Ohne die Antwort abzuwarten, betätigte er verzweifelt sämtliche für den Ballastabwurf bestimmten Hebel, um den Aufprall abzumildern, der

jeden Augenblick kommen mußte. Kapitän Lehmann brüllte: »Alle Mann an die Fenster!« Tatsächlich konnte keiner von ihnen etwas anderes tun, als auf den richtigen Augenblick zum Absprung zu warten. Heinrich Bauer erinnerte sich später: »In der Gondel herrschte eine bedrückende Stille; einige der Männer stöhnten, andere stürzten zu Boden, und jeder versuchte sich an etwas festzuhalten, als jetzt der Neigungswinkel immer größer wurde.«

DASS ETWAS NICHT STIMMTE, MERKTEN DIE MEISTEN ZUSCHAUER ERST, als ein Stück weit vor dem oberen Leitwerk plötzlich eine Stichflamme erschien. Rosendahl fühlte sich durch das Feuer an »eine pilzförmige Blume erinnert, die blitzschnell aufblühte«. Innerhalb von Sekunden umloderten die Flammen das Heck und breiteten sich rasend schnell nach vorne aus, so daß das Schiff – wie Willy von Meister später sagte – binnen kürzester Zeit »wie ein hell leuchtender Schlauch aussah«. Die Bodenmannschaft wich zurück, als das Feuer sich zum Bug hin ausbreitete und das Heck nach unten stürzte. In dem Flammeninferno konnte man Menschen erkennen, die zu Boden fielen. Das Heck schlug zuerst auf, dann krachte auch das restliche Schiff auf das Landefeld. Männer und Frauen – manche mit brennenden Kleidern – stürzten aus den Flammen hervor. Einige krochen auf allen vieren. Andere rannten. Manche stolperten und stürzten bäuchlings auf das Landefeld. Zwischen dem ersten Feuerschein und dem Aufprall des Schiffes waren nur vierunddreißig Sekunden vergangen.

In diesen unwirklichen dreißig Sekunden sprach der Radiojournalist Herb Morrison – in sich überschlagenden Sätzen – die größte Reportage seines Lebens auf Tonträger. Sein bis dahin eher konventioneller Bericht löste sich immer mehr in ungläubig-staunende Satzfetzen auf: »Es geht in Flammen auf …, hier, Charlie, hier … Versperr mir nicht die Sicht, bitte – oh, nein, das ist grauenhaft – oh, nein, geh mir aus dem Weg, bitte! Es brennt, wird von Flammen umtost und stürzt auf den Ankermast und all die Leute …, das ist eine der schlimmsten Katastrophen der Welt! … Oh, es ist noch hundert, hundertfünfzig Meter in der Luft, das gibt einen schrecklichen Absturz, meine Damen und Herren … Oh, die Menschheit und all die Passagiere!«

In dem Augenblick, als Rosendahl den ersten pilzförmigen Flammenausbruch sah, wußte er, daß es um die *Hindenburg* geschehen war. Instinktiv wichen er, Leutnant Watson und Willy von Meister Schritt um Schritt zurück. Der leichte Wind, der aus ihrer Richtung zum Schiff hin wehte, hielt ihnen die Flammen vom Leib, aber sie spürten die gewaltige Hitze, als der Zeppelin jetzt von den Flammen verzehrt wurde. Rosendahls starrer Blick folgte dem sich immer weiter fressenden Feuer, bis es den Namen Hindenburg Buchstabe für Buchstabe ausgelöscht hatte. Als das Schiff abstürzte, zog der Bug sich ein wenig zusammen und krachte dann auf den Landeplatz.

EINIGE DER PASSAGIERE HATTEN BEREITS IN DEN WANDELGÄNGEN AUFSTELLUNG genommen und sahen jetzt, daß die Männer der Bodenmannschaft unter ihnen erstarrten. Andere hörten eine ferne, dumpfe Explosion, bevor die meisten von ihnen durch einen gewaltigen Ruck zu Boden gerissen wurden. Margaret Mather schlitterte auf der linken Seite das ganze Promenadendeck entlang, bis sie gegen eine an einer Wand stehende Sitzbank geschleudert wurde und keuchend unter einem ganzen Haufen von Passagieren liegenblieb. Die Leute kamen schnell wieder auf die Beine, rannten in Richtung Bug. Aber Frau Mather war durch die makabre Poesie der Szene wie erstarrt: »Die Flammen schlugen zu uns herein, lange Flammenzungen, leuchtend rot und sehr schön anzusehen.« Als das Feuer nun durch alle Ritzen, ja sogar durch die Decke in die Passagierräume hineinloderte, sah Frau Mather, wie manche der Passagiere gegen die Wände des sich aufbäumenden Schiffes anrannten; manche

Zuschauer, die eine gewöhnliche Landung erleben wollten, sind gelähmt vor Entsetzen, als sie sehen, was sich vor ihren Augen abspielt.

Binnen einer halben Minute ist alles vorüber. (Links) Als das lodernde Heck abfällt, schießt eine Flammenfontäne aus dem zum Untergang verurteilten Schiff empor, gegen das sich der Ankermast und die Mannschaft am Boden schwarz abzeichnen. (Rechts) Während die hintere Hälfte des Schiffs vom Feuer verzehrt bereits zu Boden gestürzt ist, zeigt die vordere Hälfte weiterhin nach oben; Flammen schießen aus dem Bug, der sich in den Schlot eines wasserstoffbeheizten Hochofens verwandelt hat. Nur drei der Männer, die sich in der Bugsektion an den Trägern festhalten, können sich retten.

denburg

bluteten aus Schnittwunden und Brandverletzungen, andere sprangen aus den Fenstern. Ein Mann schrie auf deutsch mit sich vor Entsetzen überschlagender Stimme: »Das ist das Ende!«

»Aber ich blieb einfach dort sitzen, wo ich war«, schrieb sie später, »zog mir den Mantelkragen über das Gesicht und spürte, wie die Flammen meinen Rücken versengten, meinen Hut, mein Haar; ich versuchte sie auszuschlagen und sah die entsetzten Gesichter meiner Mitreisenden, die vor mir wilde Tänze vollführten.« Die ganze Situation erschien ihr »wie eine Szene aus einer mittelalterlichen Höllendarstellung«.

Joseph Späh hatte mit seiner Filmkamera eines der Fenster zertrümmert und hing jetzt, sich nur mehr mit einer Hand festklammernd, draußen vor dem Promenadendeck – eine grauenhafte Parodie seiner Vaudeville-Nummer. Während das Schiff sich noch etwa dreißig Meter in der Luft befand, konnte ein Mann, der neben Späh hing, sich nicht mehr festhalten. Er faßte nach Spähs Jackett und riß – während er abstürzte – auf der einen Seite das Revers ab. Aber der Akrobat hielt sich eisern fest. Er wartete, bis der Boden noch etwa zwölf, dreizehn Meter entfernt war, dann ließ er los. Er versuchte noch, wie ein Turner seinen Sturz durch eine Art Rolle abzumildern, aber er landete mit voller Wucht auf dem linken Bein. Dann humpelte er so rasch davon, wie er nur konnte, während er auf seinem Rücken die Hitze der Flammen spürte.

Auf der rechten Seite preßten sich Leonhard und Gertrud Adelt krampfhaft gegen eines der Promenadenfenster und erwarteten den Aufprall des Luftschiffes. Durch die Wucht »wurden wir von dem Fenster zu dem Treppenkorridor hinübergeschleudert. Die Tische und Stühle aus dem Leseraum stürzten über uns zusammen und bildeten eine Art Barrikade«, schrieb Leonhard Adelt später.

»Durch die Fenster!« schrie er den anderen Passagieren zu und riß seine Frau zu der nächstbesten Öffnung in der Wand hinüber. Später konnte sich keiner von beiden mehr an den Sprung erinnern, nur an das Gefühl, mit den Füßen in »weichem Sand und Gras« zu landen. »Wir gingen in die Knie, und die undurchdringliche Dunkelheit von Flammen durchzuckter schwarzer Ölwolken hüllte uns ein.«

Als der Mittelteil der brennenden *Hindenburg* auf dem Boden aufschlug, lehnte Margaret Mather noch immer an der Wand und schützte ihre Augen mit dem hochgezogenen Mantelkragen gegen die Flammenhölle. Dann rief jemand: »Kommen Sie heraus, meine Dame!«, und sie sah etliche Männer, die draußen vor den Promenadenfenstern standen und ihr zuwinkten. Als sie sich schließlich erhob, suchte sie instinktiv mit einem Fuß nach ihrer Handtasche. »Wollen Sie

(Gegenüberliegende Seite) Während die letzten Passagiere aus dem Promenadendeck fliehen und Offiziere aus der Führergondel springen, geht der Bug der *Hindenburg* in Flammen auf. (Oben) Zuschauer und Mitglieder der Bodenmannschaft flüchten vor der glühenden Hitze, die von dem brennenden Luftschiff ausgeht.

nicht kommen?« rief ein Mann. Dieser Ausruf brachte sie wieder zu Bewußtsein, und sie rannte aus dem brennenden Wrack ins Freie – ohne ihre Handtasche.

RICHARD KOLLMER WAR DER ERSTE, DEM DIE FLUCHT aus dem hart aufgeschlagenen Heck gelang; um ihn herum brach krachend der Rahmen zusammen. Er versuchte, durch eine in die Seitenwand der unteren Flosse eingelassene Tür zu entkommen, aber sie ließ sich nicht öffnen, deshalb bahnte er sich seinen Weg durch einen Riß in der Hülle und rannte um sein Leben. »Bei den Olympischen Spielen hätte ich bestimmt eine Goldmedaille gewonnen«, witzelte er sechsundfünfzig Jahre später. Die anderen drei Männer folgten ihm auf dem Fuß. Rudolf Sauter, der als letzter ins Freie kam, hatte auf der Stirn eine klaffende – stark blutende – Wunde. Freund hatte sich an einer Wange und am Hinterkopf böse verbrannt. Aber keiner der vier war ernstlich verletzt. Während Kollmer davonrannte, blickte er auf das Schiff zurück. Die Flammen hatten jetzt beinahe die Spitze des Bugs erreicht, die noch immer in die Luft wies. Er dachte an die Männer, die dort in der Falle saßen. Keiner von ihnen würde überleben.

Neun der zwölf im Bug gefangenen Männer erlitten einen schrecklichen Tod. Sie klammerten sich verzweifelt irgendwo fest, während die Flammen immer näher kamen und die Aluminiumträger siedend heiß wurden. Die Hitze war jetzt unerträglich: Im Innern des Schiffes herrschten Verhältnisse wie in einem wasserstoffbetriebenen Hochofen. Einer nach dem anderen stürzten die Männer in das Flammenmeer, bis nur mehr der Elektriker Joseph Leibrecht, der Koch Alfred Grözinger und der Navigator Kurt Bauer (der nicht mit Heinrich Bauer verwandt war) übrigblieben. Und sie gaben sich nicht geschlagen, selbst als die Flammen sie bereits umzüngelten. Als der Bug schließlich zu Boden krachte, rannten sie durch ein Meer von Feuer ins Freie.

BEI JEDER KATASTROPHE GIBT ES EINZELBEISPIELE UNGEHEUREN MUTES und außerordentlicher Opferbereitschaft, so auch im Fall des *Hindenburg*-Unglücks. Ein solches Beispiel lieferte Frederick J. Tobin, einer der rangniedrigen Offiziere der Bodenmannschaft. Wie Rosendahl hatte auch Tobin den Absturz der *Shenandoah* überlebt. Er war ein typischer Marineoffizier, dessen Nebelhornstimme und hünenhafte Erscheinung ihm den Beinamen »der Bulle« eingetragen hatten. Als er jetzt sah, daß die Bodenmannschaft sich wie eine Infanterielinie unter feindlichem Beschuß zurückzog, brüllte er: »Marine-Männer stehenbleiben!« Die zurückweichende Bodenmannschaft – sowohl die Männer von der Marine als auch jene, die für einen Dollar pro Stunde auf dem Landeplatz arbeiteten – blieb wie angewurzelt stehen. »Wir müssen die Leute da rausholen«, brüllte er. Die Männer machten daraufhin kehrt und gingen gemeinsam mit Tobin zum brennenden Schiff zurück.

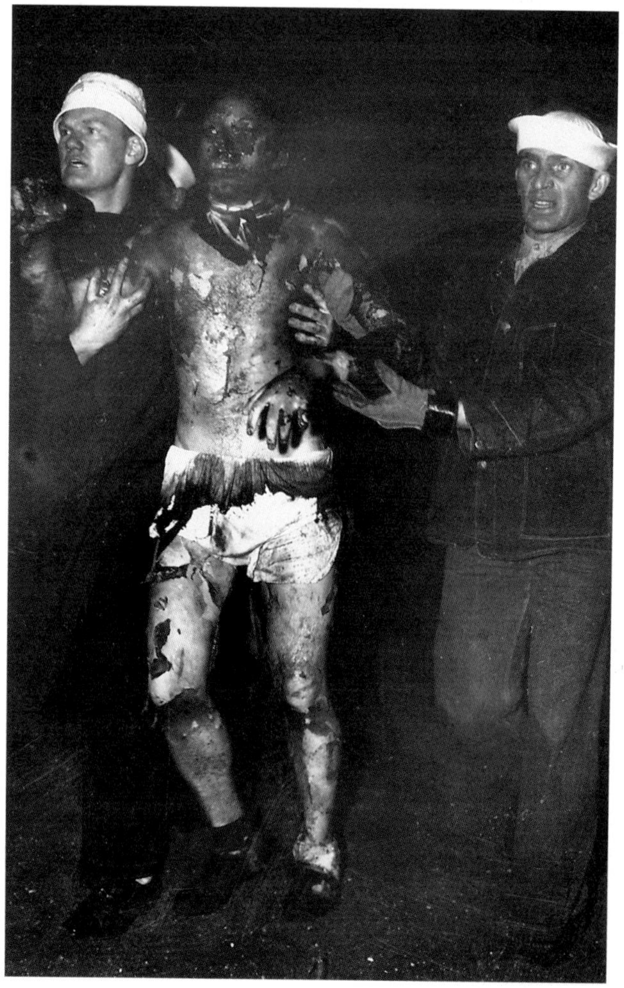

(Ganz links) Zeugin des spektakulären Untergangs der *Hindenburg* war auch Jean Rosendahl (neben zwei unbekannten Zuschauern), die Frau des Kommandanten Charles Rosendahl. (Oben) Der erste Offizier Albert Sammt (zweiter von rechts) und ein weiterer Überlebender zwischen zwei Helfern. (Links) Zwei Matrosen stützen ein Opfer der Katastrophe.

(Oben) Ein Passagier, dessen blutüberströmtes Gesicht durch den Schock zu einer Maske erstarrt ist, wird notdürftig versorgt, bevor er in ein Krankenhaus gebracht wird. (Gegenüberliegende Seite) Eines der wenigen vom brennenden Wrack erhaltenen Farbfotos, aufgenommen mit einer Vierfarbkamera.

DER HERGANG DER KATASTROPHE

1) Um 19.25 Uhr, als sich das Luftschiff etwa 23 Meter über dem Boden befindet, taucht auf der Außenhülle, genau oberhalb der vertikalen Flosse, eine winzige pilzförmige Flamme auf.

2) In den ersten paar Sekunden, als sich die Flammen rasch ausbreiten und das Schiff zu fallen beginnt, bleibt es in seiner Lage nahezu unverändert.

3) Als dann das Heck nach unten abfällt, schießt der Bug nach oben, und ein riesiger Flammengeysir bricht aus dem Schiffsinnern heraus.

4) Zweiunddreißig Sekunden, nachdem die erste Flamme entdeckt worden ist, liegt das Schiff vollständig am Boden – ein flammendes Inferno vom Bug bis zum Heck.

Die ersten, die George Watson aus dem Flammeninferno hervortaumeln sah, waren eine Frau und zwei Kinder. Zuerst dachte Watson, es handle sich um Zuschauer, die ganz nahe an das Schiff herangegangen seien. Doch dann sah er, daß sie schwere Verbrennungen erlitten hatten. Die Frau war Mathilde Doehner, die beiden Kinder ihre Söhne Walter und Werner, die sie vor dem Aufprall des Schiffes durch eines der Fenster in die Arme unten wartender Haltemänner geworfen hatte. Ihr Mann Hermann kam im Schiff ums Leben. Ihre sechzehnjährige Tochter Irene konnte zwar zunächst gerettet werden, starb aber später an ihren Verbrennungen. Die drei wurden sofort auf die nahegelegene Krankenstation gebracht, in der sich schon bald die Verletzten drängten.

Watson und Rosendahl näherten sich jetzt der Führergondel, um ihren Offizierskollegen so gut wie möglich beizustehen. Das Feuer brannte noch immer lichterloh, und der Himmel war von schwarzen Rauchwolken verdunkelt. Ein Mann taumelte auf sie zu – seine Kleider waren verbrannt, seine Haut schwarz verkohlt. Bevor sie ihn noch erreicht hatten, stürzte er zu Boden und starb. Dann taumelte Ernst Lehmann aus der Feuerwand, seine weiße Kapitänsmütze war zwar angesengt, aber ansonsten schien er nicht schwer verletzt. Watson nahm reflexartig Haltung an, doch Lehmann sah durch ihn hindurch. »Ich versteh' das nicht, ich versteh' das nicht«, murmelte er im Vorbeigehen immer wieder. Watson wandte sich um und sah, daß Lehmanns Rücken aus einer verkohlten Masse schrecklicher Verbrennungen bestand. Rosendahl eilte zu seinem Freund hinüber und führte ihn weg.

Männer der Bodenmannschaft heben einen aus dem Schiffswrack geborgenen Körper hoch.

Es scheint fast wie ein Wunder, aber bis auf eine Ausnahme konnten alle in der Führergondel versammelten Männer aus dem brennenden Wrack entkommen. Heinrich Bauer stieß zunächst zwei Besatzungsmitglieder aus einem der Fenster und sprang dann selbst hinterher. Doch das Gerippe des Schiffs krachte hinter ihm zusammen, und die Hitze der Flammen verbrannte das Haar an seinem Hinterkopf. Nachdem er einen Augenblick innegehalten hatte, um kurz Luft zu schöpfen, wandte er sich dem Passagierbereich zu, um nach weiteren Überlebenden Ausschau zu halten. Anton Wittemann war anfangs von den Flammen eingeschlossen, fand dann aber doch noch eine Öffnung auf der linken Seite des Schiffes. Er kam mit relativ leichten Verbrennungen davon.

Pruss und Sammt sprangen gemeinsam aus dem Fenster des Navigationsraumes. Dann schloß Sammt die Augen und rannte durch das Gewirr glühendheißer Drähte und Träger, die von überallher auf ihn einstürzten. Als er schließlich aus der unmittelbaren

Als die Feuerwehr am Schauplatz des Geschehens eintraf (oben), war niemand mehr zu retten; das Feuer (unten), vom Dieselöl genährt, brannte noch mehrere Stunden.

Gefahrenzone herausgelangt war, stand seine Uniform in Flammen. Er wälzte sich in dem feuchten Gras, um die Flammen zu ersticken. Erst als seine Uniform nicht mehr brannte und er sich langsam erhob, wagte er, die Augen zu öffnen. Er konnte noch sehen! Dann zwickte er sich in die Ohren. Auch sie waren noch da! Selbst die Mütze saß noch immer auf seinem Kopf, nur das Rangabzeichen war abgerissen.

Als Sammt auf das Wrack zurückschaute, sah er einen Mann, der – mit einem langen Mantel bekleidet – auf ihn zueilte. Der Mann hatte seinen Hut verloren, und sein Haar war völlig verbrannt.

»Pruss, sind Sie das?!« rief Sammt ihm zu.

»Ja«, erwiderte der andere. »Mein Gott, wie Sie aussehen!«

»Aber Sie sehen auch nicht viel besser aus«, rief Sammt zurück.

Von den beiden Männern hatte Sammt das größere Glück gehabt. Er hatte nur leichte Verbrennungen davongetragen. Der schwer verbrannte Kommandant der *Hindenburg* dagegen kämpfte noch tagelang mit dem Tod.

Die wenigen Minuten, die zwischen den ersten Funken und der Flucht der Überlebenden aus dem brennenden Wrack vergangen waren, erschienen den Passagieren und den Augenzeugen später wie Stunden, so intensiv hatten alle diese Augenblicke zwischen Leben und Tod erlebt.

George Grant aus London, ein Mitarbeiter der Hamburg-Amerika-Linie, der als Gast der Zeppelin-Gesellschaft an Bord gewesen war, sprang aus einem Fenster und landete ohne Verbrennungen am Boden. Doch gerade als er aufstehen wollte, wurde er von einem anderen herabstürzenden Passagier zu Boden gerissen und dabei so schwer am Rücken verletzt, daß er mehrere Monate im Krankenhaus verbringen mußte. Rosendahl beobachtete eine »ältere Reisende«, die »wie eine Schlafwandlerin« eine von allein ausgefahrene Klapptreppe hinunterschritt und dann so gut wie unverletzt durch die Flammen und herabstürzenden Metallteile hindurchging.

Der achtzigjährige Otto Ernst und seine Frau Elsa schritten Arm in Arm die Klapptreppe hinunter. (Otto erlag später in einem nahegelegenen Krankenhaus seinen Verletzungen). Der in der Offiziersmesse tätige vierzehnjährige Werner Franz sprang durch eine Luke im Boden des Schiffs ins Freie, wo er von Flammen und Rauch eingeschlossen wurde. Dann

Ein Offizier in Lakehurst gibt in der Unglücksnacht Informationen an die Presse. Auf der Tafel stehen die Namen der Passagiere und Besatzungsmitglieder, die gerettet werden konnten.

platzte über ihm unversehens ein Wasserballasttank auf, löschte das Feuer und verschaffte ihm somit Gelegenheit, triefend naß, aber ohne einen Kratzer zu entkommen.

Keiner der Männer der Bodenmannschaft sollte den Tag je vergessen, da aus ihrer Routinearbeit plötzlich fürchterlicher, lebensbedrohender Ernst geworden war. Schreckliche Bilder prägten sich ihrem Gedächtnis unauslöschlich ein: etwa der Anblick eines Mannes, dem die Fleischfetzen vom Leibe hingen, als er das brennende Wrack verließ – mit nichts als seinen Schuhen bekleidet. An »einem der weißglühenden Träger [klebte eine abgetrennte Hand] wie ein leerer Handschuh«, wie John Toland in *Die große Zeit der Luftschiffe* schreibt. Herbert Rowe, ein Überlebender des *Macon*-Unglücks, bückte sich, um einen grauenhaft verbrannten Körper aufzuheben, und schleppte ihn dann von dem Wrack fort. Nachdem Rowe den Mann vorsichtig in den Sand gelegt hatte, bemerkte er, daß von dessen Regenmantel Fetzen verbrannten Fleisches herabhingen. Erst jetzt bemerkte er, daß der Mensch, den er soeben gerettet hatte, bereits tot war.

Aber neben und trotz solcher Szenen des Grauens konnte man bisweilen auch Bilder von absurder Komik beobachten: So überflügelte ein siebzigjähriger Zuschauer nicht nur alle anderen im Bemühen, den aus dem Flammenmeer hervorstürzenden Passagieren zu Hilfe zu eilen, er hielt sich die ganze Zeit auch noch unbeirrt einen Schirm über den Kopf, um sich vor dem leichten Nieselregen zu schützen. Es gab aber auch eine Reihe herzzerreißender Schicksalsschläge. Burtis Dolan, ein Parfümimporteur aus Chicago, der eine viermonatige Einkaufsreise durch Europa unternommen hatte, hatte seiner Frau nichts davon erzählt, daß er auf der *Hindenburg* heimkehren werde – sie hatte ihm nämlich das Versprechen abgenommen, niemals zu fliegen. Aber das deutsche Luftschiff schien so sicher, und wäre er nicht geflogen, dann hätte er nicht mehr rechtzeitig zum Muttertag daheim sein können. Aber statt ihren Mann unerwartet in die Arme schließen zu können, mußte seine Frau ihren Ehrentag jetzt in Trauer verbringen.

Wenn man bedenkt, wie schnell das Luftschiff völlig ausgebrannt war und mit welch unwiderstehlicher Kraft die wasserstoffgenährten Flammen alles aufzehrten, dann muß man sich wundern, daß gleichwohl einundsechzig der siebenundneunzig Menschen an Bord das Unglück überlebten. Unter den sechsunddreißig Toten befanden sich dreizehn Passagiere, zweiundzwanzig Besatzungsmitglieder und ein Angehöriger der Bodenmann-

Kommandant Rosendahl beantwortet Fragen von Journalisten, die sich vor dem Paul-Kimball-Krankenhaus im nahegelegenen Lakewood versammelt haben. In diesem Krankenhaus wurden viele der Verletzten ärztlich versorgt.

schaft, der nicht schnell genug vor dem abstürzenden Schiff geflüchtet war. Die Stewardeß Emilie Imhof, das erste weibliche Besatzungsmitglied, das je auf einem Zeppelin gefahren war, hatte so bereits auf ihrer zweiten Fahrt den Tod gefunden.

Als jetzt die Dunkelheit hereinbrach, flackerten in dem verkohlten Skelett der *Hindenburg* noch immer die Flammen, und Rauch stieg zum Himmel auf. Schon bald waren die letzten Rettungswagen davongebraust, und das Landefeld der Marineluftschiffbasis Lakehurst lag verlassen da; nur einige Männer blieben bei dem Wrack, um es während der Nacht zu bewachen. Die Verletzten bevölkerten jetzt jede Ecke in der kleinen Krankenstation der Luftschiffbasis. »In den Räumen rannten aufgeregte Menschen wie in einem aufgescheuchten Ameisenhaufen umher«, beobachtete Leonhard Adelt. »Auf den Korridoren waren die Schwerverletzten auf Tischen, Liegen und Stühlen untergebracht. Ein medizinischer Betreuer hatte eine Morphiumspritze, die so groß war wie eine Fahrradluftpumpe, und wollte jedem eine Injektion verpassen.« Gertrud Adelt lehnte das Morphium ab. Ihre Verbrennungen erschienen ihr nicht so tragisch, und sie wollte wach bleiben, um sich um ihren Mann kümmern zu können.

In einem der Räume war Margaret Mather neben einem gräßlich verbrannten Mann untergebracht, der sich gleichmütig immer wieder mit Pikrinsäure einrieb. Hätte ihr nicht jemand gesagt, um wen es sich bei dem Mann handelte, dann hätte sie Kapitän Lehmann wohl niemals erkannt. Bisweilen, wenn ihre verbrannten Hände wieder unerträglich zu schmerzen anfingen, bat sie um die Flasche, und er reichte sie ihr höflich. Wenn sie ihm das Mittel dann zurückgab, murmelte er jedesmal: »Danke schön.« Sonst fiel zwischen ihnen kein Wort. »Es war ein seltsames, schweigendes Beisammensein«, erinnerte sie sich später, »fast als seien wir auf eine Tasse Tee zusammengetroffen.«

Heinrich Bauer zufolge herrschte in dem Raum, in dem viele der weniger schwer Verletzten untergebracht waren, eine »unnatürliche Ruhe«. Trotz der Schmerzen in seiner Brust und der Brandblasen an seinen Händen, die von Stunde zu Stunde mehr schmerzten, stellte er Listen auf, auf denen die Überlebenden und die Vermißten verzeichnet waren. Dann fertigte er eine Skizze des Landeanflugs an und notierte aus dem Gedächtnis die zwischen der Führergondel und der Basis ausgetauschten Funksprüche. Ein Arzt legte ihm währenddessen einen Verband um die Brust, um den Druck, der auf Bauers gebrochenem Brustbein lastete, zu mildern; danach verband er ihm noch die Hände so, daß der Offizier weiterarbeiten konnte. Später sollte Bauer über diese Stunden schreiben: »Ich konnte kein Auge zutun in jener Unglücksnacht.«

The New York Times.

HINDENBURG BURNS IN LAKEHURST CRASH;
21 KNOWN DEAD, 12 MISSING; 64 ESCAPE

Am nächsten Morgen berichteten die amerikanischen Zeitungen in riesigen Schlagzeilen und Bildern des brennenden Giganten vom Untergang der *Hindenburg*. Nie zuvor hatten Fotografen und Wochenschau-Kameramänner eine solche Katastrophe derart hautnah dokumentiert. Schon bald konnte man in den Kinos überall auf der Welt jenen fünfunddreißig Sekunden langen Filmausschnitt sehen, der zeigte, wie das berühmte Luftschiff zunächst in Flammen aufging und dann zur Erde stürzte. Aber einen nicht weniger intensiven Eindruck von dem grauenhaften Geschehen vermittelte Herbert Morrisons packende Reportage. Viele tausend Menschen, die diesen Bericht am Nachmittag des folgenden Tages auf NBC hörten, schworen später, daß sie an ihren Rundfunkgeräten tatsächlich jenen Augenblick live miterlebt hatten, in dem Hugo Eckeners Traumschiff sein vorzeitiges, tragisches Ende gefunden hatte.

NACH DEM ABSTURZ

»Obwohl nach den Untersuchungen der Brandkatastrophe Sabotage nicht mit letzter Sicherheit ausgeschlossen werden kann, gibt es meiner Meinung nach keinen überzeugenden Beweis für einen Anschlag – sei es von seiten der Kommunisten oder der Nazis. Unbestritten ist allein die Tatsache, daß die Hindenburg *deshalb in Brand geriet, weil sie mit Wasserstoff gefüllt war.«*

Douglas H. Robinson

»Von allen chemischen oder mechanischen Mitteln, die als Ursache für die Entzündung des Wasserstoffs in Frage kommen, ist die gewöhnliche Blitzlichtbirne eines Fotoapparats das perfekteste: sie entwickelt nicht nur große Hitze, sondern enthält auch Sauerstoff, ohne den sich Wasserstoff schlicht und einfach gar nicht entzündet.«

A. A. Hoehling

Wie von weit her kam das Geräusch immer näher und wurde schließlich zu einem schrillen und unüberhörbaren Klingeln. Hugo Eckener schreckte aus dem Tiefschlaf auf. Wo war er? Ach ja, richtig, in einem Hotel im österreichischen Graz. Er tastete nach dem Telefon.

Am anderen Ende der Leitung meldete sich der Berliner Korrespondent der *New York Times*, den Eckener persönlich kannte.

»Herr Eckener«, ertönte die Stimme, »ich habe es für notwendig gehalten, Sie sofort darüber zu informieren, daß ich soeben eine Meldung von meiner New Yorker Redaktion bekommen habe. Demnach ist das Luftschiff *Hindenburg* gestern abend um sieben Uhr über dem Landeplatz Lakehurst explodiert.«

»Das kann nicht sein!«

»Ich fürchte doch, Doktor Eckener. Die Nachricht wurde uns bestätigt.«

Mit einemmal war Eckener hellwach. Er setzte sich im Bett auf, drehte das Licht an und sah auf die Uhr. Halb drei morgens. Wie hatte dieser Reporter ihn bloß so schnell ausfindig machen können? In Lakehurst war es jetzt abends, kurz nach halb neun; seit dem angeblichen Unglück waren demnach eineinhalb Stunden vergangen. Vielleicht war dieser Anruf nur ein böser Scherz. Es war nicht das erstemal, daß jemand eine Falschmeldung über einen Zeppelinabsturz in die Welt gesetzt hatte. Doch er kannte den Anrufer, und er kannte die *New York Times* – deren Seriosität absolut nicht in Zweifel zu ziehen war.

AKRON BEACON JOURNAL
HOME EDITION
ZEPP SABOTAGE HINTED AS 34 DIE
Few Hours Ago They Played, Danced---Now Hunt Ruins For Dead!
Falls Woman's Brother Escapes Death In Air Crash
ZEPP VOYAGES ARE RECALLED
U. S. Dirigible Building Hit
HELP RUSHED BY GOODYEAR
Several Of 64 Hindenburg Survivors Are Near Death; U. S., Germany Launch Probes; Bodies Of 26 Recovered
List Of Dead, Survivors
'I Jumped—And I'm Alive,' Says Craft's Dazed Chef
'It Might Have Been An Enemy Plot,' Says Eckener, As Tears Dim Eyes

In vielen unmittelbar nach dem Unglück erschienenen Zeitungsberichten wurde über Sabotage als Ursache spekuliert (oben). Zwei mit Diesel gefüllte Treibstofftanks (rechts vorne im Bild) scheinen das Feuer unversehrt überstanden zu haben.

Wie hatte ein solches Unglück nur passieren können? Die Luftschiffe *Graf Zeppelin* und *Hindenburg* hatten zusammen mehr als sechshundert Fahrten absolviert, und kein einziges Mal war es zu einem größeren Zwischenfall gekommen. Die Luftschiffe waren vom Blitz getroffen worden, hatten fürchterliche Sturmböen überstanden und waren doch immer sicher und unversehrt gelandet. Eckener, der sich innerlich dagegen sträubte, an ein Unglück zu glauben, zog sogar die Möglichkeit der Sabotage in Erwägung. Innerhalb und außerhalb Deutschlands gab es viele, denen die Zeppelinluftfahrt, die die Nazis leider zunehmend für ihre Propaganda benutzten, ein Dorn im Auge war.

Das Hotel war bereits von Journalisten belagert, als Eckener es verließ, um eiligst nach Wien zurückzufahren. Vielleicht, so die Vermutung, die er den Journalisten gegenüber äußerte, war Sabotage die Ursache der Katastrophe. Jedoch seien genauere Informationen über die Einzelheiten nötig, bevor er eine Erklärung abgeben könne. In Wien stand schon ein Flugzeug des Reichsluftfahrtministeriums bereit, das ihn direkt nach Berlin brachte, wo er zu einem Gespräch mit Göring zusammentraf. Einer der Journalisten, die am Flughafen Tempelhof auf Eckener warteten, war Louis Lochner, der im Vorjahr auf der Jungfernfahrt der *Hindenburg* nach Lakehurst dabeigewesen war.

»Niemals werde ich den kläglichen Eindruck vergessen, den Dr. Eckener damals auf mich machte«, schrieb er in einem Brief an seinen Sohn und seine Tochter. »Ein Lebenswerk war zerstört! Und dennoch: mein Vertrauen in das Lenkluftschiff ist so groß, daß ich sofort wieder mitfliegen würde, wenn ich die Möglichkeit dazu hätte.«

Im Luftfahrtministerium machte Göring Eckener Vorwürfe wegen seiner öffentlich geäußerten Mutmaßungen über Sabotage, und er forderte ihn auf, seine unklugen Äußerungen in einer Rundfunkansprache in Amerika zu widerrufen. Die Nazis hatten kein Interesse daran, in der internationalen Öffentlichkeit den Eindruck zu erwecken, das Regime habe im Innern mit einer Opposition zu kämpfen. In Amerika war sofort eine Kommission gebildet worden, die die Ursache der Katastrophe untersuchen sollte, und die Deutschen sicherten ihre Unterstützung zu. Eckener sollte die deutsche Delegation leiten, der außer ihm selbst der Chefkonstrukteur der *Hindenburg*, Ludwig Dürr, und Professor Max Dieckmann, ein Fachmann auf dem Gebiet der elektrostatischen Erscheinungen, angehörten.

Schon am nächsten Morgen flog Eckener nach Cherbourg, wo er gemeinsam mit den anderen Delegationsmitgliedern das Passagierschiff *Europa* bestieg. Eckener trug noch denselben Anzug, den er seit seiner Abreise aus Österreich anhatte, und da er keine Zeit gehabt hatte, einen Koffer zu packen, hatte er nicht einmal eine Zahnbürste dabei. Kurz vor der Abfahrt gab er noch – gegen den energischen Protest des Kommandanten der *Graf Zeppelin*, Hans von Schiller – die Anweisung, die geplante Fahrt unterbleiben zu lassen. Das Luftschiff war eben von Rio aufgebrochen, als die Nachricht von der Katastrophe der *Hindenburg* eintraf, und von Schiller war klug genug gewesen, den Passagieren und der Besatzung bis zur Landung in Deutschland nichts von dem Unglück zu sagen. Eckener wollte kein Risiko eingehen. Bevor die Unglücksursache geklärt war, sollte kein Zeppelin mehr in den Himmel steigen.

Am Morgen des 7. Mai 1937, dem Tag nach dem Absturz, bot der Marineflughafen Lakehurst ein Bild des Grauens. Die Menschenmengen waren verschwunden. Die Toten lagen im Presseraum aufgebahrt, der zu einer Leichenhalle umfunktioniert worden war. Vor dem Hangar Nr. 1 mit seiner hochaufragenden Vorderfront und den riesigen, nunmehr abgeriegelten Toren lag das verkohlte, in sich zusammengesunkene Gerippe der *Hindenburg*.

Heinrich Bauer, der in seinen bandagierten Händen noch immer einen pochenden Schmerz

So nah und doch so fern: das Wrack der *Hindenburg* liegt kaum mehr als 200 Meter vom Ankermast in Lakehurst entfernt.

verspürte, ging mit langsamen Schritten über das flache, sandige Gelände auf das Wrack zu, das von seinem Luftschiff übriggeblieben war. Als ranghöchstem Offizier ohne schwerwiegende Verletzungen oblag es ihm, den Schauplatz des Unglücks zu inspizieren. Er schritt das Schiffswrack auf und ab, schmerzlich berührt von der unfaßbaren Zerstörung. Das Feuer hatte so gut wie alles zerstört, nur ein wüstes Durcheinander von Ringen und Duraluminträgern war übriggeblieben. Da stutzte er plötzlich. In der Asche hatte er einen flachen ovalen Gegenstand entdeckt. Er bückte sich und hob ihn auf. Im ersten Augenblick fiel es ihm schwer, das verbogene und rußgeschwärzte Stück Metall in seiner Hand mit dem luxuriös ausgestatteten Luftschiff in Verbindung zu bringen, auf dem er so stolz Dienst getan hatte. Dann aber erkannte er, was es war: ein versilbertes Serviertablett. Auf der Unterseite konnte er die Gravur der Deutschen Zeppelin-Reederei erkennen. Das also war alles, was ihm von der *Hindenburg* als Erinnerung bleiben sollte.

Souvenirjäger hatten sich bereits an dem Wrack der *Hindenburg* zu schaffen gemacht, bevor die Wachen das Gelände in der Nacht zuvor abgesperrt hatten. Suchtrupps der Post hatten dann noch bis spät in die Nacht versucht, von den Postsäcken, die sich an Bord befunden hatten, zu retten, was zu retten war. Die Briefe, deren Anschriften trotz der starken Brandspuren noch zu lesen waren, wurden baldmöglichst zugestellt. Jetzt untersuchten Zollfahnder das Wrack nach persönlichen Wertsachen der Passagiere und Ermittlungsbeamte nach Spuren gewaltsamer Einwirkung.

Außer ein paar verkohlten Handtaschen, Geldbeuteln und Brieftaschen waren kaum persönliche Wertgegenstände übriggeblieben. Das Spielzeugauto, das dem sechsjährigen Werner Doehner während der Reise abgenommen worden war, war durch die Hitze zwar aus der Form geraten, aber noch gut zu erkennen. Eine Luger-Pistole, aus der ein Schuß abgefeuert worden war, nährte die wildesten Spekulationen, und einige Boulevardblätter schrieben, ein Offizier oder ein Mannschaftsmitglied habe Selbstmord begangen. Joseph Spähs Filmkamera hatte das Unglück überstanden, sogar die Filmrolle war unbeschädigt geblieben.

Einen Tag nach dem Absturz der *Hindenburg* schwebte Ernst Lehmann noch immer in Lebensgefahr. Sein ganzer Körper war mit Brandwunden bedeckt und bandagiert; aber obwohl seine Wunden nicht so schwer waren wie die Verletzungen, die Max Pruss erlitten hatte, schien sein Lebenswille erschöpft zu sein. An jenem Morgen saß Charles Rosendahl an Lehmanns Krankenbett. Sie unterhielten sich eine Zeitlang über private Dinge und gemeinsam erlebte Abenteuer. Wie Rosendahl später bemerkte, machte Lehmann nicht den Eindruck, als habe er starke Schmerzen, und sein Geist war »kristallklar«. Und natürlich kamen sie auch auf die fürchterlichen Ereignisse des vergangenen Tages zu sprechen, für die sie eine Erklärung suchten. »Auf einmal«, schrieb Rosendahl später, »sagte er trocken und wie in einer abschließenden Beurteilung des Falles, jedoch durchaus nicht verbittert, sondern eher wehmütig und von Weltschmerz erfaßt: ›Es muß eine Höllenmaschine gewesen sein.‹« In seinen letzten Stunden war Lehmann zu dem Schluß gekommen, daß nur ein Akt der Sabotage die *Hindenburg* zerstört haben konnte.

»Aber natürlich muß, ganz unabhängig von der Brandursache, das nächste Schiff mit Helium gefüllt werden«, flüsterte Lehmann. Er hegte nicht den leisesten Zweifel daran, daß weiterhin

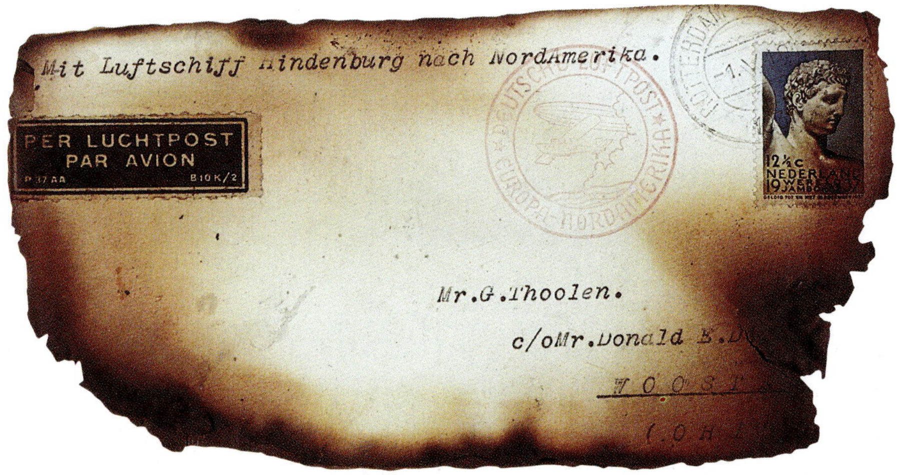

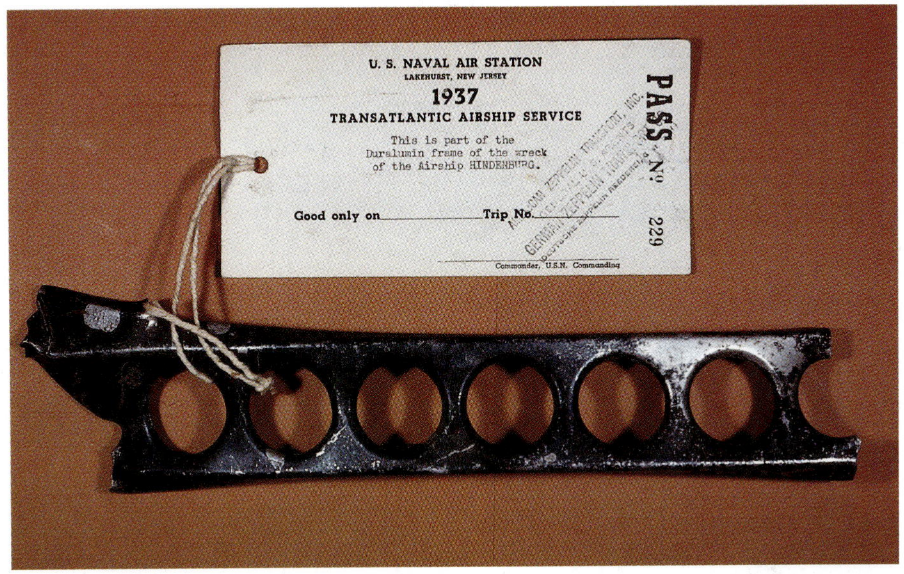

Einige der im Schiffswrack gefundenen Gegenstände: (ganz oben) ein in Holland abgestempelter Brief, der einen speziellen Zeppelinaufdruck trägt; (oben Mitte) Trägerteilstück mit einem Besucherpaß für den Landeplatz in Lakehurst am 6. Mai 1937; (oben) ein rußgeschwärztes Fischmesser; (links) Teetasse mit Untertasse.

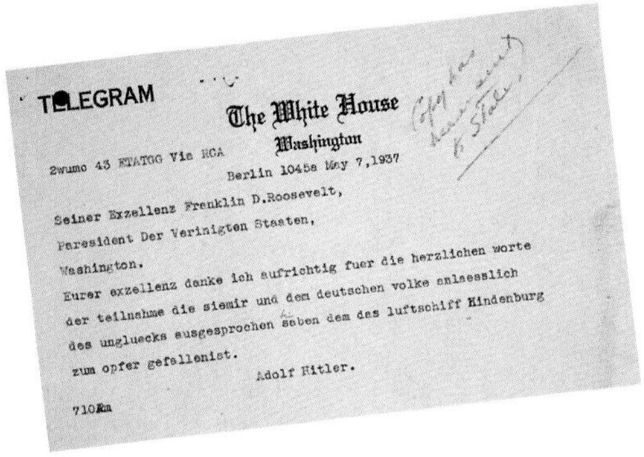

TELEGRAM

The White House
Washington

2wumo 43 ETATGG Via RCA
Berlin 1045a May 7,1937

Seiner Exzellenz Franklin D.Roosevelt,
Paresident Der Verinigten Staaten,
Washington.
Eurer exzellenz danke ich aufrichtig fuer die herzlichen worte der teilnahme die siemir und dem deutschen volke anlaesslich des unglucks ausgesprochen haben dem das luftschiff Hindenburg zum opfer gefallenist.
Adolf Hitler.

710Am

Am Tag nach der Katastrophe erhielt Präsident Roosevelt dieses Telegramm, in dem Hitler ihm im Namen des deutschen Volkes für seine Anteilnahme und Sympathie dankt.

Luftschiffe fahren würden und daß die Luftschiffahrt auch diesen Rückschlag verkraften würde.

Lehmanns Tod, der am späten Nachmittag eintrat, erschütterte Rosendahl zutiefst. Wie Rosendahl selbst hatte auch Lehmann sein ganzes Leben der Entwicklung der Luftschiffahrt gewidmet. Rosendahl kam die Ehre zu, im letzten Kapitel der englischsprachigen Ausgabe von Lehmanns Buch die Katastrophe der *Hindenburg* zu beschreiben.

Das Vorwort des Buches, ebenfalls von Rosendahl verfaßt, ist eine tiefe Verbeugung vor dem Mann, mit dem er seit vierzehn Jahren befreundet gewesen war: »Gepflegt im Auftreten, geschliffen in seinen Umgangsformen, weltmännisch und beschlagen in allen Dingen, sprachbegabt« und ein Kapitän, »der sich nicht lautstark« Autorität verschaffen mußte, so beschrieb er den verstorbenen Kapitän. Vor allem aber sei er ein Pionier der »Leichter-als-Luft-Technik« gewesen: »In seinem Leben hatte er immer nur ein großes Ziel vor Augen: die Vervollkommnung des Zeppelin-Prinzips der Luftschiffahrt und dessen Anpassung an die Erfordernisse des kommerziellen internationalen Passagiertransports.«

Andere, die die Brandkatastrophe überlebt hatten, erlagen in den folgenden Tagen ihren Verletzungen, doch erstaunlicherweise überlebte Max Pruss. Der Kapitän der *Hindenburg* blieb nicht zuletzt dank der Hilfe eines jüdisch-deutschen Arztes am Leben, der vor den Nazis aus Deutschland geflohen war und nun in New York eine Praxis hatte. Als Willy von Meister die Rechnung begleichen wollte, winkte der Arzt ab: »In einer Notlage des deutschen Volkes sind meine Dienste gratis.« Hermann Göring schrieb umgehend einen Dankesbrief.

Trotz seiner schweren Verbrennungen trat Albert Sammt bei den Ermittlungen, die am Montag nach dem Unglück begannen, als Zeuge auf. Anton Wittemann, der mit leichteren Verletzungen davongekommen war, konnte bereits zehn Tage später zusammen mit einem Großteil der Mannschaft an Bord der *Bremen* nach Hause zurückkehren. Das Telegramm, das Richard Kollmer unmittelbar nach der Katastrophe an seine Eltern schickte, traf ein, noch bevor sie die Nachricht vom Unglück erhielten. Joseph Leibrecht, einer der drei Überlebenden aus dem brennenden Bug, trug bleibende Narben davon, dennoch war ihm in seiner Heimatstadt Lindau am Bodensee noch ein langes Leben beschieden.

Margaret Mather, deren Mantel von dem Brand wie ein Sieb durchlöchert war, hatte nur Brandverletzungen an den Händen davongetragen. Auch Leonhard und Gertrud Adelt erholten sich rasch von ihren relativ leichten Verwundungen. Und der Akrobat Joseph Späh humpelte seiner wartenden Familie aus dem brennenden Luftschiff geradewegs in die Arme (sein Hund Ulla kam in den Flammen ums Leben).

Vier Tage nach der Abfahrt aus Cherbourg lief das Linienschiff *Europa* mit Hugo Eckener, Ludwig Dürr, Max Dieckmann und den anderen Mitgliedern der deutschen Untersuchungskommission an Bord im New Yorker Hafen ein. Als Eckener auf der Marineluftschiffbasis Lakehurst eintraf, wurden Erinnerungen an seine früheren Triumphe in ihm wach: die Ankunft der *Los Angeles* 1924, 1929 die Fahrt um die Welt mit der *Graf Zeppelin*, die erste Landung der *Hindenburg* im vergangenen Jahr. »Jetzt erschien ihm Lakehurst wie ausgestorben. Das Marinekommando war abgezogen, die wenigen zurückgebliebenen Männer hockten untätig und betrübt in ihren Baracken …«

Joseph Späh mit Frau und Kindern nach seiner Rettung aus dem Luftschiff. Das FBI fand keinen Nachweis für eine Verstrickung Spähs in das Schiffsunglück.

Die Kommission, die die Überreste des Schiffes gründlich untersuchte, fand keinerlei Anhaltspunkte für einen Sabotageakt. Das FBI wurde eingeschaltet und ging allen verdächtigen Spuren nach. Unter Sabotageverdacht geriet insbesondere Späh, der wegen seines Berufes als reisender Künstler zum Spion geradezu prädestiniert war; auch hatte er sich mehrmals unbeobachtet zu seinem Hund in den Heckteil des Schiffes begeben. Späh hatte sich zwar in Long Island niedergelassen, war aber deutscher Staatsbürger geblieben. Nach diversen Voruntersuchungen und der Befragung seiner Nachbarn ergab sich jedoch kein Anhaltspunkt dafür, daß er mit der Zerstörung des Schiffs irgend etwas zu tun gehabt haben könnte.

An abenteuerlichen Theorien, wie es zu dem Unglück gekommen war, bestand freilich kein Mangel. Jemand habe mit einer Strahlenpistole von dem Kiefernwald aus geschossen oder Brandkugeln abgefeuert, als das Luftschiff zur Landung ansetzte, hieß es. Oder auch, eine seltene Bakterienart habe eine Gaszelle »zersetzt« und dabei den Wasserstoff entzündet. Am originellsten war der Erfinder aus New England, der behauptete, er habe in seinem Dorf in den Berkshire Hills eine Rakete abgeschossen, und zwar nur fünfundzwanzig Minuten, bevor die *Hindenburg* in Flammen aufging. Und dieser Zeitraum habe genau ausgereicht, damit sein Konstrukt, das sich »in südliche Richtung« bewegt habe, in aller Ruhe zum Ort des unglückseligen Geschehens habe fliegen können.

Auf die wirkliche Ursache des Unglücks jedoch gab es nur sehr wenige Hinweise. Zunächst hatte die *Hindenburg* zu einer völlig normalen Landung angesetzt; im nächsten Augenblick dann die dumpfe Explosion, das Schiff war ins Schlingern geraten, vom hinteren Teil aus hatte sich Feuer ausgebreitet, und das Schiff war abgestürzt. Außer den vier Besatzungsmitgliedern, die sich im Bereich des hinteren Leitwerks aufgehalten hatten, gab es keine Überlebenden, die sich an der Stelle befunden hatten, wo das Feuer ausgebrochen war. Zuschauer hatten jedoch die ersten Flammen oben aus dem Heckbereich hervorlodern sehen. Andere hatten ein starkes Aufblähen der Hüllenaußenfläche an derselben Stelle noch vor Ausbruch des Feuers beobachtet. Wieder anderen, darunter Willy von Meister, war aufgefallen, daß das Schiff bei seiner Annäherung an

(Gegenüberliegende Seite links) Spezialisten durchsuchen das Wrack nach Hinweisen auf die Brandursache. (Gegenüberliegende Seite rechts) Oberst South Trimble, Jr., Vorsitzender der amerikanischen Untersuchungskommission, im Gespräch mit Hugo Eckener und Ludwig Dürr (rechts).

(Rechts) Am 10. Mai eröffnete das US Department of Commerce eine öffentliche Untersuchung des *Hindenburg*-Unglücks; hier tritt Charles Rosendahl (Bildmitte) als Zeuge auf. Die Anhörung fand in dem Teil des Hangars von Lakehurst statt, der ursprünglich die Wartezone für die Passagiere der *Hindenburg*, dann aber zur Leichenhalle für die Unglücksopfer umfunktioniert worden war.

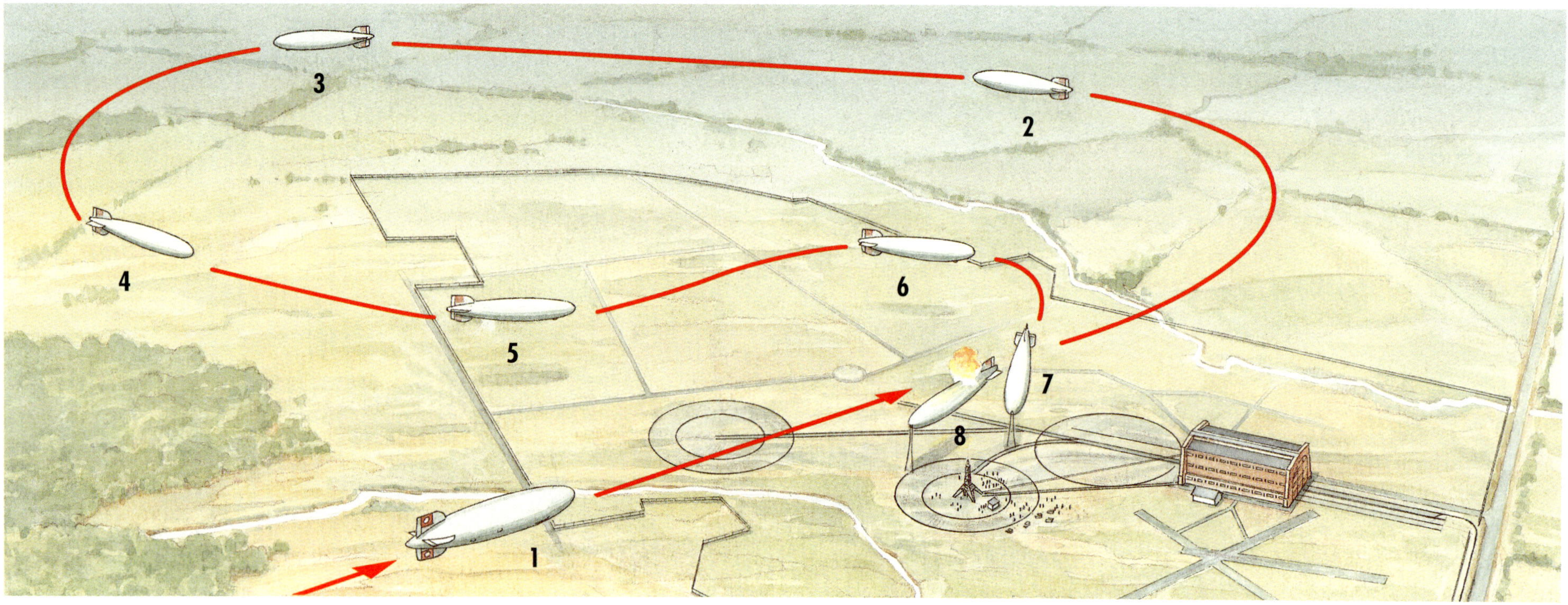

DAS LANDEMANÖVER

1) Um etwa 19.00 Uhr und in einer Höhe von 198 Metern nähert sich das Luftschiff von Südwesten her, um noch einmal das Landefeld zu überfliegen und die Bereitschaft der Bodenmannschaft abzuklären. **2)** 19.08 Uhr: Das Schiff dreht bei voller Geschwindigkeit nach Westen ab, um in einem weiten Bogen zum Anflug auf das Landefeld anzusetzen. **3)** 19.11 Uhr, Höhe: 180 Metern: Immer noch bei voller Geschwindigkeit setzt das Luftschiff in einer Schleife zur Anfahrt auf den Landeplatz an; 15 Sekunden lang wird Gas abgelassen; diese Reduktion von Wasserstoff dient dazu, die Höhe zu verringern. **4)** 19.12 Uhr: Alle Motoren arbeiten langsam voraus, und das Schiff verringert seine Geschwindigkeit. **5)** 19.14 Uhr, Höhe: 120 Meter: Die Backbordmotoren arbeiten langsam zurück – eine von mehreren ähnlichen Maßnahmen bei der Anfahrt auf den Landemast. **6)** 19.18–19.19 Uhr: In rascher Folge werden 300 Kilo, nochmals 300 Kilo und dann 500 Kilo Wasserballast abgelassen, um eine leichte Heckschwere auszugleichen. **7)** 19.21 Uhr, Höhe 90 Meter: Das erste Landeseil wird vom Bug herabgelassen. **8)** 19.25 Uhr: Die erste Flamme wird sichtbar.

den Mast dreimal Wasserballast abgeworfen hatte und sehr hecklastig gewesen war. Diese Beobachtung wurde von Überlebenden aus der Führergondel bestätigt, so auch von Heinrich Bauer.

Vor der Kommission gelangte Eckener deshalb zu dem Schluß, daß das Unglück auf eine ungewöhnliche Kombination von Zufällen zurückzuführen sei. Offenbar bekam während der Landung eine Zelle im Heck ein Leck.

Dies wird sowohl durch die beobachteten Bewegungen der Außenhülle als auch durch die Hecklastigkeit des Schiffes nahegelegt. Pruss, so Eckener in seinen Ausführungen weiter, führte während des Ansteuerns zur Landung einen harten Schwenk nach Backbord aus, und es ist möglich, daß dabei ein Spanndraht riß; das zurückschnellende Ende des Drahts könnte dann einen Riß in eine Zelle im Heck geschlagen haben. Dann war nur noch ein Funke nötig, damit sich das ausströmende Gas entzündete. Max Dieckmann, der wissenschaftliche Experte der deutschen Kommission, legte überzeugend dar, daß unter diesen Bedingungen eine elektrostatische Entladung stattgefunden haben mußte.

Ein amerikanischer Experte versucht zu zeigen, daß das Feuer elektrostatische Ursachen gehabt haben könnte.

Dieckmann erläuterte, daß nach Abzug des starken Gewitters ein starkes Potentialgefälle zwischen den Wolken oberhalb des Luftschiffs und dem Boden vorhanden gewesen sei. Das erste Landungsseil, das den Boden berührte, wurde so zum elektrischen Leiter, der das Schiff elektrisch entlud. Da die Haltetaue vom Regen naß geworden waren, habe dies zu einer Funkenentladung geführt. Doch habe es ein paar Minuten gedauert, bevor das Schiff die gleiche elektrische Ladung wie der Boden hatte. (Und in der Tat vergingen vier Minuten zwischen dem Abwurf der Landeleinen und dem Aufflackern der ersten Flammen.) Es bestanden also erhebliche Potentialdifferenzen zwischen dem Schiff und den darüber befindlichen Wolken – ideale Bedingungen für eine sogenannte Büschelentladung, bekannt auch unter dem Namen Elmsfeuer. Als sich dann die Elektrizität in die Atmosphäre entlud, wurde der ausströmende Wasserstoff durch einen Ausgleichsfunken entzündet, und es kam zur Katastrophe. Demzufolge wäre das Gefälle des elektrischen Potentials bei einer herkömmlichen »niedrigen« Landung nicht besonders groß gewesen, so daß sich kein Funke gebildet hätte.

Letztlich stimmte die amerikanische Kommission, die keinerlei Beweise für einen Sabotageakt gefunden hatte, der Darstellung Eckeners und Dieckmanns zu, daß die Entzündung des aus einem Leck ausgetretenen Wasserstoffs durch einen elektrischen Ausgleichsfunken die »wahrscheinlichste« Ursache des Unglücks sei, auch wenn eine Büschelentladung durch Zeugen nicht bestätigt werden konnte. Viele Jahre später jedoch begegnete Douglas Robinson einem Professor aus Princeton, der sich in dem Augenblick vor dem Haupttor befunden hatte, als die *Hindenburg* den Mast erreichte. Dieser Professor behauptete, er habe eben jene als »Elmsfeuer« bezeichnete schwache blaue Flamme gesehen, »die eine ganze Minute lang vor dem Ausbruch des Feuers über der oberen Außenhülle geflackert« habe. Bis heute ist dies der einzige Augenzeuge, dessen Aussage die Theorie der Büschelentladung bestätigt.

Die nachfolgende Untersuchung des Unglücks durch die Deutschen, die eifrig bemüht waren, jeden Verdacht einer Sabotage auszuschalten, gelangte im wesentlichen zu dem gleichen Ergebnis, auch wenn Dieckmann die Ereignisse zu diesem Zeitpunkt leicht verändert darstellte. Der verhängnisvolle Funke sei, so sagte er nun, in dem Augenblick entstanden, als die Elektrizität von der Außenhülle, die ein schlechter elektrischer Leiter ist, auf den Metallrahmen übergesprungen sei. In seinem deutschen Labor hatte Dieckmann im Experiment die Hülle der alten *Graf Zeppelin* mit der Hülle der *Hindenburg* verglichen, die mit einem neuartigen Spannlack behandelt worden war. Mit einem Stück der neuen Hülle konnte er eine Wasserstoffexplosion herbeiführen. Bei der Hülle der *Graf Zeppelin* hingegen passierte nichts dergleichen. Einzelheiten der Ergebnisse Dieckmanns wurden der Öffentlichkeit zwar verschwiegen, doch die Luftschiffbau Zeppelin zog sogleich Konsequenzen. Die für das neue *LZ 130*, das Schwesterschiff der *Hindenburg,* bestimmte Hülle wurde mit Graphit behandelt. Diese Maßnahme verbesserte die elektrische Leitfähigkeit. Künftig konnte der Ladungsunterschied zwischen der Hülle und den Trägern daher schneller ausgeglichen werden, was die Gefahr einer Entzündung deutlich verringerte. Als das *LZ 130* zum Einsatz kam, wurde es zur Gewohnheit, vor der Landung das elektrische Gefälle zwischen dem Schiff und der Erde zu überprüfen. Was immer man in der Chefetage der Luftschiffbau Zeppelin letztlich auch

ZURÜCK NACH HAUSE

(Oben) Der vierzehnjährige Hilfssteward Werner Franz (vorne Mitte), das jüngste Mitglied der *Hindenburg*-Mannschaft, läßt sich zusammen mit den anderen Überlebenden fotografieren. Dann schiffen sie sich auf der *Europa* ein, um den Heimweg nach Deutschland anzutreten. (Unten rechts) Die mit der Fahne bedeckten Särge der deutschen Toten in New York vor der Rückführung an Bord der *Hamburg.* (Ganz unten rechts) Der Kapitän der *Hamburg* salutiert vor dem Sarg Ernst Lehmanns. (Unten links) Ein Sarg wird in Cuxhaven ausgeladen.

für die Ursache der Brandkatastrophe gehalten hat, man wollte jedenfalls kein Risiko mehr eingehen.

Die Diskussion über die Ursachen des *Hindenburg*-Unglücks dauert bis heute an. Ehemalige Offiziere und Besatzungsmitglieder vertraten im wesentlichen zwei Theorien: Max Pruss, der vehement die Sabotagetheorie verteidigte, erklärte, die Heckschwere sei nichts Ungewöhnliches gewesen; er behauptete sogar, die Landeseile seien nicht naß genug gewesen, um die Elektrizität rasch genug zu leiten und das Schiff bereits beim Auftreten der ersten Flammen zu erden. Was den harten Schwenk nach Backbord betrifft, so habe die *Hindenburg* vorher bereits weitaus stärkerem Druck standgehalten. Eckener wiederum, der sich, wie man vermuten sollte, mit seiner Meinung zurückgehalten hat, um die Nazis nicht zu verärgern, vertrat auch in seinen nach dem Krieg erschienenen Erinnerungen die Position, es habe sich um einen Unfall gehandelt.

Zwei Bücher und ein nach diesen Büchern gedrehter Film haben für die Sabotagetheorie Partei ergriffen – was ja auch weitaus dramatischere Effekte ermöglicht als ein zufälliger Funke elektrostatischer Energie. A. A. Hoehling hat in seinem 1962 erschienenen Buch *Who destroyed the Hindenburg*? einen unscheinbaren jungen Mann namens Erich Spehl, ein Mitglied der Schiffsbesatzung, beschuldigt, das Unglück herbeigeführt zu haben. Das wichtigste Argument, auf das sich Hoehling stützt, ist die harmlose Tatsache, daß über Spehl, der im Bugteil des Luftschiffs ums Leben kam, sehr wenig bekannt ist. Er war ein Einzelgänger und auf der *Hindenburg* erst kurz vorher angeheuert worden. Überdies hatte Spehl als einer der drei Segelmacher ungehinderten Zutritt zum Axialsteg und hätte deshalb leicht eine winzig kleine Zeitbombe mit der Kapazität einer Blitzlichtbirne in eine der Gaszellen einschleusen können. Aber aus welchem Motiv? Hoehling behauptete, Spehl habe aus antifaschistischen Gründen gehandelt und damit gerechnet, daß er das Schiff noch vor der Explosion werde verlassen können, doch die verzögerte Landung habe dann seinen Plan vereitelt. Zehn Jahre später wiederholte Michael Mooney Hoehlings These in seinem Buch *The Hindenburg*, auf dem auch der Film von Robert Wise aus dem Jahre 1975 beruht. George C. Scott und Anne Bancroft spielen darin die Hauptrollen.

Auch viele andere, die sich an jenem Tag am Unglücksort befunden haben, hielten daran fest, daß es sich um einen Sabotageakt gehandelt habe. Nicht nur Pruss, auch Ludwig Dürr, Charles Rosendahl und die meisten der überlebenden Besatzungsmitglieder beharrten darauf, daß dies die einzig plausible Erklärung sei angesichts der makellosen Sicherheitsbilanz aller bis dahin in Betrieb genommenen kommerziellen Zeppeline. Doch die Mannschaftsmitglieder wiesen auch entschieden die Vermutung zurück, daß der Saboteur in ihren Reihen zu suchen sei. Die Anhänger der Sabotagetheorie sind zwar bis heute nicht widerlegt, doch ihr hartnäckiges Festhalten an dieser Theorie ist in erster Linie ein Beleg dafür, wie schwer es ihnen fällt, auch nur die Möglichkeit in Betracht zu ziehen, daß ihr geliebtes Luftschiff vielleicht irgendeine Schwachstelle gehabt haben könnte.

Plakatwerbung für den 1975 gedrehten Film über die *Hindenburg*.

Dennoch bleiben viele Fragen offen. Wie kann es sein, daß zum ersten und einzigen Mal in der Geschichte des Starrluftschiffs ausgerechnet bei dieser Gelegenheit ein Funke elektrostatischer Energie eine Explosion verursacht hat – und das bei dem besten jemals gebauten Zeppelin? Es bleiben auch die beunruhigenden Zeugenaussagen der beiden im Bereich der hinteren Leitwerkfläche tätigen Männer, die das Feuer zuerst entdeckten. Beide sagten übereinstimmend aus, das Feuer habe von der Zelle Nr. 4 seinen Ausgang genommen, und einer von ihnen behauptete sogar, es sei im Innern der Zelle ausgebrochen, genau an der Stelle, wo eine Leiter zum Axialsteg hinaufführte, der mitten durch das Schiff hindurchlief – ein idealer Ort, um eine kleine Zeitbombe zu verstecken.

»ICH HATTE EIGENTLICH NIE VIEL FÜR LUFTSCHIFFE ÜBRIG«, hatte Hermann Göring zu Hugo Eckener gesagt, als sie am Tag nach der *Hindenburg*-Katastrophe zusammengetroffen waren, »aber jetzt bleibt uns keine Wahl, als weiterzumachen.« Die Geschichte der Zeppeline durfte einfach nicht mit einer deutschen Niederlage enden. Und für den Luftfahrtminister war die Hiobsbotschaft aus Lakehurst ein Anlaß, eine Propagandaoffensive zu starten. »Jetzt werden wir mit neuer Kraft erst recht alle unsere Erfahrungen nutzen, um den Luftschiffverkehr zwischen Deutschland und den Vereinigten Staaten mit allen nur erdenklichen Sicherheitsvorkehrungen wiederaufzunehmen«, verkündete er dem deutschen Volk. Er wollte das neue *LZ 130* zum Gegenstand des

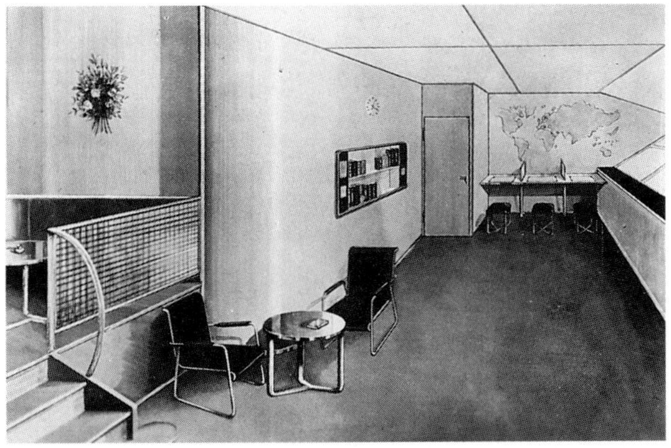

Die bedeutendsten Unterschiede zwischen dem *LZ 130* und der *Hindenburg* waren die großen Motorengondeln (mit Zug- statt Druckpropellern) und die neukonzipierten Passagierbereiche.

Patriotismus lancieren und sich dabei die anscheinend nie erlahmende Begeisterung der Deutschen für ihre Zeppeline zunutze machen. Und Görings Plan ging auf, und zwar noch besser als erwartet. Wie schon nach dem Absturz des *LZ 4* in Echterdingen schickten auch diesmal wieder einfache Leute Spenden, manche sogar aus Brasilien. Doch das Innenministerium unterdrückte diese spontane Hilfsbereitschaft, wohl weil es fürchtete, auf diese Weise dem noch immer äußerst populären Hugo Eckener zu noch größerem Ansehen zu verhelfen. Die Nazis wollten die Kosten für die neuen Zeppeline selbst übernehmen.

Eckeners Hauptanliegen war es jetzt, die Zustimmung der Berliner Regierung zur Verwendung nichtentzündbaren Heliums als Treibgas zu erwirken; er war zuversichtlich, von den Amerikanern die Genehmigung für Heliumexporte nach Deutschland zu erhalten. »Koste es, was es wolle«, schrieb Eckener an seine Frau, »wir müssen Helium bekommen.« Vor seiner Rückkehr nach Deutschland fuhr er nach Washington, um sein Anliegen im Kongreß vorzutragen. Dabei wurde er von der amerikanischen Öffentlichkeit unterstützt, die von den in den Wochenschaukinos gezeigten Katastrophenbildern des großen, in Flammen stehenden Zeppelins emotional noch immer aufgewühlt war und deshalb die Lieferung von Helium an Deutschland befürwortete. Der Kongreß novellierte sogar das Helium-Gesetz von 1927 und gestattete die Ausfuhr von Helium für nichtmilitärische Zwecke. Siegesgewiß kehrte Eckener nach Deutschland zurück.

Im Juni 1937 waren die Bauarbeiten an dem neuen *LZ 130* schon weit fortgeschritten, doch die Umstellung auf Helium machte gewisse Änderungen notwendig. Zwei Dinge waren besonders wichtig: Man wollte Gewicht einsparen und zusätzliches Ballastwasser gewinnen. Das neue Schiff mußte leichter sein, weil Helium weniger Auftriebskraft besitzt als Wasserstoff. Ein wirksames System zur Gewinnung von Ballastwasser war deshalb erforderlich, um kostbares Helium zu sparen, das immer noch sehr teuer war. Die Motorgondeln mußten vollkommen umgebaut werden, wollte man die sechs Tonnen Ballastwasser problemlos unterbringen, eine Menge, die – ein beachtlicher Fortschritt gegenüber amerikanischen Starrluftschiffen – das Gewicht des verbrannten Treibstoffs zu hundert Prozent ausglich. In seiner Grundstruktur war das Schiff praktisch der *Hindenburg* gleich, doch mußten die schon teilweise fertiggestellten Passagierunterkünfte wieder ausgebaut und für vierzig – statt zweiundsiebzig Personen auf der *Hindenburg* – neu konstruiert werden. Das Ergebnis war nach Meinung der Konstrukteure eine ästhetische Verbesserung; nun hatten dreizehn der zwanzig Doppelkabinen Außenfenster; dennoch mußte man auf einige Raffinessen verzichten. So wurde zwar wie bisher auch weiterhin Wein serviert, aber schwere Bierflaschen durften nicht mehr an Bord.

Am 12. März 1938, als deutsche Truppen in Österreich einmarschierten und den »Anschluß« vollzogen, war das umgerüstete *LZ 130* so gut wie fertig. Doch mit dem Einmarsch in Öster-

reich wurde in Amerika jedwede Unterstützung der Nazis äußerst unpopulär. Innenminister Harold L. Ickes lehnte es ab, die Verträge zu unterzeichnen, die den Verkauf von Helium erst ermöglicht hätten. Er äußerte öffentlich seine Besorgnis darüber, daß die Deutschen Helium für militärische Zwecke mißbrauchen könnten. Während ein deutscher Frachter im Hafen von Galveston in Texas bereits ungeduldig auf seine erste Heliumladung wartete, reiste Eckener ein zweitesmal nach Washington. Zunächst traf er mit Staatssekretär Ickes zusammen, dann mit Präsident Roosevelt, und bat um die Auslieferung von Helium nach Deutschland – ohne Erfolg. Bitter enttäuscht kehrte er nach Friedrichshafen zurück. Er fühlte sich von Roosevelt verraten, den er lange Zeit sehr bewundert hatte. »Nicht ein einziges Mal während der ganzen Begegnung sah er mir in die Augen«, erzählte er Harold Dick, »man kann ihm nicht trauen.«

Jetzt galt es für die Zeppelin-Gesellschaft, eine schwierige Entscheidung zu treffen. Eckener hatte sich geschworen, Passagierluftschiffe nur noch mit Helium fahren zu lassen. Die *Graf Zeppelin* war bereits nach Frankfurt transportiert worden, wo sie als Museumsattraktion gezeigt wurde. Doch wieder einmal kamen die Nazis zu Hilfe. Oberflächlich betrachtet mit einem harmlosen Angebot. Das Luftfahrtministerium erklärte sich bereit, das *LZ 130* mit Wasserstoff füllen zu lassen und das Luftschiff für Schulungs- und Propagandafahrten einzusetzen. Mit der Zeit würden die Amerikaner schon ihre Meinung ändern. Doch die Luftwaffe hatte mit dem neuesten Starrluftschiff ganz anderes im Sinn.

Am 14. September 1938 wurde das *LZ 130* auf den Namen *Graf Zeppelin* getauft. Vielfach wurde es auch *Graf Zeppelin II* genannt, doch die Aufschrift des Schiffes selbst wurde mit keiner Ziffer hinter dem Namen versehen. Statt mit dem üblichen Champagner taufte Eckener das Schiff mit einer Flasche flüssiger Luft. Er hatte seinen Sinn für spektakuläre PR-Auftritte nicht verloren. Am gleichen Tag wurde die neue *Graf Zeppelin* aus der Halle in Friedrichshafen geholt und startete – mit Eckener als Steuermann – zu ihrer ersten Fahrt. Kapitän Heinrich Bauer war als Erster Offizier an Bord. Bei den meisten der folgenden Fahrten führte dann Albert Sammt, der sich von seinen Verletzungen in Lakehurst inzwischen erholt hatte, das Kommando.

Beinahe ein Jahr lang absolvierte das *LZ 130* jetzt Fahrten über Deutschland, bisweilen auch über der Nordsee. Wo immer es am Himmel auftauchte, wurde es von Blaskapellen und paramilitärischen Einheiten mit Salut begrüßt. Die Deutschen in Stadt und Land strömten zusammen, um ihren Zeppelin zu sehen. Göring, der auf den politischen Wert des Luftschiffes gesetzt hatte, hatte recht behalten. Besonders in Grenzgebieten oder vor der Küste Englands kam es verdächtigerweise immer wieder zu unerklärlichen Motorschäden, oder aber das Luftschiff

Die *Graf Zeppelin II* war während ihrer kurzen Laufbahn häufig am Himmel über Deutschland zu sehen. Wie bei ihrer Vorgängerin strömten die Menschen überall zusammen, wo sie auf ihren Propagandafahrten auftauchte. Mit Flugblättern werden die Deutschen im Sudetenland aufgefordert, in der Volksabstimmung am 4. Dezember 1938 für die Eingliederung ihres Gebiets ins »Reich« zu stimmen.

hatte mit starkem Gegenwind zu kämpfen, der es aus dem deutschen Luftraum wiederholt hinausdrängte.

Auf einer – wie es offiziell hieß – »Demonstrationsfahrt« nach Wien am 22. September 1938 fuhr das *LZ 130,* von vier Jagdbombern der Firma Messerschmidt eskortiert, die als zivile Polizeiflugzeuge getarnt waren, an der tschechischen Grenze entlang. Obwohl dies das letzte Mal war, daß Eckener ein Luftschiff lenkte, erwähnt er diesen Sachverhalt in seinen Aufzeichnungen an keiner Stelle. Vielleicht war ihm die Erinnerung daran peinlich, denn diese Fahrt bedeutete den endgültigen Verrat an seiner wiederholt geäußerten Überzeugung, daß der Zeppelin ein Instrument des Friedens sei. Wie später auf den vielen weiteren Fahrten war nämlich der Hauptzweck der zweiten *Graf Zeppelin* die Funkspionage.

In dieser Zeit kurz vor dem Krieg wollte die deutsche Luftwaffe in Erfahrung bringen, wie weit die potentiellen Feinde, insbesondere Großbritannien, in der Technik der Luftverteidigung schon fortgeschritten waren. Und was war als »Geheimagent« besser geeignet als der harmlos aussehende Zeppelin, dessen Wirkungslosigkeit im Ersten Weltkrieg ihn in den Augen der meisten europäischen Experten für den militärischen Einsatz ein für allemal diskreditiert hatte? Unter der Leitung von Ernst Breuning, einem begabten jungen Ingenieur, der für die elektronische Feindüberwachung der deutschen Luftwaffe verantwortlich zeichnete, wurde ein Teil der Passagierluftschiffe unter der Hand mit Funkempfängern und Meßgeräten bestückt. Die Radartechnik befand sich damals noch in den Anfängen, und keine Seite wußte etwas über den Stand der Technik bei den potentiellen Gegnern von morgen; doch die Deutschen ahnten, daß die Briten an einem neuen Radarsystem arbeiteten. Linienflugpiloten hatten verdächtig aussehende Radiostationen an der britischen Ostküste ausgemacht.

Doch bald fand man heraus, daß das Metallgerippe der *Graf Zeppelin II* die eintreffenden Signale zerstreute, was eine genaue Ortung der Sendestationen unmöglich machte. Da kam man auf die Idee, Ernst Lehmanns Erfindung aus dem Ersten Weltkrieg – die unter den Wolken agierende Gondel mit dem Spitznamen Schwalbennest oder Spähkorb – zu reaktivieren. Eines dieser Fossile wurde aus dem Museum geholt und mit den notwendigen Ortungs- und Meßinstrumenten ausgerüstet.

Es sollte bis Anfang August 1939 dauern, bevor die Briten darauf kamen, was los war. An jenem Tag fuhr das *LZ 130* nahe Aberdeen frech die schottische Küste entlang. Eine Staffel britischer Kampfflugzeuge nahm die Verfolgung der *Graf Zeppelin* mitsamt ihrem Meßkorb auf. An Bord war für einen Augenblick der Teufel los: Einige der Mannschaftsmitglieder holten das mehrere hundert Meter lange Kabel ein, während andere die neuen britischen Flugzeuge fotografierten. Anschließend zog sich das Luftschiff schnell aus dem britischen Luftraum zurück.

Als sich das *LZ 130* am darauffolgenden Nachmittag der Luftschiffbasis in Frankfurt näherte, kam von der Bodenstation ein verblüffender Funkspruch: »Vor Einbruch der Dunkelheit Landung nicht möglich.« Kapitän Sammt fuhr über die Landebahn hinweg; das Wetter war schön und nichts Störendes sichtbar. Es verhielt sich aber so: Die Briten hatten auf diplomatischem Weg eine Protestnote geschickt, und die Deutschen hatten sich daraufhin bereit erklärt, das Luftschiff nach der Landung inspizieren zu lassen. Im Schutze der Dunkelheit landete das *LZ 130* dann auf einem abgedunkelten Bereich des Landefelds in Frankfurt. Das bereitstehende Bodenpersonal ließ in Windeseile den Meßkorb sowie die Abhör- und Peilgeräte verschwinden. Als dann die Briten schließlich eintrafen, um das Schiff zu inspizieren, befand sich nur noch ein SA-Trupp an Bord, dessen Mitglieder angeregt über den wunderbaren Ausflug plauderten, den sie gerade gemacht hatten.

Es muß wohl als Ironie des Schicksals gelten, daß alle diese Abhörmanöver letztlich umsonst waren: denn die Empfänger waren auf eine falsche Wellenlänge eingestellt. Trotz wiederholter Bitten Breunings hatte sich die Luftwaffe geweigert, bestimmte Experimente einzustellen, die unabsichtlich den Frequenzbereich der britischen Radarsignale störten und damit die Abhörbemühungen des Zeppelins zunichte machten.

Der Ausbruch des Zweiten Weltkriegs am 1. September 1939 setzte den Aufklärungsfahrten und damit den Aktivitäten der zweiten *Graf Zeppelin* bereits wieder ein Ende. Die Gefahr, abgeschossen zu werden, war viel zu groß. Wie schon bei ihrer kleineren Namensschwester ließ man den Wasserstoff ab und präsentierte das Schiff in der zweiten in Frankfurt errichteten Halle. Die Konstruktionsarbeiten an dem *LZ 131* kamen über die ersten Ringe nicht hinaus. Viele Luftschiffahrer hegten damals noch die Hoffnung, daß nach dem Krieg die *Graf Zeppelin* und die anderen großen Luftschiffe wieder fahren würden, die bisher nur auf dem Reißbrett bestanden.

Hermann Göring jedoch verfolgte andere Pläne. Solange die »Gasblasen« in sein Konzept gepaßt hatten, hatte er sie geduldet. Jetzt aber trat seine Aversion deutlich zutage. Im März 1940 ordnete er die Demontage der *Graf Zeppelin* und ihrer Namensschwester an. Die Begründung lautete, die Metallrahmen würden für den Flugzeugbau benötigt und müßten deshalb eingeschmolzen werden. Die eingeschworenen Zeppelin-Mannschaften weigerten sich, diese Aufgabe zu übernehmen, und so machte sich ein Bataillon der Luftwaffe an die Arbeit. Am 6. Mai, drei Jahre nach dem *Hindenburg*-Unglück von Lakehurst, wurden die beiden neuen Luftschiffhallen in Frankfurt gesprengt, angeblich, weil sie den Start von Luftwaffenbombern behinderten. Die hochspezialisierten Zeppelin-Besatzungen wurden in alle Winde zerstreut, und die Zeppelin-Gesellschaft setzte ihre Erfahrung nunmehr zum Bau von Flugzeugteilen ein. Später übernahm sie sogar einen Teil der Montage der V2-Rakete. Die Hallen in Friedrichshafen wurden durch Luftangriffe der Alliierten im Frühjahr und Herbst 1944 zerstört.

Auf die Demontage der *Graf Zeppelin II* im Frühjahr 1940 folgte bald auch die Zerstörung der beiden neuen Frankfurter Luftschiffhallen (rechts).

Lenkbare Luftschiffe spielten im Zweiten Weltkrieg eine – wenn auch bescheidene – Rolle, und zwar auf seiten der Alliierten. Für die amerikanische Marine war zwar der Bau von Starrluftschiffen kein Thema mehr – die *Los Angeles* wurde Ende 1939 abgewrackt –, doch beschäftigte man sich auch weiterhin mit dem Bau von Pralluftschiffen, den sogenannten Blimps, die seit dem Ersten Weltkrieg im Einsatz waren. Diese kleineren Luftschiffe hatten den Vorteil, daß sie weitaus billiger zu bauen waren und mit einer kleineren Bodentruppe und Besatzung auskamen. Als sich dann der Ausbruch des Zweiten Weltkriegs abzeichnete, wurde die Herstellung von Blimps wiederaufgenommen: 168 wurden im Kriegsverlauf gebaut. Die Blimps der US Navy bewährten sich als Begleitschutz für Handelsschiffe, die U-Bootangriffe zu befürchten hatten. Kein einziges der Seeschiffe, die im Zweiten Weltkrieg von solchen »Ballons« eskortiert wurden, wurde von feindlichen U-Booten versenkt, und nur ein einziges Pralluftschiff wurde abgeschossen.

Das Wiederaufleben der Militärluftfahrt war der letzte Triumph für Charles Rosendahl. Er verbrachte die Monate nach dem japanischen Angriff auf Pearl Harbor damit, die geeignetsten Standorte für Luftschiffbasen auszuwählen, und etablierte ein Schulungsprogramm für jene Luftschiffmannschaften, die die neue Generation von Blimps navigieren sollten. In der Schlacht von Tassafaronga im November 1942 kommandierte er sogar im Auftrag der US Navy die USS *Minneapolis*. (Zwar wurde der Bug von einem japanischen Torpedo abgeschossen, Rosendahl brachte das Schiff dennoch sicher auf die Erde zurück – eine Leistung, für die ihm das *Navy Cross* verliehen wurde.) Als er im Frühjahr 1943 nach Lakehurst zurückkehrte, wo er sich um die Schulung und die Weiterentwicklung der Marineluftschiffe kümmerte, hatte er sich seine Beförderung zum Konteradmiral redlich verdient. Bei Kriegsende standen immer noch an die hundert Blimps in Dienst, und so konnte Rosendahl mit einigem Recht annehmen, daß dies der Beginn einer neuen Luftschiffära sei. Vor seinem Abschied von der Marine im Jahr 1946 tat er noch ein Letztes, indem er eine Suchaktion nach Hugo Eckener in die Wege leitete.

»Darf ich vorschlagen, Leutnant, daß wir Englisch sprechen. Das wäre doch einfacher für Sie. Ich bin natürlich aus der Übung, aber es wird schon gehen.« Hugo Eckener sprach mit starkem Akzent, guttural; er ging stark gebeugt. Doch auch jetzt noch, im Alter von achtundsiebzig Jahren, war er eine eindrucksvolle Persönlichkeit.
»Wir setzten uns, Eckener nahm den Platz neben dem Fenster ein. Sein kraftvoll-dynamisches Profil, das sich vor dem Hintergrund des Fensters abzeichnete, rief in mir sogleich die Erinnerung an jene Charakterstärke und Entschlußkraft wach, für die er unter amerikanischen Luftschiffexperten berühmt war. Von meinem Platz aus konnte ich ein prächtiges Ölgemälde an der Wand bewundern. Es zeigte Eckener als Kapitän der *Graf Zeppelin*, mit Fernglas und allem nötigen Beiwerk. Dem Maler war es gelungen, die Faszination und die Sicherheit, die von Eckener ausgingen, im Bild einzufangen.«
Der junge Leutnant, der an jenem heißen Sommertag des Jahres 1946 im Wohnzimmer von Eckeners Haus in der Nähe des Bodensees saß, hieß Gordon Vaeth. Er überreichte Eckener ein Kistchen Havannazigarren, ein Geschenk seines Chefs, Admiral Rosendahl. Eckener zündete sich mit sichtlichem Vergnügen auch gleich eine davon an, seine erste Zigarre nach langer Zeit. Dann kam Vaeth auf den Zweck seines Besuchs zu sprechen. Was war von den letzten Zeppelinen und den Konstruktionsplänen übriggeblieben? Und wer von den noch vorhandenen technischen Mitarbeitern war bereit, nach Amerika zu gehen und dort neue Luftschiffe zu bauen? Eckener antwortete mit großer Offenheit. Und er deutete an, daß er bei diesem Neuanfang selbst eine Rolle zu spielen hoffte. Wie Rosendahl, so hatte auch er den Zeppelingedanken noch immer nicht ganz aufgegeben.
Im gleichen Jahr reiste Hugo Eckener auf Einladung von Goodyear ein letztes Mal nach Amerika. Er blieb sieben Monate dort und unterstützte mit seinen Kenntnissen Karl Arnstein, der ein riesiges neues Heliumschiff bauen wollte, 290 Meter lang, mit 280 000 Kubikmetern Gasvolumen – der Prototyp einer neuen Generation von Nachkriegszeppelinen. Es sollte eine Reichweite von über 11 000 Kilometern haben und eine Spitzengeschwindigkeit von sagenhaften 150 Stundenkilometern erreichen; seine Tragkraft sollte so groß sein, daß es 232 Passagiere in pullmanähnlichen Abteilen (vergleichbar den Kojen der *Hindenburg*) bzw. 112 Passagiere in Luxuskabinen würde transportieren können.
Das neue Luftschiff kam über das Entwurfsstadium nicht hinaus. Weder die Regierung noch private Investoren konnten dafür gewonnen werden. Eckener kehrte nach Deutschland zurück und vollendete seine Erinnerungen, die er auf Drängen Willy von Meisters begonnen hatte und die im Jahr 1949 veröffentlicht wurden. Er erlebte noch, wie die »Schwerer-als-Luft«-Fluggeräte den Vorsprung der Starrluftschiffe als Passagiertransportmittel aufholten und sich schließlich durchsetzten. Im Jahr 1954, kurz bevor er im Alter von 86 Jahren starb, mußte auch er zugeben: »Der Zeppelin hat dem Flugzeug Platz gemacht; das Gute muß durch das Bessere ersetzt werden.«

Das unstarre Luftschiff spielte in der Marine des Zweiten Weltkriegs eine wichtige Rolle. (Oben) Ein Blimp vom Typ K im Oktober 1945 über dem Hudson River und (rechts) eine Formation von Blimps des L-Typs im Februar 1944 über Moffett Field.

SCHWUNGVOLL IN DIE ZUKUNFT

»Das große Starrluftschiff ist zu unstabil, zu schwerfällig, zu langsam und zu unproduktiv, als daß es in der heutigen Zeit neben dem modernen Flugzeug, dem Helikopter und dem Containerschiff bestehen könnte.«

Sir Peter Masefield 1982

»Wenn das Luftschiff nicht mehr zu unseren Lebzeiten einen neuen Aufschwung erlebt, werden spätere Generationen es neu erfinden müssen.«

J. Gordon Vaeth 1963

Das Geräusch leerlaufender Motoren erfüllt die kleine Führerkabine, als die acht Mann starke Bodenmannschaft das Pralluftschiff vom Ankermast wegzieht. Auf ein Zeichen des Kommandierenden hin heben die drei Männer, die die unten um die Gondel laufende Griffstange festhalten, das Schiff in die Luft und lassen es dann los; darauf das übliche »Auswiegen«, das jedem Start vorausgeht. Das doppelt bereifte Landerad unterhalb der Gondel fällt ab, weil das Schiff bereits so schwer ist, daß es das Gewicht des während des Flugs verbrannten Treibstoffs auszugleichen vermag. Alles verläuft nach Plan. Der Pilot funkt seine Meldung an den Kontrollturm und bittet um die Starterlaubnis.

Nun gibt der Kommandant der Bodenmannschaft den drei Männern in der Führergondel das Zeichen »startklar«. Der Pilot bringt den Motor auf Touren, und das Blimp setzt sich langsam in Bewegung; vier Männer der Bodenmannschaft halten die beiden vorderen Landetaue noch fest. Als das Luftschiff jetzt beschleunigt, lassen sie los und weichen seitlich aus. Das Blimp schwebt nun ganz alleine in der Luft; immer schneller bewegt es sich über der grasbewachsenen Landebahn dahin – wie ein kleines Flugzeug, das über die Startbahn rollt, bevor es abhebt. Noch ein paar ruckartige Bewegungen, dann erhebt sich das Luftschiff hoch hinauf in den Himmel und schwankt und schaukelt im herbstlichen Sonnenlicht. Es schwebt leicht über ein paar Bäume am Ende der Startbahn hinweg, steigt dann triumphierend auf und wendet sich nach Norden. Zielort: Berlin.

So beginnt für gewöhnlich die Reklamefahrt eines Lightship A-60 Plus, gebaut von der amerikanischen Blimp Corporation, die sich im Besitz der Virgin Lightships befindet und von diesem Unternehmen auch betrieben wird. Es ist Samstag, der 18. September 1993. Während der folgenden Stunden wird das Luftschiff über der deutschen Hauptstadt seine Kreise ziehen und die Besucher der Einkaufsmeile am Kurfürstendamm, die Menschenmassen im Fußballstadion auf dem Olympiagelände und im Tierpark lustwandelnde Familien auf eine große Tageszeitung aufmerksam machen: den *Tagesspiegel*. Der Pilot Alan Burrows, ein ehemaliger Navigationsoffizier der englischen Royal Air Force, ist erst seit relativ kurzer Zeit mit dem Vergnügen – und den Tücken – des »Leichter-als-Luft«-Fliegens vertraut. Um so faszinierter ist er, als er jetzt erfährt, welch wichtige Stätten der Luftfahrtgeschichte er an diesem Tag überfliegen wird. Zu Ehren der illustren Vorgänger seines kleinen Blimp dreht er jetzt langsam eine Runde über dem Brandenburger Tor, genau wie das *LZ 6* am 29. August 1909. Damals strömten in Berlin zwei Millionen Menschen auf die Straßen und kletterten sogar auf Dächer, um die sensationelle Erfindung des Grafen Zeppelin bei dessen erstem Luftschiff-Besuch in der Hauptstadt willkommen zu heißen. Als jetzt das 40 Meter lange Pralluftschiff über ihre Köpfe hinwegschwebt, sehen die Berliner zwar auch neugierig zum Himmel hinauf, doch völlig unbeeindruckt und ohne jede Ehrfurcht.

Das »Lightship«, dessen Volumen nur halb so groß ist wie jenes des kleinsten Luftschiffs, das die US Navy im Zweiten Weltkrieg eingesetzt hat, kann gewiß nur eine blasse Ahnung des Gefühls vermitteln, das die Passagiere eines der frühen Riesenzeppeline erfüllt haben muß. Ja, man hat eher den Eindruck, bei hohem Seegang an Bord eines kleinen Segelboots zu sitzen, das bei jeder Windbö von den Wellen hin und her geworfen wird. (An einem windigen Tag kann man übrigens in einem kleinen Blimp durchaus auch luftkrank werden – was bei den großen Passagierluftschiffen undenkbar gewesen wäre.) Der Pilot gleicht diese Schwankungen aus, indem er beinahe unablässig die (Pedalen nicht unähnlichen) Seitenruder und die beiderseits des Pilotensitzes angebrachte Höhensteuerung betätigt.

Nur wenn der Steuermann in einem Augenblick der Windstille die Geschwindigkeit drosselt, gewinnt das Luftschiff etwas von jener ehrfurchtgebietenden Größe und Majestät, wie sie die Männer in der Führergondel der *Hindenburg* empfunden haben mögen. Auf einmal wirkt das kleine Blimp fast ein wenig imposant, als es so über die Berliner Stadtlandschaft beinahe geräuschlos dahingleitet.

Später, als Wolken aufziehen und allmählich die Dämmerung hereinbricht, bekommt man einen Eindruck davon, wie es für die deutschen Luftschiffer im Ersten Weltkrieg gewesen sein

Ein *Lightship A-60 Plus*, erbaut von der American Blimp Corporation und betrieben von Virgin Lightships, an seinem mobilen Ankermast auf einem Flugfeld im Süden Berlins am 18. September 1993 kurz vor dem Start.

FUJI FILM
Official Sponsor World Cup USA 94

muß, wenn sie in einem Zeppelinbomber hoch über dem Ärmelkanal dahinschwebten. In der unbeheizten Kabine des »Lightship« wird es ungemütlich kalt. Die Passagiere, die auf diese Kälte nicht vorbereitet sind, tragen nur Pullis und leichte Jacken. Aber was noch schlimmer ist: Es gibt an Bord keine Toilette, und die Fahrt dauert jetzt bereits sechs Stunden. Wie haben es jene Männer nur ausgehalten unter solch furchtbaren Bedingungen? Während ihrer Bombenangriffe auf London waren sie oft vierundzwanzig Stunden und mehr unterwegs, bevor sie wieder zu Hause waren.

Die Sonne geht unter, als das Luftschiff zur Landung ansetzt und rasch, aber sanft zur Erde hinabgleitet. Der Steuermann hält mit geübter Hand genau auf die Spitze des V zu, die Formation, in der sich das wartende Bodenpersonal aufgestellt hat. Die Ausrichtung des V zeigt dem Kapitän die genaue Richtung an, aus der der Wind am Boden kommt. Der Pilot hat exakt den richtigen Landungswinkel erwischt und steuert beinahe zielgenau auf den fahrbaren Ankermast zu. Die seit dem Start des Luftschiffs untätigen Männer der Haltemannschaft führen jeden Handgriff mit vollkommener Präzision aus. Schon nach ein oder zwei Minuten ist der Bug in seiner Halterung am Mast verankert, und damit ist wieder einmal ein kommerzieller Routineflug eines unstarren Luftschiffes zu Ende.

Doch nimmt diese Zahl nur sehr langsam zu. Die kleinen Heißluftblimps nicht mitgerechnet, in denen nur zwei Personen Platz haben und die meist für Luftaufnahmen benutzt werden, gab es im Jahr 1993 weltweit weniger als zwanzig »aktive« Blimps. Sie befördern Passagiere auf Besichtigungstouren, dienen bei wichtigen Ereignissen und Sportveranstaltungen als Standort für die Fernsehkameras oder als am Himmel schwebende Reklameflächen. Jedoch hat das Luftschiff schon schlechtere Zeiten erlebt. Noch Ende 1962 gab es auf der ganzen Welt nur zwei Blimps – eines in den USA und eines in Deutschland.

(Gegenüber) Das Fuji-Luftschiff (ein *Skyship 600*) schwebt auf einer Werbefahrt über San Diego hinweg. (Oben) Das *ZPG-3W*, das größte jemals erbaute und in den Himmel aufgestiegene Blimp, trug Radaranlagen, die Teil des amerikanischen Abwehrsystems waren.

In den ersten fünf Jahren nach dem Zweiten Weltkrieg wurden praktisch alle Blimps der US Navy verschrottet oder verkauft. Doch nach Ausbruch des Koreakriegs im Jahr 1950 kaufte die Marine ein paar Luftschiffe für militärische Einsätze zurück. In der darauffolgenden Ära des Kalten Kriegs erlebten die Prallluftschiffe eine kurze militärische Renaissance. Ihre Tauglichkeit im U-Boot-Krieg hatten sie bewiesen, nun wurden sie in das Frühwarnsystem integriert und sollten einen eventuellen sowjetischen Atombombenangriff frühzeitig melden. Das größte Luftschiff der US-Marine im Kalten Krieg, das ZPG-3W, war zugleich das größte unstarre Luftschiff, das jemals im Einsatz war. Es war vom Bug bis zum Heck 125 Meter lang und hatte ein Volumen von 42 480 Kubikmeter Helium.

Bald nachdem die US Navy vier Riesenblimps der ZPG-3W-Klasse gekauft hatte – das letzte im Jahr 1960 –, änderte sie erneut ihre Meinung. Im Jahr 1961 wurden alle Blimps ausgemustert.

Zu diesem Zeitpunkt waren bereits Interkontinentalraketen statt der sowjetischen Bomber die potentiellen »Angreifer« in einem Nuklearkrieg. Diese Raketen, die kleiner und schwieriger als Bomber zu orten sind, machten den Bau großer Radarstationen am Boden erforderlich.

Seit 1962, als das letzte Blimp der US Navy abgewrackt wurde, erlebte das Prallluftschiff allmählich wieder einen Aufschwung, allerdings nicht im militärischen Bereich. Durch die Ölkrise der 70er Jahre wurde das Interesse an »Leichter-als-Luft«-Systemen neu geweckt, da sie leistungsfähig und zugleich sparsam im Energieverbrauch waren. Wieder einmal wurden die vielen Vorzüge des Luftschiffs gepriesen: Es konnte lange Strecken zurücklegen, ohne nachtanken zu müssen; es konnte praktisch unbegrenzte Zeit in der Luft bleiben, und zwar fast bei jedem Wetter; es konnte schwere Lasten transportieren und verbrauchte dabei ein Minimum an Treibstoff. Dank der Entwicklung stabiler, aber leichter Baumaterialien und neuer Antriebstechnologien schien die Zukunft des Luftschiffs gesichert.

Plötzlich wollte man für alles und jedes Luftschiffe einsetzen. Immer neue Starrluftschiffprojekte wurden entwickelt, ja man plante sogar den Bau eines Giganten für den Gütertransport mit einem Gasvolumen von 1 200 000 Kubikmetern (beinahe sechsmal soviel wie die *Hindenburg*). Es gab keine einzige Halle, die auch nur entfernt groß genug gewesen wäre, um solche Riesen zu bauen; deshalb verfiel man sogar auf die Idee, ein provisorisches Dach über einem Canyon zu errichten. NASA, US-Marine und US-Luftwaffe zogen die Entwicklung von unbemannten, ferngesteuerten und von Sonnenenergie betriebenen Luftschiffen in Erwägung, die in großer Höhe Aufklärungsfahrten absolvieren und in 21 000 Metern Höhe fünfundvierzig Tage lang unterwegs sein sollten. Es wurden Luftschiffe ersonnen, die schwere Lasten über kurze Strecken tragen oder Nutzholz transportieren und mit deren Hilfe in abgelegenen Gebieten Pipelines verlegt werden sollten. Es handelte sich dabei um delta- oder scheibenförmige Schiffe und solche, die halb Flugzeug und halb Gasballon sein sollten. Maschinenbaustudenten der Boston University entwickelten sogar einen reaktorgetriebenen Zeppelin, der vierhundert Passagiere unter äußerst komfortablen Reisebedingungen beför-

(Links) Das *Cyclo-Crane* im ehemaligen Blimp-Hafen der Navy in Tillamook, Oregon, wo es auch erbaut wurde. (Oben) Das gleiche Schiff auf einer kurzen Testfahrt nach dem Heckumbau und dem Einbau eines Außenrings. (Gegenüberliegende Seite) Eine seltene Fotografie des von Frank Piasecki erbauten *Heli-Stat* kurz vor seinem Absturz in Lakehurst im Juli 1986. Die Hülle, die vorher einem Navy-Blimp des Typs *ZPG-2* gehört hatte, trägt die Aufschrift des US Forest Service, der das *Heli-Stat* erworben hatte. Nach dem Absturz wollte Piasecki einen erneuten Versuch starten, doch der Forest Service war – was nicht weiter überraschte – nicht mehr interessiert.

dern sollte. Einige der vielen visionären Entwürfe gelangten sogar über das Planungsstadium hinaus, wurden dann aber aus Geldmangel nicht realisiert. Kein einziges dieser Luftschiffe stieg jemals in den Himmel, und wenn, dann nur für kurze Zeit.

Zwei dieser Luftschiffe, die sich zumindest kurzzeitig in die Lüfte erhoben, sind das Ergebnis technologischer Innovation. So hat man etwa versucht, die Tragkraft von Helium mit der »Schwerer-als-Luft«-Technologie zu koppeln. Das Ergebnis sollte ein Luftfahrzeug mit hohem Auftrieb sein, das eine größere Transportkapazität als ein Hubschrauber, jedoch zugleich auch dessen Vorzüge besaß. Das kuriosere der beiden, das *Cyclo-Crane,* bezog seine aerodynamische Auftriebskraft aus vier Tragflügeln, die im rechten Winkel von der Achse des Schiffes ausgingen. Diese vier kleinen Flügel, die jeweils von einem eigenen Propeller angetrieben werden sollten, erreichten eine Rotationsgeschwindigkeit von dreizehn Umdrehungen pro Minute und sollten auf diese Weise die Tragkraft der mit Helium gefüllten Hülle verdoppeln. Diese eigenartige Konstruktion sah aus wie ein riesiger, seitlich gedrehter Hubschrauber. Der erste Prototyp stürzte ab, wurde neu gebaut und überstand die ersten Probefahrten, bis er dann nach einem zweiten Unfall endgültig aus dem Verkehr gezogen wurde. Heute ist er als Ausstellungsstück im Luftschiffmuseum von Tillamook in Oregon zu bewundern, wo er auch gebaut wurde.

Auf den ersten Blick vielversprechender war das *Heli-Stat,* das der Hubschrauberpionier Frank Piasecki gebaut hatte. Um Geld zu sparen, hatte Piasecki für seinen Prototyp vier Armeehubschrauber verwendet, die durch einen Metallrahmen mit einem fünfundzwanzig Jahre alten Blimp der Marine verbunden waren. Bei einem Testversuch in Lakehurst im Juli 1986 gab einer der Hubschrauberpiloten versehentlich Vollgas. Die abrupte Veränderung der Drehgeschwindigkeit der Rotoren verursachte Vibrationen im Rahmen des *Heli-Stat,* der falsch bediente Hubschrauber löste sich von der Konstruktion, und das Schiff krachte zu Boden. Vier Mannschaftsmitglieder erlitten Verletzungen; der Pilot, der den tragischen Fehler begangen hatte, starb. Damit erlosch auch bereits wieder das Interesse an der *Heli-Stat*-Idee.

Im Bewußtsein der Öffentlichkeit sind Luftschiffe immer noch eng mit der Goodyear Tire and Rubber Company verknüpft. Doch wie lange noch? Die *Spirit of Akron* (oben) mit ihrer charakteristischen X-förmigen Flossenanordnung ist eines der drei Goodyear-Blimps, die noch in Dienst stehen; sie war zugleich das letzte Schiff, das von einem den Namen Goodyear tragenden Unternehmen gebaut wurde. 18 Meter lang und mit etwa 7000 Kubikmetern Gasvolumen kann es einen Piloten und neun Passagiere mit einer Geschwindigkeit von bis zu 105 km/h transportieren. (Links) Der Pilot in der Gondel überprüft vor dem Start die Instrumente, die Bodenmannschaft (rechts) begleitet das Schiff das Landefeld entlang.

Ende der 80er Jahre hatte sich die Aufregung um diese und andere Experimente wieder gelegt. Die neuen Luftschiffe, die zu diesem Zeitpunkt noch in Betrieb waren, erschienen überraschend konventionell in Entwurf und Verwendungsweise. Es handelte sich meistens um unstarre Pralluftschiffe, die aussahen wie die Blimps vor dem Zweiten Weltkrieg, und sie wurden entweder für einfache Überwachungsaufgaben und Werbezwecke oder für touristische Ausflugsfahrten eingesetzt.

Was vielleicht am meisten überrascht, ist der Umstand, daß Goodyear als Konstrukteur von Luftschiffen heute ganz vom Markt verschwunden ist. 1987 verkaufte die Goodyear Tire and Rubber Company ihre gesamte Luftschiffabteilung, die Goodyear Aerospace, an die Loral Corporation, ein Unternehmen, das in der militärischen Abwehrtechnik tätig ist. Auf diese Weise ging eine Ära der Kontinuität im Luftschiffbau zu Ende – zugleich wurde aber auch das Unternehmen liquidiert, das die *Akron* und die *Macon* gebaut hatte sowie fast alle Blimps der US Navy, die seit dem Ersten Weltkrieg im Einsatz waren. Das letzte von Goodyear Aerospace gebaute Blimp wurde bald darauf von Goodyear Tire gekauft, das somit drei Pralluftschiffe besaß, die bis heute den Himmel durchpflügen, um für ihr Unternehmen Werbung zu machen. Dieses letzte Luftschiff, die *Spirit of Akron*, erhielt die Konstruktionsnummer GZ-22 (Goodyear Zeppelin 22). Sie war das zweiundzwanzigste Exemplar aus der von Karl Arnstein mit dem GZ-1, der späteren *Akron*, begonnenen Baureihe.

Ein paar Monate, nachdem die Goodyear Aerospace den Besitzer gewechselt hatte, bewarb sie sich vergeblich um den Auftrag, für die US Navy ein neues Luftschiff zu bauen, das zur Aufklärung im Krieg eingesetzt werden sollte; bei der Marine war man nämlich inzwischen erneut zu dem Schluß gelangt, Luftschiffe seien von militärischem Nutzen. Den Zuschlag erhielt ein Luftschiff-Neuling: die Westinghouse Airship Industries, ein amerikanisch-britisches Joint-venture-Unternehmen, dessen *Sentinel 5000* (»Wächter 5000«) den neuesten Stand der Luftschifftechnologie repräsentierte. Für die Goodyear Aerospace (die jetzt Loral Defence Systems Inc. hieß) war damit die Zeit des Luftschiffbaus endgültig zu Ende.

Die *Sentinel 5000* war ein direkter Abkömmling des sogenannten *Skyship*, eines »Himmelsschiffs«, das der britische Luftschiffkonstrukteur Roger Munk, Mitbegründer der Airship Industries, entwickelt hatte. Anfang der 80er Jahre baute Munk ein unstarres Pralluftschiff, das sich auf dem neuesten Stand der Technik befand: mit neuartigen Werkstoffen und raffinierten, schwenkbaren Propellern, die eine weitaus größere Manövrierfähigkeit garantierten. Munks Ziel war es von Anfang an, seine Schiffe für militärische Aufklärungszwecke zu konstruieren. Doch das *Skyship 500* (mit einem Heliumvolumen von 5125 Kubikmetern) und das *Skyship 600* (mit einem Volumen von 6650 Kubikmetern) kamen in erster Linie als Werbeträger zum Einsatz. Zwei von ihnen befinden sich heute als Überwachungsfahrzeuge im Polizeidienst – eines in Japan, das andere in Korea. Airship Industries verkaufte jedoch nie so viele Luftschiffe, daß sich daraus ein Gewinn hätte erwirtschaften lassen.

Munks Pech war es, daß im Zuge der Haushaltskürzungen in der Reagan-Ära auch die Pläne für Marineluftschiffe gestoppt wurden. Er mußte sein Unternehmen schließen und verkaufte sein Know-how sowie die Rechte an der Konstruktion zukünftiger *Skyships* an Westinghouse Airships Inc. Dieses Unternehmen ist jedoch vorrangig am Verkauf von *Sentinel*-Luftschiffen interessiert, die unter anderem eine äußerst haltbare Hülle aufweisen, die gegen ultraviolettes Licht unempfindlich ist (was lange Zeit die Lebensdauer der Luftschiffe beträchtlich reduzierte); dies bedeutet, daß *Sentinel*-Luftschiffe unbegrenzte Zeit im Freien stehen können. Westinghouse hat inzwischen das *Sentinel 1000* gebaut (ein etwa 1000 Kubikmeter großes Schiff) sowie das um 20 Prozent größere *Sentinel 1240*. Beide sind für Überwachungsaufgaben im militärischen und zivilen Bereich gedacht. Das *Sentinel 5000* wurde inzwischen zum 85 000 Kubikmeter großen *Sentinel 9000* weiterentwickelt, das Westinghouse als Radarstation zur Frühwarnung von Seeschiffen vor Raketenangriffen an die Marine verkaufen will.

Dieser Prototyp der *Sentinel 1000* (Volumen: 9912 Kubikmeter) ist das einzige Luftschiff der Sentinel-Serie, die Westinghouse konstruierte und in Betrieb nahm.

Trotz all dieser Bemühungen bei Westinghouse gibt es auf der Welt nur eine Firma, die Luftschiffe im eigentlichen Sinn baut: die amerikanische Blimp Corporation in Hillsboro, Oregon. Wenn man *Skyship* und *Sentinel* mit dem Cadillac vergleicht, dann ist das *Lightship* der American Blimp ein Honda Civic: einfacher und billiger im Bau und weniger kostspielig im Unterhalt. Dies ist teilweise auf die Tatsache zurückzuführen, daß diese kleinen Blimps nur rund ein Viertel des Volumens der weitaus größeren *Skyships* besitzen. (Das *A-60 Plus* etwa hat ein Gas-

DIE LETZTE RUHESTÄTTE DER *MACON*

Im Juni 1990 wurden in 450 Metern Meerestiefe südlich von Point Sur in Kalifornien mit fernbedienten und festvertäuten Kameras die Überreste der Macon fotografiert. Neben dem 1951 an einem einsamen Strand auf Santa Rosa Island (fast 320 Kilometer südlich der Unglücksstelle) entdeckten, stark verwitterten, drei Meter langen Teilstück eines der großen hölzernen Propeller des Schiffes (oben) waren dies die einzigen entdeckten Überbleibsel des amerikanischen Starrluftschiffs seit seinem Absturz am 12. Februar 1935. Fünfundfünfzig Jahre nach dem Unglück war von der Gesamtanlage des Schiffs nicht mehr viel zu erkennen, der Rahmen war zusammengebrochen; doch in der plattgedrückten Führergondel spürten die Kameras Kartenpläne, Stühle und einen einsamen Bleistift auf. Den lebendigsten Eindruck von dem, was die *Macon* einmal gewesen war, gaben die Gerippe von drei der vier Sparrowhawk-Kampfflugzeuge (rechts), deren verschlammtes Cockpit Pazifikfischen hin und wieder als Schlupfloch dient (unten).

(Oben) Das Blimp der Westdeutschen Luftwerbung (WDL) ist 60 Meter lang und hat ein Gasvolumen von 7200 Kubikmetern. (Unten) Das in Großbritannien gebaute *Skyship 600* verwendet schwenkbare Propeller, die vertikal drehbar sind und so bei Start und Landung zusätzlich Schubkraft erzeugen.

volumen von 2000 Kubikmetern). Jim Thiele, der bei der American Blimp für *Lightships* zuständig ist, hat ein kleines praktisches Pralluftschiff für kommerzielle Verwendungszwecke gebaut. Die größte Neuerung dabei war die Beleuchtung des Schiffes von innen – daher auch der Name *Lightship* (»Lichtschiff«). Zu diesem Zweck wurde eine Lichtquelle in eine transparente Gaszelle installiert; die Hülle ist lichtdurchlässig. Nachts wird das Luftschiff so zu einer dahinschwebenden Glühbirne, die die Werbebotschaft effektvoll zur Geltung bringt.

Im Augenblick liegt die Zukunft der Luftschiffe wohl in der Weiterentwicklung der Nachkriegsluftschiffe. Die meisten Blimps werden in Zukunft Fernsehkameras transportieren, Werbebotschaften tragen und zahlungswilligen Passagieren Ausflugs- oder Besichtigungstouren anbieten. Wie bereits in Tokio und Seoul könnten in Zukunft auch die Polizeikräfte anderer Länder Luftschiffe zur Luftüberwachung bei außergewöhnlichen Anlässen einsetzen. Die Küstenwache und die Marine werden vielleicht ebenfalls irgendwann zu dem Schluß kommen, daß Luftschiffe für sie von Nutzen sind. Das britische Verteidigungsministerium hat unlängst bereits ein *Skyship 600* für experimentelle Zwecke erworben, und die US-amerikanische Küstenwache denkt an den Einsatz von Blimps zur Drogenfahndung an der Küste Floridas. Das größte noch brachliegende Potential des Luftschiffs ist jedoch weiterhin sein Einsatz für Transporte und Exkursionen in abgelegene, schwer zugängliche Regionen. Kürzlich erst hat man das größte jemals gebaute Heißluftblimp zur wissenschaftlichen Erforschung des Himmels über dem Regenwald in Französisch-Guyana eingesetzt. Es transportierte bei dieser Gelegenheit ein mit Luft gefülltes Floß und brachte ein wissenschaftliches Team zu einer Beobachtungsstation auf einer Baumkrone, von der aus großangelegte biologische Forschungen betrieben wurden. Sibirien, Alaska und die kanadische Arktis sind ideale Einsatzgebiete für Luftschiffe, ebenso unzugängliche Teile Afrikas und Südamerikas.

Eine faszinierende Neuentwicklung findet zur Zeit in Friedrichshafen statt, wo die Zeppelin-Gesellschaft aus ihrem Dornröschenschlaf erwacht ist und Pläne zum Bau eines weiteren Luftschiffes – des ersten nach dem *LZ 130* – vorgestellt hat. Der »Zeppelin NT« (Neue Technologie) vereinigt

Dieses ferngesteuerte maßstabgerechte Modell war für einen Piloten zu klein, doch es stellte die grundsätzliche Richtigkeit der Konstruktionsprinzipien des *Zeppelin NT* unter Beweis. Der Prototyp in Originalgröße muß noch gebaut werden.

technologische Erkenntnisse aus dem Bereich der starren und der unstarren Luftschiffe auf ungewöhnliche Weise. Wie bei dem echten Pralluftschiff wird die Hülle auch bei dem NT durch inneren Druck in Form gehalten; dies geschieht durch eine Luftkammer, eine Art Luftballon im Innern der Hülle, der sich zusammenzieht oder ausdehnt, je nach dem wechselnden Heliumdruck. Das starre Gerippe und eine Reihe dreieckiger »Ringe«, die durch drei Längsträger miteinander verbunden sind, erhöhen nicht nur die Stabilität, sondern können im Falle der Notentleerung einer der drei heliumgefüllten Zellen die Stabilität des gesamten Schiffes gewährleisten. Deswegen können auch die drei Triebwerke mit den schwenkbaren Propellern weit weg von der Führergondel, also seitlich am Rumpf und am Heck, montiert werden, was ein ruhigeres Dahinschweben möglich macht. Die Passagierkabine kann bis zu zwölf Personen aufnehmen oder eine entsprechende Menge wissenschaftlicher Instrumente. Die Konstrukteure behaupten, dank der schwenkbaren Propeller und eines hochautomatisierten Ankersystems würde das NT nur drei Mann Bodenmannschaft erfordern – eine erstaunliche Leistung für ein Luftschiff mit einem Gasvolumen von immerhin 7200 Kubikmetern. Ein Prototyp soll im Jahr 1997 seinen Jungfernflug absolvieren. Wenn dieser erfolgreich verläuft, soll eine größere Version mit 30 000 Kubikmetern Rauminhalt gebaut werden.

Die Geschichte des Lenkluftschiffs und vor allem des Starrluftschiffs ist eher eine Geschichte der Unwägbarkeiten und der Blockaden als der Kontinuität und des erfolgreichen Baus und Einsatzes. Wenn der Erste Weltkrieg etwas länger gedauert hätte, hätten die Deutschen im Jahr 1919 möglicherweise das *L 100* gebaut, das so groß wie die *Graf Zeppelin* hätte sein sollen. Und was wäre gewesen, wenn die Alliierten in ihren Friedensbedingungen milder gewesen wären und der Zeppelin-Gesellschaft gestattet hätten, ihre Pläne zum Bau von Passagiertransportschiffen nach dem Krieg weiterzuverfolgen? Unter solchen Umständen wäre Eckeners »ideales transatlantisches Luftschiff« vielleicht schon viel früher in Lakehurst gelandet, und womöglich wäre sogar sein Traum einer Luftschiffflotte Wirklichkeit geworden. Flugzeuge können nämlich erst seit Beginn der 50er Jahre rentabel und sicher Passagiere nonstop über den Atlantik befördern. Oder was wäre gewesen, wenn in den 20er Jahren die Briten ihre technischen Kenntnisse tatsächlich für den Bau erstklassiger Passagierluftschiffe eingesetzt

hätten? Lord Thomsons Traum von einer Luftschiffflotte, die die weit auseinanderliegenden Hauptstädte des Britischen Empire miteinander verbinden sollte, wäre dann vielleicht Wirklichkeit geworden. Und wenn *Akron* und *Macon* über ihre Anfänge hinausgelangt wären? Dann wäre eine Reihe von Luftschiffgiganten der US Navy gebaut worden, die heute weit draußen im Pazifik Patrouillenfahrten absolvieren würden.

Wird jemals wieder ein Starrluftschiff fahren? Das ist wohl ziemlich unwahrscheinlich. Doch Luftschiffenthusiasten – und noch entschiedener die Luftschiffkonstrukteure und -techniker – halten an diesem romantischen Traum weiterhin fest. Bruce Renny, der Marketingchef der Firma Virgin Lightships, die vier *Lightships* in Betrieb hat, hat die Möglichkeiten eines Starrluftschiffs etwa von der Größe der *Hindenburg* geprüft. Der Bau und der Unterhalt eines solchen Schiffes wären freilich sehr teuer; Renny schätzt allein die jährlichen Betriebskosten auf 1,5 Millionen Dollar. Doch man stelle sich die werbestrategischen Vorteile vor, die sich ergäben, wenn man exklusiv seinen Firmennamen auf ein Luftschiff von der Größe der *Hindenburg* – oder noch größer – schreiben könnte! Einer von Donald Woodward und F. Marc Piolenc von der in San Diego ansässigen Association of Balloon and Airship Constructors durchgeführten Studie zufolge könnte in dem Hangar Nr. 1 in Moffett Field, dem ehemaligen Stellplatz der *Macon*, ein Luftschiff von dreiundfünfzig Metern Durchmesser, dreihundertfünfundzwanzig Metern Länge und einem Volumen von 400 000 Kubikmetern untergebracht werden.

Eher noch ließe sich Jim Thieles Traum einer Wiederholung der Weltfahrt der *Graf Zeppelin* aus dem Jahr 1929 in die Tat umsetzen – wenn auch nicht mit einem Starrluftschiff. Thiele möchte Sponsoren aus unternehmerischen Kreisen gewinnen, die ein Pralluftschiff finanzieren, das dreißig bis vierzig Passagiere transportieren kann und eine ausreichend große Reichweite hat, um nonstop den Pazifik zu überqueren. Ein solches Schiff würde um die ganze Welt fliegen, auf weltweite Probleme aufmerksam machen und um Unterstützung werben – etwa für den Kampf gegen AIDS oder für den Weltfrieden. Hugo Eckener würde sich angesichts solcher Überlegungen sicher ein Schmunzeln nicht verkneifen können. Wenn der Zeppelin vielleicht auch als Kriegswaffe gedacht war, so war doch Eckener immer überzeugt davon, daß sein riesiger silbergrauer Himmelsfisch ein Instrument des Friedens und der Verständigung zwischen Völkern und Nationen sein sollte.

AM SAMSTAG, DEM 9. JULI 1988, SASS EINE GRUPPE von etwa zweihundert älteren Herren (und einigen wenigen Damen) bei einem köstlichen Essen in dem ansonsten verwaisten Speisesaal der Zeppelin Metallwerke in Friedrichshafen zusammen, dem früheren Sitz der Luftschiffbau Zeppelin. (Das Unternehmen, das heute den Namen Zeppelin trägt, stellt Metallerzeugnisse her, von Aluminiumbehältern bis Radioantennen.) An einem der Tische saß ein jüngerer Mann – achtunddreißig Jahre alt, um genau zu sein – und unterhielt sich angeregt mit seinen Tischnachbarn. Es war Graf Albrecht von Brandenstein-Zeppelin, der jeden im Saal namentlich kannte. Als Urenkel des Erfinders des Starrluftschiffs war er der Gastgeber dieser alljährlich stattfindenden Zusammenkunft der noch lebenden Angestellten der alten Zeppelin-Gesellschaft – eine Tradition, die auf seinen Vater Alexander zurückgeht und

(Gegenüberliegende Seite) Die Tore der Zeppelin-Metallwerke in Friedrichshafen, die sich jetzt auf dem Gelände der großen Werfthallen der Zeppelin-Gesellschaft befinden. Hier wurden einst die großen Starrluftschiffe, die *Graf Zeppelin*, die *Hindenburg* und die *Graf Zeppelin II* gebaut. (Unten) Am 7. Mai 1987, fünfzig Jahre nach dem *Hindenburg*-Unglück, finden sich vier Überlebende an dem Denkmal in Friedrichshafen ein und gedenken ihrer ums Leben gekommenen Kameraden: (von links nach rechts) Hans König, Werner Franz, Richard Kollmer und Xaver Maier. (Rechts) Starrluftschiff-Veteranen begehen im Juli 1990 mit einer Feier bei der Luftschiffbau Zeppelin den 152. Geburtstag des Grafen.

seit dem Ende des Zweiten Weltkriegs gepflegt wird. Aufgrund der Bedeutung des diesjährigen Treffens – am Tag zuvor hatte man den hundertfünfzigsten Geburtstag des Grafen Zeppelin begangen – war die Beteiligung besonders rege.

Die Männer am Tisch des Grafen bildeten indes einen besonders erlesenen Kreis: Sie waren alle ehemalige Mannschaftsmitglieder der drei letzten deutschen Starrluftschiffe und hatten auf der *Graf Zeppelin*, der *Hindenburg* und der *Graf Zeppelin II* Dienst getan. Sie waren die Rhône entlanggefahren und vom Mistral durchgeschüttelt worden, sie hatten tropische Stürme und Böen über dem Nordatlantik durchfahren und waren bei Mondlicht über Rio de Janeiro hinweggeglitten. Einige von ihnen erinnerten sich sogar noch an die letzte Fahrt der *Hindenburg*: der Stewardgehilfe Werner Franz, der durch einen rechtzeitig herabstürzenden Schwall Ballastwasser gerettet worden war; Richard Kollmer, einer der vier Männer, die sich im Bereich der unteren Leitwerkflächen aufgehalten hatten und, obwohl dem Brandherd am nächsten, mit kleinen Verletzungen oder sogar völlig unverletzt dem Feuer entkommen waren; und schließlich Eugen Bentle, der bei der Landeanfahrt in der vorderen Motorgondel auf der Backbordseite Dienst getan hatte; die Gondel war abgebrochen, als das brennende Schiff auf dem Boden aufschlug. Bentle hatte jedoch gerade noch rechtzeitig das Bewußtsein wiedererlangt und konnte sich in Sicherheit bringen; an seiner Uniform waren nicht einmal Brandspuren zurückgeblieben.

Seit jenem Treffen im Jahr 1988 sind inzwischen mehrere Mitglieder dieser Gemeinschaft der Auserwählten gestorben. Heute sind nur noch weniger als zwanzig der ehemaligen Besatzungsmitglieder der riesigen deutschen Luftschiffe am Leben. Auch einer der drei Männer, die den schrecklichen Absturz des *R 101* überstanden haben, ist noch am Leben. Und auch ein paar Veteranen der *Macon* können noch über ihr unglückseliges Luftschiff Auskunft geben, das technisch wohl am weitesten fortgeschrittene Luftschiff, das jemals in die Lüfte aufgestiegen ist.

Keiner der überlebenden »Zeppeliner« hat den Grafen noch persönlich gekannt; doch haben sie alle noch ehrfürchtige Erinnerungen an die Generation, die das Erbe des alten Grafen fortgeführt hat: an von Schiller, Wittemann, Sammt, Pruss, Lehmann und Eckener. Insbesondere Hugo Eckener, der strenge, aber gerechte Vorgesetzte, der Navigator mit seinem ausgeprägten Gespür für das Wetter, der letzte Luftschiffer, lebt als Idol weiter.

Zugleich mit den letzten Zeppelin-Mitarbeitern wird auch die Ära der Luftschiffe ein für allemal zu Ende gehen. Dann wird niemand mehr erzählen können, wie sanft die *Hindenburg* durch den tosenden Sturm glitt, wie Eckeners Augen funkelten und wie er brüllen konnte, wenn einer aus der Mannschaft eine Dummheit gemacht hatte, und was für ein Gefühl es war, mit einem der schwebenden Riesen in den Himmel aufzusteigen.

DANKSAGUNG

EINE BEBILDERTE GESCHICHTE DER LUFTFAHRT IST EIN VIELSCHICHTIGES UNTERNEHMEN, insbesondere, da es sich um ein »internationales« Thema handelt, das einen Zeitraum von mehr als zweihundert Jahren umfaßt. Darüber hinaus sind eine Vielzahl von Protagonisten der Luftfahrt zu berücksichtigen sowie eine fast unüberschaubare Menge technischer Details. Dieses Buch verdankt seine umfassende Genauigkeit der Hilfe zahlreicher Einzelpersonen, darunter vieler Experten der Geschichte der Leichter-als-Luft-Technik, die dem Projekt ihre Zeit und ihre Fachkenntnis zur Verfügung stellten. Dafür möchten wir ihnen danken.

Unsere luftfahrtgeschichtlichen Berater, Dennis Kromm, John Provan und Henry Cord Meyer, trugen in Text und Bild zur Richtigkeit vieler Daten und zur Gewichtung der Fakten bei. Dennis Kromm und John Provan standen stets mit fachlicher und moralischer Unterstützung zur Seite. Dabei stellten sie großzügig ihre privaten Archive zur Verfügung und waren bei der Bildauswahl beratend tätig. John Provan übersetzte zahlreiche Texte aus dem Deutschen und erwies sich als herzlicher Gastgeber und als ein kundiger Begleiter bei unserer Forschungsreise durch Deutschland. (John Provans Frau, Helga Kueppers, verdient besonderer Erwähnung für ihre großzügige Gastfreundschaft und ihren unerschöpflichen Sinn für Humor.)

Graf Albrecht von Brandenstein-Zeppelin, der Urgroßenkel des Erfinders, nahm uns gastfreundlich auf und gewährte uns Einblick in sein Familienarchiv.

Kent O'Grady las große Teile des Textes und machte hilfreiche Vorschläge, ebenso Don Woodward, der Herausgeber der Zeitschrift *Aerostation.* Besonderer Dank gilt Don Woodward für seine wertvollen Ratschläge hinsichtlich zahlreicher historischer und technischer Fragen.

Manfred Bauer war behilflich, die Zeppelinlaufbahn seines Vaters, Kapitän Heinrich Bauer, zu rekonstruieren.

Eugen Bentele, Howard Coulter, Norbert Heiss, Richard Kollmer und George Watson ließen uns großzügig an ihren Erinnerungen aus der Zeit ihrer Tätigkeit auf den Starrluftschiffen teilhaben.

Barry Countryman, Autor des Buches *R 100 in Canada,* gewährte uns Zugang zu seiner umfangreichen Luftschiffbibliothek und gab uns so Einblick in Bücher, die sonst schwer oder unmöglich zu beschaffen gewesen wären.

Henry Jay Applegate führte uns durch das Gelände des Luftschiffhafens Lakehurst und seiner Umgebung.

William Althoff, Verfasser von *Sky Ships,* stellte uns wertvolles Quellenmaterial zur Geschichte der *Hindenburg* zur Verfügung. Mannschaftskapitän Paul Adams und Pilot Alan Burrows von Virgin Lightships luden uns zu einer unvergeßlichen Luftschiffrundfahrt über Berlin ein.

Keith Fleming und Denis Weil übersetzten die Erinnerungen von Überlebenden der Hindenburg ins Englische.

J. Gordon Vaeth, Autor der Bücher *Graf Zeppelin* und *Blimps and U-Boats,* brachten uns Hugo Eckener und Charles Rosendahl näher und standen uns mit vielen Hinweisen und Informationen zur Verfügung.

Madison Press Books und Rick Archbold möchten folgenden Personen und Institutionen für ihre Hilfe bei der Text- und Bildauswahl danken: Michael Allen, University of Toronto, Department of Astronomy; Henry Jay Applegate; Edna Barker; Jud Brandreth, Westinghouse Airships Inc.; Eric Brothers, The Lighter-Than-Air Society; Dennis Burchmore, Airship Heritage Trust; Barry Countryman; James F. Danner; Lloyd Davis; Dr. James Ellern, University of Southern California, Department of Chemistry; Jarvis Frith, Airship Heritage Trust; Nan Froman; Peter Garth, Airship Heritage Trust; Roger Gilroth; Albert Hunt, Airship Heritage Trust; Charles Jacobs; Frau E. Koetter, Zeppelin-Museum, Zeppelinheim; Robert Kopitzke, The Rosendahl Collection; Sir Peter G. Masefield, Autor von *To Ride the Storm;* Dr. Wolfgang Meighörner-Schardt, Luftschiffbau Zeppelin GmbH, Friedrichshafen, und Zeppelin-Museum, Friedrichshafen; Dr. Gertrude Nobile; Kevin Pace, Navy Lakehurst Historical Society; Bruce Renny, Virgin Lightships; Eric Sauder; John Shackleton, Moffett Field Naval Air Station; James Shock; David Simmons, Ohio Historical Society; Werner Strumann; Tara the Cat; Jim Thiele, American Blimp Corporation; Richard Van Treuren; Gordon S. Wiley; Mickey Wittman und Edward Ogden, Goodyear Tire and Rubber Company.

Dennis Kromm, Henry Cord Meyer und John Provan möchten dem Doyen der amerikanischen Luftschiffgeschichte, Dr. Douglas H. Robinson, ihren besonderen Dank aussprechen. Seine Gelehrsamkeit, seine Hingabe an den Forschungsgegenstand und seine wissenschaftliche Sorgfalt waren uns ein Vorbild.

Der Wilhelm Heyne Verlag dankt Heinz Urban, Zeppelin-Museum Meersburg, für seine Unterstützung.

BILDNACHWEIS

Es ist jegliche Anstrengung unternommen worden, um für alle Materialien, die in diesem Buch abgebildet sind, korrekte Quellen anzugeben. Sollten dabei trotzdem Fehler unterlaufen sein, werden wir diese in zukünftigen Auflagen korrigieren.

Umschlagillustration (vorne und hinten) von Ken Marschall.

Motiv Vorsatzpapier: Bilderdienst Süddeutscher Verlag

1 Bildarchiv Preussischer Kulturbesitz
2–3 Zeichnung Ken Marschall
5 Sammlung Dennis Kromm
6–7 Ullstein Bilderdienst
8 John Provan: Luftschiff Zeppelin Sammlung
9 Zeichnung Ken Marschall, Sammlung Dennis Kromm

KAPITEL EINS

10 Minnesota Historical Society
11 (Links) Library of Congress
(Oben rechts) Library of Congress
(Mitte rechts) Minnesota Historical Society
(Unten rechts) Library of Congress
12 The Bridgeman Art Library
13 (Oben) Musée de l'air, Paris
(Unten links, Mitte, rechts), Mary Evans Picture Library
14 Mary Evans Picture Library
16 Mary Evans Picture Library
17 The Hulton Deutsch Collection
18 Bildarchiv Preussischer Kulturbesitz
19 (Oben) John Provan: Luftschiff Zeppelin Sammlung
(Unten) The LTA Society Collection, University of Akron Archives
20 (Oben, Mitte und unten links) The Hulton Deutsch Collection
(Rechts) Mary Evans Picture Library
21 Mary Evans Picture Library
22 Touristeninformation, Friedrichshafen
(Inset) The LTA Society Collection, University of Akron Archives
23 (Oben und unten links) Luftschiffbau Zeppelin GmbH
(Rechts) The LTA Society Collection, University of Akron Archives
24 Mary Evans Picture Library
25 Zeichnung Jack McMaster
26–27 Luftschiffbau Zeppelin GmbH
28 Zeno Diemer, *Aufstieg des LZ 1908 in der Bucht von Manzell bei Friedrichshafen.* Zeppelin-Museum Friedrichshafen
29 (Links) The LTA Society Collection, University of Akron Archives
(Rechts) Luftschiffbau Zeppelin GmbH
30 (Parseval Luftschiff) Mary Evans Picture Library
(August von Parseval Porträt) Ullstein Bilderdienst
(Alle anderen) Bettmann
31 Mary Evans Picture Library
32 (Oben und unten links) Luftschiffbau Zeppelin GmbH
(Oben Mitte) John Provan: Luftschiff Zeppelin Sammlung
(Oben rechts) Bilderdienst Süddeutscher Verlag
(Unten rechts) Bettmann
33 Bilderdienst Süddeutscher Verlag
34 (Oben) Bildarchiv Preussischer Kulturbesitz
(Unten links) Ullstein Bilderdienst
(Unten rechts) Luftschiffbau Zeppelin GmbH
35 (Oben) Ullstein Bilderdienst
(Mitte) Sammlung Dr. Douglas Robinson
(Unten) Bildarchiv Preussischer Kulturbesitz

KAPITEL ZWEI

36–37 Zeno Diemer, *Luftschiff über Friedrichshafen um 1915/18.* Zeppelin-Museum Friedrichshafen
37 Marine-Luftschiffer-Kameradschaft
38 Luftschiffbau Zeppelin GmbH
39 Bilderdienst Süddeutscher Verlag
40 Sammlung Charles Jacobs
(Zündhölzerschachtel und Cartoon) John Provan: Luftschiff Zeppelin Sammlung
41 Mary Evans Picture Library
42–43 Bildarchiv Preussischer Kulturbesitz
43 (Oben) Bildarchiv Preussischer Kulturbesitz
(Unten links) John Provan: Luftschiff Zeppelin Sammlung
(Unten Mitte und rechts) The Robert Hunt Library
44 (Links) Mary Evans Picture Library
(Rechts) John Provan: Luftschiff Zeppelin Sammlung
45 (Links) Colonel Richard Gimbel Aeronautical History Collection, USAF Academy Library
(Oben und unten rechts) The Robert Hunt Library
46 Luftschiffbau Zeppelin GmbH
47 (Oben) Imperial War Museum
(Unten) Mary Evans Picture Library
48 (Luftschiff) Bilderdienst Süddeutscher Verlag
(Porträt von Johann Schütte) Ullstein Bilderdienst
49 Mary Evans Picture Library
50–51 The Hulton Deutsch Collection
51 (Insets links und rechts) Luftschiffbau Zeppelin GmbH
52 Imperial War Museum
52–53 Imperial War Museum
54 Luftschiffbau Zeppelin GmbH
55 Luftschiffbau Zeppelin GmbH

KAPITEL DREI

56–57 Bilderdienst Süddeutscher Verlag
58 John Provan: Luftschiff Zeppelin Sammlung

59 Sammlung Dr. Douglas Robinson
(Inset) Sammlung Charles Jacobs
60–61 Imperial War Museum
61 U.S. Naval Historical Center
62 The Hulton Deutsch Collection
63 The Hulton Deutsch Collection
64 Bildarchiv Preussischer Kulturbesitz
65 The LTA Society Collection, University of Akron Archives
66 The LTA Society Collection, University of Akron
67 Cleveland Press Collection, Cleveland State University
68 Bilderdienst Süddeutscher Verlag
68–69 Sammlung Kevin Pace
70 U.S. Navy/Navy Lakehurst Historical Society
73 (Oben) Zeichnung Jack McMaster
(Unten links) Sammlung Roger Gilruth
(Unten rechts) Sammlung Carl Grieve
74 (Oben links, oben rechts und unten) Bilderdienst Süddeutscher Verlag
(Mitte) UPI/Bettmann
75 Mary Evans Picture Library
76–77 Zeichnung Ken Marschall
78 (Oben) Bilderdienst Süddeutscher Verlag
(Unten) Ullstein Bilderdienst
79 Zeichnung Jack McMaster

KAPITEL VIER

80 Public Archives of Canada/Sammlung Barry Countryman
81 Sammlung Barry Countryman
83 (Links) Vickers/Sammlung Barry Countryman
(Rechts) The Hulton Deutsch Collection
84 Ministry of Defence/Sammlung Barry Countryman
84–85 The Defence Research Agency, Farnborough (früher Royal Aerospace Establishment)
86 (Links) Bettmann
(Oben rechts) The Defence Research Agency, Farnborough (früher Royal Aerospace Establishment)
(Unten rechts) The Hulton Deutsch Collection
87 (Oben) Mary Evans Picture Library
(Oben und unten links) The Defence Research Agency, Farnborough (früher Royal Aerospace Establishment)
88 (Oben) City of Toronto Archives/Sammlung Barry Countryman
(Unten) Sammlung Barry Countryman
(Molson's) Toronto Public Library/Sammlung Barry Countryman
(Castrol) Sammlung Barry Countryman
(Souvenir) Sammlung Barry Countryman
88–89 Sammlung Barry Countryman
90 (Links) Sammlung Barry Countryman
(Rechts) The Defence Research Agency, Farnborough (früher Royal Aerospace Establishment)
91 (Oben) Sammlung Barry Countryman
(Mitte) The Hulton Deutsch Collection
(Unten) Bilderdienst Süddeutscher Verlag
92–93 The Defence Research Agency, Farnborough (früher Royal Aerospace Establishment)
92 (Links) The Hulton Deutsch Collection
(Rechts) The Defence Research Agency, Farnborough (früher Royal Aerospace Establishment)
93 (Links, oben rechts) The Defence Research Agency, Farnborough (früher Royal Aerospace Establishment)
(Unten rechts) The Hulton Deutsch Collection
94 The Hulton Deutsch Collection
95 The Hulton Deutsch Collection
96–97 Zeichnung Ken Marschall
99 The Illustrated London News Picture Library
(Inset oben) The Hulton Deutsch Collection
(Inset unten) UPI/Bettmann
100–101 Foto Peter Christopher
101 (Oben) Popperfoto
(Insets) Fotos Peter Christopher

KAPITEL FÜNF

102 (Oben) John Provan: Luftschiff Zeppelin Sammlung
(Unten) Luftschiffbau Zeppelin GmbH
103 Zeno Diemer, *Blick aus LZ 127 auf den Segler »Archibald Douglas« um 1930.* Zeppelin-Museum Friedrichshafen
104 Ullstein Bilderdienst
105 Luftschiffbau Zeppelin GmbH
(Inset) Sammlung Dennis Kromm
106 (Links) Theo Matejko, aus *Berliner Illustrierte Zeitung*/Bildarchiv Preussischer Kulturbesitz
(Rechts) UPI/Bettmann
107 Alfred Eisenstaedt, Life Magazine © Time Warner
108 (Oben) Lufthansa
(Unten links) Mary Evans Picture Library
(Unten Mitte) Alfred Eisenstaedt, Life Magazine © Time Warner
(Unten rechts) John Provan: Luftschiff Zeppelin Sammlung
Sammlung Dennis Kromm
(Ticket) Sammlung James F. Danner
109 (Oben links) Bilderdienst Süddeutscher Verlag
(Oben rechts) Alfred Eisenstaedt, Life Magazine © Time Warner
(Unten) Zeichnung Jack McMaster
110 Bilderdienst Süddeutscher Verlag
111 Loral Defense Systems – Akron
113 Zeichnung Jack McMaster
114 (Links) Mary Evans Picture Library
(Oben rechts) Sammlung Charles Jacobs
(Unten rechts) Sammlung Roger Gilruth
115 (Ganz links) Sammlung Dennis Kromm
(Oben links und rechts) Luftschiffbau Zeppelin GmbH
(Unten links) John Provan: Luftschiff Zeppelin Sammlung
(Unten rechts) The LTA Society Collection, University of Akron Archives/Foto Eric Brothers
116–117 Zeichnung Ken Marschall
118 (Links) Bettmann
Sammlung James F. Danner
(Oben rechts) Sammlung Hepburn Walker, Jr.
(Unten rechts) Luftschiffbau Zeppelin GmbH
119 (Oben) National Air and Space Museum, Smithsonian Institution
(Unten) Lufthansa
120–121 Zeppelin-Museum Friedrichshafen
122 (Oben links) Luftschiffbau Zeppelin GmbH
(Rechts und unten links) Ullstein Bilderdienst

KAPITEL SECHS

124 UPI/Bettmann
125 Popperfoto
126 U.S. Naval Historical Center
127 (Rechts, oben und Insets) UPI/Bettmann
(Zeitung) The LTA Society Collection, University of Akron Archives
128 Zeichnung Jack McMaster
128–129 U.S. Naval Historical Center
130 (Oben) Rosendahl Collection, University of Texas
Loral Defense Systems – Akron
131 (Links) Loral Defense Systems – Akron
(Rechts) Sammlung Hepburn Walker, Jr.
132 (Oben und unten links) UPI/Bettmann
(Rechts) Rosendahl Collection, University of Texas
133 Zeichnung Wes Lowe
134 U.S. Naval Historical Center
135 (Oben) U.S. Navy Foto/Sammlung James Shock
(Oben links) U.S. Navy Foto
(Unten links) U.S. National Archives
(Mitte) Zeichnung Jack McMaster
(Rechts) U.S. Naval Historical Center
136 U.S. Navy Foto
137 Bilderdienst Süddeutscher Verlag
138 (Oben) Mary Evans Picture Library
(Unten) UPI/Bettmann
139 U.S. Navy Foto

KAPITEL SIEBEN

140 John Provan: Luftschiff Zeppelin Sammlung
142 Bilderdienst Süddeutscher Verlag
142–143 Zeichnung Ken Marschall
144 Zeichnung Jack McMaster
145 Bilderdienst Süddeutscher Verlag
146–148 Zeichnung Donna Gordon
149 Zeichnung Donna Gordon
(Unten links) UPI/Bettmann
150 Zeichnung Donna Gordon
(Oben links) John Provan: Luftschiff Zeppelin Sammlung
(Oben rechts) Luftschiffbau Zeppelin GmbH
151 Zeichnung Donna Gordon
(Unten links) Sammlung Dennis Kromm
(Unten rechts) Sammlung Dr. Douglas Robinson
152 Sammlung Dennis Kromm
(Inset) Ullstein Bilderdienst
153 (Oben links) John Provan: Luftschiff Zeppelin Sammlung
(Oben Mitte) Sammlung Dr. Douglas Robinson
(Oben rechts) Ullstein Bilderdienst
(Unten) Sammlung Dennis Kromm
154 Sammlung Dennis Kromm
155 Sammlung Dennis Kromm
(Oben und Mitte rechts) Bilderdienst Süddeutscher Verlag
(Unten rechts) Sammlung Hepburn Walker, Jr.
156 (Links und unten rechts) Sammlung Dennis Kromm
(Oben rechts) UPI/Bettmann
157 Sammlung Dennis Kromm
158 National Air and Space Museum, Smithsonian Institution
159 (Oben links und rechts) Bilderdienst Süddeutscher Verlag
(Flagge) John Provan: Luftschiff Zeppelin Sammlung
(Unten) Sammlung Dennis Kromm
160 Sammlung Dennis Kromm
(Oben) Ullstein Bilderdienst
(Unten) Luftschiffbau Zeppelin GmbH
161 Ullstein Bilderdienst
162 Bilderdienst Süddeutscher Verlag
163 Bilderdienst Süddeutscher Verlag
164 (Oben) Ullstein Bilderdienst
(Unten) Sammlung Dennis Kromm
165 Ullstein Bilderdienst
166 Ullstein Bilderdienst
167 National Air and Space Museum, Smithsonian Institution
168–169 Zeichnung Ken Marschall
170 Sammlung Dennis Kromm
171 Bilderdienst Süddeutscher Verlag

KAPITEL ACHT

172–173 Ullstein Bilderdienst
174 Luftschiffbau Zeppelin GmbH
175 (Oben) Sammlung Dennis Kromm
(Inset) Sammlung Dr. Douglas Robinson
(Unten links, Mitte und rechts) The LTA Society Collection, University of Akron Archives
176 The LTA Society Collection, University of Akron Archives
Sammlung Henry Jay Applegate
177 (Oben) Popperfoto
(Unten) John Provan: Luftschiff Zeppelin Sammlung
178–179 Sammlung Henry Jay Applegate
180 Sammlung Dennis Kromm
181 (Oben links und rechts) Sammlung Dennis Kromm
(Unten) John Provan: Luftschiff Zeppelin-Sammlung
182 UPI/Bettmann
183 UPI/Bettmann
184 UPI/Bettmann
185 UPI/Bettmann
186–187 Zeichnung Ken Marschall
187 National Air and Space Museum, Smithsonian Institution
188 (Oben links) Rosendahl Sammlung, University of Texas
(Oben rechts, unten links und rechts) UPI/Bettmann
189 International Museum of Photography at George Eastman House
190 (Oben) Zeichnung Jack McMaster
(Unten) Ullstein Bilderdienst
191 (Oben und unten) International Museum of Photography at George Eastman House
192 Ullstein Bilderdienst
193 The LTA Society Collection, University of Akron Archives
(Zeitung) Sammlung Dennis Kromm

KAPITEL NEUN

194–195 UPI/Bettmann
196 The LTA Society Collection, University of Akron Archives
197 UPI/Bettmann
198 Sammlung Henry Jay Applegate
199 (Unten) National Air and Space Museum, Smithsonian Institution
Sammlung Dennis Kromm
200 (Oben) U.S. National Archives
(Unten links) Ullstein Bilderdienst
(Unten rechts) UPI/Bettmann
201 (Oben) Bilderdienst Süddeutscher Verlag
(Unten) UPI/Bettmann
202 (Oben) Diagramm Jack McMaster
(Unten) UPI/Bettmann
203 (Oben, links und unten rechts) Ullstein Bilderdienst
(Oben rechts) Bilderdienst Süddeutscher Verlag
204 Private Sammlung
205 (Links) Bilderdienst Süddeutscher Verlag
(Oben rechts) Luftschiffbau Zeppelin GmbH
(Unten rechts) Bilderdienst Süddeutscher Verlag
206 Mary Evans Picture Library
207 (Links und oben rechts) Luftschiffbau Zeppelin GmbH
(Unten rechts) Bildarchiv Preussischer Kulturbesitz
Sammlung Dennis Kromm
208 (Oben) Luftschiffbau Zeppelin GmbH
(Unten) John Provan: Luftschiff Zeppelin Sammlung
209 U.S. Navy Historical Center

KAPITEL ZEHN

211 Foto John Provan
212–213 Fuji Photo Film U.S.A., Inc.
213 The LTA Society Collection, University of Akron Archives
214 Association of Balloon and Airship Constructors
215 Association of Balloon and Airship Constructors
216 Goodyear Corporation
217 Westinghouse Airships, Inc.
218 (Oben)UPI/Bettmann
(Unten) Fotos: Jonathan Blair, Emory Kristof und Keith A. Moorehead, National Geographic Society, mit Christopher Grech, J. McFarlane und T.C. Dawe, Monterey Bay Aquarium Research Institute
218–219 © Monterey Bay Aquarium Research Institute; Fotos Christopher Grech, J. McFarlane und T.C. Dawe
220 Association of Balloon and Airship Constructors
221 Luftschiffbau Zeppelin GmbH
222 Foto Rick Archbold
223 Fotos John Provan

BIBLIOGRAPHIE

Adelt, Leonhard. »The Last Trip of the *Hindenburg«, Reader's Digest,* November 1937.

Althoff, William, F. *Sky Ships: A History of the Airship in the United States Navy.* New York 1990.

Amundsen, Roald, und Ellsworth, Lincoln. *Der erste Flug über das Polarmeer.* Leipzig o.J.

Bentele, Eugen, *The Story of a Zeppelin Mechanic: My Flights, 1931–1938.* Friedrichshafen, Zeppelin-Museum, 1992.

Botting, Douglas, und die Redaktion der Time-Life-Bücher. *Die Luftschiffe.* Amsterdam 1981.

Brooks, Peter W. *Zeppelin: Rigid Airships, 1893–1940.* London 1992.

Buttlar-Brandenfels, Horst Frhr. Treusch von. *Zeppeline gegen England.* Wien 1931.

Countryman, Barry. *R 100 in Canada.* Erin, Ontario 1982.

Deighton, Len, and Arnold Schwartzman. *Airshipwreck.* New York 1978.

Deutsche Zeppelin-Reederei. *Airship Voyages Made Easy,* o.J.

Dick, Harold G., mit Douglas H. Robinson. *The Golden Age of the Great Passenger Airships: Graf Zeppelin & Hindenburg.* Washington 1985.

Eckener, Hugo. *Graf Zeppelin. Sein Leben nach eigenen Aufzeichnungen und persönlichen Erinnerungen.* Stuttgart 1938.

—— *Im Zeppelin über Länder und Meere. Erlebnisse und Erinnerungen.* Flensburg 1949.

Die Herausgeber des American Heritage Magazins. *The American Heritage History of Flight.* New York 1962.

Goldsmith, Margaret. *Zeppelin: A Biography.* New York 1931.

Higham, Robin. *The British Rigid Airship, 1908–1931.* London 1961.

Hinrichs, Hans. *»My Hindenburg* Log«, *Modern Brewer,* Juni 1936.

Hoehling, A.A. *Who Destroyed the Hindenburg?* Boston 1962.

»Honors to Dr. Hugo Eckener: The First Airship Flight around the World.« *The National Geographic Magazine,* Juni 1930.

Hook, Thom. *Shenandoah Saga.* Annapolis, Maryland 1973.

——.*Sky Ship: The Akron Era.* Annapolis, Maryland 1976.

Kromm, Dennis. »Homecoming.« Artikel über den *Hindenburg*-Passagier Burtis J. Dolan, veröffentlicht in COMPEX 1987.

Leasor, James. *The Millionth Chance: The Story of the R.101.* New York 1957.

Lehmann, Ernst. *Leichter als Luft. Zur Geschichte der Ballonfahrt.* Münster 1978.

Lehmann, Ernst A., und Howard Mingos. *The Zeppelins: The Development of the Airship, with the Story of the Zeppelin Air Raids in the World War.* New York 1927.

Lochner, Louis P. »Aboard the Airship *Hindenburg*: Louis P. Lochner's Diary of Its Maiden Flight to the United States.« *Wisconsin Magazine of History 49,* Nr. 2, Winter 1965–66.

Maitland, E.M. *The Log of H.M.A. R 34.* London 1920.

Marben, Rolf. *Zeppelin Adventures.* London 1931.

Masefield, Sir Peter G. *To Ride the Storm: The Story of the Airship R.101.* London 1982.

Mather, Margaret G. »I Was on the *Hindenburg.« Harper's,* November 1937.

Meager, George. *My Airship Flights:* 1915–1930. London 1970.

Medem, W.E. von. *Kabinenjunge Werner Franz vom Luftschiff Hindenburg.* Berlin 1938.

Meyer, Henry Cord. *Airshipmen, Businessmen and Politics, 1890–1940.* Washington, D.C. 1991.

Miller, Webb. »Two 27-Hour Days.« In: *I Found No Peace: The Journal of a Foreign Correspondent.* New York 1936.

Mooney, Michael. *The Hindenburg.* New York 1972.

Nielsen, Thor. *The Zeppelin Story.* London 1955.

Nobile, Umberto. *My Five Years with Soviet Airships.* Akron, Ohio 1987.

—— *Flüge über den Pol.* Leipzig 1980.

—— *Im Luftschiff zum Nordpol. Die Fahrten der Italia.* Berlin, o.J. [1931].

Payne, Lee. *Lighter than Air: An Illustrated History of the Airship.* New York 1991.

Provan, John. »The German Airship in World War One.« Privatdruck.

——. »Count Zeppelin: A System Builder. The Zeppelin Company and its Subsidiaries.« Privatdruck.

——. »Clara Adams.« Unveröffentlicht.

——. »Rhein-Main.« Unveröffentlicht.

Rimell, Raymond Laurence, *Zeppelin! A Battle for Air Supremacy in World War I.* London 1984.

Robinson, Douglas H. *Giants in the Sky: A History of the Rigid Airship.* Seattle 1973.

——. The LZ 129 *Hindenburg.* Famous Aircraft Series. Dallas, Texas 1964.

——. *The Zeppelin in Combat: A History of the German Naval Airship Division, 1912–1918.* Sun Valley, Kalifornien 1966.

——. *»Hindenburg* Retrospect«, *American Aviation Historical Society Journal,* Frühjahr 1960.

Rosendahl, Charles. *Up Ship.* New York 1931.

——. *What About the Airship? The Challenge to the United States.* New York 1938.

Sammt, Albert. *Mein Leben für den Zeppelin.* Verlag Pestalozzi Kinderdorf Wahlwies, o.J.

Santons-Dumont, Alberto. *Im Reich der Lüfte.* Stuttgart und Leipzig 1905.

Schiller, Hans von. *Zeppelin: Wegbereiter des Weltluftverkehrs.* Bad Godesberg 1967.

Shute, Nevil. *Slide Rule.* New York 1954.

Smith, Richard K. *The Airships Akron & Macon. Annapolis, Maryland 1965.*

Toland, John. Die große Zeit der Luftschiffe. Bergisch Gladbach 1978.

Vaeth, J. Gordon. *Blimps & U-Boats: U.S. Navy Airships in the Battle of the Atlantic.* Annapolis, Maryland 1992.

——. *Graf Zeppelin: The Adventures of an Aerial Globetrotter.* New York 1958.

——. »What Happened to the *Hindenburg?« Weatherwise,* Dezember 1990.

Van Orman, Ward T. *Wizard of the Winds.* St. Cloud, Minnesota 1978.

Ventry, Lord, und Eugène M. Kolesnik. *Jane's Pocket Book of Airships.* New York 1977.

Wellman, Walter. *The Aerial Age.* New York 1911.

Wiegand, Karl H. von, und Lady Drummond Hay. *The First Trans-Oceanic Voyage of a Commercial Air-Liner.* King Features Syndicate 1928.

ZEITUNGEN, ZEITSCHRIFTEN

Alle Ausgaben von *Buoyant Flight,* veröffentlicht von The-Lighter-Than-Air-Society (1436 Triplett Blrd., Akron, Ohio 44306, USA), waren eine unschätzbare Quelle.

ORGANISATIONEN

The Airship Association, 6 Kings Road, Cheriton, Folkestone, Kent, CT20 3LG England

Airship Heritage Trust (früher Friends of the Cardington Airship Station/FOCAS), Windsor Loft, 75 Albany Road, Old Windsor, Berkshire, SL4 2QD England

Arbeitsgemeinschaft Zeppelinpost, Postfach 42, 65598 Dornburg, Deutschland

Association of Balloon and Airship Constructors, P.O. Box 90864, San Diego, California 92169, USA

British Balloon and Airship Club, 7 Llewellyn Road, Penllergaer, Swansea SA4 1BB, England

Freundeskreis Luftschiffbau Schütte-Lanz, Harmsweg 2, 23758 Oldenburg, Deutschland

Freundeskreis zur Förderung des Zeppelin Museum, Postfach 1448, 88004 Friedrichshafen, Deutschland

Lighter-Than-Air Institute, P.O. Box 51-182, Auckland 6, Neuseeland

Lighter-Than-Air Society, 1436 Triplett Blvd., Akron, Ohio 44306, USA

Marine-Luftschiffer-Kameradschaft, Ernst Kabel Stieg 5 a, 22087 Hamburg, Deutschland

Moffett Field Historical Society, P.O. Box 16, Moffett Field, California 94035-0016, USA

Naval Airship Association, 2547 Hyde Park Rd., Jacksonville, Florida 32210, USA

Navy Lakehurst Historical Society, P.O.Box 328, Lakehurst, New Jersey 08733, USA

Zeppelin Collectors Club, P.O. Box A3843, Chicago, Illinois 60690-3843, USA

Zeppelin-Kameradschaft Zeppelinheim, e.V., Kapitän-Lehmann-Strasse 2, 63263 Neu-Isenburg/Zeppelinheim, Deutschland

Zeppelin-Gruppe Tondern, Kelkheimer Str. 29a, 65779 Kelkheim, Deutschland

MUSEEN

Albert Sammt Zeppelin Museum, 97996 Niederstetten

Deutsches Museum, Museumsinsel 1, 80538 München

Experimental Aircraft Association Museum, 3000 Poberezny Rd., Wittman Field, Oshkosh, Wisconsin 54903, USA

Imperial War Museum, Lambeth Road, London SE1 6HZ, England

Luftfahrthistorische Sammlung, Frankfurt International Airport, 60547 Frankfurt
Luftschiffhafen Potsdam Museum, LBS, Luftschiffhafen 1, 14471 Potsdam
Luftschiffhafen Tønder Museum, Kongevejen 55, 6270 Tønder, Dänemark
Marine Luftschiff Museum, Oberweg 65, 27637 Nordholz
Musée de l'Air et de L'Espace, Aéroport du Bourget, BP 173, Le Bourget 93352 Frankreich
Museum of Flight, East Fortune Airfield, North Berwick, EH39 5LF, Schottland
Museum of the History of Italian Military Aviation, Aeroporto di Vigna di Valle, 00062 Vigna di Valle, Italien
National Air and Space Museum, Smithsonian Institution, 7th St. & Independence Ave. SW., Washington, D.C. 20560, USA
National Museum of Naval Aviation, 1750 Radford Blvd., Pensacola, Florida 32508–5402, USA
San Diego Aerospace Museum, 2001 Pan American Plaza, Balboa Park, San Diego, California 92101, USA
Science Museum, Exhibition Road, South Kensington, London SW7 5NH, England
Swiss Transport Museum, Verkehrshaus der Schweiz, Lido Str. 5 CH-6006 Luzern, Schweiz
The World of Rubber, 1144 East Market St., Akron, Ohio 44316, USA
World War II Airship Museum, 4000 Blimp Blvd., Tillamook, Oregon 97141, USA
Zeppelin Museum, Kapitän-Lehmann-Str.2, 63263 Neu-Isenburg
Zeppelin-Museum Friedrichshafen, Adenauerplatz 1, 88045 Friedrichshafen
Zeppelin-Museum Heinz Urban, Schloßplatz 8, 88709 Meersburg
(Geöffnet von April bis Ende November, 10–18 Uhr)

REGISTER

Kursiv gesetzte Seitenzahlen beziehen sich auf Bildlegenden, kursiv gesetzte Begriffe auf Schiffs- und Luftschiffsnamen.

LAYOUT, TYPOGRAPHIE UND ART-DIRECTION: Gordon Sibley Design Inc.

LEKTORATSLEITUNG: Hugh Brewster

PROJEKTLEITUNG: Mireille Majoor

REDAKTIONELLE BEARBEITUNG: Shelley Tanaka

PRODUKTIONSLEITUNG: Susan Barrable

PRODUKTIONSKOORDINATION: Donna Chong

ORIGINALZEICHNUNGEN: Wes Lowe, Ken Marschall

KARTEN UND DIAGRAMME: Donna Gordon, Jack McMaster

LITHOGRAPHIE: Colour Technologies

DRUCK UND BINDUNG: Sfera/Garzanti

LUFTSCHIFF HINDENBURG UND DIE GROSSE ZEIT DER ZEPPELINE
wurde produziert von Madison Press Books
unter der Leitung von Albert E. Cummings